IBE-Reihe

Reihenherausgeberin
Jutta Rump
Ludwigshafen am Rhein
Deutschland

Weitere Bände in dieser Reihe
http://www.springer.com/series/11964

Der demografische Wandel, technologische wie ökonomische Entwicklungen, knapper werdende Ressourcen und Rohstoffe, der gesellschaftliche Wertewandel, der Trend zu Individualisierung, sowie der Zuwachs an Vielfalt beeinflussen in erheblichem Maße die Arbeitswelt. Unter diesen Bedingungen werden Mitarbeitergewinnung, Mitarbeiterbindung und Mitarbeiterentwicklung zu investitionspolitischen Grundsatzentscheidungen. Die IBE-Reihe beleuchtet - basierend auf den Trends und Entwicklungen – aktuelle und zukunftsrelevante Themen zu Führung, Personalmanagement und Organisationsentwicklung. Dabei wird die jeweilige Thematik umfassend und ganzheitlich dargestellt, es werden Handlungsempfehlungen gegeben und Best-Practice-Beispiele präsentiert. Anspruch der IBE-Reihe ist es, neueste Erkenntnisse in Führung, Personalmanagement und Organisationsentwicklung mit Umsetzungsmöglichkeiten zu kombinieren, die eine hohe Praxisrelevanz und Praktikabilität haben.

Jutta Rump • Silke Eilers
(Hrsg.)

Lebensphasenorientierte Personalpolitik

Strategien, Konzepte und Praxisbeispiele zur Fachkräftesicherung

ibe

Springer Gabler

Herausgeber
Jutta Rump
Silke Eilers

Institut für Beschäftigung und Employability (IBE)
Ludwigshafen
Deutschland

Ausschließlich aus Gründen der besseren Lesbarkeit wird im Text nur die männliche Form verwendet. Gemeint ist stets sowohl die weibliche als auch die männliche Form.

ISBN 978-3-642-41664-4 ISBN 978-3-642-41665-1 (eBook)
DOI 10.1007/978-3-642-41665-1

Die Deutsche Nationalbibliothek verzeichnet diese Publikation in der Deutschen Nationalbibliografie; detaillierte bibliografische Daten sind im Internet über http://dnb.d-nb.de abrufbar.

Springer Gabler

Lektorat: Michael Bursik, *Assistenz:* Janina Sobolewski

Gedruckt auf säurefreiem und chlorfrei gebleichtem Papier

Springer Gabler ist eine Marke von Springer DE. Springer DE ist Teil der Fachverlagsgruppe Springer Science+Business Media
www.springer-gabler.de

Inhaltsverzeichnis

Teil I
Grundlagen

Die Lebensphasenorientierte Personalpolitik

Grundlagen und Gestaltungstipps aus der Praxis für die Praxis

Jutta Rump, Gaby Wilms und Silke Eilers

Zusammenfassung

Unsere Arbeitswelt befindet sich in einem fundamentalen Wandlungsprozess vor dem Hintergrund demografischer, technisch-ökonomischer und gesellschaftlicher Trends. Um Fachkräfte für Unternehmen zu gewinnen und dauerhaft an sie zu binden, bedarf es einer nachhaltigen Unternehmens- und Personalpolitik, bei der die betrieblichen Belange in Einklang gebracht werden mit den immer unterschiedlicheren Bedürfnissen der Beschäftigten. Dies impliziert auch, die Vielzahl von Lebens- und Berufsphasen zu berücksichtigen, die im Verlauf eines verlängerten Erwerbslebens zum Tragen kommen. Eine Lebensphasenorientierte Personalpolitik wird diesen Anforderungen gerecht, denn sie verfolgt in einem ganzheitlichen Ansatz drei Dimensionen zugleich: Die Sicherung der nachhaltigen Beschäftigungsfähigkeit, die Demografieorientierung und die Vereinbarkeit von Berufs-, Privat- und Familienleben.

Die Grundlagen der Lebensphasenorientierten Personalpolitik wurden von den Autorinnen bereits 2011 in der Broschüre „Strategie für die Zukunft – Lebensphasenorientierte Personalpolitik 2.0" formuliert, auf die sich dieser Beitrag in weiten Teilen stützt.

J. Rump (✉)
Institut für Beschäftigung und Employability (IBE)
Ludwigshafen, Deutschland
E-Mail: jutta.rump@ibe-ludwigshafen.de

S. Eilers
Institut für Beschäftigung und Employability (IBE)
Ludwigshafen, Deutschland

G. Wilms
Institut für Beschäftigung und Employability (IBE)
Ludwigshafen, Deutschland

J. Rump, S. Eilers (Hrsg.), *Lebensphasenorientierte Personalpolitik*, IBE-Reihe,
DOI 10.1007/978-3-642-41665-1_1, © Springer-Verlag Berlin Heidelberg 2014

1 Herleitung: Trends und ihre Konsequenzen für die Personalpolitik

Die gesamte Arbeitswelt befindet sich in einem Wandlungsprozess, der durch ständige Umbrüche, plötzliche Veränderungen und strukturelle Herausforderungen gekennzeichnet ist. Grundsätzliche Treiber der wirtschaftlichen Entwicklung greifen ineinander und ergeben insgesamt ein höchst komplexes Gebilde aus verschiedenen Abhängigkeiten. Jeder der großen Entwicklungstreiber berührt dabei stets sowohl Arbeitgeber als auch Arbeitnehmer.

Und so erfordert in Zukunft die Gewinnung und Bindung von Beschäftigten ein Umdenken in der Personalpolitik. Es geht nicht mehr darum, über ausreichend „Humankapital" zu verfügen, sondern als Arbeitgeber attraktiv für unterschiedliche Gruppen von Menschen zu sein, die bereit sind, ihr Wissen und ihre Kompetenzen für das Unternehmen einzusetzen und damit gewissermaßen „Markenpolitik" für die Arbeitgebermarke zu praktizieren. Gerade bei gut qualifizierten Kräften kommt zu dem eigentlichen Vertrag zwischen Unternehmen und Beschäftigten ein ungeschriebener, „psychologischer Vertrag" (Schein 1970) hinzu, der sich auf ein als fair empfundenes Geben und Nehmen auf beiden Seiten bezieht und zu einer Partnerschaft auf Augenhöhe über den gesamten Erwerbslebenszyklus hinweg führt. Dabei zeigt sich, dass gerade jüngere Beschäftigte die Attraktivität ihres Unternehmens nicht mehr vorrangig nur über das Gehalt definieren. Die Erfüllung persönlicher Ziele und Wertvorstellungen haben einen sehr hohen Stellenwert. Hinzu kommt der Wunsch nach der Auflösung der sogenannten Rush Hour des Lebens[1] und damit der Entzerrung des Lebensstaus (vgl. Bittman und Rice 2000, S. 165 ff.). Ein Lebensstau entsteht insbesondere in der Lebensphase während der ersten 20 Jahre des Berufslebens. In dieser Zeit werden meist besonders viele grundlegende Entscheidungen sowohl im Privat- als auch im Berufsleben getroffen, wie Überlegungen zu beruflichen Umorientierungen, über Aufstiegschancen, zu einem Wohnortswechsel oder zum Thema Familiengründung. Mit der Entzerrung dieses Lebensstaus ist gemeint, dass Unternehmen durch Rücksichtnahme auf die jeweiligen lebensphasenbedingten Umstände der Mitarbeiter und das Angebot unterschiedlicher Möglichkeiten hierzu, dazu beitragen, dass nicht viele wichtige Entscheidungen zu ein und demselben Zeitpunkt auf die Beschäftigten treffen (vgl. Robert Bosch Stiftung 2005, S. 19).

Ein lebensphasenorientierter Ansatz in der Personalpolitik wird dieser Komplexität an Anforderungen und der Vielfältigkeit am ehesten gerecht. Denn er impliziert, dass den Mitarbeitern in unterschiedlichen Lebens- und Berufsphasen ein Umfeld geboten wird, in dem sie ihre sich wandelnden Anforderungen im beruflichen und privaten Bereich in Einklang bringen können. Nicht nur diejenigen Mitarbeiter, die Kinder oder ältere Angehörige zu betreuen haben, profitieren von Maßnahmen zur besseren Vereinbarkeit von Berufs-, Privat- und Familienleben. Die private Lebenssituation der Beschäftigten – unabhängig vom Familienstand – darf und soll in Unternehmen Berücksichtigung finden.

[1] *Die* **Rush Hour** *des Lebens beschreibt den Lebensstau.*

Eine Lebensphasenorientierte Personalpolitik bedeutet einen erheblichen Wettbewerbs- und Standortvorteil für die betreffenden Betriebe und Regionen. Denn eines sollte klar sein: Wettbewerb wird sich in Zukunft nicht nur auf Absatzmärkte beschränken. Unternehmen werden künftig auch auf den Arbeitsmärkten gegeneinander im Wettbewerb stehen, denn dieser wandelt sich von einem sogenannten Arbeitgebermarkt zu einem Arbeitnehmer-Arbeitsmarkt. Gut für den Betrieb, der auch auf dem Arbeitsmarkt als attraktiv wahrgenommen wird. Denn hier werden die Grundlagen dafür gelegt, dass er auf den Absatzmärkten erfolgreich ist. Die Lebensphasenorientierte Personalpolitik ist somit Investitionspolitik.

Im Zusammenhang mit der Thematik einer Lebensphasenorientierten Personalpolitik erscheinen insbesondere drei Trendbereiche relevant, die im Folgenden einer näheren Betrachtung unterzogen werden:

- demografische Trends,
- technisch-ökonomische Trends und
- gesellschaftliche Trends

Es ist davon auszugehen, dass sich diese Megatrends gegenseitig beeinflussen und dadurch einzelne Effekte verstärkt oder auch abgeschwächt werden können.

1.1 Demografische Trends

Die demografische Entwicklung mit ihrer Konsequenz einer alternden und schrumpfenden Gesellschaft ist inzwischen hinlänglich bekannt. Doch lässt sich mit einigen Zahlen eindrucksvoll darstellen, dass tatsächlich von einer Bevölkerungsexplosion bei den Älteren und einer Bevölkerungsimplosion bei den mittleren und jüngeren Altersgruppen auszugehen ist.

Aufgrund der niedrigen Geburtenhäufigkeit von aktuell 1,39 Kindern je Frau ist damit jede Generation um etwa ein Drittel kleiner als die ihrer Eltern. Die Zahl der Sterbefälle nimmt hingegen zu, da nun die geburtenstarken Jahrgänge in das Alter vorrücken, in dem die Sterblichkeit natürlicherweise größer ist (vgl. Statistisches Bundesamt 2011; Statistisches Bundesamt 2012, S. 15). Zudem fällt die Entscheidung für Kinder in Deutschland zunehmend später. Während es noch in den siebziger Jahren überwiegend die 20- bis 24-jährigen Frauen waren, die Kinder bekamen, weisen seit 2005 die 30- bis unter 40-jährigen Frauen durchschnittlich sogar eine höhere Geburtenhäufigkeit auf als die 20- bis unter 30-jährigen Frauen (vgl. Statistisches Bundesamt 2009, S. 23).

Dabei gilt zu bemerken, dass die Alterung aufgrund einer seit Jahren auf einem niedrigen Stand verharrenden Geburtenrate bereits sehr bald zu spüren sein wird, während die merkliche Schrumpfung der Bevölkerung erst nach dem Jahr 2020 eintritt. Ausgehend von einer Bevölkerungszahl von ca. 80 Mio. im Jahr 2008 bewegen sich die Prognosen für das Jahr 2020 noch zwischen 79,9 und 80,4 Mio. Menschen (je nach Szenario). Für 2030 jedoch liegen die Zahlen bereits bei 77,4 bzw. 79 Mio., 2060 leben nach diesen Berechnungen nur noch 69,4 bzw. 73,6 Mio. Menschen in Deutschland (vgl. Statistisches Bundesamt 2009, S. 39).[2]

Was die Alterung betrifft, so wird das Durchschnittsalter von heute (2010) 44 Jahren auf 50 Jahre im Jahr 2050 ansteigen (vgl. Statistisches Bundesamt 2006, S. 17 ff.)[3]. Wird die Altersverteilung auf dem Arbeitsmarkt betrachtet, so zeigt bei sich deutlich, dass eine besonders gravierende Umschichtung der Altersstruktur in den Jahren 2017 bis 2024, also in nicht allzu ferner Zukunft, stattfindet. Derzeit gehören 20 % der Menschen im erwerbsfähigen Alter der Gruppe der 20- bis unter 30-Jährigen an, 49 % sind zwischen 30 und unter 49 Jahre alt, 31 % zählen zu den ältesten Arbeitnehmern zwischen 50 und 65 Jahren. Zwar wird sich die jüngste Gruppe zahlenmäßig verringern, ihr Anteil an allen Erwerbspersonen bleibt dennoch auch in Zukunft mit prognostizierten 17,7 % im Jahr 2030 und 18,6 % im Jahr 2060 nahezu konstant. Die Werte der mittleren und ältesten Gruppe der Erwerbstätigen hingegen sind vergleichsweise starken Schwankungen unterworfen. So werden in den bereits angesprochenen Jahren zwischen 2017 und 2024 die Anteile der mittleren und ältesten Gruppe an allen Erwerbspersonen nahezu identisch sein. Danach ergibt sich mit dem Eintritt der geburtenstarken Jahrgänge in das Rentenalter wieder eine Verschiebung zugunsten der mittleren Altersgruppe, die im Jahr 2030 44,9 % aller Erwerbstätigen stellen wird, während der Anteil der 50- bis 65-Jährigen bei 37,4 % liegt. Dies allerdings vor dem Hintergrund einer deutlich verringerten Gesamtzahl an Erwerbspersonen. Im Jahr 2060 ist von 44,8 % für die mittlere und 36,6 % für die älteste Gruppe auszugehen (vgl. Statistisches Bundesamt 2009, S. 18 f.).

Während für die 2014 aus dem Erwerbsleben ausscheidenden Jahrgänge noch ein nahezu vollständiger Ersatz durch die nachrückenden jungen Arbeitnehmer möglich sein wird, liegt diese Ersatzquote bereits für die Renteneintrittsjahre 2015–2025 bei nur noch ca. 77 % und für die Jahre 2026–2036 bei ca. 55 % (vgl. Kay und Richter 2010, S. 30 ff.). Bei allen Arbeitsmarktszenarien ist auch zu berücksichtigen, dass nicht alle ihre Arbeitskraft in Vollzeit anbieten werden. Insbesondere Personen in der Familienphase (Kinderbetreuung, Pflege) fragen nicht selten Arbeitsmodelle verbunden mit Teilzeit nach.

[2] *Hier sind noch nicht die Ergebnisse des neuen Zensus berücksichtigt, wonach die Bevölkerungszahl in Deutschland um rund 1,5 Mio. unter dem bisher fortgeschriebenen Stand liegt (vgl. Statistisches Bundesamt, Nachricht vom 31.5.2013).*

[3] *Unter Zugrundelegung eines angenommenen positiven Wanderungssaldos von 100.000 Personen. Unter dem „Wanderungssaldo" wird die Differenz zwischen den Zuzügen nach Deutschland und den Fortzügen ins Ausland, gelegentlich auch als Wanderungsgewinn oder -verlust bezeichnet, verstanden.*

1.2 Technisch-ökonomische Trends

Zu den technisch-ökonomischen Trends, die unsere Arbeitswelt prägen, sind insbesondere die Globalisierung, die Entwicklung der Informations- und Kommunikationstechnologien sowie das immer stärkere Voranschreiten der Wissens- und Innovationsgesellschaft zu zählen.

Deutschland gehört schon seit den 1970er Jahren zu den weltweit am stärksten **globalisierten** Ländern. Dieser Globalisierungsprozess wird nicht zuletzt durch die technologischen Entwicklungen befördert. Eine der wichtigsten Konsequenzen ist darin zu sehen, dass im globalen Wettbewerb ständige Innovationsfähigkeit und -bereitschaft ebenso wie die Anpassung des Produktentstehungsprozesses an die Verkürzung und Dynamisierung der Produktlebenszyklen zentrale Wettbewerbsfaktoren darstellen. Um weltweit konkurrenzfähig zu bleiben, müssen Arbeitsplätze also durch moderne Prozess- und Produkttechnologien und eine entsprechende Arbeitsorganisation eine ausreichende Rentabilität aufweisen, d. h. die Beschäftigten müssen flexibel und mobil bleiben und sich auf den technischen Fortschritt einstellen (vgl. Meier und Schröder 2007, S. 83; Abele und Reinhart 2011, S. 12). Wissen und Kompetenzen der Mitarbeiter werden dabei zum entscheidenden „Rohstoff". Hinzu kommt die immer mehr erforderliche Fähigkeit zur Vernetzung und Kooperation. Dies gilt auch und gerade im Hinblick darauf, dass künftig eine deutliche Zunahme multinationaler Projekte mit Teilnehmern aus unterschiedlichen Nationen realistisch erscheint und sich dank des technologischen Fortschritts Experten aus aller Welt auf virtuellem Wege austauschen und gegenseitig bereichern können (vgl. Hofmann et al. 2007, S. 46 ff.).

Die **Informations- und Kommunikationstechnologien** gehören heute sowohl im beruflichen Bereich als auch im Privatleben zum Alltag. Im Jahr 2011 verfügten 77 % der deutschen Haushalte über einen privaten Internetzugang. Im Vergleich zu den Vorjahren ist nur noch ein geringfügiger Anstieg zu verzeichnen, sodass von einer Sättigung auszugehen ist. Besonders bedeutsam ist vor allem die immer weiter zunehmende Einbindung des Internets in den Alltag, nicht zuletzt durch die rasante Verbreitung von mobilen Endgeräten. Von allen Personen mit Internetzugang waren im Jahr 2011 drei Viertel täglich oder fast täglich im Netz, in der Gruppe der Schüler und Studierenden nutzten 93 % das Internet täglich. Diese Entwicklung im privaten Lebensumfeld erleichtert es auch vielen Arbeitnehmern, selbst von zu Hause aus und zu jeder Zeit auf das Firmennetz zugreifen zu können (vgl. Czajka und Jechová 2012, S. 415).

Die mit der Informations- und Kommunikationstechnologie einhergehende Digitalisierung, Virtualisierung, Mediatisierung und Mobilisierung eröffnen Möglichkeiten der räumlichen und zeitlichen Unabhängigkeit und tragen zu enormen Zeitersparnissen bei. Gleichzeitig lässt sich mit fortschreitendem technologischem Fortschritt allerdings auch eine Beschleunigung beobachten. Insbesondere in der Arbeitswelt ist dies deutlich zu spüren, aber auch in privaten Lebensbereichen haben diese Technologien und der damit veränderte Umgang mit Zeit einen Einfluss. Menschen im elektronischen Zeitalter müssen neu leben lernen, weil sich die Maßstäbe und die Geschwindigkeit des Lebens fundamental verändern (vgl. Opaschowski 2002, S. 56). Schlagworte wie „Tempowahn", „Beschleunigungsfieber" oder „Geschwindigkeitsrausch" skizzieren die Entwicklung sehr treffend. Demzufolge existiert eine Interdependenz zwischen der Dimension Zeit und dem Einsatz von technologischen Geräten. Die Nutzung technologischer Hilfsmittel verschafft den Menschen häufig mehr Zeit, die dann für andere Arbeits- oder Freizeitbeschäftigungen genutzt werden kann.

Genau an dieser Stelle liegt jedoch auch ein Problem. Das Mehr an Zeit, das uns der Einsatz von Technologien verschafft, wird häufig vom Wunsch nach immer mehr Technikkonsum und der Beschäftigung mit ihm aufgebraucht. Das soll heißen: Auf der einen Seite sparen wir vermeintlich viel Zeit, indem wir Technik einsetzen, auf der anderen Seite verbrauchen wir zumindest einen Teil davon – beispielsweise im Falle einer Reparatur oder Aktualisierung, nur um sie überhaupt am Laufen zu halten. Hinzu kommt das Erfordernis, aus der beständig zunehmenden Flut von Informationen und Handlungsoptionen die jeweils relevanten herauszufiltern und sich beispielsweise durch die zahllosen Möglichkeiten, die das Internet bietet, nicht „überfrachten" zu lassen. Darüber hinaus ermöglichen die Informations- und Kommunikationstechnologien, zum Beispiel Handy und E-Mail, dass der Mensch von heute „stets zu Diensten" und immer erreichbar ist. Die technologisch bedingte Zeitersparnis geht in vielen Bereichen mit der Tendenz zur „Verdichtung" einher. Menschen versuchen, immer mehr gleichzeitig zu tun (vgl. Geißler 2003, S. 1 f.; Schuster 2007, S. 3) – während des Telefonierens noch schnell eine E-Mail zu schreiben oder ein Hemd zu bügeln, auf dem Weg zur Arbeit in der U-Bahn die Post zu bearbeiten und das nächste Meeting vorzubereiten oder das Mittagessen vor dem PC einzunehmen.

Überlastungssituationen treten besonders häufig am Arbeitsplatz auf. In einer aktuellen Befragung des Robert-Koch-Instituts fühlen sich 36 % der Frauen und 44 % der Männer aufgrund von Zeit- und Leistungsdruck am Arbeitsplatz belastet. Hierzu trägt ebenfalls die steigende Informationsflut infolge der immer stärkeren Durchdringung der Arbeitswelt durch moderne Technologien bei, die die Komplexität des Arbeitens deutlich erhöht. Doch auch das Gefühl, in der Freizeit möglichst viel und möglichst ständig etwas Neues erleben zu müssen, sowie der Druck durch finanzielle Engpässe oder die Doppelbelastung von Beruf und Familie führen Menschen nicht selten an ihre Grenzen. Immer häufiger entsteht daraus beim Einzelnen das gegenläufige Bedürfnis nach „Entschleunigung" – sicherlich eines der derzeit aktuellsten Schlagworte (vgl. Hans Böckler Stiftung 2011, S. 1; TNS Infratest Sozialforschung 2006; o. V. 2003, S. 2).

In engem Zusammenhang zu den Entwicklungen im Hinblick auf die Informations- und Kommunikationstechnologie steht auch das **Voranschreiten der Wissens- und Innovationsgesellschaft**. Vor dem Hintergrund einer derzeitigen Verdopplungsgeschwindigkeit des Wissens von etwa fünf Jahren und der damit einhergehenden zunehmenden Spezialisierung des Wissens gestaltet es sich heute bereits schwierig, einzelne Wissenschaftsgebiete und deren neueste Entwicklungen zu überblicken. „Universalgelehrte", wie es sie vor 200 Jahren noch gab, sind in dieser Wissensumwelt, in der sich Wissen rasant vermehrt und immer mehr fragmentiert wird, nicht mehr denkbar. Ebenso wird Wissen immer globaler, und die Grenzen zwischen entwickelten und weniger entwickelten Ländern im Hinblick auf die Generierung von wissenschaftlichem und technischem Fortschritt verschwimmen zusehends (vgl. Probst et al. 2010, S. 6 f.; Pfiffner und Stadelmann 2012, S. 40).

Jedoch wäre es falsch, die Arbeitswelt als eindimensionales Gebilde zu betrachten. Vielmehr eignet sich eine Aufteilung des Arbeitsmarktes in zwei grobe Teile. In der einen Arbeitswelt sind Arbeitsplätze und Arbeitsbedingungen durch fortschreitende Rationalisierung und Standardisierung gekennzeichnet, Routinearbeiten und Arbeitsverdichtung gehören zum Alltag. Durch Prozessoptimierung wird dem Druck, immer noch schneller und billiger zu sein, Rechnung getragen. In der anderen Arbeitswelt spielen Wissen und Kompetenzen in Kombination mit hoher Flexibilität, Schnelligkeit und Wendigkeit eine entscheidende Rolle. Arbeitsplätze und Arbeitsbedingungen weisen hier eine hohe Wissensintensität auf und sind sehr komplex. Unterschiedliche Erwartungen der Arbeitswelt und der Arbeitsinhalte führen auch zu jeweils anderen Ansätzen, um die betroffenen Mitarbeiter angemessen zu fordern und zu fördern sowie in Bewegung und in Balance zu halten (vgl. Rump 2010a, S. 18; Rump 2010b).

Doch ganz gleich, in welcher der beiden Arbeitswelten jemand beschäftigt ist, eines ist klar: ein hohes Maß an Kompetenz und Wissen ist das Basiswerkzeug für die tägliche Arbeit – ein Indikator für die Existenz einer Wissensgesellschaft in Deutschland. Daher ist es ohne Zweifel für jeden Einzelnen immer wichtiger, sich lebenslänglich auf einem aktuellen Wissensstand auf hohem Niveau zu halten. Dabei ist das fachliche und technische Wissen genauso wichtig wie die Persönlichkeit und die Soft Skills eines Menschen.

Wissen und Kompetenz sind im Grunde so etwas wie ein Rohstoff für Innovationsfähigkeit, der unbedingt notwendig ist, um als Unternehmen auf einem zunehmend vielfältigeren Markt zu überleben. Gleichzeitig sind sie erforderlich zur Beherrschung der zunehmend komplexeren Prozesse, Systeme und Strukturen. Daraus resultiert die steigende Bedeutung von Wissen und Kompetenz als Wettbewerbsfaktor.

1.3 Gesellschaftliche Trends

Im gesellschaftlichen Bereich werden vor allem die Werte und Erwartungen der Arbeitnehmer an ihre Arbeitgeber geprägt, aber auch die Anforderungen, die die Gesellschaft als Ganzes an Unternehmen stellt. Zu diskutieren sind in diesem Kontext vor allem das zunehmende Streben nach Nachhaltigkeit, die steigende Teilhabe von Frauen am Arbeitsleben, auch in Fach- und Führungspositionen, und der gesellschaftliche Wertewandel.

Noch immer wird im Zusammenhang mit **Nachhaltigkeit** der Fokus vielfach auf Umweltschutz und erneuerbare Energie gelegt. In der Arbeitswelt von morgen bedeutet Nachhaltigkeit jedoch deutlich mehr. Es geht zum einen um den verantwortlichen Umgang mit Ressourcen, die das System Arbeit ausmachen. Dazu gehört auch die Nachhaltigkeit in der Personalarbeit. Das sogenannte „magische Dreieck der Nachhaltigkeit in der Personalarbeit“ setzt sich zusammen aus: (Abb. 1, Rump et al. 2011c, S. 12)

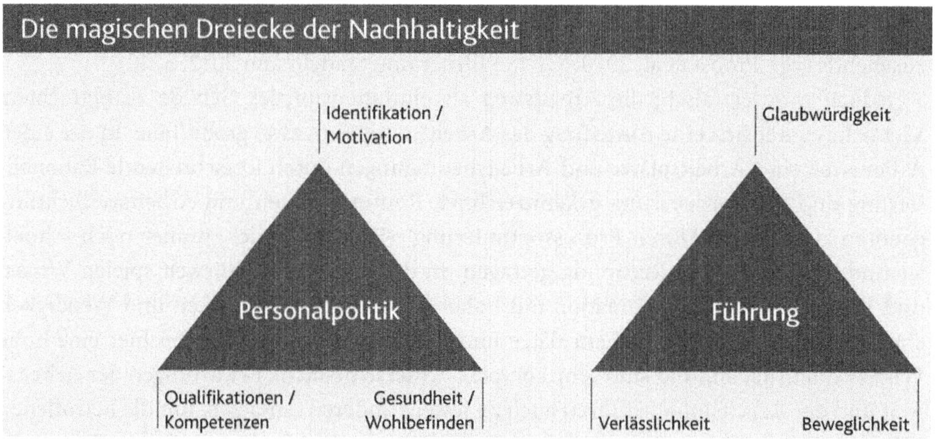

Abb. 1 Die magischen Dreiecke der Nachhaltigkeit

- Identifikation/Motivation.
- Qualifikationen/Kompetenzen.
- Gesundheit/Wohlbefinden.

Es gilt, diese drei Aspekte langfristig zu fördern und auf einem hohen Stand zu halten.

Zum anderen bedarf es der Nachhaltigkeit in der Unternehmensführung. Auch hier wird von einem „magischen Dreieck der Nachhaltigkeit in der Unternehmensführung" gesprochen. Dazu gehören:

- Glaubwürdigkeit.
- Verlässlichkeit.
- Beweglichkeit.

Die langfristige Perspektive steht abermals im Vordergrund. Kurzfristig als glaubwürdig, verlässlich und beweglich zu gelten, hat wenig mit nachhaltigem Agieren zu tun.

Nicht zuletzt bedeutet Nachhaltigkeit auch, sich mit dem Wunsch einiger Mitarbeiter nach Entschleunigung sowie nach „Balance" auseinanderzusetzen und die Notwendigkeit zu erkennen.

Dies steht in engem Zusammenhang zum allgemeinen **gesellschaftlichen Wertewandel**. Die Gesellschaft als Ganzes befindet sich derzeit in einer Umbruchphase hinsichtlich der Hierarchie der Werte. Zum einen zeigt sich eine zunehmende **Individualisierung**. Menschen sehen sich einer immer größeren Anzahl an Optionen in allen möglichen Bereichen ihres Lebens gegenüber. Diese verschiedenen Wahlmöglichkeiten führen dazu, dass Selbstfindung und Selbstverwirklichung einfacher zu realisieren sind und einen hohen Stellenwert im Leben einnehmen. Mit anderen Worten: Menschen können und müssen sich heute und in Zukunft ihren Lebensweg selbst suchen. Damit werden individuelle

Wünsche so wichtig wie noch niemals zuvor in der Geschichte, und tradierte Regeln und Normen verlieren an Bedeutung. Außerdem werden durch die existierende Vielfalt der Möglichkeiten Vorhersagen über Entwicklungen immer schwieriger (vgl. Zukunftsinstitut 2007; Opaschowski 2002, S. 25 f.; Rump und Biegel 2011, S. 59 f.). Überträgt man diese Aspekte der Individualisierung einmal auf das Arbeits- oder Freizeit-Umfeld der Menschen, wird schnell deutlich, wie stark sich die Individualisierung sowohl in unserem Wortgebrauch als auch in der jeweiligen Angebotsstruktur verfestigt hat. Individualisierung bedeutet nicht – und darüber herrscht weitgehend Einigkeit –, dass sich Menschen in Nischen zurückziehen oder vereinsamen. Individualisierung sollte keinesfalls gedanklich mit Negativem, wie Werteverfall, verknüpft werden, auch wenn das Wort zu solchen Assoziationen führen könnte. Vielmehr bedeutet Individualisierung unter anderem die Entwicklung immer vielfältigerer und sich im Lebensverlauf wandelnder Lebenswelten, Rollenmodelle und biografischer Muster. Sie ist zudem mit einer Kultur der Revidierbarkeit, mit einer gewissen Selbstbestimmung von Lebensgeschwindigkeiten sowie der Ergänzung von gesetzten Bindungen (zum Beispiel Familie) durch eigenbestimmte Netzwerke (zum Beispiel Freunde) verbunden (vgl. Opaschowski 2002, S. 187; Horx 2005, S. 84 ff.; Rump und Biegel 2011, S. 59 f.).

Zum anderen lässt sich neben der Individualisierung eine **Wertesynthese** (und weniger eine Wertevielfalt) feststellen. So ist ein Streben nach einem ausbalancierten Lebenskonzept festzustellen, in dem Werte gleichberechtigt nebeneinander stehen und die Gesellschaft traditionelle und moderne Werte gleichermaßen schätzt und verkörpert. Da der (neue) Sinn des Lebens in moralischen Bereichen gesucht wird, zeichnet sich ein Weg zur „moralischen Erneuerung" ab. Zu dieser Wiederbelebung von Werten – oder auch Rückbesinnung auf Kernwerte – zählen beispielsweise die gesellschaftliche Aufwertung von Ehe, Familie und Kindern, die soziale Anerkennung ehrenamtlicher und freiwilliger Tätigkeiten, die grundlegende Neubewertung von Arbeit und Leistung sowie die vorrangige Förderung von Bildung und Kultur. Damit rücken vor allem prosoziale Werte, wie Hilfsbereitschaft, menschliche Wärme, Freundlichkeit und Freundschaft sowie Gerechtigkeit und Verantwortung, wieder in den Vordergrund (vgl. Opaschowski 2006b, S. 423 ff.; Opaschowski 2008, S. 585 ff., 594; Rump und Biegel 2011, S. 51 ff.). Galt früher die primäre Orientierung häufig der Erwerbsarbeit, so lässt sich durch den Wertewandel eine Verschiebung hin zu einer zunehmenden Sinnsuche in außerberuflichen Bereichen, wie Familie, Freizeit oder Gesundheit beobachten. Arbeit und Freizeit bzw. Familie stehen nicht mehr im drastischen Gegensatz zueinander, sondern Arbeits- und Familienleben werden zunehmend als verbundene Bereiche wahrgenommen. Nicht zuletzt rührt diese Entwicklung von der Lage auf dem Arbeitsmarkt und den sinkenden Realeinkommen her – denn gewisse Annehmlichkeiten der „Spaßgesellschaft" lassen sich von vielen Menschen schlichtweg nicht mehr finanzieren. Zudem tendieren Menschen in unruhigen Zeiten mit vielen Veränderungen in der Regel eher nach beständigen Werten und Geborgenheit (vgl. Opaschowski 2006a, S. 55 ff.; Trendbüro et al. 2003, S. 14 f.; Opaschowski 2008, S. 585 ff.; Rump und Biegel 2011, S. 51 ff.).

In den Spannungsfeldern zwischen Lebensgenuss und Leistungsorientierung, Familie und Beruf sowie Herausforderung und Entschleunigung bewegen sich insbesondere die Vertreter der heutigen jüngeren Generation, auch als Generation Y bezeichnet. Sie streben in Bezug auf die Arbeitswelt nach Respekt, Spaß und Sinnhaftigkeit gleichermaßen. Diese Generation der heute unter 35-Jährigen wird in den kommenden Jahren und Jahrzehnten mit ihren Werten und Erwartungen an die Arbeit, die aufgrund der demografisch bedingten Knappheitssituation auch sehr offensiv eingefordert werden können, die Arbeitswelt maßgeblich prägen. Sie zeichnet sich im betrieblichen Miteinander durch ein hohes Interesse an persönlicher Weiterentwicklung sowie partnerschaftlicher Führung und ausgeprägter Kollegialität - auch über das berufliche Maß hinaus – aus. Ihre Loyalität für einen Arbeitgeber ist während der Dauer des Beschäftigungsverhältnisses zwar gegeben, doch nicht bedingungslos und keinesfalls „lebenslang" ausgerichtet. Ihr durchaus vorhandenes Sicherheitsbedürfnis steht in engem Zusammenhang zu diesen Grundwerten, d. h. „Sicherheit um jeden Preis" kommt zumindest für die gut Qualifizierten nicht mehr in Frage. In der Folge stellen Unternehmen im Wettbewerb um die heiß begehrten und knapper werdenden Nachwuchskräfte der Generation Y häufig fest, dass diese sich mit der Aussicht auf ein stattliches Entgelt und Auslandsaufenthalte nur noch bedingt für einen Arbeitgeber begeistern und auch an ihn binden lassen. Gerade für die besser Qualifizierten zeigen Befragungen, dass klassische Attraktivitätsfaktoren und Karriereziele ausgedient haben. So wird Aspekten wie eigenverantwortlichen und herausfordernden Arbeitsinhalten sowie einer Ausgewogenheit zwischen Arbeits- und Privatleben und flexiblen Gestaltungsmöglichkeiten in Bezug auf Arbeitszeit und Arbeitsort ein deutlich höherer Stellenwert eingeräumt als beispielsweise dem Erreichen prestigeträchtiger Positionen oder eines überdurchschnittlichen Einkommens (vgl. Gertz 2008; Werle 2008, S. 136; manager magazin 2005; Ernst & Young GmbH 2009, S. 4 ff.). Dies liegt nicht zuletzt darin begründet, dass sich gerade für höher Qualifizierte „Belohnung" in zunehmendem Maße nicht mehr ausschließlich über Geld definiert, sondern auch über Faktoren wie Spaß, Sinn und Zeit für private Belange oder Weiterbildungsmöglichkeiten (vgl. Opaschowski 2008, S. 146; Meyers 2009, S. 210 ff.).

Ebenso wie sich die Sinnsuche der Menschen von dem einseitigen Blick auf die Erwerbsarbeit löst und sich dem gesamten Leben zuwendet, wird auch Leistung nicht mehr nur auf die Produktivität im Beruf bezogen (vgl. Opaschowski 2008, S. 627 ff.; Meier und Schröder 2007, S. 100). Leistung stellt für viele Beschäftigte generell einen wichtigen Wert dar. Insbesondere Pflichtbewusstsein und Disziplin sowie die Orientierung an selbst gesteckten Zielen sind dabei anerkannte Eigenschaften, die man sich selbst nicht nur gerne zuschreibt, sondern die auch privat wie beruflich gelebt werden (vgl. Meier und Schröder 2007, S. 97).

Nicht zuletzt ändern sich auch die gesellschaftlichen **Rollenmuster**. Insgesamt ist ein Vorpreschen der Frauen in Sachen Gleichberechtigung, Bildung, Karriere und Konsum zu beobachten. Ökonomisch betrachtet lebt die überwiegende Mehrheit der Bevölkerung heute ein Modell, in dem Mann und Frau gemeinsam für den Unterhalt der Familie sorgen und sich damit auch die Verantwortung teilen (vgl. Kocka 2001, S. 12; Rump et al. 2006,

S. 34 ff.). Teils entspricht dies den Wünschen der Partner, teils ist die doppelte Erwerbstätigkeit – gerade im Niedriglohnsektor – unerlässlich zur Deckung der steigenden Lebenshaltungskosten sowie zur Absicherung gegen mögliche Phasen der Arbeitslosigkeit. Generell ist auch zu konstatieren, dass das neue Scheidungsrecht das Bewusstsein dafür stärkt, dass lange Erwerbsunterbrechungen gerade für Frauen fatale Folgen haben können (vgl. Rump und Eilers 2013, S. 24 f.).[4]

1.4 Konsequenzen der Trends

Die Ausführungen machen eines sehr deutlich: Megatrends verändern unsere Lebensumwelt auf vielen Ebenen. Vor allem der Arbeitsalltag wird nachhaltig beeinflusst. Selbst wenn per se nicht alle Arbeitsbereiche gleichermaßen von jeder Entwicklung betroffen sein werden, so lassen sich doch gewisse Veränderungstendenzen erkennen. Dies bleibt nicht folgenlos für die Anforderungen, die an jeden einzelnen Akteur und jede einzelne Akteurin im System Arbeit gestellt werden.

Zusammenfassend sind die zentralen Megatrends mit folgenden Konsequenzen verbunden:

- **Demografischer Wandel**
  - Alterung der Belegschaft.
  - Sinkender Anteil von Nachwuchskräften.
  - Mittelfristig abnehmender Anteil und abnehmende Anzahl von Erwerbspersonen.
  - Sinkender Bestand an Fachkräften.
  - Verlängerung der Lebensarbeitszeit.

- **Technisch-ökonomische Entwicklungen**
  - Zunehmende Digitalisierung, Mediatisierung und Mobilisierung.
  - Zunehmende Beschleunigung von Abläufen.
  - Steigende Veränderungsgeschwindigkeit.
  - Verdichtung von Arbeit.
  - Steigende Komplexität.
  - Spannungsfeld zwischen Kostendruck und Innovationsdruck.
  - Bedeutungszuwachs von Wissen und Kompetenz als Wettbewerbsfaktor und als Treiber für Qualität, Zuverlässigkeit und Kundenzentriertheit.
  - Wissen und Kompetenz als Rohstoff für Innovationskraft.
  - Steigende Wissensintensität am Arbeitsplatz.

---

[4] *Auf die Themenschwerpunkte „Frauen in Führungspositionen“ und „Väter“ wird in Teil III dieses Buches näher eingegangen.*

- Zunehmender Bedarf an Fachkräften (bei demografisch bedingt sinkendem Bestand an Fachkräften).

Gesellschaftliche Entwicklungen

- Nachhaltigkeit im Umweltschutz und in der Energieeffizienz.
- Berücksichtigung von Nachhaltigkeit in der Personalarbeit.
- Berücksichtigung der Nachhaltigkeit in der Unternehmenspolitik und in der Führung.
- Notwendigkeit, die Balance zu halten.
- Wunsch einiger Mitarbeiter nach Entschleunigung.
- Egalisierung des Bildungsniveaus zwischen den Geschlechtern.
- Steigender Anteil von Frauen auf dem Arbeitsmarkt.
- Veränderung des Rollenverständnisses.
- Trend zu ununterbrochenen bzw. nur kurzfristig unterbrochenen Erwerbsbiografien.
- Zunehmender Anteil von Frauen in Fach- und Führungspositionen.
- Wertepluralität aufgrund von Unterschieden in den Denk- und Handlungsmustern von Generationen.
- Entwicklung in Richtung der Individualisierung.
- Umgang mit Vielfalt (Gender, Kulturen, Generationen, Alter, sexuelle Orientierung, etc.).

Aus dem Zusammenspiel der demografischen mit den technisch-ökonomischen Trends ergibt sich ein entscheidendes Spannungsfeld: Bei demografisch bedingt sinkender Verfügbarkeit von Fachkräften nimmt gleichzeitig der Bedarf an solchen gut qualifizierten Arbeitnehmern infolge der technischen und ökonomischen Entwicklungen drastisch zu. Hinzu kommt, dass sich bedingt durch die gesellschaftlichen Entwicklungen die Anforderungen, die Fachkräfte an ihre Arbeitsumgebung stellen, verändern und sie diese auch immer selbstbewusster artikulieren.

Es liegt auf der Hand: Die Personalpolitik muss neue Strategien zum Umgang mit den demografischen, technisch-ökonomischen und gesellschaftlichen Trends und ihren Konsequenzen entwickeln. Diese Notwendigkeit steht jedoch der Frage nach der Praktikabilität gegenüber. Das heißt, um die Personalpolitik angesichts der sich ergebenden Komplexität an Herausforderungen zukunftsorientiert und gleichzeitig praxistauglich zu gestalten, bedarf es einer Zusammenfassung der Effekte, bei der vor allem drei wichtige Themenbereiche auffallen (siehe auch Abb. 2: Rump et al. 2011c, S. 17):

1. Beschäftigungsfähigkeit/Wissen und Kompetenzen,
2. Demografieorientierung sowie
3. Work-Life-Balance/Vereinbarkeit von Berufs-, Privat- und Familienleben.

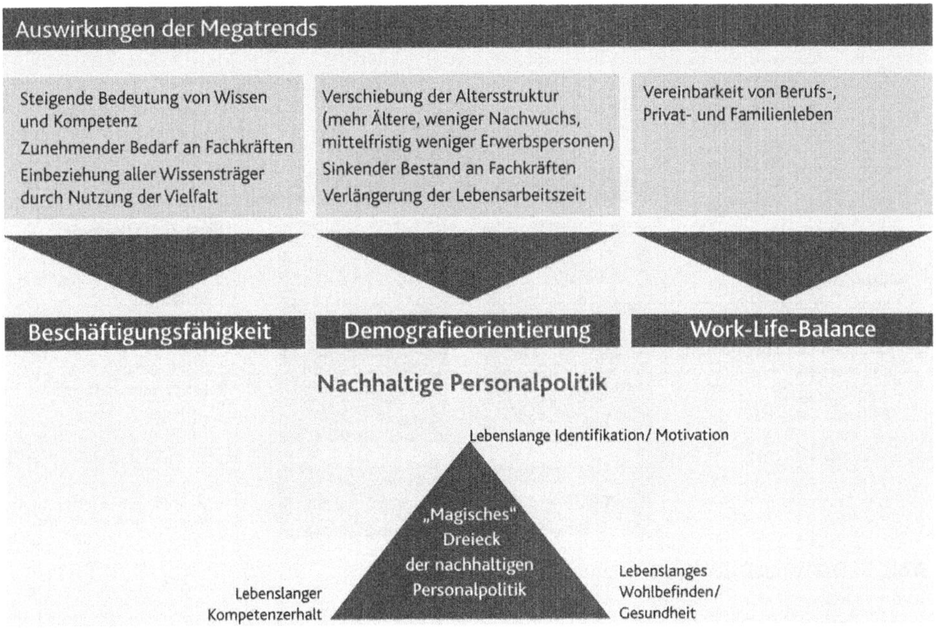

Abb. 2 Herausforderungen für die Unternehmens- und Personalpolitik

Auf das **Wissen und die Kompetenzen** ihrer Beschäftigten werden Unternehmen künftig immer stärker angewiesen sein, um der zunehmenden Komplexität und Veränderungsgeschwindigkeit sowie der steigenden Wissensintensität gerecht zu werden. Dabei werden **„beschäftigungsfähige"** Mitarbeiter auf allen Ebenen, in allen Bereichen und in allen Berufsfeldern über die gesamte Lebensarbeitszeit hinweg gebraucht. Das Anforderungsprofil der Beschäftigungsfähigkeit steht in engem Zusammenhang mit der Definition einer Fachkraft. Unbestritten ist die fachliche Kompetenz das Fundament der Beschäftigungsfähigkeit. Die Methoden- und Sozialkompetenzen – auch vielfach als überfachliche Kompetenzen bezeichnet – sowie die persönlichen Kompetenzen, die nicht selten mit Einstellung und grundlegender Haltung verbunden werden, stellen die Säulen dar. Beide Säulen werden häufig unter dem Begriff der Schlüsselkompetenzen zusammengefasst. Fachliche Kompetenzen und Schlüsselkompetenzen sind also untrennbar miteinander verbunden. Sie bilden das Modell der Beschäftigungsfähigkeit (siehe Abb. 3 Rump et al. 2011c, S.18).

Die Verantwortung für die nachhaltige Sicherung von Beschäftigungsfähigkeit obliegt dem Arbeitgeber sowie den Arbeitnehmern. Beide sind in der Pflicht, die Rahmenbedingungen füreinander derart zu gestalten, dass eine gemeinsame Beschäftigungsfähigkeit bewahrt wird und weiter entwickelt werden kann. (Rump und Eilers 2011a)

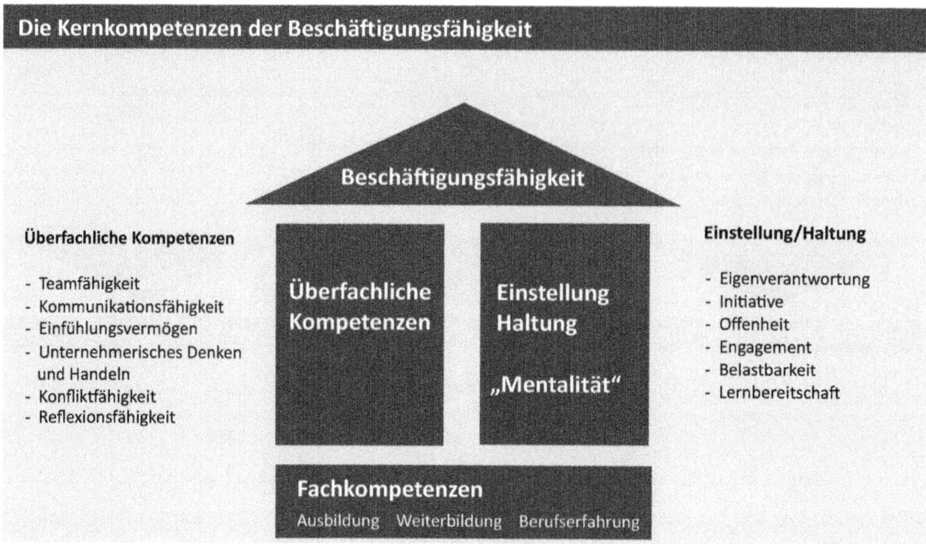

Abb. 3 Das Modell der Beschäftigungsfähigkeit

Während – wie gesehen – die technischen und ökonomischen Entwicklungen die Bedeutung von Beschäftigungsfähigkeit und damit verbunden den Fachkräftebedarf anwachsen lassen, führt der **demografische Wandel** dazu, dass die Verfügbarkeit von Fachkräften kurzfristig konstant bleibt und mittelfristig sinken wird. Die Notwendigkeit zum Handeln ist evident: Wenn wir die Anzahl von (potenziellen) Fachkräften als nicht veränderbar ansehen, müssen wir die Kompetenzen und Qualifikationen der einzelnen (potenziellen) Fachkräfte erhöhen, um so das Know-how konstant zu halten. Dies gilt erst recht, wenn demografiebedingt der Nachwuchs weniger wird. Darüber hinaus sind bei einem steigenden Bedarf an Fachkräften unter den gegebenen Bedingungen der Demografie eine Ausweitung des Personenkreises, aus dem sich Fachkräfte rekrutieren, sowie eine Verlängerung der Lebensarbeitszeit vorzunehmen. Provokant gefragt: Können wir es uns auf Dauer leisten, auf bestimmte Personengruppen des Arbeitsmarktes zu verzichten, wie zum Beispiel Frauen, Ältere, Migranten?

Die Verlängerung der Lebensarbeitszeit, kombiniert mit zunehmender Veränderungsgeschwindigkeit und steigender Komplexität, führt nicht selten dazu, dass Mitarbeiter u die Arbeitswelt als instabil – mit hoher Ungewissheit verbunden – wahrnehmen. Von ihnen wird verlangt, über eine lange Zeit permanent „in Bewegung zu bleiben". Vielen ist bewusst, dass sie den Anforderungen langfristig nur dann gerecht werden können, wenn sie gleichzeitig „nicht die Balance verlieren". Einen Ausgleich zur wahrgenommenen Instabilität im Arbeitsleben suchen viele im Privatleben. Um eine solche **Work-Life-Balance** zu erreichen, ist die Vereinbarkeit von Berufs-, Privat- und Familienleben zwingend erforderlich. Dies gilt umso mehr, als dass heute und in Zukunft eine klare Trennung der unterschiedlichen Bereiche nicht mehr möglich ist – angesichts einer „Entgrenzung" von Arbeit und Freizeit. Wo, wann und in welchem Maße der Einzelne Belastung empfindet und im Gegenzug „auftankt", hängt in hohem Maße von der persönlichen Situation in Beruf und Privatleben, von Neigungen und individuellen Einschätzungen ab. In der Folge sieht auch für jeden Menschen seine Work-Life-Balance anders aus. Hinzu kommt, dass das Empfinden bezüglich dieser Balance einem beständigen Wandel im Laufe eines Erwerbslebens unterliegt (vgl. HayGroup 2011, S. 8; Auer 2000, S. 60 ff.; Opaschowski 2006c, S. 33; Schobert 2007, S. 23 ff.; manager magazin 2005; Kuhnert 2004, S. 141 ff.).

Es wird deutlich, dass der Umgang mit den Trends sowie die Bewältigung der Konsequenzen mit „lebenslangem Lernen und lebenslangem Kompetenzerhalt", „lebenslanger Motivation" sowie „lebenslanger Gesundheit und lebenslangem Wohlbefinden" verbunden sind. Der Fokus der Langfristigkeit umfasst mehr als nur eine Lebensphase. Unter Berücksichtigung der Verlängerung der Lebensarbeitszeit ist sogar davon auszugehen, dass eine Vielzahl von Lebensphasen bei der Gestaltung der Personalpolitik eine Rolle spielen muss. Nur so lässt sich Nachhaltigkeit schaffen, die nicht zuletzt zu einer Entzerrung des sogenannten „Lebensstaus" und einer Auflösung der Rush Hour des Berufslebens beträgt. Die Entzerrung des Lebensstaus gewährleistet, dass Motivation und Leistungsfähigkeit nicht im jüngeren und mittleren Alter aufgrund konstanter Überlastung „verpuffen", sondern auch über einen verlängerten Erwerbslebenszyklus hinweg in allen Lebensphasen Bestand haben und sich weiter entfalten können. Darüber hinaus entspricht die Entzerrung des Lebensstaus zum einen dem vorab beschriebenen Wunsch nach „Balance", zum anderen eröffnet sie Frauen, die noch immer die Hauptverantwortung für die Vereinbarkeit von Beruf und Familie tragen, und „aktiven Vätern" neue Perspektiven im Erwerbsleben. Mit der Auflösung des Lebensstaus ist ein Zeitgewinn verbunden.

Nicht zuletzt: Die Nachhaltigkeit in der Personalpolitik mit den Perspektiven des lebenslangen Lernens und des lebenslangen Kompetenzerhalts, der lebenslangen Motivation sowie der lebenslangen Gesundheit und des lebenslangen Wohlbefindens stellt einen Wettbewerbs- und Standortvorteil für Betriebe und Regionen dar. Dies wirkt auf zwei Ebenen: Zum einen werden die Marktanforderungen bewältigt und Innovationskraft generiert. Die Positionierung auf den Absatzmärkten wird verbessert. Zum anderen wird die Attraktivität als Arbeitgeber gesteigert. Unternehmen, die mit einer nachhaltigen, lebensphasenorientierten Personalpolitik moderne Rahmenbedingungen schaffen, sichern ihre Zukunftsfähigkeit. Eine solche Personalpolitik ist somit Investitionspolitik. Gesamtwirtschaftlich trägt die Lebensphasenorientierte Personalpolitik zur Standortpolitik bei.

Zusammenfassend gilt:

- Nachhaltigkeit in der Personalpolitik => Berücksichtigung der Lebensphasen in der Personalpolitik => Lebensphasenorientierte Personalpolitik => Investitionspolitik.

2 Grundlagen der Lebensphasenorientierten Personalpolitik

Die Lebensphasenorientierte Personalpolitik spiegelt die Trends in der Arbeitswelt und die mit ihnen verbundenen Konsequenzen wider, so dass sie gleichermaßen den bereits im vorangegangenen Kapitel aufgezeigten Dimensionen Beschäftigungsfähigkeit, Demografieorientierung und Work-Life-Balance gerecht wird. Inhaltlich bildet sie das magische Dreieck der Nachhaltigkeit in der Personalpolitik mit seinen Perspektiven „lebenslanges Lernen und lebenslanger Kompetenzerhalt", „lebenslange Motivation" sowie „lebenslange Gesundheit und lebenslanges Wohlbefinden" ab. Durch diese Langfristigkeit steht nicht nur eine Lebensphase, sondern eine Vielzahl von Lebensphasen im Fokus, was im betrieblichen Kontext mit einer Berufsphasenbetrachtung einhergeht.

Eine Lebensphasenorientierte Personalpolitik lässt sich wie folgt beschreiben. Sie…

… begegnet proaktiv den aufgezeigten familienpolitischen, gesellschaftlichen und wirtschaftlichen Entwicklungen.

… berücksichtigt, dass der Mensch nicht nur ein Funktionsträger im Unternehmen ist, sondern sieht ihn in seiner Ganzheit – mit seinen Erfahrungen und Emotionen im Berufs- und Privatleben.

… bezieht bewusst die unterschiedlichen Lebensphasen der im Betrieb tätigen Menschen in Planungen und Entscheidungen ein.

… strebt individuelle anstelle kollektiver Lösungen an und bewegt sich weg von einer über das ganze Berufsleben gleichermaßen ausgerichteten Personalpolitik.

… weist den Führungskräften als Mittler zwischen den betrieblichen Rahmenbedingungen und Anforderungen einerseits sowie den familiären Bedürfnissen der Mitarbeiter andererseits eine unterstützende Rolle zu.

… nimmt bei Einstellungen, Laufbahngesprächen und Versetzungen Rücksicht auf die familiäre Situation der Mitarbeiter.

… zeigt durch die Flexibilisierung der Arbeitsorganisation Wege für Unternehmen und Beschäftigte auf, Berufs- und Lebensschwerpunkte – je nach unternehmerischer und persönlicher Bedarfslage – zu verlagern.

… fördert nicht nur streng einseitig berufsorientierte Karrieren, sondern bewertet familiäres Engagement von Männern und Frauen positiv.

… bezieht eine familienorientierte Personalführung in die Beurteilungskriterien von Führungskräften und in deren leistungsabhängiges Entgelt ein.

… wird der gesellschaftspolitischen Verantwortung des Unternehmens gerecht, indem die Familie – die die zukünftigen Kunden und Nachwuchskräfte aufzieht – gestärkt wird.

… gelingt umso leichter, wenn sie vor dem Hintergrund einer Unternehmenskultur stattfindet, die sich nicht nur in einem entsprechenden Leitbild, sondern auch in tatsächlich gelebten Werten widerspiegelt.

… schlägt sich in einer entsprechenden Kosten-Nutzen-Betrachtung nicht nur auf der Kostenseite nieder, sondern beeinflusst Produktivität und Effektivität positiv.

… unterstützt Mitarbeiter dabei, ihre „Beschäftigungsfähigkeit" und Leistungsfähigkeit über das gesamte Berufsleben hinweg zu erhalten – auch in Lebensphasen, in denen der private Bereich ihnen sehr viel Kraft und Zeit abverlangt, wie z. B. während des Hausbaus, bei einer schweren Erkrankung bzw. dem Tod eines Angehörigen oder während einer Scheidung.

... nimmt keine geschlechtsspezifischen Unterschiede bei Männern und Frauen im Blick auf deren gemeinsame Verantwortung für Partnerschaft und Familie vor.

Daraus ergeben sich dann zwangsläufig die **Leitfragen** der Lebensphasenorientierten Personalpolitik:

- Wie kann die Beschäftigungsfähigkeit der Beschäftigten unter Berücksichtigung der Lebensphasen und der Verlängerung der Lebensarbeitszeit gefördert werden?
- Wie lassen sich Beschäftigte, insbesondere (potenzielle) Fachkräfte für Unternehmen gewinnen und in Unternehmen langfristig binden?
- Wie können die unterschiedlichen Werte sowie Denk- und Handlungsmuster der verschiedenen Generationen und Beschäftigtengruppen berücksichtigt werden?
- Wie lassen sich Lebens- und Berufsphasen miteinander vereinbaren?
- Wie lässt sich der so genannte Lebensstau – die Rush Hour – entzerren?

3 Das Konzept der Lebensphasenorientierten Personalpolitik

Um eine Lebensphasenorientierte Personalpolitik zu gestalten, reicht es nicht aus, die drei Dimensionen „Nachhaltige Sicherung der Beschäftigungsfähigkeit", „Demografieorientierung" sowie „Work-Life-Balance/Vereinbarkeit von Berufs-, Privat- und Familienleben" im Sinne einer einfachen Kombination von möglichen Instrumenten und Maßnahmen zum Einsatz zu bringen. Vielmehr ist es notwendig, dass alle relevanten Unternehmensfelder einbezogen werden, die Aktivitäten in Bezug auf die Lebensphasenorientierung aufeinander abgestimmt und miteinander verknüpft sind sowie Wechselwirkungen berücksichtigt werden. Es bedarf einer Verknüpfung der betrieblichen Notwendigkeiten mit den Zielen, Bedürfnissen und Interessen der Beschäftigten. Die Lebensphasenorientierung setzt somit ein ganzheitliches und integratives Unternehmenskonzept voraus, das bestimmten Grundsätzen gerecht wird (siehe Abb. 4, Rump et al. 2011c, S. 23)

Die Ganzheitlichkeit und die integrative Komponente des Konzepts zeigen sich darin, dass zum einen alle relevanten betrieblichen Handlungsfelder berücksichtigt sind und zum anderen die individuelle Situation der Mitarbeiter abgebildet ist. Die individuelle Situation der Menschen wiederum spiegelt sich in der Lebensphase **und** in der Berufsphase wider. Wird das Konzept der Lebensphasenorientierten Personalpolitik konsequent zu Ende gedacht, entsteht eine Konzeption, die ein hohes Maß an Individualisierung aufweist. „Mitarbeiter und Führungskräfte werden dort abgeholt, wo sie stehen". Damit wird aber auch deutlich, dass ein solches Konzept schnell an die Grenzen der Praktikabilität stößt und letztlich Gefahr läuft, als „theoretisch, aber nicht umsetzbar" eingestuft zu werden. Es bedarf also eines Systematisierungssystems, das in ausreichendem Maß die Lebens- und Berufssituation der Beschäftigten abbildet und gleichzeitig für den Betrieb anwendbar ist.

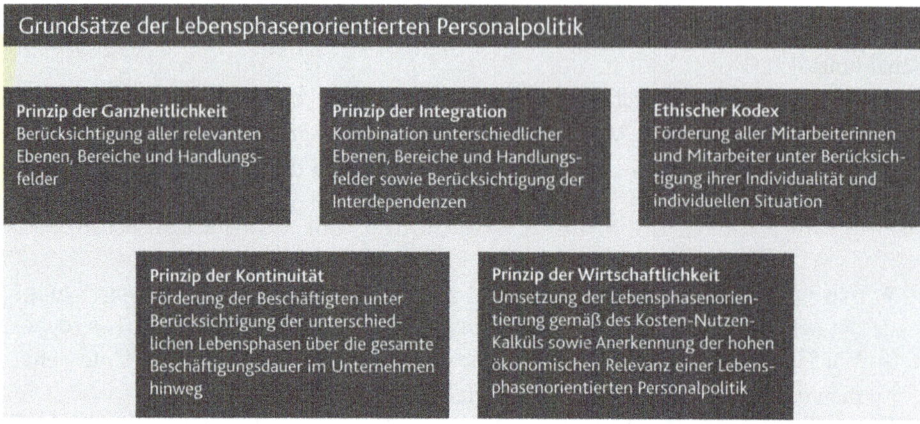

Abb. 4 Grundsätze der Lebensphasenorientierten Personalpolitik

Ein solches Systematisierungssystem im Sinne der Lebensphasenorientierten Personalpolitik nimmt einerseits die unterschiedlichen privaten Lebensphasen sowie die beruflichen Phasen, in denen sich Beschäftigte befinden, in den Blick und macht andererseits eine Zuordnung zu gängigen betrieblichen Handlungsfeldern möglich, was eine Verknüpfung zu bereits vorhandenen personalpolitischen Instrumenten und Maßnahmen zulässt.[5]

Damit weist das Konzept der Lebensphasenorientierten Personalpolitik drei **Ebenen** auf:

- Lebensphasen
- Berufsphasen
- Handlungsfelder

Abbildung 5 veranschaulicht diesen Zusammenhang (Rump et al. 2011c, S. 24)

3.1 Überblick über die Lebens- und Berufsphasen

Das Leben eines jeden Menschen ist im privaten Bereich durch Höhen und Tiefen, prägende Ereignisse und auch durch außerberufliches Engagement gekennzeichnet. Beschäftigte geben diese persönlichen Belange nicht „an der Werkspforte ab" – vielmehr können sich daraus im kritischen Falle erhebliche Herausforderungen auch auf betrieblicher Seite er-

[5] *Bei der Entwicklung des Konzeptes zur Lebensphasenorientierten Personalpolitik wurden die Stärken und Schwächen bereits vorhandener Ansätze aufgegriffen. Zu nennen sind hier insbesondere:*
- *lebenszyklusorientierte Ansätze (vgl. Graf 2002; Flüter-Hoffmann 2008; Rading 2010),*
- *lebensereignisorientierte Ansätze (vgl. Armutat/Deutsche Gesellschaft für Personalführung 2009),*
- *gestaltungsfeldorientierte Ansätze (vgl. Brinkmann 2009; Döring 2008),*
- *lebenslauforientierte Ansätze (vgl. Oldenbourg und Ilmarinen 2010; Bertelsmann Stiftung 2007).*

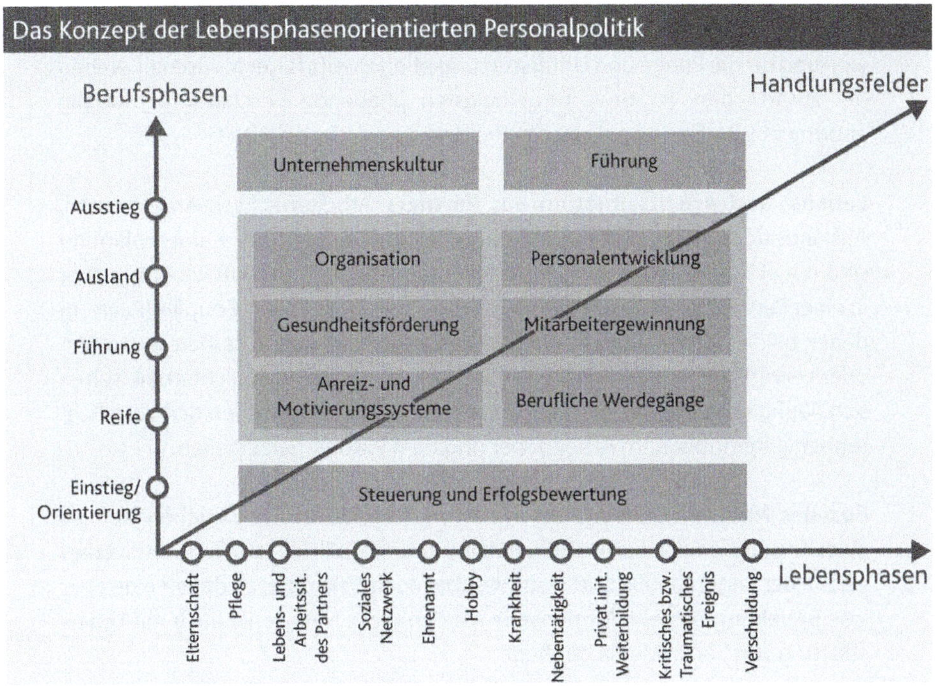

Abb. 5 Das Konzept der Lebensphasenorientierten Personalpolitik

geben, wenn Leistungsfähigkeit, Motivation und Qualifikation in Mitleidenschaft gezogen werden.

Obgleich aufgrund von Überlappungen im Lebensverlauf sowie nicht klar abgrenzbaren Zeithorizonten streng genommen eher von **Lebenshintergründen** auszugehen ist, soll aufgrund des bereits eingeführten und eingängigeren Begriffes im Folgenden weiterhin von **Lebensphasen** gesprochen werden.

Zu den relevanten **Lebensphasen** zählen im **familiären Bereich**:

- Elternschaft
- Pflege
- Lebens- und Arbeitssituation des Partners
- Soziales Netzwerk

Sie lassen sich wie folgt beschreiben (vgl. Meulemann 2006, S. 260):

▶ **Elternschaft** Mit der Geburt oder Adoption eines Kindes und damit mit dem Übergang in die Elternschaft gehen gleichwohl für Mütter und Väter verschiedene Elternpflichten sowie die Übernahme von Verantwortung und Zuwendung für ein Kind bzw. mehrere Kinder einher.

▶ **Pflege** Nicht selten übernehmen Beschäftigte parallel zum Beruf die Verantwortung für die Pflege und Unterstützung pflegebedürftiger Menschen. Neben der zusätzlichen Verantwortung belasten pflegende Beschäftigte oftmalig enorme physische und psychische Probleme.

▶ **Lebens- und Arbeitssituation des Partners** Arbeitswechsel, Arbeitszeiten, Auslandsaufenthalte, Kinderbetreuung, Überstunden und Karriereplanung sind nur einige Beispiele für den Abstimmungsbedarf mit dem Lebenspartner in einer Partnerschaft. Insbesondere sogenannte Dual Career Couples (Paare, in denen beide Partner auf Basis ihrer Qualifikation eine eigene Karriere anstreben oder verwirklicht haben), aber zum Beispiel auch Paare in Schichtarbeit, sehen sich häufig mit der Aufgabe konfrontiert, eine Balance zwischen den Verpflichtungen gegenüber dem Arbeitgeber und dem Partner herzustellen.

▶ **Soziales Netzwerk** Ein soziales Netzwerk wird durch die Zugehörigkeit zu einer Gruppe oder einer Gesellschaft bestimmt. Teil des sozialen Netzwerkes sind in der Regel Familie und Freunde, aber auch Bekannte, zu denen eine eher lose Beziehung besteht. Mittlerweile werden diese Netzwerke auch mit Unterstützung von Social Media gepflegt.

Daneben lassen sich auch Lebensphasen identifizieren, die außerfamiliär sind. Dazu zählen:

- Ehrenamt
- Hobby
- Krankheit
- Nebentätigkeit
- Privat initiierte Weiterbildung
- Kritisches bzw. traumatisches Ereignis
- Verschuldung

Im Detail stellen sie sich folgendermaßen dar (vgl. Böhne 2009, S. 47; Kastner 2004, S. 100; Oerter et al. 1999, S. 462 ff.):

▶ **Ehrenamt** Ehrenamtlich aktiv zu sein, bedeutet, sich beispielsweise in Vereinen, Initiativen, Projekten, Selbsthilfegruppen oder Einrichtungen, wie Kindergärten und Schulen, unentgeltlich zu engagieren. Im Rahmen dieses Engagements sind zum Teil bestimmte zeitliche Rahmenbedingungen einzuhalten, wie beispielsweise Dienstpläne. Ebenso kann es zu vergleichsweise kurzfristigen Einsätzen, beispielsweise der Freiwilligen Feuerwehr oder des Technischen Hilfswerks kommen, die Abwesenheitszeiten im Unternehmen nach sich ziehen.

- **Hobby** Im Sinne eines Ausgleichs zwischen Erwerbs- und Privatleben sucht eine Vielzahl von Beschäftigten die Selbstverwirklichung in Freizeitaktivitäten. Diese nebenberuflichen Aktivitäten reichen von sportlichen Tätigkeiten bis hin zu künstlerischen Interessen o. ä.

- **Krankheit** Krankheitsbedingte Fehltage der Beschäftigten stellen unter Umständen eine Herausforderung für Arbeitnehmer und Arbeitgeber dar. Dabei ist zu unterscheiden zwischen kürzeren Krankheitszeiträumen und chronischen Erkrankungen, die einen Mitarbeiter dauerhaft in Bezug auf Art und Umfang der Tätigkeit beeinträchtigen.

- **Nebentätigkeit** Eine steigende Zahl von Menschen geht heute mehr als einer Beschäftigung nach, wobei vorwiegend persönliche Motive, wie ökonomische Zwänge oder die Suche nach beruflicher Erfüllung für die Aufnahme einer Nebentätigkeit ursächlich sind.

- **Privat initiierte Weiterbildung** Die privat initiierte Weiterbildung dient ebenso wie die betriebliche Weiterbildung der Entfaltung der Persönlichkeit eines Menschen und seinem beruflichen Fortkommen. In der Regel findet diese Form der Weiterbildung außerhalb der Arbeitszeit statt und wird von den Teilnehmern freiwillig wahrgenommen, zum Teil auch verbunden mit einem finanziellen Beitrag.

- **Kritisches bzw. traumatisches Ereignis** Traumatische Ereignisse bieten keinen Raum für vorhersehbare Erfahrungsspielräume und werden von den Betroffenen in Abhängigkeit von der Schwere des Ereignisses teils ohnmächtig wahrgenommen. Häufig stehen traumatische Ereignisse in Verbindung mit dem Tod oder dem schweren Leid einer nahestehenden Person. Des Weiteren führen gewalttätige Angriffe auf die eigene Person, Entführungen, Geiselnahmen oder Terroranschläge zu traumatischen Ereignissen, die das Leben eines Menschen erheblich verändern, wenn nicht sogar gefährden können. Unter kritischen Ereignissen werden solche verstanden, die nicht zwangsläufig einen traumatischen Charakter annehmen, dem Einzelnen jedoch dennoch ein hohes Maß an zeitlichem und emotionalem Einsatz abverlangen, wie beispielsweise Trennungen/Scheidungen, etc.

- **Verschuldung** Mitarbeiter, die verschuldet sind, haben häufig derart hohe finanzielle Verbindlichkeiten, dass eine Tilgung mit dem vorhandenen Einkommen nicht mehr möglich ist. Können betroffene Beschäftige die aufgebauten Schuldenberge nicht mehr selbstständig abbauen, entstehen in der Folge nicht selten zusätzliche Probleme am Arbeitsplatz.

Die skizzierten Lebensphasen sind unabhängig vom Alter und auch unabhängig davon, in welcher beruflichen Phase sich ein Mitarbeiter befindet. Beispielsweise kann auch eine 50-jährige Führungskraft noch einmal Vater werden und entsprechende betriebliche Unterstützung benötigen. Darüber können durchaus mehrere Lebensphasen parallel nebeneinander bestehen (sogenannte Sandwich-Positionen, zum Beispiel bei gleichzeitiger Elternschaft und Pflegeverantwortung).

Inwieweit sich private und berufliche Belange miteinander vereinbaren lassen, hängt nicht zuletzt von den unterschiedlichen Berufsphasen ab, die Beschäftigte im Zuge eines Erwerbslebens durchlaufen.

Relevante Berufsphasen sind:

- Einstieg/Orientierung
- Reife
- Führung
- Ausland
- Ausstieg

Sie lassen sich in Kürze folgendermaßen erläutern (vgl. Graf 2002, S. 105 ff., 118 ff.; 142; Böhne 2009, S. 40 f., 49):

▶ **Einstieg/Orientierung** Mit dem beruflichen Einstieg ist die erste Tätigkeitsaufnahme im Unternehmen angesprochen, häufig gleichzusetzen mit dem Beginn der Berufsausbildung und der ersten festen Anstellung. Dies können Auszubildende in der Erstausbildung sein, ebenso Akademiker, die nach dem Studium ihrer ersten Tätigkeit nachgehen.

Im Hinblick auf die berufliche Orientierung ist zu unterscheiden zwischen Mitarbeitern, die einen Stellenwechsel vornehmen und in das Unternehmen neu eintreten sowie Beschäftigten, die sich innerhalb der Organisation verändern und eine neue Tätigkeit ausüben. Auch Beschäftigte, die nach einer mehrjährigen Elternzeit oder Pflegezeit in den Beruf zurückkehren, die sogenannten „Wiedereinsteiger" sind beispielsweise dazu zu zählen. Kommt ein Mitarbeiter nach einem längeren Auslandsaufenthalt in das Mutterunternehmen zurück, handelt es sich auch vielfach um eine berufliche Neuorientierung.

▶ **Reife** In der Regel wird denjenigen Mitarbeitern, die eine gute Leistung erbringen und über ein großes Know-how verfügen, berufliche Reife zugesprochen. Nicht selten gelangen diese Beschäftigten an einen Punkt, an dem kein wesentliches Entwicklungspotenzial mehr im Rahmen ihrer Funktion vorhanden ist. Man spricht in diesem Zusammenhang auch von der Entstehung eines sogenannten Karriereplateaus. Es handelt sich um Mitarbeiter, die im Laufe ihres Berufslebens langjährige Erfahrungen im Rahmen von Fach- und Projektaufgaben gesammelt haben und die als Know-how-Träger des Unternehmens bezeichnet werden können. Eine weitere berufliche Karriereentwicklung „nach oben" ist seitens des Unternehmens teilweise nicht zu realisieren und wird auch von den Beschäftigten nicht zwangsläufig gewünscht.

- **Führung** Mit der Übernahme einer ersten Führungsverantwortung entstehen enorme Herausforderungen bezüglich der Identifikation mit der neuen Rolle und der Abgrenzung gegenüber den Mitarbeitern. Aber auch für Beschäftigte, die sich bereits in einer Führungsposition etabliert haben, können bestimmte Lebensereignisse, wie zum Beispiel der Eintritt eines Pflegefalls in der Familie oder die Geburt eines Kindes dazu führen, dass diese nicht mehr in vollem Umfang der zu tragenden Verantwortung nachkommen können oder wollen.

- **Ausland** Ein beruflicher Standortwechsel ins Ausland bedeutet gleichzeitig, einen vergleichsweise einschneidenden Wechsel des Lebensumfeldes vorzunehmen und je nach Zielland zusätzlich kulturellen Veränderungen gegenüber zu stehen. Hiervon sind nicht nur der Mitarbeiter selbst betroffen, sondern auch der jeweilige Partner oder die Familie, deren Leben durch den Auslandsaufenthalt ebenfalls maßgeblich bestimmt werden kann. Die Dauer der Auslandphase kann je nach Art der Auslandsentsendung unterschiedlich lange andauern. Nicht selten steht ein Auslandsaufenthalt einer bestimmten Lebensphase des Beschäftigten und dessen Familie entgegen, welches zu Vereinbarkeitsproblemen dieses Karriereschrittes mit dem Familienleben führen kann.

- **Ausstieg** Ein Ausscheiden des Mitarbeiters aus dem Unternehmen ist aus vielen Gründen möglich. So verlassen nicht selten Auszubildende nach erfolgreichem Abschluss der Ausbildung Unternehmen, um weitere Erfahrungen zu sammeln oder sich weiterzubilden. Auch die Inanspruchnahme der gesetzlichen Eltern- oder Pflegezeit bedeutet einen kurzfristigen Ausstieg aus dem Erwerbsleben, der idealerweise mit bestimmten Maßnahmen auf Unternehmensseite zur Gewährleistung eines reibungslosen Wiedereinstiegs einhergehen sollte. Von einem Ausstieg spricht man darüber hinaus gleichermaßen bei einem internen Abteilungs- oder Bereichswechsel sowie bei dem endgültigen Verlassen des Arbeitgebers, sei es zur beruflichen Neuorientierung oder am Ende des Erwerbslebens. Insbesondere der Eintritt in den Ruhestand kann als eine kritische Phase erlebt werden, da sich die Lebensverhältnisse und -umstände des ehemaligen Beschäftigten grundlegend verändern.

Auch die beruflichen Phasen sind zum großen Teil altersunabhängig. Sie können sich wiederholen und erfolgen nicht zwangsläufig chronologisch. Beispielsweise kann auch mit 45 Jahren der Start einer neuen Karriere im Unternehmen unternommen werden, nachdem der Mitarbeiter einige Jahre zuvor im Ausland für eine Tochtergesellschaft tätig war. Zudem müssen nicht alle Berufsphasen durchlaufen werden. Einige Beschäftigte werden in ihrer Erwerbsbiografie keinen Auslandseinsatz haben und/oder nicht die Führungslaufbahn einschlagen.

► Um Mitarbeitern Lösungswege für ihre individuellen Bedarfssituationen anbieten zu können, wird nach Maßnahmen und Instrumenten gesucht, die sowohl für die jeweilige Berufsphase als auch für die entsprechende Lebensphase des Beschäftigten passend sind. Diese Zusammenführung von Lebens- und Berufsphasen wird als „Matching" bezeichnet.

Die folgende Abb. 6 (Rump et al. 2011c, S. 30 - 31) gibt einen Überblick über einige ausgewählte Maßnahmen, mit denen sich ein solches „Matching" von Lebens- und Berufsphasen erreichen lässt.

Der Blick auf das „Matching" zeigt, dass es eine Fülle von Einzelmaßnahmen gibt, die eine Lebensphasenorientierte Personalpolitik ausmachen. Es zeigt allerdings auch, dass

- viele dieser Maßnahmen Beschäftigten in unterschiedlichen Lebens- und Berufsphasen gleichermaßen dienen,
- die Instrumente nicht neu sind, sondern zu den Bewährten zählen, mit denen Unternehmen bereits Erfahrungen gesammelt haben,
- die Instrumente und Maßnahmen betrieblichen Handlungsfeldern zugeordnet werden können.

Es geht also darum, ein bestehendes Instrumentarium und Maßnahmenbündel passgenau und zielgerichtet einzusetzen. Neu ist die Systematisierung, mit der der Versuch unternommen wird, die Vielfältigkeit und die mit der Individualisierung verbundene Unübersichtlichkeit zu ordnen.

► Um der Vielfalt der Lebensphasen sowie der Differenziertheit eines Berufslebens gerecht zu werden, wird nun nicht mehr von der „Vereinbarkeit von Berufs-, Privat- und Familienleben" gesprochen, sondern die Begrifflichkeit „Vereinbarkeit von Lebensphasen und Berufsphasen" verwendet.

3.2 Zuordnung zu Handlungsfeldern

Zur weiteren Verbesserung der Systematisierung liegt es nun nahe, die Maßnahmen in personalpolitische Handlungsfelder einzuteilen. Bei der Zusammenführung der Maßnahmen in Handlungsfelder fällt auf, dass es sich zum großen Teil um solche Handlungsfelder handelt, die mittlerweile zum üblichen Repertoire der Personalpolitik zählen (siehe Abb. 7, Rump et al. 2011c, S. 32).

Unternehmenskultur und Führung stellen dabei gewissermaßen den Rahmen dar. Dementsprechend erweisen sich Maßnahmen und Instrumente, die diesen beiden Handlungsfeldern zugeordnet werden können, als allgemeingültig. Gleichzeitig stellen sie das

Lebensphasen \ Berufsphasen	Einstieg / Orientierung	Reife	Führung	Ausland	Ausstieg (temporär / endgültig)
Elternschaft	Informationen; Beratung; Services für die Familie; Flexible Arbeitsmodelle (Zeit / Ort); Kontakthalteprogramme während der Elternzeit; Wiedereinstiegsprogramme	Flexible Arbeitsmodelle (Zeit / Ort); Informationen; Beratung; Services für die Familie; Sensibilisierung von Führungskräften; Freistellung; Kontakthalteprogramme während der Elternzeit; Wiedereinstiegsprogramme	Kontakthalteprogramme während der Elternzeit; Wiedereinstiegsprogramme; Führungspositionen in Teilzeit; e-/blended Learning; Durchlässigkeit von Werdegängen	Unterstützung bei der Kinderbetreuung beim Auslandseinsatz	Elternzeit; Kontakthalteprogramme
Pflege	Informationen; Beratung; Erfahrungsaustausch; flexible Arbeitsmodelle (Zeit / Ort); Kontakthalteprogramme während der Elternzeit; Wiedereinstiegsprogramme	Flexible Arbeitsmodelle (Zeit / Ort); Informationen; Beratung; Sensibilisierung von Führungskräften; Freistellung; Kontakthalteprogramme während der Pflegezeit; Wiedereinstiegsprogramme	Kontakthalteprogramme während der Pflegezeit; Führungspositionen in Teilzeit; e-/blended Learning	Unterstützung bei der Organisation der Pflege von Angehörigen	Pflegezeit; Kontakthalteprogramme
Lebens- und Arbeitssituation des Partners	Tag der offenen Tür; bei gesuchten Fach- u. Führungskräften Unterstützung bei der Suche nach einem Job für den Partner bzw. die Partnerin	Einladung zu Veranstaltungen auch für den Partner; Dual Career Thematik; Umgang mit der Ablehnung von Arbeitseinsätzen (Beförderung, Ausland etc.) aufgrund des Partners bzw. der Partnerin	Dual Career Thematik; Integration der Situation des Partners in Qualifizierungs- und Beförderungs-Gespräche; Informationen für Partner und Partnerinnen bei größeren PE-Maßnahmen	Sprach- und interkulturelles Training auch für den Partner und die Partnerin	Austrittsgespräch
Soziales Netzwerk	Werben mit Öffnung für Netzwerke	Flexible Arbeitsmodelle (Zeit / Ort); Freistellung	Förderung von berufs- und tätigkeitsbezogenen Netzwerken; Akzeptanz des Engagements von Führungskräften in Netzwerken	Soziale Netzwerke als Hilfestellung für die Integration im Ausland	Soziale Netzwerke als Hilfestellung im Übergang in den Ruhestand; Soziale Netzwerke als Unterstützung bei temporären Ausstiegen (Informationen, Beratung, Austausch)
Ehrenamt	Mitarbeitergespräch; Freistellung; Flexible Arbeitszeiten	Flexible Arbeitsmodelle (Zeit / Ort); Freistellung	Anerkennung der im Ehrenamt erworbenen Fähigkeiten bei der Personal- und Kompetenzentwicklung	Vermittlung von Ehrenamtsbörsen im Ausland	Gleitender Übergang zwischen Erwerbsarbeit und Ausstieg (schrittweise Altersteilzeit)
Hobby	Mitarbeitergespräch; Freistellung; Flexible Arbeitszeiten; externe Rekrutierung, z. B. über die Platzierung von Stellenanzeigen in Hobbyzeitschriften und auf entsprechenden Websites	Flexible Arbeitsmodelle (Zeit / Ort); Freistellung	Anerkennung der im Hobby erworbenen Fähigkeiten bei der Personal- und Kompetenzentwicklung	Informationen über Möglichkeiten zur Ausübung des Hobbys am Bestimmungsort	Gleitender Übergang zwischen Erwerbsarbeit und Ausstieg (schrittweise Altersteilzeit)
Krankheit	Krankenrückkehrgespräch; Unterstützung beim Umgang mit der Krankheit; flexible Arbeitsmodelle; finden eines neuen Ausbildungsberufs; Behindertengerechte Ausbildung	Krankenrückkehrgespräch; Unterstützung beim Umgang mit der Krankheit; flexible Arbeitsmodelle (Zeit / Ort); neue Arbeitsplatzgestaltung; Tätigkeitswechsel; Freihalten der Stelle bei kurz- und mittelfristiger Abwesenheit	Krankenrückkehrgespräch; Verschiebung von Karriereschritten; Verschiebung von Qualifizierungen; Teilzeit-Qualifizierung; Freistellungen; Arbeitsplatzwechsel	Vorzeitige Rückkehr bei Bedarf	Krankenzeit; Kontakthalten während der Krankenzeit; kleine Aufmerksamkeiten, wie Blumen etc.
Nebentätigkeit	Flexible Arbeitsmodelle (Zeit / Ort)	Flexible Arbeitsmodelle (Zeit / Ort); Freistellung	Anerkennung der in der Nebentätigkeit erworbenen Fähigkeiten bei der Personal- und Kompetenzentwicklung	Aufstockung des Tätigkeitsumfangs	Gleitender Übergang zwischen Erwerbsarbeit und Ausstieg
Privat initiierte Weiterbildung	Flexible Arbeitsmodelle (Zeit / Ort); ggf. finanzielle Unterstützung	Flexible Arbeitsmodelle (Zeit / Ort); Freistellung für Prüfungen bzw. Prüfungsvorbereitung	Anerkennung der in der Weiterbildung erworbenen Fähigkeiten bei der Personal- und Kompetenzentwicklung	Heimreise zur Teilnahme an Prüfungen bei Fernkursen	Kontakthalten während länger andauernden Freistellungen zur Weiterbildung
Traumatisches bzw. kritisches Ereignis	Mitarbeitergespräch; Beratung; Coaching	Mitarbeitergespräch; Coaching; Mentoring; Erstellen von Ausstiegsszenarien; Durchlässigkeit von Werdegängen und Karrieren	Coaching; Mentoring; Persönlichkeitsentwicklungsseminare; Sabbatical	Vorzeitige Rückkehr bei Bedarf	Sabbatical; Outplacement
Verschuldung	Mitarbeitergespräch, Beratung	Mitarbeitergespräch; Beratung	Mitarbeitergespräch; Beratung	Vorzeitige Rückkehr bei Bedarf	Mitarbeitergespräch; Beratung

Abb. 6 Mögliche Maßnahmen der Lebensphasenorientierten Personalpolitik

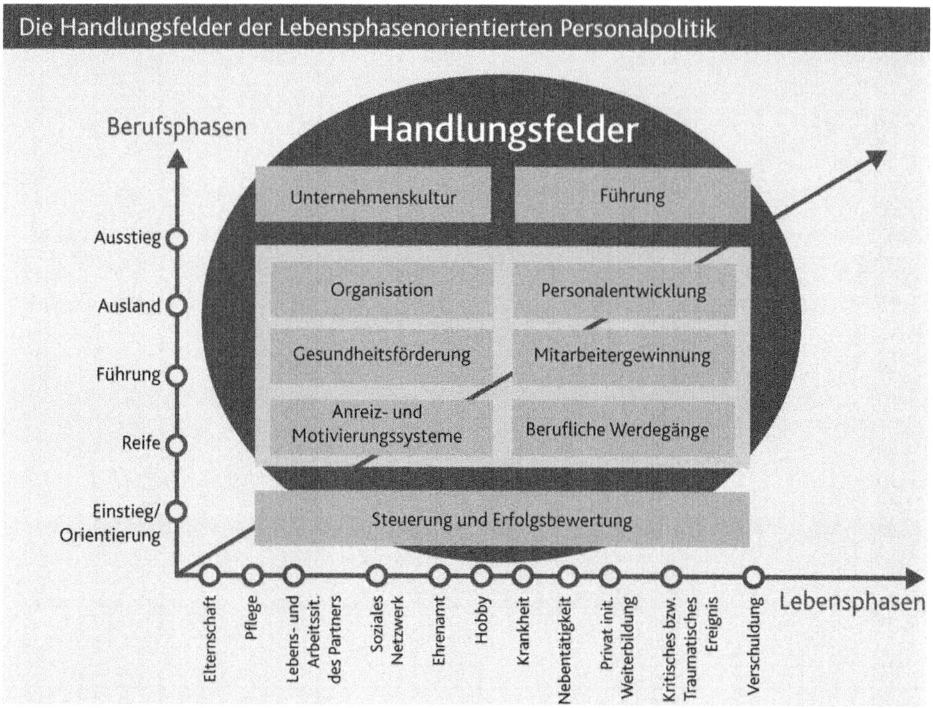

Abb. 7 Die Handlungsfelder der Lebensphasenorientierten Personalpolitik

normative und strategische Fundament der Lebensphasenorientierten Personalpolitik dar. Betont werden sollte in diesem Zusammenhang, dass gerade über eine entsprechende Führungskultur der Bezug zur Individualisierung der Personalarbeit hergestellt wird.

Die **Steuerung und Erfolgsbewertung** als Handlungsfeld lässt sich ebenfalls nicht bestimmten Lebens- und Berufsphasen zuordnen. Da sie das Ziel der Evaluierung der Wirkung der Handlungsfelder, Instrumente und Maßnahmen hat, befindet sie sich auf einer anderen logischen Ebene. Nichtsdestotrotz gehört das Handlungsfeld „Steuerung und Erfolgsbewertung" zur Lebensphasenorientierten Personalpolitik.

In den Handlungsfeldern **Organisation, Personalentwicklung, Mitarbeitergewinnung**, bei den **beruflichen Werdegängen** und hinsichtlich der **Anreiz- und Motivationssysteme** lassen sich hingegen lebens- und berufsphasenspezifische Ansätze herausarbeiten.

Das Handlungsfeld der **Gesundheitsförderung** scheint eine Sonderstellung einzunehmen. Auf den ersten Blick mag ein Bezug insbesondere zu den einzelnen Lebensphasen vorliegen. Eine detaillierte Auseinandersetzung mit der Thematik zeigt jedoch, dass die Instrumente und Maßnahmen der Gesundheitsförderung lebens- und berufsphasenunabhängig sind. Sie gelten generell.

4 Die konkrete Ausgestaltung der Lebensphasenorientierten Personalpolitik

Das richtige Handlungsfeld und Instrument für die jeweilige Situation des Beschäftigten und des Unternehmens in der richtigen Art und Weise anzuwenden – das ist die Herausforderung einer Lebensphasenorientierten Personalpolitik!

Im Folgenden werden die Handlungsfelder kurz dargestellt und praxisnahe Gestaltungstipps vorgestellt. An dieser Stelle soll deutlich zum Ausdruck gebracht werden, dass die im Bereich „Praxisnahe Gestaltungstipps" genannten Punkte nicht als „To-Do-Liste" zu verstehen sind, sondern eine Auswahl an möglichen Instrumenten darstellen, aus der jeder einzelne Betrieb entsprechend seiner Größe und Situation die passenden auswählen kann. Einige Gestaltungstipps lassen sich mehreren Handlungsfeldern zuordnen. Sie sind mehrdimensional und wirken übergreifend.

4.1 Unternehmenskultur und Führung als Fundament

Unternehmerischer Erfolg ist abhängig von der engagierten Strategieumsetzung durch die Mitarbeiter und Führungskräfte. Ihre Kreativität, Flexibilität, Innovationskraft und ihre Teamarbeit im Alltag sind Grundlage dafür, die Ziele des Unternehmens zu erreichen. Nicht allein der Standort, die Produkte und Dienstleistungen, der Vertrieb und die Systeme sind entscheidend für langfristige Leistungsstärke, sondern ebenso die Einstellung und das Bewusstsein der im Betrieb arbeitenden Menschen. Damit rücken Unternehmenskultur, das direkt damit in Verbindung stehende Betriebsklima sowie Führung in den näheren Blickpunkt.

Gut gemeinte Ansätze einer Lebensphasenorientierten Personalpolitik sind zum Scheitern verurteilt, wenn sie nicht auf dem Fundament einer entsprechenden Unternehmens- und Führungskultur aufbauen.

4.1.1 Unternehmenskultur

Grundsätzliches Die Unternehmenskultur spiegelt die Werte und Normen wider, die im Miteinander von Arbeitgebern und Arbeitnehmern gepflegt und gelebt werden. Sie stellt somit eine Art „Wertefundament" dar und nimmt dadurch auch maßgeblichen Einfluss auf das Denken und Handeln der Beschäftigten.

Im Zusammenhang mit der Lebensphasenorientierten Personalpolitik wird eine Unternehmenskultur benötigt, die den unterschiedlichen Lebens- und Berufsphasen der Belegschaft Wertschätzung entgegen bringt. Mit dem Aufbau einer lebensphasenorientierten Unternehmenskultur sollen alle Beschäftigten für die Thematik sensibilisiert und die Diskriminierung von Mitarbeitern in spezifischen Lebenssituationen verhindert werden. Eine Unternehmenskultur, die nicht wertschätzend wirkt, verhindert eine nachhaltige Verankerung dieser Thematik im Betrieb und im Bewusstsein aller Beschäftigten. Stattdessen fördert sie die Entwicklung des Lebensstaus.

Hinter einer lebensphasenorientierten – und damit wertschätzenden – Unternehmenskultur steht das Leitbild, dass der Mensch nicht nur ein Funktionsträger im Unternehmen ist, sondern in seiner Ganzheit betrachtet wird – mit seinen Erfahrungen und Emotionen im Beruf sowie im Privat- und Familienleben. Mitarbeiter werden in diesem Sinne dabei unterstützt, ihre Beschäftigungsfähigkeit und Leistungsfähigkeit über das gesamte Berufsleben hinweg zu erhalten – auch in Lebenssituationen, in denen der private Bereich ihnen sehr viel Kraft und Zeit abverlangt, wie zum Beispiel während des Hausbaus, bei einer schweren Erkrankung bzw. dem Tod eines Angehörigen oder während einer Scheidung. Unabhängig vom Alter und vom Geschlecht der Beschäftigten werden die Lebens- und Berufsphasen der im Betrieb tätigen Menschen in Planungen und Entscheidungen einbezogen.

Die Entwicklung einer Unternehmenskultur in Richtung Lebensphasenorientierung ist ein Prozess, der sich nicht von heute auf morgen vollzieht und mit Hindernissen und Hemmnissen verbunden sein kann. Nicht selten müssen sich Werte, Normen und Orientierungen ändern; es bedarf einer Anpassung der Denk- und Handlungsmuster. Da eine Verhaltensänderung der bzw. des Einzelnen nicht angeordnet werden kann, ist lediglich eine Beeinflussung über Rahmenbedingungen möglich. So bedarf es der Unterstützung durch die Geschäftsleitung, um sicherzustellen, dass vorhandene Ansätze gelebt werden und eine Kontinuität in den Bemühungen des Betriebes zu erkennen ist. Denn die Vertrauensbasis der Mitarbeiter wird durch ein nach außen hin lebensphasenorientiertes Auftreten, das sich in den innerbetrieblichen Abläufen nicht widerspiegelt, empfindlich gestört. Dazu gehört auch ein Miteinander, das auf Kommunikation und Austausch setzt – denn wer kennt seine Bedürfnisse besser als die Beschäftigten selbst? Deren Ideen und Wünsche sind in den meisten Fällen oftmals einfacher und kostengünstiger umsetzbar als es für viele Arbeitgeber vorstellbar ist.

Für eine Inanspruchnahme lebensphasenorientierter Instrumente und die Ausschöpfung aller Potenziale, die mit der Umsetzung einhergehen, ist es zudem von essenzieller Bedeutung, dass die Thematik ganzheitlich kommuniziert wird. Ziel interner Kommunikationsmaßnahmen sollte es sein, dass alle Beschäftigten – Neueinstellungen und „Alt"-Mitarbeiter – das Konzept verstanden und verinnerlicht haben. Dafür ist es zunächst notwendig, alle Arbeitnehmer für die Thematik zu sensibilisieren und ein gewisses Bewusstsein für die Relevanz zu schaffen. Die Kommunikation nach außen sollte das Spiegelbild des internen Agierens sein. Eine Selbstdarstellung nach außen, die im Widerspruch zur Unternehmenskultur steht, wird über kurz oder lang des „Mehr Scheins als Seins" überführt werden – nicht zuletzt durch die Menschen selbst, die in der Öffentlichkeit über ihren Arbeitgeber reden. Damit verliert dieser seine Glaubwürdigkeit sowohl auf dem Arbeitsmarkt als auch auf dem Absatzmarkt.

Neben der Kompatibilität von Innen- und Außensicht sowie der damit verbundenen Glaubwürdigkeit sollte die extern ausgerichtete Kommunikationspolitik offensiv die Vorzüge und Errungenschaften des Unternehmens publik machen. Das Motto kann durchaus lauten: „Tue Gutes und rede darüber". Zudem bedarf es eines regelmäßigen Screenings der

Außenwahrnehmung der Arbeitgebermarke (zum Beispiel durch Wettbewerbe oder über Portale zur Arbeitgeberbewertung wie www.kununu.de).

Zum Abschluss sei darauf hingewiesen, dass eine externe Informations- und Kommunikationspolitik nicht nur einseitig, sondern mittlerweile im Sinne des Web 2.0 ausgerichtet ist. Mit anderen Worten: Alle Akteure sind miteinander vernetzt und die Kommunikation gestaltet sich zwei- oder mehrseitig. Mit dieser Vernetzung schwindet dann auch die Kontrolle des Informationsgehalts und der Informations- und Kommunikationskanäle. Ein einmal initiierter Twitter-Prozess lässt sich kaum mehr aufhalten. Die einzige Möglichkeit, ihn zu stoppen bzw. in den Prozess einzugreifen, besteht in einer Unternehmenskultur im Sinne von Glaubwürdigkeit und Verlässlichkeit, die wiederum von innen wirkt.

Praxisnahe Gestaltungstipps Die Integration der Lebensphasenorientierung in die Unternehmenskultur kann auf unterschiedliche Weise vonstatten gehen. Dabei kommt es weniger darauf an, möglichst viele Ansätze zu verfolgen. Stattdessen ist es sinnvoll, sich zum Beispiel auf Maßnahmen zu konzentrieren, die für den einzelnen Betrieb in seiner individuellen Situation passend und umsetzbar sind. Basierend auf den identifizierten Werten und Normen sind nachfolgend einige dieser Wege dargestellt:

- **Platzieren Sie die Werte einer Lebensphasenorientierten Personalpolitik im Leitbild des Unternehmens und machen Sie sie immer wieder zum Thema:**
  - Verankern Sie im Unternehmensleitbild Ihre lebensphasenorientierte Managementzielsetzung, wie etwa „Der Betrieb sieht es als seine Aufgabe an, unternehmerische und persönliche Ziele miteinander zu synchronisieren."
  - Veröffentlichen Sie das lebensphasenorientierte Leitbild des Unternehmens beispielsweise im Geschäftsbericht, auf Ihrer Homepage, in sozialen Netzwerken wie Facebook etc.
  - Thematisieren Sie die Lebensphasenorientierte Personalpolitik regelmäßig in der laufenden Unternehmenskommunikation, zum Beispiel Betriebszeitung, Betriebsversammlung, Fortbildung. So kann auch über kurze Anekdoten oder Erfahrungsberichte für die Belange unterschiedlicher Generationen sensibilisiert werden.
  - Machen Sie Lebensphasenorientierung zum Bestandteil angeleiteter oder unterstützter Gesprächskreise.
- **Zeigen Sie Ihre Wertschätzung für alle Mitarbeitergruppen im Unternehmen:**
  - Beachten Sie die unterschiedlichen Bedürfnisse Ihrer Belegschaft. Seien Sie aufgeschlossen und nehmen Sie zudem keine stereotype Einstellung gegenüber den Personen ein.
  - Schaffen Sie ein Bewusstsein dafür, dass Brüche in der Erwerbsbiografie normal sind und nicht zwangsläufig negativ bewertet werden.
  - Verwenden Sie dabei in der innerbetrieblichen Kommunikation einen „erweiterten Familienbegriff", der auch Alleinerziehende, Patchwork-Familien sowie gleichgeschlechtliche Beziehungen einbezieht.

  - Etablieren Sie Glückwünsche zu Geburtstagen (auch für Ruheständler), betrieblichen Jubiläen, Eheschließungen, Geburten, erfolgreich abgeschlossener Ausbildung und privat initiierten Weiterbildungsmaßnahmen etc.
- **Fördern Sie die Gleichstellung im Unternehmen:**
  - Achten Sie etwa bei Neueinstellungen und der Vergabe von Führungspositionen besonders darauf, alle Zielgruppen – also gerade auch Frauen, Ältere, Menschen mit Migrationshintergrund bzw. unterschiedlichen kulturellen Hintergründen und/oder Behinderung sowie Menschen mit unterschiedlicher sexueller Orientierung – angemessen zu fördern.
  - Überprüfen Sie Ihre Gehaltsstruktur auf versteckte diskriminierende Ausrichtungen.
- **Fördern Sie die Eigenverantwortung Ihrer Mitarbeiter:**
  - Präsentieren Sie Ihren Beschäftigten keine „Rundum-Sorglos-Pakete", etwa in Bezug auf Services für die Familie und Gesundheitsförderung, sondern bevorzugen Sie „Hilfe zur Selbsthilfe".
  - Unterstützen Sie Mitarbeiterinitiativen wie die Gründung einer Betriebssportgruppe oder einer Kinderbetreuungseinrichtung durch kleine Gesten wie Sachspenden oder bezahlte Freistellungen für Abstimmungsgespräche während der Arbeitszeit.
- **Fördern Sie Vertrauen im Unternehmen:**
  - Unterstützen Sie eine „Politik der offenen Türen". Mit Ausnahme wichtiger Besprechungen sollten die Türen der Führungskräfte bzw. der Geschäftsleitung stets offen sein, um Mitarbeiter zu ermutigen, mit Ideen, Fragen oder Problemstellungen auf ihre Vorgesetzten zuzugehen.
  - Stehen Sie zu gegebenen Zusagen bzw. machen Sie den Beschäftigten gegenüber ausschließlich Zugeständnisse, von denen Sie sicher sind, sie in die Tat umsetzen zu können.
- **Signalisieren Sie, dass außerberufliche Belange akzeptiert werden:**
  - Führen Sie regelmäßige Mitarbeiterbefragungen durch, die nicht nur die beruflichen Belange, sondern auch außerberufliche Belange thematisieren und spiegeln Sie die Ergebnisse zeitnah zurück.
  - Stellen Sie Ihren Mitarbeitern einen qualifizierten Ansprechpartner bzw. eine Ansprechpartnerin, gegebenenfalls auch nur für wenige Stunden in der Woche, zur Seite, um Hilfestellung in schwierigen Lebenssituationen (zum Beispiel Langzeiterkrankung, Scheidung, Verschuldung etc.) aber auch in schwierigen Berufssituationen zu leisten. Vermitteln Sie alternativ Kontakte zu Beratungsstellen.
  - Verbreiten Sie aktiv positive Beispiele einer gelungenen Vereinbarkeit von Lebens- und Berufsphasen der Mitarbeiter, so zum Beispiel mit Berichten von bzw. über Beschäftigte, die ein Ehrenamt ausüben oder die im Hobby aktiv sind, Ereignisse, in denen das Unternehmen für Mitarbeiter unterstützend wirkt, erfolgreiche Wiedereinsteiger nach beruflicher Unterbrechungsphase, Personen des Unternehmens, die sich privat weiterbilden etc.

- **Engagieren Sie sich für Lebensphasenorientierte Personalpolitik auch in der Öffentlichkeit:**
  - Halten Sie externe Vorträge und präsentieren Sie Ihre lebensphasenorientierten Maßnahmen, veröffentlichen Sie Artikel in der regionalen Presse, nehmen Sie teil an entsprechenden Wettbewerbsausschreibungen, veranstalten Sie einen „Tag der offenen Tür" etc.
  - Thematisieren Sie ganz bewusst die lebensphasenorientierte Ausrichtung bei Maßnahmen zur Gewinnung neuer Mitarbeiter, wie etwa auf Ausbildungs- und Hochschulmessen, in Stellenausschreibungen und Vorstellungsgesprächen, in Social Media etc.
  - Gehen Sie offensiv mit den Vorzügen Ihres Unternehmens in der Öffentlichkeit um - nach dem Motto „Tue Gutes und rede darüber". Achten Sie dabei auf Glaubwürdigkeit und Kompatibilität zwischen Innen- und Außensicht.

4.1.2 Führung

Grundsätzliches Bei einer Lebensphasenorientierten Personalpolitik stehen wirtschaftliche Ziele und Mitarbeiterorientierung gleichermaßen im Blickpunkt. Mehr noch: Sie sollen sich gegenseitig bedingen und ergänzen. Diese Verbundenheit muss sich auch auf Führung übertragen. Das heißt: Führungskräfte sollten zwar einerseits durchaus leistungsorientiert agieren, andererseits jedoch auch für unterschiedliche Lebensphasen und die damit einhergehenden Zusammenhänge sensibilisiert sein. Führungskräfte sind als Schnittstelle oder auch als „Promoter von oben" zu sehen, was die Umsetzung lebensphasenorientierter Maßnahmen angeht. Sie kennen die Mitarbeiter aufgrund des engen Kontaktes meist am besten und können erste Ansprechpartner sein, um nach bestmöglichen Lösungen zur Vereinbarkeit von Lebensphasen und Berufsphasen zu suchen. Gleichzeitig kommt den Führungskräften eine besondere Vorbildfunktion zu. Denn erst wenn jede einzelne Führungskraft erkennt, dass sie persönlich einen signifikanten Einfluss auf die Inanspruchnahme der bereitgestellten Maßnahmen hat, kann eine lebensphasenorientierte Personalführung sichergestellt werden.

Damit Führungskräfte dieser Aufgabe gerecht werden können, sind Unternehmens- und Personalverantwortliche in der Pflicht, die Voraussetzungen zu schaffen, um ihre Führungskräfte zunächst einmal auf die Anforderungen vorzubereiten. So sollten Führungskräfte umfassend darüber informiert werden, innerhalb welchen Rahmens Mitarbeitern im Bedarfsfall geholfen werden kann, welche Möglichkeiten im Unternehmen bestehen und welche Ansprechpartner für sie vorhanden sind, wenn sie selbst überfragt sind und beratende Hilfestellung benötigen.

Als Beispiel für die besondere Rolle der Führungskräfte sei das Angebot von Teilzeitplätzen für Beschäftigte genannt: Wenn hier ein Vorgesetzter nicht bereit ist, den gegebenenfalls erhöhten organisatorischen Aufwand zu tragen und auch die relativ strikte Einhaltung der Arbeitszeit zu akzeptieren, sind solche Modelle zum Scheitern verurteilt. Mit den Führungskräften steht und fällt eine Lebensphasenorientierte Personalpolitik. Erfahren geplante und initiierte Maßnahmen ihrerseits keine entsprechende Unterstützung oder sind die Führungskräfte gar nicht ausreichend darüber informiert, verpuffen die Bemühungen mit der Folge einer hohen Demotivation der Belegschaft.

An dieser Stelle sei angemerkt, dass Führungskräfte sich in einer besonderen Position befinden. Denn zum einen besteht ihre Aufgabe darin, den Mitarbeitern zu ermöglichen, Lebens- und Berufsphasen miteinander vereinbaren zu können. Zum anderen profitieren sie auch selbst mit ihrem persönlichen Hintergrund von dieser Ausrichtung.

Praxisnahe Gestaltungstipps Die Integration der Lebensphasenorientierung in Führung kann auf verschiedene Art und Weise gestaltet werden. Die Gestaltungshinweise sind vielfältig. Bei der Wahl und Umsetzung ist auf Passgenauigkeit und Stimmigkeit in Bezug auf die betrieblichen Bedingungen zu achten.

- **Halten Sie die Führungskräfte dazu an, ihren Mitarbeitern gegenüber ein „offenes Ohr" für unterschiedliche Lebenssituationen zu signalisieren:**
  - Verdeutlichen Sie, dass eine mangelnde Leistungsfähigkeit oder Motivation eines Mitarbeiters aufgrund einer nicht berücksichtigten privaten bzw. familiären Problemstellung sich äußerst nachteilig auf das Bereichsergebnis auswirken und so letztlich auf die Führungskraft zurückfallen kann.
  - Veranstalten Sie Team-Workshops, in denen Führungskräfte und ihre Mitarbeiter ihre Positionen und Bedarfe klären sowie Verständnis für die Belange des jeweils anderen entwickeln können.
- **Ermutigen Sie die Führungskräfte, zu ihrer Vorbildfunktion zu stehen:**
  - Signalisieren Sie deutlich, dass eine gelebte Vereinbarkeit von Lebensphase und Berufsphase nur dann möglich ist, wenn auch die Führungskraft ihre persönlichen Belange offen thematisiert und ihnen gerecht wird.
  - Bieten Sie Ihren Führungskräften vollzeitnahe Teilzeitmodelle an, wie zum Beispiel eine Vier-Tage-Woche. Vielfach findet eine solche Vorgehensweise eher Akzeptanz als eine Halbtagsbeschäftigung.
- **Machen Sie den Führungskräften deutlich, dass auch private Belange in Mitarbeitergesprächen thematisiert werden sollten:**
  - Achten Sie auf eine regelmäßige Einhaltung der Mitarbeitergespräche, um den persönlichen Kontakt zwischen Mitarbeitern und Führungskraft nicht abreißen zu lassen. In solchen Gesprächen ist es möglich, das gegenseitige Entgegenkommen zu fördern und Vorbehalte abzubauen. So ist es beispielsweise durchaus denkbar, dass eine Führungskraft auf den Wunsch nach einem flexiblen Arbeitsort ablehnend reagiert, da die Befürchtung besteht, dadurch den persönlichen Kontakt zu verlieren. Mitarbeiter sind jedoch in der Regel weniger an einem Heimarbeitsplatz als vielmehr an der Möglichkeit einer alternierenden Telearbeit bzw. mobiler Arbeit oder schlichtweg dem Angebot, bei einem Betreuungsengpass fallweise von zuhause tätig sein zu können, interessiert.
  - Integrieren Sie bewusst Fragestellungen zu privaten bzw. familiären Belangen in den Gesprächsleitfaden für das Mitarbeitergespräch, den Sie Ihren Führungskräften an

die Hand geben und halten Sie diese dazu an, sie auch zu berücksichtigen. Machen Sie allerdings deutlich, dass ein Eindringen in die Privatsphäre der Mitarbeiter gegen deren Willen zu vermeiden ist.

- **Weisen Sie Ihre Führungskräfte darauf hin, wie wichtig es ist, private bzw. familiäre Belange bei der Aufgabenverteilung und bei der Gestaltung der jeweiligen Berufsphase zu berücksichtigen:**
  - Bitten Sie Ihre Führungskräfte, bei der Planung und Ausgestaltung von Berufsphasen zu berücksichtigen, dass die Beschäftigten diese mit ihren Lebensphasen vereinbaren müssen. Bieten Sie ihnen dabei Unterstützung an.
  - Halten Sie Ihre Führungskräfte dazu an, Sonderaufgaben möglichst nicht an Mitarbeiter zu vergeben, die zum gleichen Zeitpunkt im privaten Bereich eine hohe Belastung zu bewältigen haben.
  - Machen Sie den Führungskräften deutlich, dass sich die Überlastung eines Mitarbeiters nicht selten in der Kündigung äußert. Hierbei kann es sich sowohl um eine innere Kündigung handeln als auch um das Verlassen des Unternehmens.
- **Fördern Sie bei Ihren Führungskräften die Flexibilität im Denken:**
  - Führen Sie den Führungskräften positive Beispiele einer gelungenen Vereinbarkeit von Lebens- und Berufsphase vor Augen, gegebenenfalls in Form ungewöhnlicher Modelle, die einen „Aha-Effekt" auslösen.
  - Thematisieren Sie offen das Spannungsfeld, in dem sich viele Führungskräfte dadurch befinden, dass einerseits Mitarbeiter mit Bedürfnissen und Wünschen an sie herantreten, sie jedoch andererseits bestimmte Vorgaben und Ziele zu erreichen haben und suchen Sie gemeinsam nach Lösungen.
- **Dringen Sie bei den Führungskräften auf die Verbindlichkeit von Zusagen in Bezug auf die Vereinbarkeit Lebensphasen und Berufsphasen:**
  - Verdeutlichen Sie Ihren Führungskräften, dass kaum etwas das Vertrauensverhältnis zwischen Mitarbeitern und Führungskraft so empfindlich stören kann wie Versprechungen, die nicht eingehalten werden.
  - Halten Sie Ihre Führungskräfte dazu an, nur Zusagen zu geben, von denen Sie sicher sind, dass sie erfüllt werden können.
- **Sensibilisieren Sie die Entscheider für die Lebensphasenorientierung:**
  - Nutzen Sie Führungskräfte-Seminare, „Kaminabende" oder Führungsnachwuchskreise (auch unternehmensübergreifend), um für die Notwendigkeit einer Lebensphasenorientierten Personalpolitik zu sensibilisieren, auf die Erfordernis der Auflösung des Lebensstaus aufmerksam zu machen und positive Beispiele zu verbreiten. Auf diese Weise ist auch ein Austausch über mögliche auftretende Problemstellungen und deren Lösungsmöglichkeiten denkbar. Darüber hinaus ist gerade bei älteren Führungskräften zu beobachten, dass sie sich im persönlichen Gespräch mit Kollegen eher von positiven Aspekten einer flexibleren Arbeitszeit- und Arbeitsortgestaltung überzeugen lassen als durch reine Informationsvermittlung, beispielsweise durch die Personalabteilung.

  - Etablieren Sie Lebensphasenorientierung als Bestandteil der Zielvereinbarungen der Führungskräfte.
- **Bieten Sie Ihren Führungskräften Hilfestellung für die Umsetzung flexibler Arbeitszeiten und Arbeitsorte:**
  - Informieren Sie die Führungskräfte umfassend und regelmäßig über die Möglichkeiten flexibler Arbeitszeitgestaltung sowie einer Flexibilisierung des Arbeitsortes.
  - Achten Sie darauf, dass es den Führungskräften möglich ist, flexibel, aber doch anhand vorgegebener Strukturen auf individuelle Mitarbeiterbedürfnisse reagieren zu können. Bedenken Sie dabei, dass die Bereitschaft einer Führungskraft, lebensphasenorientierte Flexibilität zu unterstützen, umso größer ist, je geringer der Aufwand sich darstellt, der für sie damit verbunden ist. Lassen Sie daher auch die Führungskräfte mit dem gegebenenfalls anfallenden organisatorischen Aufwand nicht alleine.
- **Verdeutlichen Sie Ihren Führungskräften, dass ein „Loslassen" von absoluter Kontrolle hin zu Vertrauen erforderlich ist:**
  - Machen Sie leistungsorientiertes Führen, das weniger auf das „Wann" und „Wo" der Arbeitserledigung, als vielmehr auf das Ergebnis abzielt, zum Thema in Führungskräfte-Seminaren.
  - Halten Sie Führungskräfte dazu an, Beschäftigte bei entsprechender Eignung in einen anderen Arbeitsbereich wechseln zu lassen und nicht an sich binden zu wollen. Zum einen steht es der Förderung der Beschäftigungsfähigkeit im Wege, wenn Mitarbeitern der Wechsel in eine ihrer Qualifikation entsprechende Tätigkeit bzw. in einen Bereich, der ihnen neue berufliche Perspektiven eröffnet, verwehrt wird. Zum anderen kann die Motivation und Leistungsbereitschaft darunter leiden, an einem Arbeitsplatz verbleiben zu müssen, an dem der bzw. die Betreffende über- oder unterfordert ist oder sich die privaten bzw. familiären Belange kaum mit den beruflichen Anforderungen in Einklang bringen lassen.
- **Ermutigen Sie die Führungskräfte dazu, ihren Mitarbeitern Freiräume zu gewähren:**
  - Machen Sie deutlich, dass die Gewährung von Freiräumen unabdingbar zur Förderung der Beschäftigungsfähigkeit der Menschen gehört.
  - Führen Sie den Führungskräften vor Augen, dass Freiräume nicht mit einer verringerten Leistungsorientierung einhergehen, sondern vielmehr zur Entfaltung von Potenzialen beitragen können.
- **Etablieren Sie das Vermitteln zwischen den Angehörigen unterschiedlicher Generationen als Führungsaufgabe:**
  - Führen Sie den Führungskräften die Folgen des demografischen Wandels durch eine Fortschreibung des Durchschnittsalters in ihrem eigenen Führungsbereich vor Augen.
  - Informieren Sie die Führungskräfte umfassend über die unterschiedlichen Wertevorstellungen der Generationen in ihrem Führungsbereich und zeigen Sie ihnen

Wege auf, diesen gerecht zu werden. Machen Sie Ihren Führungskräften deutlich, dass es den Werten jüngerer Mitarbeiter nicht mehr entspricht, in ihrer Arbeitsausführung und zeitlichen Planung der Tätigkeiten beständig kontrolliert zu werden oder dass ältere Beschäftigte es als Wertschätzung ihrer Erfahrung empfinden, auf Vertrauensbasis zusammenzuarbeiten.
- Ermutigen Sie die Führungskräfte dazu, im gemeinsamen Gespräch mit ihren Mitarbeitern die unterschiedlichen Belange der verschiedenen Altersgruppen zu thematisieren.
- Verdeutlichen Sie, dass eine differenzierte Herangehensweise, über die beispielsweise einem älteren Mitarbeiter eine zusätzliche oder etwas kostspieligere Weiterbildungsmaßnahme als den Kollegen in einem bestimmten Jahr bewilligt wird, nicht zu Ungleichheiten, sondern vielmehr zur Schaffung eines lebensphasenorientierten Umgangs mit jedem Einzelnen und somit letztlich zu einer höheren Motivation und Leistungsfähigkeit des gesamten Führungsbereichs beiträgt.

4.2 Weitere Handlungsfelder einer Lebensphasenorientierten Personalpolitik

Aufbauend auf einer lebensphasenorientierten Unternehmens- und Führungskultur gilt es, in den Handlungsfeldern Organisation, Personalentwicklung, Mitarbeitergewinnung und berufliche Werdegänge Instrumente zu identifizieren und umzusetzen, um die Vereinbarkeit von Berufs- und Lebensphasen in den betrieblichen Alltag zu integrieren. Hinzu kommen Maßnahmen aus dem Bereich der Gesundheitsförderung, die übergreifend wirken, also Beschäftigten in den unterschiedlichsten Lebens- und Berufsphasen gleichermaßen dienen. Nicht zuletzt gehört zu einer Lebensphasenorientierten Personalpolitik auch die entsprechende Steuerung und Erfolgsbewertung der eingesetzten Instrumente und Maßnahmen.

4.2.1 Organisation

Grundsätzliches Zu einer lebensphasenorientierten Organisation gehören insbesondere flexible Arbeitszeit- und Arbeitsortmodelle (zum Beispiel mobiles Arbeiten), die Gewährung von Handlungsspielräumen und die Flexibilisierung der Arbeitsprozesse. Diese Ansätze spielen eine wichtige Rolle bei der Umsetzung der Lebensphasenorientierten Personalpolitik, weil sie den Beschäftigten eine hohe Souveränität bei der Erledigung ihrer Aufgaben ermöglichen. Damit fördern sie die Entzerrung des Lebensstaus, unterstützen die Beschäftigungsfähigkeit und ermöglichen eine Vereinbarkeit von Lebens- und Berufsphasen.

Flexible Arbeitszeitmodelle finden sich heute in zahlreichen Unternehmen, auch wenn das Ausmaß der Flexibilität deutlich von der Art der Tätigkeit abhängt. So sind zum Beispiel Vertrauensarbeitszeit im Schichtbetrieb oder flexible Arbeitsortmodelle im direkten Kundenkontakt nicht selten eher schwer realisierbar. Daneben kann eine flexible Arbeitsorganisation mit herausfordernden Arbeitsinhalten, der Verzahnung von Arbeiten und Lernen, der Gewährung von Handlungsspielräumen sowie Jobrotation verbunden sein. Vielfach wissen Mitarbeiter einen hohen Grad an Eigenverantwortung und Selbstständigkeit bei der Ausführung ihrer Tätigkeiten zu schätzen. Eigenverantwortliches Arbeiten setzt, das gilt es zu beachten, allerdings eine entsprechende Bereitschaft und Fähigkeit der Beschäftigten voraus. Eine solche flexible Arbeitsorganisation trägt darüber hinaus dazu bei, die so genannte „Spezialisierungsfalle" zu vermeiden, in die Personen geraten können, wenn sie über viele Jahre nur in einem Tätigkeitsfeld und Einsatzgebiet beschäftigt sind. Konzentriert sich die Arbeit langfristig auf bestimmte Inhalte, Verfahren und Abläufe, so kann dies zu einer Einschränkung der Lernfähigkeit führen.

In vielen Unternehmen mangelt es keineswegs an den zur Flexibilisierung erforderlichen Instrumenten, sondern vielmehr am Mut der Beschäftigten, sie in Anspruch zu nehmen bzw. an der Bereitschaft von Vorgesetzten und Kollegen, diese mitzutragen. So bedarf es des Vertrauens und der Anpassungsfähigkeit der Führungskraft, die Leistung ihrer Mitarbeiter nicht länger an uneingeschränkter zeitlicher Verfügbarkeit und Präsenz festzumachen, sondern vielmehr am Arbeitsergebnis. Daran lässt sich dann messen, inwiefern das entgegengebrachte Vertrauen in die Beschäftigten durch entsprechende Leistungen ihrerseits eingelöst worden ist. Es gilt festzuhalten, dass vielfach Vorbehalte seitens der Führungskräfte oder Geschäftsleitung dafür verantwortlich sind, dass bestimmte Modelle erst gar nicht im Alltag auf ihre Tauglichkeit oder Umsetzbarkeit hin überprüft werden.

Praxisnahe Gestaltungstipps Um die Lebensphasenorientierung in der Organisation zu berücksichtigen, bedarf es einer Flexibilisierung. Flexibilisierung lässt sich auf unterschiedliche Weise erreichen:

- **Bieten Sie Ihren Beschäftigten flexible Arbeitszeitmodelle an:**
  - Lassen Sie sich nicht von dem vermeintlich hohen Verwaltungsaufwand abschrecken, sondern prüfen Sie für Ihren konkreten Bedarf die zu veranlassenden Schritte. Holen Sie sich, wenn nötig, Unterstützung ein.
  - Integrieren Sie das Thema flexibler Arbeitszeitmodelle in Mitarbeiterbefragungen, um eine realistische Einschätzung der im Unternehmen bestehenden Bedarfe zu erhalten.
- **Prüfen Sie die Einrichtung von Jahresarbeitszeitkonten:**
  - Suchen Sie den Austausch mit anderen Unternehmen bezüglich gelungener Modelle und Möglichkeiten der Organisation, um so Ihren eigenen Planungsaufwand zu verringern.
  - Nutzen Sie saisonale Schwankungen in der Arbeitsintensität, um den Mitarbeitern das Ansparen bzw. Entsparen von Arbeitszeit zu ermöglichen. So können etwa Beschäftigte, die einen Hausbau planen, ein entsprechendes Guthaben aufbauen, um über einen gewissen Zeitraum hinweg nur in Teilzeitarbeit tätig sein zu können.

- **Ziehen Sie auch Lebensarbeitszeitkonten in Erwägung:**
  - Bedenken Sie in Anbetracht verlängerter Lebensarbeitszeiten, dass sich unterschiedliche Lebensphasen über derartige Konten optimal abbilden lassen.
  - Prüfen Sie in einer Mitarbeiterbefragung die Akzeptanz eines solchen Modells, bei dem zum Beispiel ein bestimmter Teil der angesammelten Überstunden automatisch auf ein Lebensarbeitszeitkonto fließen kann. Ein solches Konto ist vor allem für die langfristige Bindung von Mitarbeitern von großer Bedeutung.
- **Setzen Sie sich mit Möglichkeiten mobiler Arbeit auseinander:**
  - Sprechen Sie mit interessierten Mitarbeitern über eine Verteilung des Aufwandes, etwa durch Nutzung des privaten PC. Viele Menschen verfügen darüber hinaus auch für den privaten Bereich über „Flatrates" für Telefon- und Internetnutzung. Hier lassen sich eventuell Kosten sparen.
  - Prüfen Sie die Möglichkeiten flexibler Arbeitsplätze im Unternehmen. Nicht jeder Beschäftigter, der mobil arbeitet, benötigt für einen festen „Bürotag" ein eigenes Büro. Eventuell genügt es, ein komplett ausgestattetes Zimmer für mehrere mobil tätige Mitarbeiter zur Verfügung zu stellen, die dieses an unterschiedlichen Tagen nutzen, und entsprechende Zugriffsrechte für einen gemeinsamen PC zu vergeben.
- **Bieten Sie Ihren Mitarbeitern die Gelegenheit, fallweise von zuhause zu arbeiten:**
  - Erheben Sie den Bedarf Ihrer Belegschaft, gelegentlich bzw. im Fall von Betreuungsengpässen Arbeit von zuhause erledigen zu können. In der Regel ist den meisten Mitarbeitern hiermit bereits geholfen und dem Unternehmen entstehen kaum Kosten.
  - Nutzen Sie das fallweise Arbeiten von zuhause als „sanften Einstieg" für Führungskräfte in das Angebot mobiler Arbeit oder als „sanften Ausstieg" für Mitarbeiter, die kurz vor dem Ruhestand stehen.
- **Flexibilisieren Sie die Arbeitsprozesse:**
  - Führen Sie sich vor Augen, dass eine starre Arbeitsorganisation nicht selten zu einer „Spezialisierungsfalle" führt, in die Beschäftigte geraten können, wenn sie über viele Jahre hinweg nur auf bestimmte Arbeitsfelder, Abläufe und Inhalte konzentriert sind.

4.2.2 Personalentwicklung

Grundsätzliches Im Zusammenhang mit der Lebensphasenorientierten Personalpolitik sollte Personalentwicklung grundsätzlich auf die nachhaltige Sicherung der Beschäftigungsfähigkeit ausgerichtet sein. Damit verfolgt sie einen vorausschauenden Ansatz, in dem die Qualifikation der bzw. des Einzelnen einer kontinuierlichen Überprüfung und Anpassung unterliegt, die sich nicht nur an konkreten betrieblichen Bedürfnissen oder der Beschäftigungssituation ausrichtet, sondern auch an den aktuell und zukünftig auf dem Arbeitsmarkt nachgefragten Kompetenzen und Fähigkeiten. Die Initiative geht dabei sowohl vom Arbeitgeber als auch von den Arbeitnehmern aus, die nicht die Rolle passiver Konsumenten der Aus- und Weiterbildungsangebote annehmen, sondern aktiv mitgestalten. Die Bemühungen beider Seiten sollten hier die Aktivitäten der jeweils anderen Seite stärken und vorantreiben. Die Beschäftigungsfähigkeit fördernde Personalentwicklung, die auch zur Auflösung des Lebensstaus beiträgt und die Lebens- und Berufsphasen gleichermaßen im Blick hat, baut auf folgenden Prinzipien auf (vgl. Rump und Eilers 2011a, S. 117 ff.):

- **Die Förderung ‚lebenslangen Lernens':**
  - Um den so genannten „Spannungsbogen des Lernens" während der gesamten Berufstätigkeit über alle Berufsphasen hinweg aufrechtzuerhalten und einen kontinuierlichen Lernprozess zu gestalten gilt es, eine regelrechte „Lernkultur" im Unternehmen zu schaffen, die die Lernmotivation und -kompetenz der Mitarbeiter erhöht. Eine solche Kultur berücksichtigt die zeitlichen und räumlichen Bedürfnisse und ermöglicht so die Integration in unterschiedliche Lebensphasen. Sie erkennt darüber hinaus informell erworbene Kompetenzen, zum Beispiel durch ehrenamtliches Engagement oder Familienzeiten, ebenso als Teil der lebenslangen Lern- und Erfahrungsentwicklung an wie formell nachweisbare Qualifikationen.
- **Die Zielgruppendifferenzierung:**
  - Personalentwicklung sollte die Lebensphasen, Qualifikationen, Stärken, Präferenzen und Interessen, Lebensläufe, Aufgabenbereiche und -inhalte der Beschäftigten stärker berücksichtigen. Dies führt zu einem individuellen Ansatz.
- **Die Fokussierung auf überfachliche Kompetenzen:**
  - Im Sinne der Kernkompetenzen der Beschäftigungsfähigkeit stellt sich Personalentwicklung der Herausforderung, neben fach- und branchenbezogenen sowie technischen Kenntnissen auch eine breite Basis an ‚Soft Skills' zu vermitteln, wie Initiative, Eigenverantwortung sowie soziale Kompetenzen etc. Diese lassen sich auch außerberuflich erwerben, beispielsweise in der Familienphase, im Ehrenamt, etc. (vgl. Rump und Eilers 2011a, S. 81 ff.).[6]

Diese Prinzipien sind eher grundsätzlicher Natur. Um allerdings im Rahmen der Personalentwicklung auch der Lebensphasenorientierung gerecht zu werden und Nachhaltigkeit zu schaffen, bedarf es zweier Ergänzungen:

- **Alternsgerechte Ausrichtung der Personalentwicklung sowie**
- **Berücksichtigung der Vereinbarkeit von Berufs-, Privat- und Familienleben in der Personalentwicklung.**

Eine alternsgerechte Personalentwicklung weicht von der jugendorientierten Personalpolitik ab und nimmt alle Beschäftigten in den Fokus. Dies erfolgt jedoch nicht undifferenziert, sondern berücksichtigt die altersbedingten Veränderungen der Lernmuster und Kompetenzfelder. So haben tendenziell jüngere Beschäftigte eine rasche Auffassungsgabe, eine schnelle Anpassungs- und Wahrnehmungsgeschwindigkeit sowie eine hohe (Kurz-

[6] *Die Kernkompetenzen der Beschäftigungsfähigkeit wurden bereits in Abb. 3 dargestellt.*

zeit-) Gedächtnisleistung subsumiert („fluide Kompetenz"). Ältere verfügen dagegen eher über Erfahrungswissen, Sprachgewandtheit, abwägende Wahrnehmung sowie ein stabiles Selbstkonzept („kristallisierte Kompetenz") (vgl. Lau-Villinger und Seitz 2002, S. 3, 67; Lehr 1996, S. 73 ff.). Die Verknüpfung von fluider und kristallisierter Kompetenz stellt eine wesentliche Voraussetzung für Innovationen dar, so dass Innovationskraft und Wettbewerbsfähigkeit eines Unternehmens davon abhängen, die fluide Kompetenz zu erhalten bzw. ihren Abbau zu verlangsamen sowie den Aufbau der kristallisierten Kompetenz zu beschleunigen. Die Nicht-Berücksichtigung der Lebensphasen wirken dann innovationshemmend – vor dem Hintergrund der ökonomischen und demografischen Entwicklungen ein fataler Effekt für die Wettbewerbsfähigkeit. Oder anders ausgedrückt: Nur eine Personalentwicklung, die langfristig orientiert ist, erhält und fördert die Innovationskraft und stärkt die betriebliche Wettbewerbsfähigkeit (vgl. Rump und Eilers 2011b; S. 265 ff.).

Darüber hinaus sollte bei der Gestaltung einer alternsgerechten Personalentwicklung der Fokus auf Berufe mit begrenzter Verweildauer, z. B. aufgrund hoher physischer und/oder psychischer Belastungen, gelegt werden. Sie erfordern Maßnahmen, um die Verweildauer im erlernten Beruf zu verlängern oder aber durch rechtzeitige Beratung und Qualifizierung einen Tätigkeits- bzw. Berufswechsel zu ermöglichen. Dabei ist nicht zuletzt darauf zu achten, einen Statusverlust unbedingt zu vermeiden.

Eine Personalentwicklung, die auch die Bedürfnisse aus dem Berufs-, Privat- und Familienleben einbezieht, flankiert diese Effekte. Darüber hinaus führt eine Berücksichtigung der Vereinbarkeit von Lebensphasen und Berufsphasen im Rahmen der Personalentwicklung dazu, dass

- die außerberuflich erworbenen Kompetenzen bei der Stellenbesetzung anerkannt werden, wenn diese für die Stelle als bedeutsam gelten,
- drohende Überlastungsmomente rechtzeitig erkannt werden und ihnen proaktiv mit Tätigkeits-/Berufswechseln begegnet werden kann,
- eine Aufgeschlossenheit für familiäre und private Belange bei Einstellungsgesprächen, Weiterbildung sowie Aufstiegsmöglichkeiten existiert sowie
- Qualifizierungsmaßnahmen vereinbarkeitsbezogen organisiert werden.

Praxisnahe Gestaltungstipps Die Prinzipien der lebensphasenorientierten Personalentwicklung sowie die spezifizierten Ergänzungen müssen operationalisiert und konkretisiert werden. Die praktischen Gestaltungshinweise sollen dabei Hilfestellung geben:

- **Fördern Sie „lebenslanges Lernen":**
  - Sensibilisieren Sie Mitarbeiter ebenso wie Führungskräfte dafür, dass die Lebensarbeitszeit sich deutlich verlängern wird und es daher künftig nicht mehr ausreichend ist, nur bis zu einem bestimmten Alter an Weiterbildungsmaßnahmen teilzunehmen.
  - Unterstützen Sie das Lernen am Arbeitsplatz in allen Berufsphasen, um den kontinuierlichen Entwicklungsprozess Ihrer Mitarbeiter zu gewährleisten. Als Methoden

dafür eignen sich beispielsweise Lerninseln, Werkstattzirkel, Job Enrichment (Anreicherung der Arbeitsinhalte), Job Enlargement (Erweiterung der Arbeitsinhalte) und Job Rotationen (Wechsel der Arbeitsbereiche).
  - Etablieren Sie mithilfe der Informations- und Kommunikationstechnologien selbstgesteuertes Lernen am Arbeitsplatz. Für das Unternehmen bieten E-Learning-Programme den Vorteil, dass die Anwesenheit der Mitarbeiter im Betrieb gesichert ist und Fortbildungskosten für externe, praxisferne Kurse entfallen. Den Beschäftigten wird dadurch eine hohe Zeitsouveränität ermöglicht und sie können ihre Weiterbildung lebens- und berufsphasenorientiert gestalten.
  - Identifizieren Sie Berufsbilder und Tätigkeiten, bei denen eine begrenzte Verweildauer zu erwarten ist und erarbeiten Sie gemeinsam mit den Beschäftigten Strategien, um rechtzeitig Belastungen zu verringern und/oder für andere Tätigkeiten zu qualifizieren.
- **Seien Sie offen für überfachliche Kompetenzen, die Ihre Beschäftigten im außerberuflichen Bereich (z. B. in der Familie, im Ehrenamt, im Hobby…) erworben haben:**
  - Nutzen Sie die regelmäßigen Gespräche mit Ihren Mitarbeitern oder ein Mitarbeiterjahresgespräch auch dafür, um in Erfahrung zu bringen, über welche informell erworbenen Kompetenzen die Beschäftigten verfügen. Nicht selten schlummern beispielsweise „heimliche" Organisationstalente in Abteilungen und Bereichen, in denen sie ihre wertvollen Kompetenzen gar nicht sinnstiftend einbringen können. Für das Unternehmen bleiben dann wertvolle Fähigkeiten ungenutzt.
  - Erfassen und bewerten Sie im Rahmen von Kompetenz- und Qualifikationsanalysen Ihrer Mitarbeiter neben den fachlichen Kompetenzen auch die überfachlichen Kompetenzen. Beachten Sie dabei, dass Sie die informell erworbenen Kompetenzen, beispielsweise erworben durch Familienzeiten, Hobbys, ehrenamtliches Engagement etc., ebenso berücksichtigen wie formell erworbene nachweisbare Qualifikationen durch Zertifikate oder Zeugnisse.
- **Gestalten Sie die Personalentwicklung alternsgerecht:**
  - Berücksichtigen Sie bei der Konzeption von alter(n)sgerechten Weiterbildungs- bzw. Kompetenzentwicklungsmaßnahmen, dass sich das Lernen Erwachsener deutlich vom Lernen in der Schul- bzw. Ausbildungssituation unterscheidet. Beziehen Sie die unterschiedlichen Lernmuster älterer und jüngerer Mitarbeiter mit ein, zum Beispiel durch alter(n)sgerechte Didaktik und Lernformen.
  - Erstellen Sie betriebliche Qualifizierungspläne für alle Alters- und Beschäftigtengruppen und halten Sie diese stets auf dem aktuellen Stand. Sorgen Sie dafür, dass Ihre Mitarbeiter nicht einseitig spezialisiert werden, und stellen Sie einen konsequenten Wechsel in anspruchsvollere Tätigkeiten sicher. Dies gilt in besonderem Maße für Berufsbilder und Tätigkeiten mit einer zu erwartenden begrenzten Verweildauer.
  - Initiieren Sie interdisziplinäre und abteilungsübergreifende Projektarbeit, mit Hilfe derer sich Ihre Mitarbeiter weiterentwickeln können. Qualifikationsfördernd wirken ebenso Hospitationen auf verschiedenen Arbeitsplätzen sowie intergeneratives Lernen in altersgemischter Team- und Gruppenarbeit.

- **Berücksichtigen Sie die Vereinbarkeit von Lebensphasen und Berufsphasen in der Personalentwicklung:**
  - Beziehen Sie im Rahmen einer individuellen Weiterbildungsorganisation die zeitlichen und organisatorischen Verfügbarkeiten Ihrer Mitarbeiter mit ein und bieten Sie etwa Fortbildungsangebote in Teilzeit an. Achten Sie darauf, erstens nicht unbedingt Wochenendseminare auszuwählen und zweitens die Fortbildungsangebote in der Nähe von Wohn- und Arbeitsort zu platzieren. Organisieren Sie gegebenenfalls eine Kinderbetreuung während der Fortbildungsmaßnahmen.
  - Bedenken Sie, dass für Mitarbeiter, die im privaten und beruflichen Bereich bereits ein hohes Engagement zeigen, eine nicht vereinbarkeitsorientierte Fortbildungsmaßnahme eine zusätzliche Belastung darstellen kann.
  - Bieten Sie auch Ihren Mitarbeitern, die für einen befristeten Zeitraum ihre Erwerbstätigkeit im Unternehmen unterbrechen (zum Beispiel Eltern-/Pflegezeit, Sabbatical), an, während der Abwesenheitsphase an Weiterbildungsveranstaltungen teilzunehmen, um den Kontakt zum Unternehmen und die Beschäftigungsfähigkeit aufrecht zu erhalten.
  - Begleiten und fördern Sie eine gezielte und individuelle Weiterbildung für Mitarbeiter, die beispielsweise nach Eltern- bzw. Pflegezeit, Krankheitsphase, Fortbildungszeit oder Auslandseinsatz in das Unternehmen zurückkehren.
- **Appellieren Sie an die Eigenverantwortung zur Förderung der Beschäftigungsfähigkeit:**
  - Machen Sie deutlich, dass die Förderung von Beschäftigungsfähigkeit nicht nur in der Verantwortung des Unternehmens liegt, sondern auch mit Eigenverantwortung der Beschäftigten verbunden ist.
  - Fördern Sie privat initiierte Weiterbildungsbestrebungen Ihrer Mitarbeiter, zum Beispiel indem Sie ihnen eine erhöhte Arbeitszeit- und Arbeitsortflexibilität zur intensiveren Prüfungsvorbereitung oder zur Teilnahme an Blockseminaren einräumen.
  - Beteiligen Sie die Beschäftigten an Fragen, die ihr jeweiliges Arbeitsumfeld betreffen. Sie profitieren dadurch einerseits von deren direktem Sachbezug und zeigen Ihre Wertschätzung für deren Beiträge.

4.2.3 Rekrutierung

Grundsätzliches Der demografische Wandel und die mit ihm einhergehende Verkleinerung der Geburtenjahrgänge hat bereits heute die Gruppe der Schulabgänger erreicht. In der Folge besteht die Herausforderung immer weniger darin, in ausreichendem Maße Ausbildungs- oder Hochschulplätze für junge Menschen bereitzustellen. Vielmehr sinkt die Nachfrage nach Ausbildungsplätzen stetig, und auch die Zahl der Studienanfänger wird mit einer Verzögerung von wenigen Jahren rückläufig sein. Diese Entwicklung wird es für Unternehmen immer schwieriger machen, qualifizierte Arbeitskräfte zu finden. Infolgedessen müssen – wie bereits aufgezeigt – alle Potenziale des Arbeitsmarktes bestmöglich ausgeschöpft werden. Dazu gehört auch, der zunehmenden Vielfalt der Bewerber im Hinblick auf ihre Lebenssituationen Rechnung zu tragen.

Grundsätzlich stehen Unternehmen unterschiedliche Wege zur Verfügung, um Personal zu rekrutieren. In Anbetracht der aufgezeigten Entwicklungen auf dem Arbeitsmarkt werden im Wettbewerb um qualifizierte Nachwuchskräfte insbesondere diejenigen Unternehmen erfolgreich sein, die eine besondere Attraktivität für Berufseinsteiger aufweisen. Wie bereits erläutert, definieren gerade jüngere Frauen und Männer die Attraktivität eines Unternehmens allerdings nicht mehr vorrangig über das Gehalt. Für viele nimmt die Realisierbarkeit persönlicher Ziele und Wertvorstellungen eine hohe Bedeutung ein, die sich nicht zuletzt dadurch äußert, inwieweit der Arbeitgeber familiäre und private Wünsche zu erfüllen bereit ist. Unternehmen, die beispielsweise erfolgreich vermitteln können, dass sie flexibel auf Wünsche nach einer familienorientierten Gestaltung von Arbeitsplatz und Arbeitszeit eingehen oder individuelle Ansätze für unterschiedliche Lebenssituationen anbieten, werden in der Konsequenz immer stärker als attraktiv eingestuft. Dies gilt nicht zuletzt auch im Hinblick auf die Gewinnung und Bindung qualifizierter Frauen für Fach- und Führungspositionen (vgl. hierzu auch Kap. „Weibliche Talente gewinnen, fördern und binden“) sowie familienorientierter Männer (vgl. hierzu auch Kap. „Mehr Zeit für Familie auch für Väter“).

Nicht unterschätzt werden sollte die Bedeutung einer zielgruppenorientierten Rekrutierung im Hinblick auf die immer größer werdende Gruppe älterer Arbeitnehmer. Diese wünschen sich neben der Wertschätzung ihres Erfahrungswissens ebenfalls Flexibilität in Bezug auf die Arbeitsorganisation sowie Freiräume in der Arbeitsgestaltung und das Aufzeigen von Perspektiven. Derzeit konzentriert sich die Rekrutierung in ihrer Ausrichtung allerdings noch primär auf jüngere Zielgruppen und vernachlässigt so wertvolle Potenziale von Arbeitnehmern, die noch zehn, fünfzehn oder zwanzig Jahre für das Unternehmen tätig sein können.

Praxisnahe Gestaltungstipps Nachfolgend finden sich einige Ansätze, um den drohenden Fachkräfteengpässen entsprechend zu begegnen und unterschiedliche Zielgruppen individuell zu rekrutieren:

- **Tolerieren Sie unterschiedliche Lebensentwürfe:**
  - Schaffen Sie beispielsweise im Rekrutierungsprozess ein Bewusstsein dafür, dass Brüche in der Erwerbsbiografie nicht zwangsläufig zum Ausschluss eines Bewerbers aus dem engeren Entscheidungskreis führen müssen.
- **Nutzen Sie Ihre Stärken zur Mitarbeitergewinnung:**
  - Gehen Sie mit den bestehenden Maßnahmen, die Lebens- und Berufsphasen der Mitarbeiter berücksichtigen, in Stellenanzeigen offensiv um und nutzen Sie diese gezielt für Ihr Marketing.
  - Stellen Sie die in Ihrem Unternehmen angebotenen Möglichkeiten einer Lebensphasenorientierten Personalpolitik bereits in Vorstellungsgesprächen dar.
  - Machen Sie sich klar, dass Ihre eigenen Mitarbeiter die besten Unternehmensbotschafter sind und nutzen Sie dieses Potenzial, z. B. durch Erfahrungsberichte auf Ihrer Homepage oder auf einschlägigen Portalen wie Xing, Facebook etc.

- **Setzen Sie auf Ausbildung:**
  - Falls Sie einen Mangel an qualifizierten Auszubildenden erkennen, präsentieren Sie Ihr Unternehmen auf Ausbildungsmessen oder suchen Sie gezielt Kontakt zu Schulen, aus denen Ihre künftigen Auszubildenden kommen könnten. Hier bieten sich beispielsweise Schülerprojekte in Ihrem Unternehmen an, die Interesse an den in Ihrem Haus ausgebildeten Berufsbildern wecken können.
  - Werben Sie bereits bei Schulabgängern, die Sie als Auszubildende gewinnen möchten, offensiv mit Ihrer Bereitschaft, ihnen später Möglichkeiten einer Vereinbarkeit von unterschiedlichen Berufs- und Lebensphasen anzubieten.
- **Nehmen Sie frühzeitig Kontakt zu potenziellen Arbeitnehmern auf:**
  - Bieten Sie Studierenden in Studiengängen, die für Ihren Tätigkeitsbereich relevant sind, Praktika, Bachelor- und Masterarbeiten oder Werkstudierenden-Verträge an, um sie frühzeitig kennen zu lernen und an Ihr Unternehmen zu binden.
  - Präsentieren Sie Ihr Unternehmen auf Messen, Konferenzen und Tagungen und nutzen Sie die Möglichkeit, dabei insbesondere die Flexibilität Ihres Unternehmens in Bezug auf die Vereinbarkeit von Lebensphasen und Berufsphasen darzustellen.
- **Gestalten Sie Ihre Rekrutierungsstrategien gezielt „vielfältig":**
  - Bringen Sie in Stellenanzeigen deutlich zum Ausdruck, dass in Ihrem Unternehmen Vielfalt begrüßt wird und somit auch und gerade Frauen, ältere Beschäftigte, Menschen mit Migrationshintergrund bzw. mit unterschiedlichen kulturellen Hintergründen und/oder Behinderung, Menschen mit unterschiedlicher sexueller Orientierung etc. angesprochen sind.
  - Werben Sie bei Ihren Führungskräften, die nicht selten die letzte Entscheidungsinstanz für eine Einstellung sind, für die Potenziale einer vielfältigen Belegschaft.
  - Machen Sie sich bei der Gestaltung von Stellenanzeigen deutlich, dass die unterschiedlichen Zielgruppen Arbeitgeberattraktivität auch unterschiedlich definieren (z. B. bringt die Generation der Baby Boomer andere Erwartungen an das Arbeitsleben mit als die Generation Y).
- **Verstärken Sie die Entwicklung von Mitarbeitern „aus den eigenen Reihen":**
  - Die Mitarbeitergewinnung hat nicht nur den externen Arbeitsmarkt im Blick. Vielmehr ist sie auch mit der internen Personalbeschaffung verbunden. Verschaffen Sie sich einen Überblick über alle in Frage kommenden Beschäftigten sowie deren Kompetenzprofil und gestalten Sie eine Nachfolgeplanung.
  - Initiieren Sie (Nachwuchs)Förderprogramme, in denen Potenzialträger fachlich und überfachlich geschult werden. Beziehen Sie verstärkt auch Beschäftigte im „mittleren und älteren Lebensalter" in Ihre Überlegungen mit ein. In Anbetracht der verlängerten Lebensarbeitszeit ist eine langfristige Entwicklung auch für sie notwendig und lohnenswert.
- **Fördern Sie die Gleichstellung bei internen Stellenbesetzungen:**
  - Achten Sie zum Beispiel bei der Vergabe von Führungspositionen besonders darauf, alle Zielgruppen – also gerade auch Frauen, Ältere, Menschen mit Migrationshintergrund bzw. mit unterschiedlichen kulturellen Hintergründen und/oder Behinde-

rung sowie Menschen mit unterschiedlicher sexueller Orientierung – angemessen zu berücksichtigen.
- Überprüfen Sie Ihre Gehaltsstruktur daraufhin, dass alle Beschäftigten für gleiche Arbeit gleich entlohnt werden.

4.2.4 Berufliche Werdegänge

Grundsätzliches In einem Umfeld, in dem aktuelles Wissen an Bedeutung für die Wettbewerbsfähigkeit zunimmt, ist das Know-how der Beschäftigten das wichtigste Vermögen des Unternehmens. Ihr beruflicher Werdegang stellt somit im übertragenen Sinne die Vermögensentwicklung dar, die Führungskraft fungiert als Vermögensberater (vgl. Fuchs 2009, S. 217). Die Auffassungen darüber, was unter einem beruflichen Werdegang zu verstehen ist, gehen häufig weit auseinander. Eines scheint jedoch klar – die vielfältigen Veränderungen der Arbeitswelt lassen auch den Karrierebegriff nicht unberührt. Er erfährt eine Neuausrichtung insbesondere in drei Aspekten:

- Der Infragestellung der klassischen „Schornsteinkarriere" als alleinigen Karrierepfad.
- Dem Wegfall der Konzentration auf ein Berufsfeld.
- Dem Wunsch nach einem beruflichen Werdegang, der auch Raum für persönliche Belange und unterschiedliche Lebensphasen lässt.

Die Infragestellung der klassischen „Schornsteinkarriere" als alleinigen Karrierepfad: Viele Unternehmen sehen gegenwärtig in der Praxis noch Werdegänge vor, die entlang eines Pfades linear nach oben verlaufen (vgl. Flüter-Hoffmann 2009, S. 119 f.). Unter Betrachtung der zunehmenden Multi- und Patchworkbiografien, des anstehenden Fachkräfteengpasses und des damit einhergehenden „war for talents" sind diese Karrieremodelle jedoch nicht mehr wettbewerbsfähig. Vielmehr sollten diese im Rahmen einer Lebensphasenorientierten Personalpolitik Unterbrechungen vorsehen, einen steilen oder allmählichen Aufstieg zulassen, Seitwärtsbewegungen in Fach- und Projektkarrieren sowie planmäßige Abwärtsbewegungen erlauben. Nicht alle Beschäftigten planen, eine Führungskarriere aufzunehmen, sind aber möglicherweise dazu prädestiniert, eine Fach- oder Projektkarriere anzustreben und weiterhin zusätzliche Kompetenzen zu gewinnen. Hinzu kommt der Umstand, dass Karriere derzeit vielfach noch mit einer „Präsenzkultur" in Zusammenhang gebracht wird, die eine umfangreiche zeitliche Verfügbarkeit und Anwesenheit im Unternehmen zur Bedingung für den Aufstieg macht. Gerade Frauen, die noch immer die Hauptverantwortung für familiäre Belange tragen, wird hierdurch nicht selten die Fortsetzung ihres beruflichen Werdeganges während der aktiven Familienphase verwehrt. Nicht zu unterschätzen ist der Aspekt, dass rein vertikale Werdegänge der Förderung von Beschäftigungsfähigkeit nicht dienen, sondern sie eher behindern, da sie nur in eingeschränktem Maße den „Blick über den Tellerrand" ermöglichen. Die Kombination von horizontalen und vertikalen Werdegängen hingegen, die sich über die Mitarbeit in unterschiedlichsten Projekten oder aber das Einbringen von Expertenwissen in verschiedene Bereiche (auch in Kombination von Führungskarrierestufen) gestalten können, fördert die Beschäftigungsfähigkeit in erheblicher Weise. Sie verlangt den Personen eine gewisse Flexibilität ebenso ab wie die Fähigkeit, sich an unterschiedliche Sachverhalte und Teamstrukturen anzupassen. Damit qualifizieren sie auch für den Fall, dass die Karriereentwicklung in einem anderen Unternehmen fortgesetzt werden soll oder muss – besser als ein rein vertikaler Aufstieg, der die Personen stark auf ihr Tätigkeitsfeld fokussieren lässt.

Der Wegfall der Konzentration auf ein Berufsfeld: In Abhängigkeit von einer Arbeitswelt, die durch Brüche in den Erwerbsbiografien und vielfältige Tätigkeitsbereiche im Laufe eines Berufslebens gekennzeichnet ist, werden Arbeitnehmer ihren Werdegang in Zukunft breiter sehen (müssen). Dies bedeutet zum einen, dass sie sich nicht mehr auf ein eingeschränktes Berufsfeld konzentrieren können. Man spricht in diesem Zusammenhang auch von „Portfolio-Laufbahnen“ und „Mosaik-Karrieren“, die für den Einzelnen eine Möglichkeit darstellen, sich gemäß der individuellen Talente und Fähigkeiten zu entwickeln, die private Situation mit den beruflichen Ambitionen in Einklang zu bringen und auch unterschiedliche Formen von Status und Funktion zu erleben. Zum anderen wird es immer schwieriger werden, sich einen bestimmten Karrierepfad in einem bestimmten Unternehmen zum Ziel zu setzen.

Wunsch nach einem beruflichen Werdegang, der auch Zeit für persönliche Belange und unterschiedliche Lebensphasen lässt: Als äußerst bedenklich für die Motivation von Mitarbeitern– gerade im Hinblick auf eine verlängerte Lebensarbeitszeit – stellt sich die immer noch gängige Praxis dar, den Beschäftigten gerade in der Lebensphase im höchsten Maße Karriereperspektiven aufzuzeigen, in der sie auch privat nicht selten entscheidende Weichen stellen. So fällt die Möglichkeit eines beruflichen Aufstiegs vielfach in die Zeit der Familiengründung, so dass der betreffende Mitarbeiter sich im Lebensstau zwischen beruflicher und privater Sphäre zerrissen fühlt und sich unter Umständen keinem der beiden Bereiche in angemessener Weise widmen kann oder aber in hohem Maße gefährdet ist, „auszubrennen“. Lehnt ein Mitarbeiter in einer solchen Situation aus privaten Gründen die angebotenen beruflichen Entwicklungsschritte ab, bedeutet dies nicht selten das Ende der Laufbahn. Nachwuchskräfte lassen sich jedoch immer seltener in klassische Karriereverläufe einordnen und suchen ihre persönliche Balance zwischen beruflicher Herausforderung und privater Zufriedenheit.

Die aufgezeigten Entwicklungen machen deutlich, dass Unternehmen Abschied vom typischen Karriereverlauf nehmen müssen. Dies insbesondere vor dem Hintergrund der steigenden Veränderungsgeschwindigkeit und zunehmenden Komplexität sowie des gesellschaftlichen Wertewandels und der Verlängerung der Lebensarbeitszeit. Zudem ist zu konstatieren, dass der typische „Karriere-Vertrag“ aufweicht. Es gibt mehr und mehr Mitarbeiter sowie Führungskräfte, die die angebotenen Wege nicht mehr fortsetzen wollen und sogar aussteigen. In diesem Zusammenhang ist die Diversität innerhalb der Belegschaft zu berücksichtigen. Angesichts der demografiebedingten und ökonomisch motivierten Entwicklung zu Vielfalt und dem damit verbundenen Umgang müssen mehr und mehr unterschiedliche Mitarbeitergruppen in den Fokus genommen werden.

Eine zukunftsfähige Karrierepolitik basiert auf erweiterten Definitionen von Karriere und Talent. So ist Karriere die lebenslange stärkenorientierte Entwicklung in Beruf und im sozialen Umfeld mit dem Ziel, einen wertschöpfenden Beitrag zu leisten. Talent ist dementsprechend die individuelle Fähigkeit in Verbindung mit der Bereitschaft, dadurch einen wertschöpfenden Beitrag zu leisten. Jeder ist ein Talent und hat Talent. Insofern dreht sich die Wirkungskette gewissermaßen um: Während in der Vergangenheit auf Basis vorhandener Stellenanforderungen Potenzialträger identifiziert wurden, wird künftig vermehrt nach passenden Stellen für Beschäftigte mit bestimmten Stärken und Talenten gesucht werden (vgl. von Rundstedt 2013).

Praxisnahe Gestaltungstipps Es liegt auf der Hand, dass es gilt, Werdegänge langfristig auszurichten und das gesamte Zeitfenster in den Blick zu nehmen. Wenn die „Karrierezeit" keine Laufzeit von 15–20 Jahren hat, sondern auf 40–45 Jahre terminiert ist, fallen Verzögerungen bzw. Unterbrechungen wegen bestimmter Lebensphasen und -situationen weniger ins Gewicht. Davon profitieren sowohl Unternehmen als auch der bzw. die Einzelne. Bei ihrer Gestaltung in Sinne der Lebensphasenorientierten Personalpolitik können folgende Gestaltungshinweise hilfreich sein.

- **Bieten Sie Ihren Beschäftigten alternative Entwicklungswege neben der klassischen „Schornsteinkarriere":**
  - Sorgen Sie für ein klares Bekenntnis der Geschäftsführung zur Gleichwertigkeit von Fach-, Führungs- und Expertenlaufbahn. Nur so ist gewährleistet, dass sich Experten ebenso wie Fachkräfte trotz gleicher Entlohnung letztlich nicht „minderwertig" fühlen.
  - Identifizieren Sie Leistungsträger in allen Altersgruppen, entwickeln Sie diese aktiv weiter und stoßen Sie so innerbetriebliche Werdegänge an.
  - Betreiben Sie stärkenorientiertes Talent Management, um alle Potenziale für Fach-, Führungs- und Projektkarrieren bestmöglich auszuschöpfen.
  - Schaffen Sie Transparenz über die Möglichkeiten und Anforderungen, die mit den unterschiedlichen Werdegängen einhergehen.
- **Bilden Sie die Diversität innerhalb Ihrer Belegschaft in den Karrieremodellen ab:**
  - Achten Sie darauf, dass es jedem Beschäftigten möglich sein sollte, in seinem individuellen Kontext, d. h. gemäß seiner Veranlagung, Begabung, Lebenssituation, Herkunft etc. Karriere zu machen (vgl. Friedli 2002, S. 29 ff.).
  - Bedenken Sie, dass gerade unterschiedliche Generationen auch unterschiedliche Erwartungen an Werdegänge haben. So strebt die Generation Y eher nach einer „sanften Karriere", die beispielsweise mit Führungspositionen in Teilzeit einhergeht, während die Baby Boomer Generation noch eher traditionelle Karrierevorstellungen mitbringt.

- **Streben Sie eine langfristige Karriereentwicklung Ihrer Mitarbeiter an:**
  - Machen Sie sich bewusst, dass die gesamte Erwerbsphase eines Mitarbeiters betrachtet werden muss, so dass beispielsweise die Absage eines Auslandsaufenthaltes oder einer Tätigkeitserweiterung aufgrund einer bestimmten Lebensphase nicht bedeuten darf, dass derartige Angebote zu einem späteren Zeitpunkt nicht wiederholt werden. Einen solchen Mitarbeiter nicht zu einem späteren Zeitpunkt erneut für eine Weiterentwicklung in Erwägung zu ziehen, bergen eine hohe Demotivationsgefahr und das Risiko wichtiges „Kapital“ brachliegen zu lassen.
  - Betreiben Sie eine systematische und langfristige Nachfolgeplanung, so dass Nachwuchskräfte möglichst umfassend vom Erfahrungswissen der Älteren profitieren können.
  - Zeigen Sie Beschäftigten gerade im mittleren Lebensalter, in dem die Gefahr einer generellen Sinnkrise besonders hoch ist, Perspektiven für ihre weitere berufliche Laufbahn auf, zum Beispiel als Experte oder Seniorconsultant.
  - Identifizieren Sie betriebliche Positionen und Einsatzbereiche, in den Seniorität vorteilhaft ist, damit Sie auch älteren Beschäftigten berufliche Entwicklungsmöglichkeiten aufzeigen können. Solche Rollen können beispielweise sein: Leitungsfunktionen (beispielsweise Programm- oder Projektleiter), Lehrfunktionen (zum Beispiel Ausbilder, Coach, Trainer, Mentor, Pate), Vertriebsfunktionen (Berater, Repräsentant) oder Tätigkeiten, die ein hohes Maß an Vertrauenswürdigkeit, Genauigkeit und Zuverlässigkeit erfordern (etwa Qualitätsmanager).
  - Forcieren Sie die Karriereentwicklung nicht primär in der Rush Hour des Lebens, um so die Vereinbarkeit ihrer beruflichen Pläne mit einer Familiengründung zu ermöglichen.
- **Berücksichtigen Sie die jeweilige Lebensphase der Mitarbeiter bei der Gestaltung des beruflichen Werdegangs:**
  - Prüfen Sie, inwieweit sich auch Leitungsfunktionen und Aufgaben in Aufstiegsphasen teilen lassen bzw. vollzeitnahe Teilzeitlösungen für Führungskräfte möglich sind.
  - Erwägen Sie Möglichkeiten von mobiler Arbeit für Fach- und Führungskräfte und sensibilisieren Sie alle Beteiligten dafür.
  - Achten Sie darauf, bei der langfristigen Besetzungsplanung für verantwortungsvolle Positionen, Mitarbeiter, die zum Beispiel in Eltern- oder Pflegezeit sind und/oder zu Teilzeitbeschäftigten gehören, nicht zu „vergessen“.
  - Regen Sie den Wissenstransfer zwischen Mitarbeitern unterschiedlicher Altersgruppen an, beispielsweise über Intranet-Plattformen, altersgemischte Teamzusammensetzungen oder Mentorentätigkeiten, Coaching.
- **Tragen Sie dem Umstand Rechnung, dass Karriere nach außen hin sichtbar werden sollte:**
  - Finden Sie neben der finanziellen Honorierung alternative Wege, um auch berufliche Werdegänge jenseits der Führungslaufbahn entsprechend zu honorieren. Herausfordernde Tätigkeiten und Lernfelder sind auch dafür geeignet, auf anderer Ebene das Gefühl eines „Karrieresprunges“ zu vermitteln und die Mitarbeiter stolz auf ihren Arbeitgeber und ihr Aufgabengebiet zu machen.

- Nutzen Sie auch einfach umzusetzende „Statussymbole", um die Bedeutung eines Mitarbeiters für den Betrieb zu visualisieren. Das Recht, einen ausgewiesenen Parkplatz sein eigen zu nennen oder aber ein größeres Büro zu beziehen, kann in zahlreichen Unternehmen ein nicht zu unterschätzendes Differenzierungsmerkmal darstellen.

4.2.5 Anreiz- und Motivationssysteme

Grundsätzliches Viele gängige Vergütungssysteme orientieren sich primär an dem Modell des „Normalarbeitsverhältnisses" und entlohnen „…oft nur eine spezifische Arbeitsaufgabe in einer hierarchischen Organisation mit einer starren Arbeitsteilung." (vgl. Blancke et al. 2000, S. 38). Zudem ist Entlohnung häufig an kurzfristige Perspektiven gekoppelt und berücksichtigt nicht den Aspekt der Bewältigung künftig zu erfüllender Aufgaben. Diese Art und Weise der Vergütungspolitik entspricht weder dem Grundgedanken der Förderung der Beschäftigungsfähigkeit noch berücksichtigt sie die immer häufiger werdenden Brüche in den Erwerbsbiografien sowie die zunehmende Flexibilität in Bezug auf Arbeitsverhältnisse. Darüber hinaus beachten sie aufgrund ihrer kurzfristigen Ausrichtung nicht ausreichend die Lebensphasenorientierung sowie die Nachhaltigkeit. Eine entsprechende Neuausrichtung stellt eine Herausforderung für Unternehmen dar, die sich allerdings in der Regel nicht in Form erhöhter Personalkosten zeigen darf.

Befragungen machen deutlich, dass sich Mitarbeiter von ihrem Arbeitgeber finanzielle Anreize ebenso wünschen wie die Wertschätzung ihrer Tätigkeit, herausfordernde Aufgaben und die Möglichkeit, Lebensphasen und Berufsphasen zu vereinbaren.

Aus den vielfältigen Möglichkeiten, die sich im Bereich der Anreiz- und Motivationssysteme bieten, gilt es, die für das jeweilige Unternehmen in seiner aktuellen Situation passendsten Instrumente auszuwählen. Zudem ist das Anreiz- und Motivationssystem zielgruppenspezifisch auszurichten und darauf zu achten, inwiefern die Maßnahmen bestimmte Altersgruppen in besonderem Maße ansprechen.

Grundsätzlich gelten materielle und immaterielle Anreize als Motivationsinstrumente. Zu nennen sind hier zum Beispiel:

Materielle Anreize:

- Marktgerechte Entlohnung
- Variable Gehaltsbestandteile
- Betriebliche Altersvorsorge
- Firmenwagen
- Incentive-Reisen

Immaterielle Anreize:

- Arbeitsaufgaben
- Perspektiven
- Beschäftigungssicherheit

- Reputation des Arbeitgebers
- Maßnahmen zur Vereinbarkeit von Lebens- und Berufsphasen
- Betriebsklima
- Förder- und Entwicklungsprogramme
- Flexible Arbeitsmodelle
- Gesundheitsförderung
- Sozialbetreuung
- Schuldnerberatung
- Services for Life

Services for Life beinhalten auch die Services für Familie. Bei den familienunterstützenden Dienstleistungen stehen nicht nur Jüngere mit Kindern im Blickpunkt, sondern Angebote für alle Familienformen. Aufgrund der demografischen Entwicklung gewinnt mehr und mehr neben der Betreuung von Kindern die Betreuung von kranken bzw. älteren Angehörigen an Bedeutung. Services für Familien müssen nicht kostenintensiv sein und sind nicht unweigerlich mit unkalkulierbaren finanziellen Risiken verbunden. So muss zum Beispiel die Kinderbetreuung nicht mit dem Bau einer betriebseigenen Kindertagesstätte einhergehen. Vielmehr sind Modelle denkbar, in denen sich das Unternehmen auf überbetrieblicher Ebene am Unterhalt einer Tagesstätte beteiligt, die ihre Öffnungszeiten auf die Bedürfnisse der Arbeitnehmer abstimmt. Oder Unternehmen kaufen Kontingente an Kinder- oder Pflege-Betreuungsplätzen. Ebenso können sich Arbeitgeber für die Vermittlung von Tagespflege oder Initiativen einsetzen. Darüber hinaus lässt sich das Arbeiten in Teams derart gestalten, dass die Mitarbeiter untereinander die Abläufe entsprechend ihrer individuellen Verpflichtungen gestalten und so auch ein ‚Notfallprogramm' schaffen. Die Erstellung von Informationsunterlagen muss nicht zwangsläufig die Ressourcen des Personalbereiches binden, sondern kann als Praxisprojekt von Auszubildenden oder Teilnehmern an Nachwuchsförderprogrammen ausgearbeitet werden.

Mögliche familienunterstützende Dienstleistungen sind:

- Informationen über Betreuungsangebote/Vermittlung von Betreuung
- Unterstützung bei der Ferienbetreuung und Notfallbetreuung
- Unterstützung bei der Pflege
- Angebot und/oder Vermittlung von haushaltsnahen Dienstleistungen (zum Beispiel Bügelservice)
- Kurzfristige Freistellungen
- Unterstützung bei der Organisation der Wege zum und vom Arbeitsplatz
- Informationen über Freizeit- und Kulturangebote
- Informationen über Wohnungssituationen
- Ansprechpartner
- Zuschüsse, Darlehen, Zusatzurlaub

Praxisnahe Gestaltungstipps Bei der Gestaltung von Anreiz- und Motivierungssystemen geht es nicht darum, ein „Rundum-Sorglos-Paket" zu schnüren, sondern einen bedarfs- und personenorientierten Ansatz anzubieten. Die Lebensphasenorientierung steht dann in engem Zusammenhang mit dem Cafeteria-Konzept auf betrieblicher Seite und Eigenverantwortung auf individueller Seite.

- **Ermitteln Sie in Ihrem Unternehmen, mit welchen Instrumenten Sie Ihre Mitarbeiter zielgruppengerecht unterstützen können:**
  - Führen Sie eine Mitarbeiterbefragung durch und stellen Sie fest, welchen Stellenwert die angebotenen betrieblichen Anreize und Services für Ihre Mitarbeiter besitzen und ob Defizite vorhanden sind. Nicht selten wird ein bestehendes Angebot nicht genutzt oder findet keine Anerkennung bei der Belegschaft, weil es den Bedarf nicht trifft.
- **Etablieren Sie ein passendes Anreiz- und Motivierungssystem:**
  - Überlegen Sie, welche Anreize Sie anbieten können und wollen.
  - Denken Sie über ein Cafeteria-System nach. Bieten Sie einige Anreize und Services an, die Ihre Beschäftigte je nach Bedarfslage nachfragen können.
  - Machen Sie deutlich, dass diese Anreize und Services Teil der Vergütung und der Personalentwicklung sind.
  - Verlieren Sie nicht die Kostenseite aus den Augen.
- **Fördern Sie den „Mannschaftsgeist" im Unternehmen und unterstützen Sie teamfördernde Aktivitäten:**
  - Initiieren Sie, dass Ihre Mitarbeiter Netzwerke untereinander aufbauen, zum Beispiel zwischen Beschäftigten in ähnlichen Lebensphasen (wie etwa Hobby, Ehrenamt, berufstätiger Partner im Ausland, Pflegeverantwortung, Elternschaft) sowie ähnlichen Berufsphasen (beispielsweise Neueinsteiger im Unternehmen, Nachwuchsführungskräfte o. ä.).
  - Unterstützen Sie gemeinsame Aktivitäten Ihrer Beschäftigten, zum Beispiel indem Sie als Ausgleichsbetätigung nach dem „Feierabend" Sport- oder Hobbygruppen im Unternehmen etablieren und entsprechende Aktivitäten über alle Ihnen zur Verfügung stehenden Medien verbreiten. Möglicherweise können Sie Vergünstigungen für Ihre Mitarbeiter in nahe gelegenen Sportstudios und Sportvereinen erwirken oder kreative bzw. künstlerische Ergebnisse von „Hobbyverbündeten" zur Besichtigung für Kollegen im Unternehmen ausstellen.
- **Bieten Sie Ihren Mitarbeitern die Nutzung bestimmter Dienstleistungen und Services im Unternehmen an:**
  - Organisieren Sie für Ihre Mitarbeiter, wenn Ihr Unternehmen nicht über ein Verpflegungsangebot verfügt, mobile Frühstücks- bzw. Mittagsservices oder Bestelldienste für frisches Obst, Gemüse, Brot etc.
  - Räumen Sie Ihrer Belegschaft ein, im individuellen Bedarfsfall technisches oder mobiles Equipment des Unternehmens für private Zwecke auszuleihen, wie bei-

spielsweise Bohrmaschinen für den häuslichen Gebrauch, Kraftfahrzeuge für Umzugszwecke oder Laptops für private Weiterbildungsinitiativen.

- **Veranstalten Sie Informationsvorträge zu den Möglichkeiten der Vereinbarkeit von Berufs- und Lebensphasen im Unternehmen:**
  - Machen Sie deutlich, dass Sie Interesse an einer gelungenen Vereinbarkeit von Berufs- und Lebensphasen für Ihre Mitarbeiter haben und verdeutlichen Sie im Zuge der Veranstaltung praktizierte Best-Practice-Beispiele aus Ihrem Unternehmen.
  - Informieren Sie die Belegschaft mit entsprechendem zeitlichem Vorlauf und umfassend über alle zur Verfügung stehenden Verbreitungsmedien.
- **Etablieren Sie einen regelmäßigen „Besuchertag":**
  - Veranstalten Sie einen jährlichen „Besuchertag" auf dem Firmengelände, zu dem auch die Angehörigen Ihrer Mitarbeiter eingeladen werden dürfen. Sie bringen auf diesem Wege das Interesse an dem privaten Hintergrund der Beschäftigten zum Ausdruck, tragen zur Erhöhung der Identifikation mit dem Unternehmen bei und betreiben damit aktive Imagebildung.
  - Binden Sie die Mitarbeiter bewusst in die Planung und Organisation einer solchen Veranstaltung ein. Sie stärken deren Eigenverantwortung, wenn Sie ihnen entsprechende Aufgaben und Planungsschritte übertragen. Nehmen Sie ihre Wünsche und Anregungen ernst und bemühen Sie sich um Umsetzung.

4.2.6 Gesundheitsmanagement

Grundsätzliches Ähnlich wie die Handlungsfelder Unternehmenskultur und Führung lassen sich auch die Instrumente aus dem Bereich des Gesundheitsmanagements nicht spezifisch bestimmten Lebens- oder Berufsphasen zuordnen, sondern sie wirken übergreifend. Nicht selten ist sich in Unternehmen die Wahrnehmung vorhanden, dass die Arbeits- und Leistungsfähigkeit eines Beschäftigten mit zunehmendem Alter sinkt. Dies muss nicht sein! Die Arbeits- und Leistungsfähigkeit eines Menschen kann vielmehr sogar mit Fortschreiten des Alters zunehmen. Hilfreich ist, wenn individuelle Maßnahmen im Rahmen des Gesundheitsmanagements angeboten und von den Mitarbeitern in Anspruch genommen werden. Idealerweise beginnt die Förderung der Gesundheit schon in jungen Jahren. So sind spezielle Maßnahmen auch schon bei jungen Auszubildenden denkbar, um den Erhalt der Leistungsfähigkeit von Beginn an sicherzustellen. Ein besonderes Augenmerk gilt den Beschäftigten im mittleren Lebensalter. Da diese Gruppe derzeit die Mehrheit in den Unternehmen darstellt und voraussichtlich eine Altersteilzeit bzw. eine Frühverrentung nicht mehr in Anspruch nehmen kann, gilt es mit dem Angebot entsprechender Maßnahmen, die Gesundheit und damit die Leistungsfähigkeit der Beschäftigten zu fördern und langfristig zu erhalten (Brandenburg und Domschke 2007, S. 187 f.).

Bereits der Arbeitsplatz sowie die Arbeitsbedingungen bieten Möglichkeiten zur Gesunderhaltung. Die traditionellen Maßnahmen des Gesundheitsmanagements haben vor allem die Bewahrung der körperlichen Leistungsfähigkeit im Blick. Dies ist wünschenswert aber nicht ausreichend. Gesundheit wird heute eher als dynamischer Prozess verstanden, der zugleich Voraussetzung, aber auch Ergebnis der Wechselwirkungen zwischen der Person, ihrem Verhalten und der Umwelt ist. Die Übergänge zwischen Krankheit und Gesundheit sind nach diesem prozessorientierten Gesundheitsbegriff fließend. Eine klare Abgrenzung des Kranken vom Gesunden ist jedoch so nur schwer möglich. Gesundheit und Wohlbefinden umfassen mehr als das Freisein von körperlicher Fehlfunktion und Schädigung. Auch subjektiv empfundenes Unwohlsein, wie lang anhaltendende Angst- und Hilflosigkeitsgefühle, haben negative Auswirkungen auf das Denken, die Motivation und das Verhalten und beeinträchtigen damit die Fähigkeit, den Zustand der Gesundheit im Wechselwirkungsprozess zu erhalten oder herzustellen (vgl. Tiek 2012, S. 11 ff.; Badura et al. 2010, S. 32 f.).

Das Betriebliche Gesundheitsmanagement muss mittlerweile auch im Kontext der Nachhaltigkeit und Ressourcenallokation gesehen werden (vgl. hierzu auch das magische Dreieck der Nachhaltigkeit in diesem Kapitel). Denn es ist festzustellen, dass die Bedeutung von Gesundheit/Wohlbefinden für die Beschäftigungsfähigkeit eines Mitarbeiters zunehmen wird. Während in der Vergangenheit vor allem der Kompetenzerhalt und die Motivation mit Konzepten und Maßnahmen belegt wurden, steigt derzeit das Bewusstsein, dass ohne den Erhalt und die Förderung von Gesundheit die Motivation und die Beschäftigungsfähigkeit der Mitarbeiter eingeschränkt sind. Immer klarer wird, dass Motivation, Kompetenzerhalt und Gesundheit miteinander verwoben sind. Fehlt Motivation, verringert sich der Antrieb zum Kompetenzerhalt, was mittelfristig zu Überforderung am Arbeitsplatz führt und langfristig die Gesundheit beeinträchtigen kann. Fehlen die Qualifikationen und die Kompetenzen, fühlt sich der Beschäftigte überfordert, er verliert an Motivation, betrachtet die Arbeitsaufgaben als Belastung, was sich wiederum auf die Gesundheit negativ auswirken kann. Nicht zuletzt: Ist der Mitarbeiter nicht gesund, fehlt ein Teil der Energie, um nachhaltig an der Motivation und am Kompetenzerhalt zu arbeiten. Damit wird deutlich, dass der Erhalt und die erfolgreiche Entwicklung von Beschäftigungsfähigkeit auf der einen Seite sowie Gesundheit und körperliches Wohlbefinden auf der anderen Seite in engem Zusammenhang stehen.

Im Sinne der Lebensphasenorientierung hat Gesundheitsmanagement in der Konsequenz – abgeleitet aus dem Nachhaltigkeitskonzept – mehrere Handlungsebenen (vgl. Tiek 2012, S. 11 ff.; Udris 2006, S. 2 ff.; Westermayer und Stein 2006, S. 113; Ulich und Wülser 2010; Uhle und Treier 2011):

a. Zum einem gilt es, die Leistungs- und Beschäftigungsfähigkeit zu halten/zu erhöhen. Dies kann präventiv und reaktiv sowie mit einem physischen und psychischen Bezug erfolgen (Verhaltensmaßnahmen).
b. Zum anderen ist Gesundheitsmanagement mit Leistungsbereitschaft verbunden. Es gilt, den häufig zu beobachtenden Talking-Action-Gap aufzubrechen. Viele Akteure und potenzielle Adressaten wünschen sich Gesundheitsförderung. Die Nachfrage nach gesundheitsförderlichen Maßnahmen und deren Inanspruchnahme hält sich jedoch nicht selten in Grenzen (1. Umsetzung der salutogenen Dimensionen Verstehbarkeit, Handhabbarkeit und Sinnhaftigkeit; 2. Gestaltung von Anreizsystemen).

c. Zum dritten sind Leistungsmöglichkeiten, also die Rahmenbedingungen, zu betrachten (Verhältnismaßnahmen).

Dabei gilt es die Grundsätze der Partizipation und Integration zu berücksichtigen (vgl. Tiek 2012, S. 15; ENWHP 2011, S. 4). Die einzelnen Handlungsebenen werden nachfolgend näher erläutert:

a) Betriebliches Gesundheitsmanagement: Maßnahmen zur Förderung und zum Erhalt der Leistungs- und Beschäftigungsfähigkeit (Verhaltensmaßnahmen)
Im Zusammenhang mit der Schaffung von Leistungs- und Beschäftigungsfähigkeit ist in einem ersten Schritt der Blick auf die Gesundheitsprävention zu richten. Zur präventiven Gesundheitsförderung werden regelmäßige Informationen über gesundheitsförderliches Verhalten, gesundheitsbewusste Angebote in der Kantine/Betriebsrestaurant, Seminare zur Förderung von gesundheitlichen Kompetenzen, Angebote zu sportlichen Aktivitäten etc. gezählt. Zur präventiven Gesundheitsförderung gehört auch die Begrenzung von negativen Stress-Situationen bzw. die Vermittlung von Stressbewältigungsstrategien. Darüber hinaus bedarf es einer Sensibilisierung für Burn-Out-Gefahren und Präventionsangebote. Im Rahmen von körperlich beanspruchenden Tätigkeiten gehören zur Prävention auch Veränderungen der Arbeitsorganisation, Veränderungen der Arbeitsinhalte, eine erholungswirksame Pausengestaltung, systematischer Belastungswechsel sowie eine Begrenzung der Verweildauer und Job Rotation.

Obwohl im Betrieblichen Gesundheitsmanagement der Schwerpunkt auf die Prävention gelegt werden sollte, ist es unerlässlich, auch der reaktiven Gesundheitsförderung Raum zu geben. So sollten belastungsreduzierte Arbeitsplätze identifiziert werden, die dann konsequent mit Mitarbeitern, die temporär oder permanent leistungsgewandelt sind, besetzt werden können. Eine weitere Maßnahme der reaktiven Gesundheitsförderung stellt die Qualifizierung dar, um neue Tätigkeiten ausüben zu können. Der Regenerationsprozess kann durch Informationen über gesundheitsförderliche Lebens- und Arbeitsweisen, Seminare, gesundheitsbewusstes Kantinenessen, Krankengymnastikangebote etc. unterstützt werden. Re-Integrationsprogramme runden das Angebot ab.

b) Motivation/Umsetzung der Verstehbarkeit, Handhabbarkeit und Sinnhaftigkeit
Um den Talking-Action-Gap im Zusammenhang mit dem Angebot und der Nachfrage von Betrieblichem Gesundheitsmanagement aufzubrechen,

- ist die Thematik in die Führung zu integrieren,
- bedarf es der Integration in die Personaleinsatzplanung und
- muss eine Verknüpfung mit der Personalentwicklung hergestellt werden.

Zudem kann die Gestaltung einer konstruktiven Arbeitsatmosphäre (Betriebsklima) ein Handlungsfeld von Gesundheitsmanagement sein. Eine regelmäßige Sensibilisierung der Adressaten sowie Akteure schafft das Bewusstsein für die Notwendigkeit. Dennoch zeigt die Praxis, dass eine Verbindlichkeit im Handeln und eine Konsequenzkultur für nachhaltiges Handeln notwendig erscheinen.

c) Rahmenbedingungen/Verhältnismaßnahmen
Rahmenbedingungen zur Gesundheitsförderung (also die Schaffung von Leistungsmöglichkeiten) sind die konsequente ergonomische Gestaltung der Arbeitsplätze und der Arbeitsumgebung sowie die Berücksichtigung von Arbeitsschutz und -sicherheit. Zu den Rahmenbedingungen zählt auch, feste Ansprechpartner (zentral – dezentral) zu benennen. Ebenso zielführend ist eine Informationsplattform, auf der alle Maßnahmen sowie Zahlen, Daten, Fakten hinterlegt sind und die für alle Mitarbeiter leicht zugänglich ist. Zahlreiche Faktoren und Bedingungen entscheiden darüber, inwieweit die individuelle Gesundheitskompetenz sich entfalten kann. Verfügt ein Mitarbeiter über Gesundheitskompetenzen, so kann er bzw. sie diese nur dann vollständig zur Entfaltung bringen, wenn die Faktoren und Bedingungen am Arbeitsplatz und in der Arbeitsumgebung dies erlauben. Organisation und Technik betreffen jedoch nicht nur das Arbeitsfeld, sondern sind auch im Freizeitbereich anzutreffen. Sachzwänge, z. B. im familiären Umfeld, und technisches Equipment im Hobbybereich beeinflussen die Umsetzung der individuellen Gesundheitskompetenz erheblich. Darüber hinaus tragen soziale Kontakte und die Einbindung in soziale Systeme zur Entwicklung bzw. Umsetzung der individuellen Gesundheitskompetenz bei. Innerhalb von sozialen Systemen existieren explizite und implizite Regeln, deren Einhaltung belohnt und deren Missachtung bestraft werden. Häufig geschieht dies unterschwellig, dennoch haben solche Regelungen Einfluss auf die Denk- und Handlungsmuster.

Praxisnahe Gestaltungstipps

- **Appellieren Sie an die Eigenverantwortung der Beschäftigten:**
  - Informieren Sie Ihre Mitarbeiter darüber, wie sie sich an ihrem Arbeitsplatz gesundheitsförderlich verhalten können und überprüfen Sie regelmäßig die ergonomische Gestaltung und Ausstattung.
  - Sensibilisieren Sie Ihre Mitarbeiter für Burn-Out-Gefahren.
- **Machen Sie auf den Zusammenhang zwischen der Vereinbarkeit von Berufs- und Lebensphase einerseits sowie der Gesundheit und des Wohlbefindens andererseits aufmerksam:**
  - Sensibilisieren Sie Ihre Führungskräfte dafür, dass ein direkter Zusammenhang zwischen der Möglichkeit, Lebensphasen und Berufsphasen miteinander zu vereinbaren, der Beschäftigungsfähigkeit sowie der Gesundheit der Belegschaft besteht.
  - Machen Sie die Vereinbarkeit von Lebens- und Berufsphasen zum Themenfeld in der Gesundheitsförderung bzw. im Gesundheitsmanagement.
- **Bieten Sie Ihren Mitarbeitern Maßnahmen zur Aufrechterhaltung ihrer physischen und psychischen Leistungsfähigkeit an:**
  - Schaffen Sie im Unternehmen ein Bewusstsein für das Erfordernis präventiver Förderungsmaßnahmen in Bezug auf die körperliche und geistige Gesundheit, etwa durch die Ausbildung von Beschäftigten zu Mediatoren.

  - Bemühen Sie sich eventuell um eine Kooperation mit Krankenkassen, um entsprechende Angebote (beispielsweise Rückenschule, Stressbewältigungsseminare, Gesundheitschecks oder Programme zur Förderung der gesundheitlichen Kompetenz) kostengünstig bereitstellen zu können.
  - Stellen Sie Räumlichkeiten zur Verfügung, in denen gesundheitsförderliche Maßnahmen stattfinden können, zum Beispiel Entspannungskurse. Die Teilnahmegebühren tragen die Mitarbeiter selbst.
  - Sensibilisieren und fördern Sie ein gesundheitsförderliches Ernährungsverhalten, wie etwa durch entsprechende Angebote in der Kantine, kostenlose Bereitstellung von Mineralwasser und/oder Obst, aber auch durch Bewusstseinskampagnen.
- **Schaffen Sie Transparenz über Ihre Angebote zur Gesundheitsförderung:**
  - Benennen Sie einen festen Ansprechpartner, z. B. in der Personalabteilung, für das Thema Gesundheitsförderung.
  - Implementieren Sie eine Informationsplattform – in der Betriebszeitung, im Intranet oder am schwarzen Brett – über die Sie regelmäßig Hintergrundinformationen über gesundheitsförderliches Verhalten sowie aktuelle Angebote des Unternehmens bzw. in der Region zur Verfügung stellen.
- **Motivieren Sie Ihre Mitarbeiter, sich an den Maßnahmen der Gesundheitsförderung zu beteiligen:**
  - Nicht selten werden Gesundheitsprogramme lediglich von gesundheitsbewussten Mitarbeitern angenommen. Bonussysteme sowie die Berücksichtigung des gesundheitlichen Engagements bei Beförderungen können hier Lösungen bieten, die eine Inanspruchnahme von Gesundheitsprogrammen positiv beeinflussen können.
  - Integrieren Sie das Thema Gesundheitsförderung in die Führung sowie in die Personaleinsatzplanung und verknüpfen Sie es mit der Personalentwicklung. Verbindlichkeit im Handeln und eine Konsequenzkultur tragen erheblich dazu bei, den „Talking-Action-Gap“ zwischen Angebot und Nachfrage gesundheitsförderlicher Maßnahmen zu schließen.
  - Bedenken Sie, dass es einigen Mitarbeitern aus zeitlichen und/oder finanziellen Zwängen nur eingeschränkt möglich ist, sich im Freizeitbereich gesundheitsförderlich zu verhalten. Suchen Sie gemeinsam nach Lösungen, wie hier eine Verbesserung erzielt werden kann.
- **Überprüfen Sie Arbeitsplätze nach gesundheitsrelevanten Kriterien:**
  - Lassen Sie dabei neben physischen Aspekten, wie beispielsweise der Lärmbelastung, auch psychische Belastungsmomente, etwa durch überbesetzte Büroräume, nicht außer Acht.
  - Suchen Sie nach Ansätzen, um proaktiv möglichen Belastungen entgegenzuwirken, z. B. durch Job Rotation, erholungswirksame Pausengestaltung oder Veränderungen in der Arbeitsorganisation und/oder -gestaltung.
  - Falls Arbeitsplätze mit einer begrenzten Verweildauer einhergehen, suchen Sie frühzeitig nach Möglichkeiten für Tätigkeits-/Belastungswechsel der betroffenen Mitarbeiter.

- **Etablieren Sie Krankenrückkehrgespräche und deren Auswertung:**
  - Schulen Sie Ihre Führungskräfte darauf, Krankenrückkehrgespräche durchzuführen und demonstrieren Sie damit, dass Ihnen das Wohlbefinden Ihrer Mitarbeiter ein Anliegen ist. Gehen Sie der Frage nach, inwiefern die Fehlzeiten und die Krankheitsquote der Belegschaft auf die Bedingungen der Arbeitsausübung zurückzuführen sind.
  - Etablieren Sie Gesundheitszirkel bzw. spezielle Gesprächskreise, in denen Krankheit und Arbeitsunfähigkeit sowie berufliche Belastungen erörtert werden.

4.2.7 Steuerung und Erfolgsbewertung

Grundsätzliches Es ist eine unumstößliche Tatsache, dass in Unternehmen die Notwendigkeit besteht, wirtschaftlich zu handeln, zumal der Kostendruck stetig ansteigt. Eine Lebensphasenorientierte Personalpolitik, verstanden als Investitionspolitik, setzt für eine gelungene Implementierung und Umsetzung von Maßnahmen zur Vereinbarkeit von Lebens- und Berufsphasen die zielorientierte und effiziente Steuerung der Aktivitäten voraus. Erst diese sichert den nachhaltigen Erfolg der Maßnahmen, denn dadurch werden Transparenz, Vergleichbarkeit und Übersichtlichkeit hergestellt. Zudem sind nicht selten die verschiedenen personalpolitischen Instrumente voneinander abhängig, was zu einer hohen Komplexität führt. Für eine erfolgreiche Realisierung ist somit angesichts limitierter Ressourcen ein systematisches Vorgehen unabdingbar.

Ob ein Unternehmen die Vereinbarkeit von Lebens- und Berufsphasen der Mitarbeiter aktiv unterstützt, hängt nicht nur von der Unternehmenskultur und Führung, sondern auch von den Kosten-Nutzen-Relationen ab. Zwar sind die Kosten zur Entwicklung und Implementierung von Maßnahmen exakt zu kalkulieren, die Erfassung des Nutzens gestaltet sich hingegen schwieriger. Jeder Kosten- und Nutzenfaktor benötigt ein entsprechendes Maß, damit die Vereinbarkeit von Berufssphäre und Privatsphäre zu einem personalwirtschaftlichen Aktionsfeld für das Unternehmen wird. Es stellt sich folglich die Frage, ob es geeignete Wege gibt, um dieses Spannungsfeld abzuschwächen oder gar aufzuheben.

Eines steht fest: Qualitative Aussagen dienen durchaus der Sensibilisierung für die Thematik, reichen jedoch alleine nicht aus, der Notwendigkeit gerecht zu werden, angesichts des steigenden Kostendrucks alle Aktivitäten in allen Unternehmensfeldern zu evaluieren und ihren Erfolg nachzuweisen. Es müssen also Instrumente zum Einsatz kommen, die auf quantitativer Ebene die Notwendigkeit und den Erfolg der Lebensphasenorientierten Personalpolitik nachweisen.

Erfahrungen zeigen, dass eine professionelle Kosten-Nutzen-Analyse zur Veranschaulichung der Bedeutung der Lebensphasenorientierung in drei Stufen verlaufen sollte:

- Darstellung des betriebswirtschaftlichen Nutzens
- Opportunitätskostenbetrachtung
- Ableitungen aus einer Altersstrukturanalyse

Auf Basis einer Untersuchung des Forschungszentrums Familienbewusste Personalpolitik aus dem Jahr 2008 lassen sich folgende betriebswirtschaftliche Effekte im Vergleich zu Unternehmen, die keine familienbewusste bzw. lebensphasenorientierte Personalpolitik betreiben, ableiten (vgl. FFP 2008):

- Bindung von Beschäftigten (+ 14 %).
- Erhöhung von Mitarbeitermotivation und Arbeitsproduktivität (+ 17 %).
- Steigerung der Kundenbindung (+ 12 %).
- Förderung von Beschäftigungsfähigkeit.
- Realisierung von Einsparungspotenzialen (Wiederbeschaffungskosten, Überbrückungskosten...) (abhängig vom Arbeitgeber).
- Reduktion von Ausfallzeiten (– 3 Tage), des Krankenstands (– 12 %) und der Fluktuationsrate (– 16 %).
- Steigerung der Attraktivität des Arbeitgebers auf dem Arbeitsmarkt (+ 26 %).
- Imageverbesserung (+ 38 %).
- Unterstützung in Veränderungsprozessen (Veränderungen benötigen Mitarbeiter, die ein hohes Maß an Loyalität haben).

Nicht selten wird der Nutzen lebensphasenorientierter Maßnahmen qualitativ erhoben. Für eine komparative Betrachtung ist es allerdings sinnvoll, die Opportunitätskosten zu berechnen, d. h. die Frage zu stellen „Was würde es uns kosten, nicht zu handeln?“. Dies lässt sich beispielsweise im Zusammenhang mit folgenden Kostenbetrachtungen umsetzen:

- Kosten im Zusammenhang mit Motivationsverlust.
- Kosten im Zusammenhang mit Kompetenzverlust.
- Kosten für Ersatzbeschaffung.
- Kosten für Einarbeitung.
- Kosten für Aufhebung des Arbeitsvertrags.
- Kosten in Bezug auf Fehlzeiten etc.

Es lässt sich die Faustregel formulieren, dass jeder Euro, der investiert wird, sich innerhalb von zwei bis drei Jahren amortisiert.

Nicht zuletzt gilt es, im Unternehmen die Konsequenzen aus einer Altersstrukturanalyse in die Kosten-Nutzen-Betrachtung mit einzubeziehen. Altersbedingt verlassen in den nächsten Jahren überproportial viele Beschäftigte die Unternehmen, wenn die geburtenstarken Jahrgänge in den Ruhestand gehen. Um die Personalstruktur konstant zu halten, ist Rekrutierung und Ausbildung unerlässlich. Darüber hinaus ist es wichtig, nicht zusätzlich Mitarbeiter zu aufgrund einer Unvereinbarkeit ihrer beruflichen mit ihrer privaten Situation zu verlieren.

Lebensphasenorientierung schafft Nachhaltigkeit und reduziert das Spannungsfeld zwischen Qualitäts- und Kostendruck. Eine solche Ausrichtung muss als Investitionspolitik begriffen werden!

Praxisnahe Gestaltungstipps

- **Führen Sie in regelmäßigen Abständen eine Altersstrukturanalyse durch:**
  - Bestimmen Sie zunächst den Status-Quo, d. h. Ihre aktuelle Altersstruktur. Dabei können als Untersuchungseinheiten das Gesamtunternehmen, aber auch einzelne Bereiche (z. B. bestimmte Unternehmensbereiche, Beschäftigtengruppen etc.) festlegen. Ziehen Sie anschließend Vergleiche zwischen unterschiedlichen Analyseeinheiten sowie mit verfügbaren Werten aus der eigenen Branche.
  - Prognostizieren Sie dann Ihre künftige Altersstruktur auf Basis des Status-Quo, indem Sie Annahmen in Bezug auf die Beschäftigungsentwicklung, Neueinstellungen, Ausbildung, Fluktuation und Berufsaustritt treffen. Erstellen Sie möglichst mehrere Szenarien innerhalb eines festgelegten Prognosezeitraums (z. B. 10 oder 15 Jahre). Auch hier ist ein Vergleich der aktuellen und prognostizierten Altersstruktur sinnvoll.
  - Auf Basis der Ergebnisse lässt sich der künftige Handlungsbedarf in Ihrem Unternehmen in Bezug auf die Handlungsfelder der Lebensphasenorientierten Personalpolitik ableiten.
- **Identifizieren Sie Ihre relevanten Kennzahlen und Indikatoren:**
  - Wenn möglich erstellen Sie ein Scorecard-System, das neben den harten und offensichtlichen Fakten auch die qualitativen Effekte erfasst.
  - Machen Sie die gewählten Maßnahmen evaluierbar, so dass der Zielerreichungsgrad gemessen werden kann, indem Sie passende Indikatoren auswählen.
  - Identifizieren und analysieren Sie Strukturkennziffern im Vergleich zu anderen Unternehmen (Benchmarking).
  - Analysieren Sie die „soft facts" wie beispielsweise Familienkompetenz, Teamfähigkeit, Kooperations- und Konfliktfähigkeit, Organisations- und Kommunikationsfähigkeit etc.
  - Führen Sie differenzierte Fehlzeitstatistiken durch, zum Beispiel gesetzliche oder vertragliche, unfallbedingte, medizinisch-biologische, motivationale Fehlzeiten.
  - Erstellen Sie differenzierte Fluktuationsanalysen, wie etwa Gründe und Kosten der Entlassung, Minderleistung, Stellenwiederbesetzung etc.
- **Nehmen Sie turnusmäßige Mitarbeiterbefragungen vor:**
  - Vergleichen Sie die Ergebnisse Ihrer Mitarbeiterbefragungen im Zeitablauf, zum Beispiel zu den Themen Motivation, Arbeitszufriedenheit, Sozialverhalten, Betriebsklima, Gesundheitsförderung etc., und gehen Sie den Ergebnissen auf den Grund. Ermitteln Sie die Hintergründe der Bewertung und beziehen Sie dazu Stellung.
- **Führen Sie regelmäßig Mitarbeitergespräche durch:**
  - Machen Sie es zur Pflicht, dass in regelmäßigen Abständen Mitarbeitergespräche durchgeführt werden.

- Arbeiten Sie beständig an einer Kultur von Vertrauen, damit in den Mitarbeitergesprächen auch die Vereinbarkeit von Berufs- und Lebensphasen thematisiert werden kann.

5 Implementierung einer Lebensphasenorientierten Personalpolitik im Unternehmen

5.1 Grundsätzlicher Ablauf

Die Vorgehensweise und der Ablauf der Einführung einer Lebensphasenorientierten Personalpolitik sollten immer nach einem einheitlichen Muster erfolgen, auch wenn gewisse Anpassungen an den Bedarf des Unternehmens und seine betrieblichen Ziele erforderlich sein können. Es spielt dabei keine Rolle, ob es sich um ein größeres oder ein kleineres Unternehmen handelt. Unabhängig von der Unternehmensgröße ist eine Implementierung in 7 Schritten notwendig und sinnvoll (siehe Abb. 8, Rump et al. 2011c, S. 59).

Entscheidend für den Erfolg der Einführung einer Lebensphasenorientierten Personalpolitik ist die Herangehensweise. Es kommt weniger darauf an, sehr viele Maßnahmen umzusetzen. Oft ist weniger mehr. Stattdessen ist es wichtig, den richtigen und passgenauen Weg einzuschlagen. Realisierung im Kleinen und Denken im Ganzen ist die Devise. Dazu eignet sich eine Vorgehensweise in 7 Schritten:

Schritt 1: Machen Sie eine ausführliche Bestandsaufnahme Ihrer Personalpolitik! Die intensive Analyse der Ausgangssituation des Unternehmens bildet das Fundament. Damit wird der Rahmen vorgegeben und im Ergebnis gezeigt, in welchen Bereichen das Unternehmen bereits gut aufgestellt ist und ob die Instrumente in der bestehenden Form beibehalten werden sollten oder Modifizierungen vorzunehmen sind. Welche Maßnahmen unterstützen die strategische Ausrichtung der Personalpolitik? Wo befinden sich eventuell „weiße Flecken"? Besteht Verbesserungspotenzial an der einen oder anderen Stelle? Es wird überprüft, inwiefern die vorhandenen Maßnahmen zweckmäßig und zielführend sind: einerseits unter dem Aspekt der derzeitigen Rahmenbedingungen, andererseits unter dem Gesichtspunkt der zukünftigen Herausforderungen des Unternehmens und zum Dritten unter Berücksichtigung der Lebensphasenorientierung. Die Einrichtung einer heterogen zusammengesetzten Arbeitsgruppe zu diesem Zweck, der Mitarbeiter, Führungskräfte aus unterschiedlichen Unternehmensbereichen sowie Vertreter der Geschäftsleitung und – soweit vorhanden – der Personalabteilung und der Arbeitnehmervertretung angehören, sichert die Einbindung und Unterstützung aller Beteiligten von Beginn an.

Schritt 2: Formulieren Sie realistische Ziele für Ihr Vorhaben! Je nachdem, welcher Handlungsbedarf sich im Rahmen der Situationsanalyse ergibt, fallen die Ziele für jedes Unternehmen unterschiedlich aus. Weist beispielsweise die Altersstruktur des Betriebs auf eine Überalterung der Belegschaft hin und gleichzeitig fehlen Nachwuchskräfte, wird der

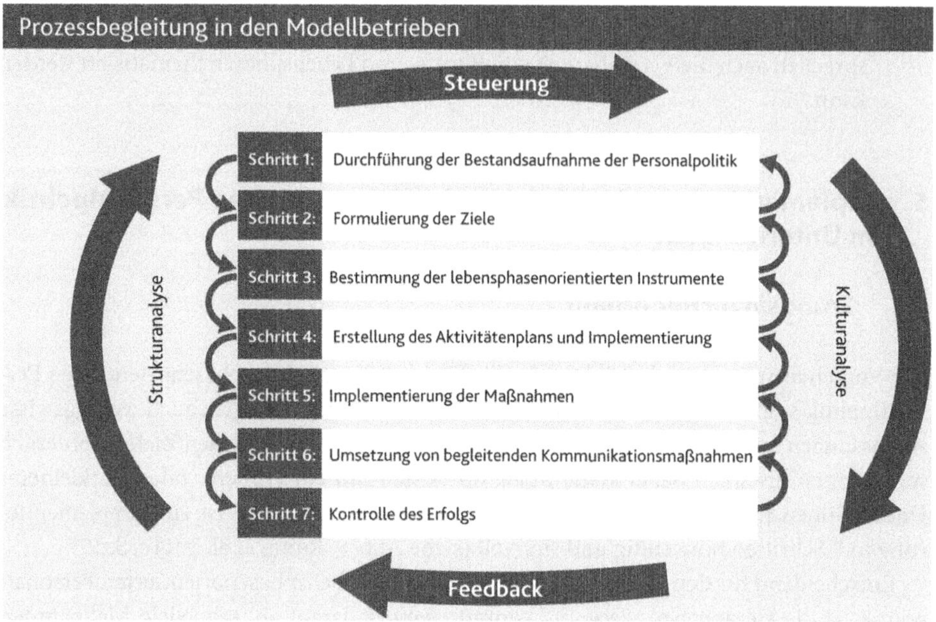

Abb. 8 Ablauf der Implementierung einer Lebensphasenorientierten Personalpolitik

Fokus darauf gelegt, hier Abhilfe zu schaffen. Die Zielsetzung könnte etwa darin bestehen, die Attraktivität für jüngere potenzielle Bewerber zu erhöhen. Die Ziele müssen handhabbar, präzise und messbar sein. Je konkreter sie formuliert sind, desto besser kann eine Nachhaltigkeit in der Zielverfolgung gewährleistet werden.

Schritt 3: Identifizieren Sie lebensphasenorientierte Maßnahmen! Zur Erreichung der festgelegten Ziele sind in aller Regel zukünftige Maßnahmen zu planen bzw. Aktivitäten einzuleiten. Die möglichen Auswirkungen der Instrumente sind dabei nicht außer Acht zu lassen. Passen sie beispielsweise zur Kultur und Struktur des Unternehmens? Fügen sie sich inhaltlich in die bestehende Personalpolitik des Unternehmens ein? Die Durchführung einer Mitarbeiterbefragung kann unterstützend wirken, um die Erwartungen der Beschäftigten zu berücksichtigen und eine rasche Akzeptanz zu erlangen.

Schritt 4: Erstellen Sie einen Aktivitätenplan! Mit der Festlegung von Maßnahmen beginnt die praktische Umsetzung im Sinne der Planung der notwendigen Aktivitäten. Der Aktivitätenplan enthält Informationen zu der umzusetzenden Maßnahme, den Zielen, dem Vorgehen und seinen Meilensteinen, der Dauer, dem Zeitfenster und der Wirkungsprognose (Tab. 1).

Tab. 1 Inhalte eines Aktivitätenplans

Aktivitätenplan...	**...und seine Inhalte**
Name der Maßnahme	Welchen Namen hat die Maßnahme?
Projektteam	Wer leitet das Projekt? Wer ist Mitglied im Projektteam?
Ziel/Ergebnis	Welche wesentlichen Ziele werden verfolgt?
Vorgehen/Meilensteine	Welche Aufgaben stellen sich? In welcher Reihenfolge erfolgt die Umsetzung? Welche Meilensteine werden definiert?
Dauer	Für welchen Zeitraum wird die Maßnahme angesetzt? Wann soll das Ziel erreicht sein?
Start	Wann startet das Projekt?
Wirkungsprognose	Welche Auswirkungen sind zu Erwartungen? Was wird durch die Maßnahme bewirkt? Wie sollen die Erfolge gemessen werden?

Schritt 5: Implementieren Sie die Maßnahmen! Wenn alle Vorbereitungen getroffen und die Verantwortlichkeiten definiert sind, erfolgt die Implementierung und Umsetzung der Maßnahmen vor Ort.

Schritt 6: Kommunikation – Tue Gutes und rede darüber! Damit die lebensphasenorientierten Instrumente die Akzeptanz aller Beschäftigten gewinnen und darüber hinaus zur Imagebildung des Unternehmens beitragen, ist die Umsetzung von Kommunikationsmaßnahmen notwendig. Dabei können Medien wie die Mitarbeiterzeitung, das Intranet, soziale Netzwerke (Twitter, Facebook, etc.) aber auch Betriebsversammlungen und Infotage, Hochschul- bzw. Schulmarketingaktivitäten sowie Kongresse und Tagungen zum Einsatz kommen. Dies stärkt zudem die Attraktivität als Arbeitgeber – intern wie extern.

Schritt 7: Kontrollieren Sie Ihren Erfolg! Je nach Art und Umfang der zu implementierenden Maßnahmen können Erfolge erst mittel- bis langfristig realisiert werden. Dies muss die Strategie und auch die Erfolgskontrolle berücksichtigen. Im Idealfall erfolgt diese nicht erst am Ende des Prozesses, sondern wird von Beginn an begleitend durchgeführt. Eine konsequente Sichtbarmachung der Ergebnisse wird durch die Formulierung von Erfolgskennzahlen oder Bewertungsansätzen im Vorfeld der Durchführung sehr vereinfacht. Dafür sind alle Datenquellen und zur Verfügung stehenden Informationen zu nutzen und gegebenenfalls zusätzliche Bewertungshilfen einzusetzen, wie etwa Mitarbeiter- und Kundenbefragungen. Dabei gilt es, die Zielwerte über den Beobachtungszeitraum zu beobachten und einzuschätzen.

5.2 Der 15-Punkte-Plan zur Einführung einer Lebensphasenorientierten Personalpolitik

Eine Lebensphasenorientierte Personalpolitik beachtet in ihrer Ausgestaltung die Lebens- und Berufsphasen der Mitarbeiter. Es ist vorrangige Aufgabe der Personalpolitik, Menschen zu einer erfolgreichen Zusammenarbeit zu bewegen, wobei es gleichzeitig die betrieblichen Ziele und Anforderungen – Unternehmensziele, Bereichs- und Abteilungsziele – zu erfüllen gilt. Die Wettbewerbsfähigkeit von Unternehmen wird künftig immer stärker davon abhängen, sich als attraktiver Arbeitgeber zu positionieren und der Belegschaft Wege aufzuzeigen, wie sie trotz verlängerter Lebensarbeitszeit die Balance zwischen Beruf und Privatleben meistern und dabei ihre Beschäftigungsfähigkeit aufrechterhalten. Nur so lässt sich dem anstehenden Fachkräfteengpass begegnen. Eine Lebensphasenorientierte Personalpolitik berücksichtigt daher die Interessen des Betriebes und bringt sie in Einklang mit den Bedürfnissen der Beschäftigten, so dass eine Win-Win-Situation entsteht. Personalarbeit ist erst dann nachhaltig wirkungsvoll, wenn sie die Potenziale und Fähigkeiten der Mitarbeiter zum eigenen Vorteil und dem der Arbeitgeber optimal auszuschöpfen vermag. Das gelingt nur, wenn die Unternehmensverantwortlichen die Bedürfnisse und Wertvorstellungen ihrer Belegschaft kennen. Ziel ist es von Kollektivregeln abzurücken und stattdessen eher maßgeschneiderte Lösungen für die einzelnen Zielgruppen zu finden.

Der abschließende „15-Punkte-Plan“ fasst zusammen, was Unternehmens- und Personalverantwortliche bei der Implementierung einer Lebensphasenorientierten Personalpolitik besonders beachten sollten. Enthalten sind die summierten Erkenntnisse der Modellbetriebe im Projekt „Strategie für die Zukunft – Lebensphasenorientierte Personalpolitik“[7] und einer Reihe weiterer Unternehmen, die bereits erste Schritte auf den Weg zu einer Lebensphasenorientierten Personalpolitik unternommen haben:

1. **Verankern Sie die Lebensphasenorientierung auf der obersten Leitungsebene Ihres Unternehmens.**
   Machen Sie die Lebensphasenorientierte Personalpolitik zur „Chefsache“ und leben Sie die Ansätze „von oben nach unten“ vor.
2. **Identifizieren und bewerten Sie die Stärken und Schwachstellen vorhandener Instrumente und deren Wirksamkeit.**
   Eine Bestandsaufnahme der vorhandenen personalpolitischen Instrumente zu Beginn des Prozesses ist die Basis für die Implementierung einer Lebensphasenorientierten Personalpolitik.
3. **Verfolgen Sie eine ganzheitliche, integrative Herangehensweise.**
   Die Instrumente sollten in ein ganzheitliches Konzept einer Lebensphasenorientierten Personalpolitik eingebunden und aufeinander abgestimmt sein. Fokussieren Sie

[7] *Nähere Erläuterungen zu diesem Projekt finden sich in Kap. „Strategie für die Zukunft - Lebensphasenorientierte Personalpolitik“.*

alle genannten Handlungsfelder und wählen Sie die für Ihr Unternehmen passenden Gestaltungsansätze nach dem Prinzip: So organisatorisch und formalistisch wie nötig – so strategisch wie möglich.

4. **Planen Sie vorausschauend und bereiten Sie die Projektplanung vor.**
„Gut konzipiert" ist noch lange nicht „gut umgesetzt". Es gibt im Vorfeld genügend Zeit, feste Termine und Meilensteine einzuplanen, auch zur fortlaufenden Evaluierung der Aktivitäten. Die Auswahl der Projektmitglieder und des Projektzeitraums sollte ebenso große Beachtung erfahren.
5. **Seien Sie auf alle „Killer-Argumente" vorbereitet.**
Setzen Sie sich bereits im Vorfeld mit möglichen Hindernissen und Hemmnissen auseinander und richten Sie Ihre Kommunikation darauf aus.
6. **Binden Sie Führungskräfte, Mitarbeiter sowie Betriebsrat/Personalrat frühzeitig in Ihre Vorhaben ein und beteiligen Sie sie an der Umsetzung.**
Das Einbinden der Mitarbeiter, Führungskräfte und des Betriebsrats von Beginn an ist ein Muss und sichert den Umsetzungserfolg der Maßnahmen.
7. **Begleiten Sie den Prozess durch gezielte interne Kommunikationsmaßnahmen.**
Die Kommunikation ist der Schlüssel zu positiven Veränderungen und gegenseitigem Verständnis. Sie bildet das Rückgrat der Einführung. Erst das kontinuierliche Gespräch mit den Mitarbeitern lässt gezielte Angebote entstehen.
8. **Führen Sie kontinuierliche Mitarbeiterbefragungen durch.**
Nur wer die aktuellen Problemstellungen und Wünsche kennt, kann bedarfsgerecht planen und effektive, passgenaue Maßnahmen umsetzen.
9. **Bevorzugen Sie flexible Lösungen und pragmatische Handlungsansätze.**
In der Regel fällt die Überzeugungsarbeit leichter, wenn die praktische Umsetzbarkeit für alle Beteiligten klar ersichtlich und leicht zu realisieren ist.
10. **Sensibilisieren Sie insbesondere Ihre Führungskräfte für die Umsetzung der Strategie.**
Machen Sie sich bewusst, dass nicht selten gut gemeinte und mit hohem Aufwand implementierte Ansätze ausschließlich am Widerstand von Führungskräften scheitern.
11. **Stellen Sie insbesondere kostenneutrale und kostengünstige Maßnahmen in den Vordergrund.**
Gutes muss nicht immer viel kosten. Viele Maßnahmen sind ohne größeren finanziellen Aufwand umsetzbar. Vorbehalte bezüglich kostspieliger Maßnahmen, die gerade für kleine und mittelständische Unternehmen kaum zu realisieren sind, lassen sich durch entsprechende kostenneutrale bzw. kostengünstige Gegenbeispiele entkräften.
12. **Zeigen Sie Kosten und Nutzen auf und integrieren Sie die Ansätze in den Bereich Steuerung und Erfolgsmessung.**
Versuchen Sie das Konzept der Lebensphasenorientierten Personalpolitik in das bestehende Controllingsystem Ihres Unternehmens zu integrieren, zum Beispiel in die Balanced Scorecard, wenn sie vorhanden ist. Gehen Sie offen mit möglichen finanziellen Hürden um und suchen Sie nach alternativen Lösungen.

13. **Betreiben Sie eine progressive externe Öffentlichkeitsarbeit.**
Das Marketing für die Instrumente darf nicht vernachlässigt werden. Ist das Unternehmen in der Öffentlichkeit erst einmal für seine Lebensphasenorientierung bekannt, ist es schwieriger, „das Rad zurückzudrehen".
14. **Versuchen Sie, „Betriebsblindheit" zu vermeiden.**
Externe Unterstützung im Gesamtprozess im Sinne des „neutralen" Blicks von außen zur Analyse und Validierung birgt den Vorteil der neutralen Sichtweise.
15. **Zeigen Sie sich kreativ in Bezug auf neue Wege und nutzen Sie Netzwerke.**
Berücksichtigen Sie gute Beispiele aus anderen Unternehmen und lassen Sie sich inspirieren, um neue Ansätze für Ihre Belegschaft zu entwickeln. Bauen Sie Kooperationen, Netzwerke und regelmäßigen Erfahrungsaustausch auf. Geben Sie ausschließlich fundierte Informationen über tatsächlich umsetzbare Maßnahmen intern weiter.

Literatur

Abele E, Reinhart G (2011) Zukunft der Produktion. Herausforderungen, Forschungsfelder, Chancen. Carl Hanser, München

Armutat S, Deutsche Gesellschaft für Personalführung e. V. (Hrsg) (2009) Lebensereignisorientiertes Personalmanagement. Eine Antwort auf die demografische Herausforderung. Grundlagen – Handlungshilfen – Praxisbeispiele. Bertelsmann, Bielefeld

Auer M (2000) Vereinbarungskarrieren. Eine karrieretheoretische Analyse des Verhältnisses von Erwerbsarbeit und Elternschaft. Hampp, München

Badura B, Walter U, Hehlmann T (2010) Betriebliche Gesundheitspolitik – der Weg zur gesunden Organisation, 2. Aufl. Springer, Heidelberg

Bertelsmann Stiftung (2007) Work-Life-Balance. Meilenstein für eine zukunftsfähige Gesellschaft, Gütersloh. http://www.bertelsmann-stiftung.de/cps/rde/xbcr/SID-76B0B3F6-66CE887D/bst/Broschuere_Work-Life-Balance.pdf. Zugegriffen: 16. Aug. 2011

Bittman M, Rice JM (2000) The rush hour: the character of leisure time and gender equity. Soc Forces 79(1): 165–189

Blancke S, Roth C, Schmid J (2000) Employability („Beschäftigungsfähigkeit") als Herausforderung für den Arbeitsmarkt – Auf dem Weg zur flexiblen Erwerbsgesellschaft – Eine Konzept- und Literaturstudie. Arbeitsbericht Nr. 157 der Akademie für Technikfolgenabschätzung in Baden-Württemberg. Stuttgart

Böhne A (2009) Lebensereignisse im Überblick. In: Armutat S, Deutsche Gesellschaft für Personalführung e. V. (Hrsg) Lebensereignisorientiertes Personalmanagement. Eine Antwort auf die demografische Herausforderung. Grundlagen – Handlungshilfen – Praxisbeispiele. Bertelsmann, Bielefeld, S 40–50

Brandenburg U, Domschke J-P (2007) Die Zukunft sieht alt aus. Gabler, Wiesbaden

Brinkmann TM (2009) Vereinbarkeit von erwerbs- und Privatleben aus der betrieblichen Generationenperspektive – Chancen einer lebensphasenorientierten Personalpolitik. In: Richter G (Hrsg) Generationen gemeinsam im Betrieb. Bertelsmann, Bielefeld, S 95–106

Czajka S, Jechová P (2012) Der Einsatz von Computer und Internet in privaten Haushalten in Deutschland. Ergebnisse der Erhebung 2011. https://www.destatis.de/DE/Publikationen/WirtschaftStatistik/Informationsgesellschaft/EinsatzComputerInternet052012.pdf?__blob=publicationFile. Zugegriffen: 10. Mai 2013

Döring W (2008) Lebensphasenorientierte Unternehmensführung. TrigonThemen, Nr. 3. Graz, S 2–4

ENWHP (2011) Luxemburger Deklaration zur betrieblichen Gesundheitsförderung in der Europäischen Union. Essen. http://www.move-europe.de/fileadmin/rs-dokumente/dateien/Dateien_2011/Luxemburger_Deklaration_09_11.pdf. Zugegriffen: 19. Juli 2013

Ernst & Young GmbH (2009) Studenten in Deutschland 2009. Was sie bewegt. Wohin sie Wollen. http://www.de.ey.com/Publication/vwLUAssets/Deutsche_Studenten:_Keine_Angst_vor_Arbeitslosigkeit/$FILE/Studentenstudie_2009.pdf. Zugegriffen: 02. Aug 2010

FFP (Forschungszentrum Familienbewusste Personalpolitik) (2008) Betriebswirtschaftliche Effekte einer familienbewussten Personalpolitik. Ergebnisse einer repräsentativen Unternehmensbefragung. Factsheet. Münster

Flüter-Hoffmann C (2008) Demografiefeste Unternehmen. In: Personal Nr. 3. Düsseldorf, S 10–11

Flüter-Hoffmann C (2009) Instrumente im Kontext des Lebensereignisses „Karriere". In: Armutat S, Deutsche Gesellschaft für Personalführung e. V. (Hrsg) Lebensereignisorientiertes Personalmanagement. Eine Antwort auf die demografische Herausforderung. Grundlagen - Handlungshilfen - Praxisbeispiele. Bertelsmann, Bielefeld, S 119–124

Friedli V (2002) Die betriebliche Karriereplanung. Konzeptionelle Grundlagen und empirische Studien aus der Unternehmensperspektive. Berner betriebswirtschaftliche Schriften, Bd. 27. Haupt, Bern, S 29 ff

Fuchs J (2009) Führen in Know-how-Unternehmen: Wenn Mitarbeiter ihren Chef bezahlen. In: Speck P (Hrsg) Employability - Herausforderungen für die strategische Personalentwicklung. Konzepte für eine flexible, innovationsorientierte Arbeitswelt von morgen, 4. aktualisierte und erweiterte Aufl. Gabler, Wiesbaden, S 215–220

Geißler A (2003) „Ich hinke etwas der Zeit voraus": Interview mit dem Zeitforscher Karlheinz A. Geißler über die Kosten des Tempowahns und die Notwendigkeit, Zeit als Wohlstandsindikator zu begreifen. http://www.stern.de/lifestyle/reise/509202.html?nv=ct_mt. Zugegriffen: 15. Juni 2003

Gertz W (2008) Flexible Arbeitszeit ist wichtiger als Blackberrys. http://www.spiegel.de/unispiegel/jobundberuf/0,1518,558159,00.html. Zugegriffen: 19. Aug 2010

Graf A (2002) Lebenszyklusorientierte Personalentwicklung. Haupt, Bern

Hans Böckler Stiftung (2011) Zeitdruck belastet viele Beschäftigte. Böckler Impuls 12/2011. http://www.boeckler.de/32014_114172.html. Zugegriffen: 19. Juli 2011

HayGroup (2011) Führungskräfte für eine neue Welt. Was die Zukunft von Führungskräften verlangt. http://www.haygroup.com/downloads/de/Leadership_2030_Whitepaper_DE_web.pdf. Zugegriffen: 15. Aug 2013

Hofmann J, Rollwagen I, Schneider S (2007) Deutschland im Jahr 2020- Neue Herausforderungen für ein Land auf Expedition. In: Deutsche Bank AG, DB Research (Hrsg) Fokus Deutschland 2020. Aktuelle Themen 382. Frankfurt am Main. http://www.dbresearch.de/PROD/DBR_INTERNET_DE-PROD/PROD0000000000209595.PDF. Zugegriffen: 18. Dez 2011

Horx M (2005) Future Fitness - Wie Sie Ihre Zukunftskompetenz erhöhen. Ein Handbuch für Entscheider. 5. Aufl. Eichborn, Frankfurt am Main

Kastner M (2004) Verschiedene Zugänge zur Work Life Balance. In: Kastner M (Hrsg) Die Zukunft der Work-Life Balance. Wie lassen sich Beruf und Familie, Arbeit und Freizeit miteinander vereinbaren? Asanger, Kröning

Kay R, Richter M (2010) Fachkräftemangel im Mittelstand: Was getan werden muss. Expertise im Auftrag des Arbeitskreises Mittelstand der Friedrich-Ebert-Stiftung. http://library.fes.de/pdf-files/wiso/07079.pdf. Zugegriffen: 19. Juli 2011

Kocka J (2001) Thesen zur Geschichte und Zukunft der Arbeit. In: Politik und Zeitgeschichte, B21/2001, S 8–13

Kuhnert P (2004) Work Life Balance trotz Arbeitslosigkeit und instabiler Beschäftigung? Paradoxie oder neue Chance?. In: Kastner M (Hrsg) Die Zukunft der Work Life Balance. Wie lassen sich Beruf und Familie, Arbeit und Freizeit miteinander vereinbaren? Asanger, Kröning, S 141–194
Lau-Villinger D, Seitz C (2002) Der Prozess des Älterwerdens in Unternehmen. Weiße Reihe Frankfurt
Lehr U (1996) Psychologie des Alterns. Quelle & Meyer, Wiesbaden
Manager magazin (2005) Jugendstudie „Generation 05". Was Studenten über ihre Zukunft denken. http://www.manager-magazin.de/koepfe/karriere/0,2828,345522,00.html. Zugegriffen: 02. Aug. 2010
Meier B, Schröder C (2007) Altern in der modernen Gesellschaft. Leistungspotenziale und Sozialprofile der Generation 50-Plus. Schriften zur Wirtschaftspolitik aus dem Institut der deutschen Wirtschaft Köln. Köln
Meulemann H (2006) Soziologie von Anfang an, 2. Aufl. VS Verlag für Sozialwissenschaften, Wiesbaden
Meyers RA (2009) Mitarbeiter im neuen Millennium - Kommunikation zwischen den Generationen. In: Richter G (Hrsg) Generationen gemeinsam im Betrieb. Individuelle Flexibilität durch anspruchsvolle Regulierungen. Bertelsmann, Bielefeld, S 201–220
Oerter R, von Hagen C, Röper G, Noam G (Hrsg) (1999) Klinische Entwicklungspsychologie. Beltz, Weinheim
Oldenbourg R, Ilmarinen J (2010) Für eine lebenslaufbezogene Arbeitsfähigkeitspolitik. In: Naegele G (Hrsg) Soziale Lebenslaufpolitik. VS Verlag für Sozialwissenschaften, Wiesbaden, S 429–473
Opaschowski HW (2002) Wir werden es erleben. Zehn Zukunftstrends für unser Leben von morgen. Primus, Darmstadt
Opaschowski HW (2006a) Das Moses Prinzip. Die 10 Gebote des 21. Jahrhunderts. Gütersloher Verlagshaus, Gütersloh
Opaschowski HW (2006b) Deutschland 2020. Wie wir morgen leben - Prognosen der Wissenschaft, 2. erweiterte Aufl. VS Verlag für Sozialwissenschaften, Wiesbaden
Opaschowski HW (2006c) Einführung in die Freizeitwissenschaft, 4. überarbeitete und aktualisierte Aufl. VS Verlag für Sozialwissenschaften, Wiesbaden
Opaschowski HW (2008) Deutschland 2030. Wie wir in Zukunft leben. Gütersloher Verlagshaus, Gütersloh
Pfiffner M, Stadelmann M (2012) Wissen wirksam machen. Wie Kopfarbeiter produktiv Werden. Überarbeitete und erweiterte Ausgabe. Campus, Frankfurt am Main
Probst G, Raub S, Romhardt K (2010) Wissen managen. Wie Unternehmen ihre wertvollste Ressource optimal nutzen, 6. überarbeitete und erweiterte Auflage. Gabler, Wiesbaden
Rading J (2010) Lebenszyklusorientierte Personalentwicklung in Zeiten des demografischen Wandels. Diplomica, Hamburg
Robert Bosch Stiftung (2005) Starke Familie. Bericht der Kommission „Familie und demographischer Wandel". Stuttgart
Rump J (2010a) Zweigeteilte Arbeitswelt. Die einen müssen in Bewegung bleiben, die anderen die Balance halten. Mitarbeiter sind nicht gleich. In: Süddeutsche Zeitung, 17.05.2010, Nr. 111, S 18
Rump J (2010b) Tödliche Routine. Zwischen Langeweile und Innovationsdruck: Angestellte leiden unterschiedlich. Nur wenn Vorgesetzte das erkennen, können sie ihnen helfen. http://www.sueddeutsche.de/karriere/motivation-von-mitarbeitern-toedliche-routine-1.940054. Zugegriffen: 27. Apr 2010
Rump J, Biegel I (2011) Employability und Megatrends. Die Arbeitswelt im Wandel. In: Rump J, Sattelberger T (Hrsg) Employability Management 2.0. Einführung in die praktische Umsetzung eines zukunftsorientierten Employability Managements. Verlag Wissenschaft & Praxis, Sternenfels, S 43–71

Rump J, Eilers S (2011a) Employability - Die Grundlagen. In: Rump J, Sattelberger T (Hrsg) Employability Management 2.0. Einblick in die praktische Umsetzung eines zukunftsorientierten Employability Managements. Verlag Wissenschaft & Praxis, Sternenfels, S 73–163

Rump J, Eilers S (2011b) Employability und Demografie. In: Rump J, Sattelberger T (Hrsg) Employability Management 2.0. Einblick in die praktische Umsetzung eines zukunftsorientierten Employability Managements. Verlag Wissenschaft & Praxis, Sternenfels, S 211–303

Rump J, Eilers S, Wilms G (2011c) Strategie für die Zukunft - Lebensphasenorientierte Personalpolitik 2.0, Mainz

Rump J, Eilers S (2013) Weitere Megatrends. In: Rump J, Walter N (Hrsg) Arbeitswelt 2030. Trends, Prognosen, Gestaltungsmöglichkeiten. Schäffer-Poeschel, Stuttgart, S 13–29

Rump J, Groh S, Eilers S (2006) Beruf und Familie - Auswirkungen auf die Wirtschaft. Mainz

Schein EH (1970) Organizational psychology, 2. Aufl. Prentice Hall, New Jersey

Schobert DB (2007) Grundlagen zum Verständnis von Work-Life Balance. In: Esslinger AS, Schobert DB (Hrsg) Erfolgreiche Umsetzung von Work-Life Balance in Organisationen. Strategien, Konzepte, Maßnahmen. Gabler, Wiesbaden, S 19–33

Schuster A (2007) Allzeit bereit. In: Die Rheinpfalz am Sonntag, 09.09.2007, S 3

Statistisches Bundesamt (2006) Bevölkerung Deutschlands bis 2050: 11. Koordinierte Bevölkerungsvorausberechnung. Wiesbaden

Statistisches Bundesamt (2009) Bevölkerung Deutschlands bis 2060, 12. Koordinierte Bevölkerungsvorausberechnung. Begleitmaterial zur Pressekonferenz am 18. November 2009 in Berlin. Wiesbaden

Statistisches Bundesamt (2011) Maßzahlen zu Geburten. E-Mail-Informationsservice vom 18.08.2011

Statistisches Bundesamt (2012) Geburten in Deutschland 2012. Wiesbaden

Tiek K (2012) Die Gestaltung des betrieblichen Gesundheitsmanagements in Einrichtungen des Gesundheitswesens und der Wohlfahrtspflege. Master Thesis. Eberbach

TNS Infratest Sozialforschung (2006) Sozio - oekonomisches Panel (SOEP), Erhebung im ersten Halbjahr 2006. http://de.statista.com/statistik/diagramm/studie/100/umfrage/berufliche-belastung-durch-zeitdruck/. Zugegriffen: 25. Mai 2010

Trendbüro, Steinle A, Wippermann P (2003) Die neue Moral der Netzwerkkinder. Trendbuch Generationen. Piper, München

Udris I (2006) Salutogenese in der Arbeit - ein Paradigmenwechsel?. Wirtschaftspsychologie, Heft 2, S 4–13

Uhle T, Treier M (2011) Betriebliches Gesundheitsmanagement. Springer, Heidelberg

Ulich E, Wülser M (2010) Gesundheitsmanagement im Unternehmen, 4. Aufl. Springer, Wiesbaden

von Rundstedt S (2013) Was heute getan werden muss, um Karrieren von morgen zu managen. Whitepaper. Düsseldorf

Werle K (2008) Wir sind dann mal weg. In: manager magazin Ausgabe 06/2008, S 134–142. http://wissen.managermagazin.de/wissen/image/show.html?did=57145648&aref=image036/2008/05/27/ROMM200800601340142.PDF. Zugegriffen: 03. Sep 2010

Westermayer G, Stein B (2006) Produktivitätsfaktor betriebliche Gesundheit. Hogrefe, Göttingen, S 113

Zukunftsinstitut (2007) Seminarunterlagen zum Seminar mit dem Titel „Praxis der Trend- und Zukunftsforschung“. Kelkheim, am 28.02.07, 9:30 bis 17:30 Uhr

Teil II
Ausgewählte Schwerpunkte

Mehr Zeit für Familie auch für Väter

Einflussfaktoren, lebensphasenorientierte Handlungsansätze und Beispiele guter Praxis

Jutta Rump und Silke Eilers

Zusammenfassung

Lebensphasenorientierung für Väter

Die Lebensphasenorientierung in der Personalarbeit bezieht sich auf Frauen und Männer. In der betrieblichen Praxis und auch in anderen Projekten und Initiativen mit ähnlicher Zielsetzung jedoch zeigt sich, dass sie immer noch verstärkt auf Frauen bezogen wird. Angesichts des sich wandelnden Rollenverständnisses, in dem beide Partner sich zunehmend gleichberechtigt berufliche und private bzw. familiäre Aufgaben teilen möchten, ist es unerlässlich, den Fokus verstärkt auch auf Männer und insbesondere Väter zu richten. Dazu reicht es jedoch nicht aus, ein „Männerförder-Programm" sowie eine Veranstaltungsreihe zur Sensibilisierung von Führungskräften (und Kollegen) zu konzipieren und umzusetzen. Es bedarf vielmehr des Aufbrechens von Stereotypen, Vorurteilen und Rollenmustern.

1 Einführung

Das letzte Jahrzehnt war gekennzeichnet durch die Erleichterung des Zugangs von Frauen/Müttern in die Erwerbsarbeit und der Vereinbarkeit von Beruf und Familie und die Berücksichtigung deren Lebensphasen und -situationen. Die Lebensphasenorientierung in der Personalarbeit bezieht sich allerdings auf Frauen und Männer. In der betrieblichen

J. Rump (✉)
Institut für Beschäftigung und Employability (IBE),
Ludwigshafen, Deutschland
E-Mail: jutta.rump@ibe-ludwigshafen.de

S. Eilers
Institut für Beschäftigung und Employability (IBE),
Ludwigshafen, Deutschland

J. Rump, S. Eilers (Hrsg.), *Lebensphasenorientierte Personalpolitik*, IBE-Reihe,
DOI 10.1007/978-3-642-41665-1_2, © Springer-Verlag Berlin Heidelberg 2014

Praxis und auch in anderen Projekten und Initiativen jedoch zeigt sich, dass sie immer noch verstärkt auf Frauen bezogen wird. Zwar ist bereits ein gewisser Trend hin zu einer stärkeren Teilhabe der Väter an Erziehungsaufgaben, nicht zuletzt durch Wahrnehmung (eines Teils) der Elternzeit, zu erkennen. Aufholpotenziale bestehen dennoch in erheblichem Umfang. Denn auch im Jahr 2010 stellte sich das Erwerbsleben von Vätern weitgehend unabhängig vom Alter der Kinder dar, während bei Müttern eher das Gegenteil der Fall ist (vgl. Eichhorst und Thode 2010, S. 12 f.) An dieser Stelle sei angemerkt, dass diese Thematik in engem Verhältnis zur Diskussion „Frauen in Führungspositionen" steht (vgl. Kapitel „Weibliche Talente gewinnen, fördern und binden"). Eine Veränderung im Rollenverständnis und die beidseitige Chancengleichheit fördert die Berücksichtigung von qualifizierten Frauen bei der Besetzung von Führungspositionen, denn es erfolgt ein Aufbrechen von Stereotypen, ein veränderter Umgang mit Macht und Machtpositionen sowie ein Überdenken von Karrieren und Karriereverläufen.

Um sich dem Kontext zu nähern, in dem mehr Zeit für Familie für Väter stattfinden kann und soll, werden in einem ersten Schritt die Stereotype, Rollenverständnisse und Handlungsmuster der Väter selbst, aber auch in ihrem Umfeld untersucht. Gerade die Handlungsmuster wiederum sind nicht zuletzt auf bestimmte Einflussfaktoren im betrieblichen wie gesellschaftlichen und politischen Kontext zurückzuführen, auf die im zweiten Teil der Betrachtung näher eingegangen werden soll. Daraus ergeben sich bereits erste Ansätze für Handlungsempfehlungen, die schließlich im dritten Teil ausgeführt sind.

2 Einflussfaktoren auf väterliches Engagement

Die Forschung zur Väterthematik gewinnt zwar seit einigen Jahren an Bedeutung und ist inzwischen vergleichsweise umfangreich, doch verfolgen die vorhandenen Studien in der Regel unterschiedliche Ansätze mit jeweils spezifischen theoretischen Fragestellungen, während eine umfassende Theorie derzeit noch fehlt.

Fest steht, dass individuelle, personenbezogene Faktoren, d. h. die Merkmale des Vaters, der Mutter, ihrer Paarbeziehung und des Kindes bzw. der Kinder ebenso eine Rolle spielen wie in der Gesellschaft verankerte Väterbilder und weitere Kontextfaktoren, unter denen vor allem (steuer)rechtliche, infrastrukturelle und betriebliche Rahmenbedingungen zu fassen sind. All diese Faktoren stehen in Wechselwirkung zueinander. Darüber hinaus ist zu bemerken, dass nicht nur eine Beeinflussung des väterlichen Engagements durch diese Faktoren erfolgt, sondern auch umgekehrt das tatsächlich gelebte Engagement Auswirkungen auf die Faktoren nimmt, z. B. indem die aktive Ausgestaltung der Vaterrolle mehrerer Männer in einem Unternehmen auch zu einem Umdenken auf Arbeitgeberseite führen kann (vgl. BMFSFJ 2006, S. 163 f.). Fest steht auch, dass sich unter den Einflussfaktoren sowohl förderliche als auch hemmende bzw. hinderliche Aspekte finden.

Nachfolgend werden zunächst personenbezogene und gesellschaftliche Faktoren betrachtet. Dabei wird bewusst eine gemeinsame Darstellung gewählt, da in Bezug auf die vorhandenen Stereotype, das Rollenverständnis und die daraus resultierenden Handlungsmuster nicht trennscharf voneinander abzugrenzen ist, inwieweit diese aus der Person selbst, ihrer Sozialisation etc. resultieren oder ein Spiegelbild gesellschaftlicher Wertvorstellungen sind. Die Betrachtung greift auch generationstypische, sozioökonomische sowie milieubezogene Spezifika auf.

Im Anschluss daran stehen die Kontextfaktoren auf (steuer)rechtlicher, infrastruktureller und betrieblicher Ebene im Fokus. Aufgrund der Schwerpunktsetzung dieses Kapitels, das insbesondere darauf abzielt, die Voraussetzungen für eine stärkere Integration der Väterperspektive in die Lebensphasenorientierte Personalpolitik zu identifizieren, werden insbesondere die betrieblichen Kontextfaktoren und entsprechenden Verbesserungspotenziale näher untersucht.

2.1 Personenbezogene und gesellschaftliche Einflussfaktoren

Die gesellschaftlich vorherrschenden Stereotype, das Rollenverständnis sowie die gängigen Handlungsmuster prägen in hohem Maße die Art und Weise, wie die Lebensphase der Vaterschaft von jedem Einzelnen, aber auch von der Gesellschaft als Ganzes wahrgenommen und gelebt wird. Dabei zeigt sich, dass das Rollenverständnis sich nicht automatisch auch in entsprechend „passenden" Handlungsmustern niederschlägt.

2.1.1 Stereotype und Rollenverständnis

Es finden sich Gesellschaft einerseits bestimmte stereotype Zuschreibungen bestimmter Eigenschaften zu den Geschlechtern, andererseits lassen sich bestimmte Entwicklungspfade in Bezug auf das Rollenverständnis aufzeigen.

Geschlechterstereotype

Es zeigt sich, dass sich das Männerbild in den vergangenen Jahrzehnten verändert hat. Zunehmend wird der Mann zum „Partner auf gleicher Augenhöhe". So hat das Set „klassisch-männlicher" Eigenschaften für einen Großteil der Männer seinen Leitbildcharakter verloren: Attribute wie Härte oder Überlegenheit werden lediglich von einer Minderheit als sympathisch eingestuft, während eher feminine Attribute wie Verständnis für die Gefühle anderer, Zärtlichkeit und das Zeigen von Gefühlen an Attraktivität gewinnen. Allerdings ist einschränkend festzustellen, dass solche Attribute, die sich in Richtung der Hausarbeit bzw. der Rolle als Hausmann orientieren, wiederum eine eher geringe Zustimmung erhalten (vgl. Wippermann et al. 2009, S. 1 f.).

Aber: Vollzeit-Erwerbstätigkeit, Streben nach Karriere und wenig Familienorientierung gelten weiterhin als männliche Eigenschaften und werden für einen beruflichen Aufstieg und gesellschaftliche Anerkennung vorausgesetzt. In der Folge gehen Männer, die der Familie zuliebe weniger arbeiten, nach wie vor das Risiko ein, von ihrer Umgebung als „weiblich" wahrgenommen zu werden (vgl. Ihsen et al. 2004, S. 19).

Im Umgang mit Vaterschaft seitens Ämtern, Behörden und medizinischen Versorgungseinrichtungen ist festzustellen, dass die Rolle des aktiven Vaters in der Regel noch keine Berücksichtigung findet. So richten sich Informationen und Angebote in Bezug auf die Vereinbarkeit von Beruf und Familie in der Öffentlichkeit derzeit noch überwiegend an Frauen, beispielsweise durch entsprechende Broschüren in Frauenarztpraxen oder bei Hebammen (vgl. Dittmann et al. 2009, S. 43 ff.). Auch sind werdende Mütter dazu angehalten und werden auch mit unterschiedlichsten Angeboten darauf hingeführt, sich intensiv mit ihrer bevorstehenden Rolle auseinanderzusetzen. Für werdende Väter hingegen sind solche Initiativen rar und auch nicht im gesellschaftlichen Bewusstsein verankert (vgl. BMFSFJ 2006, S. 126). Dies ist durchaus als Hemmschwelle in Bezug auf ein stärkeres Engagement von Vätern anzusehen.

Auch das Bildungssystem manifestiert in gewisser Weise bestehende Geschlechterrollen. Durch die überwiegend weiblichen Bezugspersonen in Kindertagesstätten, Schulen und Freizeiteinrichtungen erhalten Jungen und junge Männer nur begrenzt die Möglichkeit, sich mit modernen Rollenbildern auseinanderzusetzen und entsprechende Vorbilder zu identifizieren. Gerade in jungen Jahren ist es jedoch wichtig, unterschiedliche Lebensentwürfe außerhalb des eigenen familiären Rahmens kennenzulernen, um eine eigene Vorstellung auszubilden, so z. B. durch Väter, die erwerbstätig sind und sich im Sportverein engagieren oder männliche Erzieher und Lehrer in Teilzeit, die bewusst zu ihren familiären Verpflichtungen stehen (vgl. Zerle 2008, S. 12).

Hintergründe des sich wandelnden Rollenverständnisses

Es lassen sich unterschiedliche Entwicklungen identifizieren, die in den vergangenen Jahren bzw. Jahrzehnten zu einer Veränderung im Rollenverständnis der Geschlechter geführt haben (vgl. Becker et al. 2008, S. 6 f.; BMFSFJ 2006, S. 31):

- Die Gleichstellung von Mann und Frau ist heute (in der Theorie) gesellschaftliche Norm – sowohl im Bildungssystem und Berufsleben als auch in der Balance der Paarbeziehung.
- Die Erwerbschancen beim Berufseinstieg qualifizierter Frauen haben sich an die der Männer angeglichen.
- Familien sind zunehmend finanziell auf eine doppelte Erwerbstätigkeit angewiesen.
- Auch hoch qualifizierte Arbeitskräfte müssen mit einem Verlust des Arbeitsplatzes rechnen.
- Die Bedeutung individueller Zukunftschancen nimmt zu, wodurch Scheidungen zur akzeptierten Norm werden.
- Entscheidungen für Kinder werden bewusster als in der Vergangenheit von beiden Elternteilen getroffen.
- Ein partnerschaftliches Modell wird immer stärker auch zum gesellschaftspolitischen Ziel.
- Die ökonomische Unabhängigkeit der Frauen von den Männern steigt.

Generell ist festzustellen, dass die Zustimmung zum klassischen Ernährermodell in ganz Europa seit den 1980er Jahren abnimmt. Es ist somit davon auszugehen, dass die heutige jüngere Generation bereits in diesem Verständnis sozialisiert wurde und eine gleichberechtigte Aufteilung von Familien-/Haus- und Erwerbsarbeit für sie sehr viel selbstverständlicher ist als noch für die Generationen davor (vgl. Zerle 2008, S. 10). Hinzu kommt

Tab. 1 Entwicklung bestimmter Rollentypen bei Männern und Frauen zwischen 1998 und 2008

	Teiltraditionell (%)	Balancierend (%)	Suchend (%)	Modern (%)
Männer 1998	30	23	29	17
Männer 2008	27	24	30	19
Frauen 1998	25	30	17	27
Frauen 2008	14	34	19	32

das Bewusstsein, dass es ohne einen privaten Ausgleich unter den heutigen Arbeitsbedingungen mit viel Stress, hohen Flexibilitäts- und Mobilitätsansprüchen sowie häufigerem Arbeitgeberwechsel nicht mehr möglich ist, 45 Jahre bis zur Verrentung im Zuge eines verlängerten Erwerbslebens „unbeschadet" durchzuhalten (vgl. Rump 2008, S. 1). Dies lässt sich auch unter der Begrifflichkeit der Nachhaltigkeit subsummieren. Es handelt sich hierbei um eine intrapersonelle Nachhaltigkeit im Sinne der langfristigen Work-Life-Balance. Heute haben Männer/Väter mehr und mehr das Ziel, sowohl im Beruf als auch in der Familie und anderen Lebensphasen erfolgreich zu sein. Sie sehen im Gegensatz zu früher die Arbeit selbst nur noch als „halbes Leben an" (vgl. Nelles 2007, S. 2 f.).

Allerdings ist auch festzustellen, dass der Wandel im Rollenverständnis bei Frauen deutlich stärker ausgefallen ist als bei Männern, wie auch Tab. 1 aufzeigt, die in „teiltraditionelle", „balancierende", „suchende" und „moderne" Rollenbilder in den Jahren 1998 und 2008 differenziert (vgl. BMFSFJ 2009a, S. 34).[1]

Ebenfalls eine Bedeutung bei der Ausprägung der Geschlechterrollen nehmen Bildung und Migrationshintergrund ein, wie die Abbildungen 1 und 2 verdeutlichen (vgl. BMFSFJ 2009a, S. 38 f.; Abb. 1 und 2):

Den Zusammenhang zwischen Bildungsniveau und Migrationshintergrund sowie den entsprechenden Rollenvorstellungen zeigt auch eine Studie des *BMFSFJ* auf (vgl. BMFSFJ 2007, S. 8 ff.):

- Männer mit höherer Bildung sehen sich Spannungsfeldern gegenüber. Einerseits sind sie von den Grundsätzen der Gleichberechtigung überzeugt und wünschen sich eine moderne Partnerschaft mit einer intelligenten und selbstständigen Frau. Andererseits fehlen ihnen die Rollenvorbilder zum Umgang mit dem neuen Selbstbewusstsein und Selbstverständnis einer gleichberechtigten Aufteilung aller Lebensbereiche mit ihren

[1] Dabei werden als „teiltraditionell" solche Männer und Frauen charakterisiert, die sich überwiegend an traditionellen Rollenmustern orientieren; „balancierend" sind diejenigen, die auf pragmatische Weise je nach Fragestellung moderne und traditionelle Elemente miteinander verknüpfen; bei den „suchenden" Personen handelt es sich um Männer und Frauen, die sich weder mit traditionellen noch mit modernen Rollenbildern identifizieren können und sich dazwischen etwas „verloren" fühlen; „moderne" Menschen hingegen bevorzugen klar moderne Rollenbilder und lehnen traditionelle ab. (BMFSFJ 2009a, S. 34)

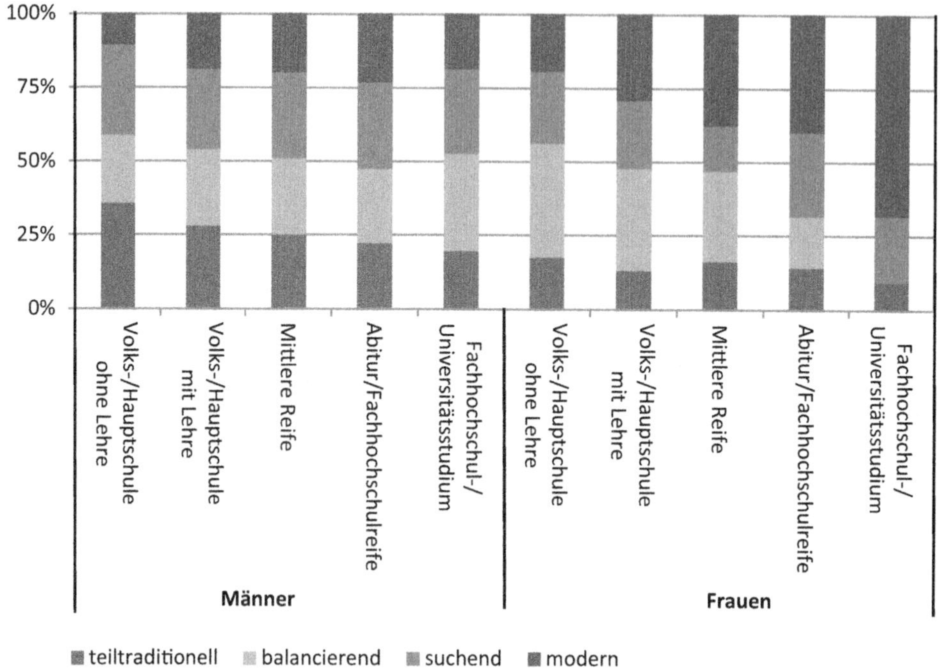

Abb. 1 Rollentypen bei Männern und Frauen nach Bildungsabschluss

Partnerinnen, denn sie wurden überwiegend in einem männlichen Allein- oder Hauptverdienermodell sozialisiert.

- Männer mit mittlerer, vor allem aber auch mit geringer Bildung glauben, das Ziel der Gleichstellung sei längst erreicht bzw. einige Bemühungen gingen über das Ziel hinaus, seien überflüssig oder sinnlos. Bei ihnen sind Unsicherheiten gegenüber gleichaltrigen Frauen deutlich ausgeprägt, da sie die traditionelle Rollenverteilung priorisieren, diese aber gerade bei Frauen höherer Bildung als nicht akzeptabel erleben. Ihre Unsicherheit bezieht sich allerdings überwiegend auf die Phase der Partnerfindung und -bindung, da sie darauf vertrauen, dass sich letztlich doch ein klassisches Rollenverhältnis einstellen wird, in dem die Frau „moderat modern und selbstständig" ist und möglichst auch etwas zum Einkommen beiträgt, aber dennoch gerne Erziehung und Haushalt übernimmt. Gerade im technischen Bereich können sie sich eine berufliche Gleichstellung von Frauen kaum vorstellen, z. B. als Schweißerinnen oder Dachdeckerinnen.
- Bei jungen Männern mit Migrationshintergrund spielen nicht selten Informationsdefizite eine Rolle: 67,3 % wissen beispielsweise nicht, was Elternzeit ist.

Zusammenfassend lässt sich also feststellen, dass die stärkere Befürwortung einer aktiven Vaterrolle in der Gesellschaft zum einen eine Folge der zunehmenden Erwerbseinbindung der Frau ist, die eine Aufteilung der Aufgaben in Bezug auf Erziehung und Haushalt erforderlich macht. Zum anderen jedoch ist sie auch veränderten Lebensentwürfen von Män-

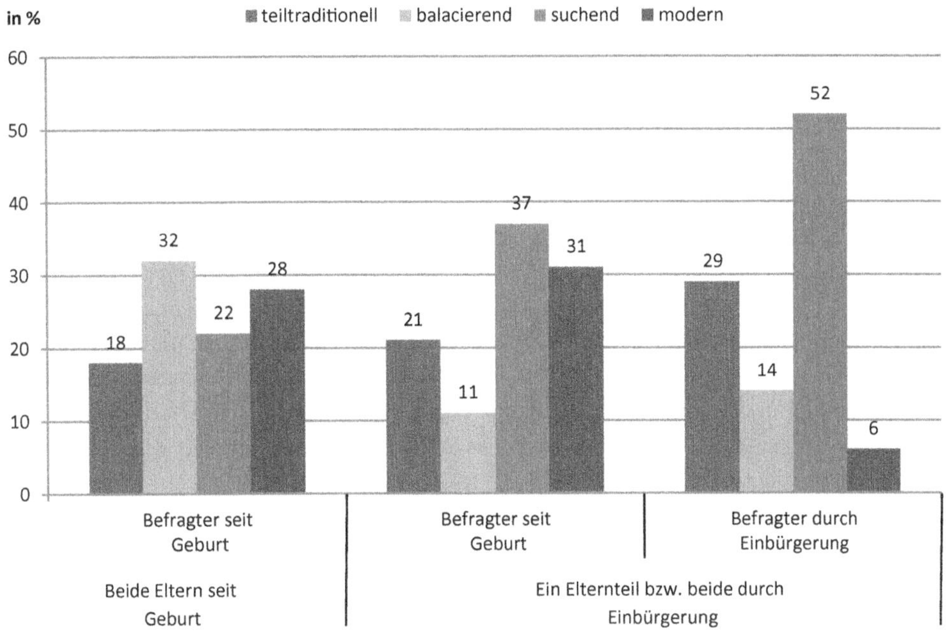

Abb. 2 Rollentypen von Männern und Frauen nach Migrationshintergrund

nern geschuldet, die andere Erwartungen an das Familienleben haben und sich zur Elternschaft nicht zuletzt aus dem Motiv der Selbstverwirklichung heraus entscheiden. Dabei zeigen sich Männer und Frauen mit höherer Bildung – wie in Bezug auf die Männerbilder in der Gesellschaft bereits festgestellt – deutlich „moderner" als bildungsferne Schichten. Ebenso ist in Migrantenfamilien noch ein vergleichsweise geringer Anteil an Vertretern eines modernen Rollenbildes zu finden (vgl. Jürgens und Voß 2007, S. 6). Allgemein ist zu konstatieren, dass sich die normativen Vorstellungen darüber, wo die Verantwortlichkeiten und Charakteristiken von Vätern bzw. Müttern liegen, langsamer verändern als das allgemeine Bewusstsein von der Gleichstellung als gesellschaftliche Norm (vgl. BMFSFJ 2006, S. 31). Anders ausgedrückt: „Trotz sichtlich wachsender Akzeptanz von Diversität in den Mustern familiärer Aufgabenteilung stellt es weiterhin einen radikalen Bruch in den gültigen kulturellen Normen und Einstellungen dar, wenn der Vater die primäre Rolle in der Betreuung der Kinder übernimmt,…" (BMFSFJ 2006, S. 69).

Selbst- und Fremdbild von Vätern

Die obigen Ausführungen zum Rollenbild von Männern und Vätern stellen sich in gewisser Weise widersprüchlich dar. Denn zum einen betonen gerade junge Männer ihren Wunsch nach mehr aktiver Teilhabe am Familienleben. So halten im Rahmen von Befragungen immer weniger Männer und Frauen die „traditionelle Arbeitsteilung", bei der der Mann für Beruf und finanzielle Versorgung zuständig ist, für attraktiv. Nach Ergebnissen des Familienreport 2010 finden immerhin 67 % der Frauen und 58 % der Männer, dass beide Partner zum Haushaltseinkommen beitragen sollten, 42 % der Frauen und ein Drittel der Männer sprechen sich für eine gleichberechtigte Arbeitsteilung aus. Allerdings zeigt sich, dass die favorisierten Modelle tendenziell eher auf eine Zuverdienerfunktion der Partnerin ausgerichtet sind, während an der Vollzeiterwerbstätigkeit von Vätern kaum „gerüttelt wird". Gerade in den alten Bundesländern finden sich noch immer zahlreiche Paare und hier wiederum doppelt so viele Männer wie Frauen, für die eine Arbeitsteilung, bei der ein Elternteil in der Kleinkindphase „berufliche Ansprüche reduziert" eine gelungene Form der Vereinbarkeit von Familie und Beruf darstellt. Dabei zeigt sich insbesondere bei der jüngeren Generation eine hohe Divergenz in den Aussagen junger Männer und Frauen: 41 % der befragten unter 19-jährigen Frauen, aber nur 13 % der gleichaltrigen Männer plädieren im Rahmen einer Studie aus dem Jahr 2009 für eine gleichberechtigte Arbeitsteilung und Berufstätigkeit der Frau (vgl. BMFSFJ 2010, S. 43 ff., 2006, S. 31 ff.). Für diese unklaren Rollenzuschreibungen im Selbst- und Fremdbild von Vätern kommen mehrere Ursachenstränge in Frage.

Zum einen gilt es festzuhalten, dass sich Männer in der Lebensphase der Vaterschaft heute mit konkurrierenden und teils widersprüchlichen Erwartungshaltungen auseinandersetzen müssen. Denn in Bezug auf die Wahrnehmung der Vaterrolle wird einerseits nach den Erkenntnissen aus mehreren unabhängigen Untersuchungen nach wie vor die Sicherung des Familieneinkommens primär als Aufgabe des Mannes gesehen. So formulieren auch jüngere Männer nach wie vor als eine ihrer zentralen Aufgaben, „eine Familie ernähren zu können". Neben diese Versorgerfunktion treten jedoch immer mehr weitere Funktionen. Zu nennen sind die soziale Funktion, die sich darauf bezieht, dem Kind Werte zu vermitteln, seine soziale Entwicklung zu fördern und ihm ein Beziehungspartner zu sein, die instrumentelle Funktion, bei der es insbesondere um die Förderung der Interessen und der Bildungslaufbahn des Kindes, um die Vermittlung von Wissen sowie um die Bereitstellung der notwendigen Ressourcen geht, aber auch die Mitverantwortung für die Betreuung und Erziehung, sozusagen die „Familienarbeit" (vgl. Henry-Huthmacher und Schmitz 2010, S. 11 ff.; BMFSFJ 2006, S. 31 ff.; Zerle 2008, S. 10 f.). Festzustellen ist in Bezug auf die aufgeführten Funktionen allerdings, dass sowohl bei Männern als auch bei Frauen eine implizite Unterscheidung zwischen qualitativen und quantitativen Funktionen innerhalb der Vaterrolle stattfindet. D. h. während die Versorgerfunktion und nahezu gleichgestellt die soziale und instrumentelle Funktion durchaus in hohem Maße bei den Vätern gesehen werden, sollte nach Ansicht der meisten Männer und Frauen die primäre Zuständigkeit für Betreuung und Erziehung letztlich doch bei den Müttern liegen, und dies auch, wenn Kinder bereits dem „Kleinkindalter" entwachsen sind (vgl. BMFSFJ 2006, S. 31 ff.).

Das väterliche Rollenverständnis hängt neben der grundsätzlichen Einstellung zur eigenen Vaterschaft (d. h. beispielsweise, ob diese erwünscht war oder nicht) auch vom Vaterschaftskonzept des Einzelnen ab, „...also seine[n] Vorstellungen davon, welche Tätigkeiten und Aufgaben in den Verantwortungsbereich eines Vaters fallen sollten." (BMFSFJ 2006, S. 164). Hinzu kommt die Einschätzung über die eigene Kompetenz in Bezug auf die Erbringung dieser als notwendig erachteten Tätigkeiten und Aufgaben (vgl. BMFSFJ

2006, S. 164 f.). Eine nicht zu unterschätzende Rolle spielt dabei auch die Einstellung der Partnerin zur Vaterrolle. Erstaunlicherweise stehen Frauen nicht selten aktiven Vätern in der Theorie sehr positiv, in der Praxis allerdings auch skeptisch gegenüber. Mit Bezug zur Haus- und Familienarbeit melden sie Zweifel dahingehend an, inwieweit Männer in der Lage sind, ihren Ansprüchen an Sauberkeit und Erziehung gerecht werden zu können. Hinzu kommt eine noch immer stark ausgeprägte Vorstellung von der Mutter-Kind-Beziehung, die suggeriert, dass auch aktive Väter diese niemals vollständig ersetzen können. In der Folge ist es für viele Frauen selbstverständlich, dass sie Elternzeit beanspruchen oder für die Kinderbetreuung ihre Arbeitszeit reduzieren, da sie glauben, nur selbst allen Anforderungen gewachsen zu sein. Werden Männer bzw. Väter mit solchen Vorbehalten konfrontiert, schrecken sie nicht selten vor einem stärkeren Engagement zurück. Wenn also beispielsweise eine Mutter den Vater bewusst dazu auffordert, sich mit seinem Kind zu beschäftigen und ihn in seinem Verhalten positiv bestärkt, wird sich dies förderlich auf die Übernahme von Verantwortung auswirken, während eine Mutter, die den Vater vor allem als ‚Spielkameraden' des Kindes begreift und von der Pflege und Fürsorge weitgehend ausgrenzt, eher eine gegenteilige Wirkung erzielen (vgl. Döge 2006, S. 25; Dittmann et al. 2009, S. 12, 15, 48; Geisler und Kreyenfeld 2009, S. 15; BMFSFJ 2006, S. 165 f.).

Auch die Qualität der Partnerschaft und der Charakter des Kindes bzw. der Kinder sind Faktoren, die Einfluss auf den Umfang und die Gestaltung des väterlichen Engagements nehmen, jedoch an dieser Stelle nicht näher ausgeführt werden sollen (vgl. BMFSFJ 2006, S. 166 f.).

Neben dieser Vielfalt von Rollen und den familieninternen Einflussfaktoren ist ein weiterer Grund für die inneren Widersprüche von Vätern darin zu sehen, dass sie sich noch immer stärker als Frauen an ihren beruflichen Erfolgen messen – und wiederum auch von der Gesellschaft und der Arbeitswelt noch deutlich stärker daran gemessen werden. Gleichzeitig wird laut Umfrageergebnissen aber auch erwartet, dass sie ihr familiäres Engagement nicht zugunsten des beruflichen Engagements zurückstellen und konstatiert, dass vielfach das Familienleben unter einer zu starken Konzentration von Vätern auf die Arbeit leidet. Erstaunlicherweise legt eine der wenigen Studien, die sich bislang dezidiert mit der Problematik der Vereinbarkeit von Beruf und Familie für Väter beschäftigt haben, den Schluss nahe, dass das Maß, in dem Väter Konflikte zwischen beruflicher und privater Sphäre erleben, von der Erwerbstätigkeit bzw. dem Erwerbsumfang der Partnerin unabhängig ist. D. h. in Familien, in denen die Mütter nicht oder nur in geringem Umfang erwerbstätig sind, empfinden Väter ebenso den Konflikt zwischen Beruf und Familie wie in „Doppelverdiener-Familien". Hieraus lässt sich ableiten, dass dieser Konflikt insbesondere auf ein verändertes Rollenverständnis zurückzuführen ist und auch Männer, deren Partnerinnen nicht erwerbstätig sind, zunehmend ein aktiver Beziehungspartner für ihre Kinder werden möchten – zusätzlich zu den hohen beruflichen Anforderungen (vgl. BMFSFJ 2006, S. 186 f.).

Anders als bei Müttern findet der Konflikt zwischen Beruf und Familie bei Männern in der Lebensphase der Vaterschaft auch vielfach keine oder nur geringe Berücksichtigung, er ist sozusagen ein „unsichtbares Dilemma". Hierfür lassen sich unterschiedliche Gründe identifizieren. Zunächst einmal stehen in vielen Familien weiterhin tradierte Geschlechterrollen, die nicht infrage gestellt werden, einer offenen Diskussion über diesen väterlichen Konflikt im Wege. Sich in einer konfliktären Situation im Hinblick auf familiäre Belange zu befinden, passt zudem für viele Väter noch nicht in ihr Männerbild. Aber auch die Reaktionen auf betrieblicher Seite prägen das Verhalten von Vätern – wenn sie Missbilligung erfahren, sobald sie in bestimmten Situationen den privaten Vorrang vor den beruflichen Belangen einräumen, z. B. wenn sie auf dem pünktlichen Ende einer Sitzung bestehen, um ihr Kind aus der Betreuung abholen zu können, werden sie künftig bemüht sein, ihr Familienleben möglichst aus dem beruflichen Alltag herauszuhalten. Dies wiederum bringt allerdings Konflikte mit der Partnerin ebenso wie mit sich selbst betreffend des Wunsches nach mehr aktiver Beteiligung mit sich. Eine Rolle darin, dass das Vereinbarkeitsproblem von Vätern eher ein „Randthema" ist, haben auch die Medien, die jahrelang insbesondere die Verdienste und Belastungen berufstätiger Mütter thematisierten und auch heute insbesondere prominente und erfolgreiche „aktive Väter" präsentieren. Der „Durchschnittsvater" findet sich darin nicht wieder und sucht vergeblich nach Vorbildern (vgl. BMFSFJ 2006, S. 187 f., 2009a, S. 367).

2.1.2 Handlungsmuster

Auch wenn sich das Rollenverständnis allmählich wandelt – es zeigt sich noch immer eine erhebliche Kluft zwischen den mentalen Geschlechtsidentitäten der Männer, d. h. auch ihren Wünschen nach aktiver Vaterschaft und ihrem tatsächlich praktizierten Verhalten (vgl. Wippermann et al. 2009, S. 1 f.; Zerle 2008, S. 11). Dazu sollen als zwei Indikatoren die Aufteilung von Familien-/Hausarbeit zwischen den Geschlechtern sowie die Inanspruchnahme von Elternzeit bzw. Elterngeld durch Väter herangezogen werden. Als dritter Indikator bietet sich der zeitliche Umfang der Erwerbstätigkeit an, der jedoch im Rahmen der betrieblichen Kontextfaktoren näher beleuchtet werden soll.

Aufteilung von Familien-/Hausarbeit zwischen den Geschlechtern

Solange Paare keine Kinder haben, üben in der Regel beide Partner eine (Vollzeit-)Berufstätigkeit aus, die Aufgaben in Bezug auf die Hausarbeit sind weitgehend gleichberechtigt verteilt, wenngleich auch bei kinderlosen Paaren noch immer eine vergleichsweise traditionelle Aufteilung der Aufgaben in „Hausfrauenarbeiten" wie Waschen, Kochen, Bügeln, die überwiegend von Frauen ausgeübt werden, sowie „Männerarbeiten" wie Reparaturen im Haushalt oder Instandhaltung des Autos, die primär den Männern obliegen, vorzufinden ist. Für eine Reihe von Tätigkeiten wie Putzen, Einkaufen oder administrative Aufgaben gilt eine weitgehende Gleichverteilung. Unabhängig von den Vorstellungen, die viele kinderlose Männer äußern, verändern sich mit der Geburt eines Kindes die Muster sowohl in Bezug auf die Verteilung der Erwerbstätigkeit als auch der Haus-/Familienarbeit in Richtung auf ein traditionelles Modell. So wird überwiegend die Erwerbstätigkeit der Mutter reduziert oder gänzlich aufgegeben, die Erwerbstätigkeit des Vaters hingegen in gleichem Umfang beibehalten oder gar ausgeweitet. Aus den „Hausfrauenarbeiten" ziehen sich die Männer noch stärker zurück und vor allem die zuvor „geschlechtsneutralen"

Aufgaben verschieben sich zunehmend in den Verantwortungsbereich der Mütter Diese Zusammenhänge bilden sich umso stärker aus, wenn weitere Kinder geboren werden (vgl. BMFSFJ 2006, S. 54 ff.; 62 f.).

Dies gilt insbesondere in den alten Bundesländern. Im egalitären Modell, in dem die Hausarbeit gleichberechtigt zwischen zwei in Vollzeit erwerbstätigen Partnern aufgeteilt ist, lebt in der Regal maximal ein Kind, während traditionelle und modernisierte Paare meist zwei oder mehr Kinder haben. Dabei fällt auf, dass 60 % der traditionell lebenden Paare kein Kleinkind mehr haben, d. h. das einmal gefundene Arrangement manifestiert sich vielfach auf Dauer. Das Bildungsniveau der Frauen bestimmt die Art des Familienmodells mit – so leben in traditionellen Modellen nur 21 % hochqualifizierte Frauen, in modernisierten bereits 29 % und in egalitären 39 %. Das egalitäre Modell findet sich daneben vor allem bei jüngeren Paaren sowie Paaren aus Ostdeutschland. Die drei unterschiedlichen Erwerbsarrangements treten dabei nicht zwangsläufig sequenziell im Lebensverlauf auf, sondern unabhängig von bestimmten Lebensphasen (vgl. DJI 2010, S. 21 ff.; Wippermann et al. 2009 S. 1 f.). Das Muster einer deutlich höheren zeitlichen Beanspruchung von Frauen durch diese unbezahlten Tätigkeiten gilt allerdings keineswegs nur für Männer, deren Partnerin nicht oder in Teilzeit erwerbstätig ist, sondern gleichermaßen für Vollzeitberufstätige. Dabei zeigt sich, dass sich in der mittleren und höheren Schicht die Männer zwar etwas häufiger an der Hausarbeit beteiligen, sich das grundlegende Muster allerdings als unabhängig von Bildung und Schichtzugehörigkeit erweist. Als Ursache wird meist die umfangreiche Arbeitszeit des männlichen Partners angeführt (vgl. Institut für Demoskopie Allensbach 2010, S. 13 f.; Sachverständigenkommission zur Erstellung des Ersten Gleichstelungsbereichtes der Bundesregierung/Frauenhofer-Gesellschaft zur Förderung der angewandten Forschung e. V. 2011, S. 8 f.).

Die Beteiligung von Vätern an der **Familienarbeit** lässt sich einerseits mit Zeitbudgetstudien messen, die sich auf den zeitlichen Umfang der Beteiligung an der Sorge um das Kind beziehen. Andererseits finden sich auch Ansätze, den relativen Anteil beider Partner an vorab definierten Tätigkeiten und Aufgaben rund um das Kind einzuschätzen. In beiden Fällen erfolgt eine rein quantitative Betrachtung, wohingegen sich andere Studien mit qualitativen Unterschieden im Verhalten der Elternteile und/oder mit den Auswirkungen bestimmter Interaktionsformen auf die Entwicklung des Kindes beschäftigen. Sowohl in quantitativer als auch in qualitativer Hinsicht lässt sich in einer zusammenfassenden Sicht auf unterschiedliche Studien konstatieren, dass das väterliche Engagement seit den 1970er Jahren zugenommen hat, und zwar von der Geburt des Kindes an. Dennoch kommt den Vätern noch immer in aller Regel eine unterstützende Funktion zu, während die Hauptverantwortlichkeit nach wie vor bei den Müttern liegt und diese deutlich stärker ihren Alltag nach den Kindern ausrichten. Dabei zeigen Befragungen allerdings auch, dass Väter sich durchaus für einen größeren Anteil ihrer Beteiligung aussprechen, ihr tatsächliches Handeln jedoch meist weit hinter den eigenen Ansprüchen und denen ihrer Partnerin zurückbleibt. Analysiert man genauer, welche Tätigkeiten und Aufgaben Väter bevorzugt übernehmen, fällt auf, dass es sich vor allem um zeitlich disponible Aufgaben handelt. Das heißt, sie übernehmen weniger Aufgaben, die eine sofortige Erledigung verlangen (z. B.

Windel wechseln) oder zeitlich fest definiert sind (z. B. Abholung von der Kindertagesstätte), als vielmehr solche, die zu einem weitgehend beliebigen Zeitpunkt erledigt werden können (z. B. mit dem Kind spielen). Generell ist festzustellen, dass Väter eher Aufgaben mit spielerischem Charakter übernehmen, während Routinetätigkeiten, Versorgungsaufgaben sowie die Organisation des Alltags und die Kontaktpflege zu den Betreuungsinstitutionen überwiegend den Müttern obliegen (vgl. BMFSFJ 2006, S. 57 ff.).

Bei Männern dominiert somit nach wie vor auch in der Lebensphase der Vaterschaft in den meisten Fällen die haushaltsexterne Erwerbsarbeit, bei Frauen die haushaltsinterne Sorge- und Hausarbeit (vgl. Sachverständigenkommission zur Erstellung des Ersten Gleichstellungsberichtes der Bundesregierung/Frauenhofer-Gesellschaft zur Förderung der angewandten Forschung e. V. 2011, S. 214). Das heißt aber auch, dass bei nahezu gleichbleibendem Umfang der Erwerbstätigkeit von Vätern in den vergangenen Jahrzehnten die Zunahme ihres Engagements gerade im familiären Bereich ihr Zeitbudget stark belastet und damit auch die Problematik der Vereinbarkeit von Beruf und Familie für Männer beständig zunimmt (vgl. BMFSFJ 2006, S. 186). Dabei lässt sich als Faustregel formulieren: Je höher die soziale Lage und die berufliche Position, umso größer ist die Kluft zwischen normativem Selbstbild und realisierter Praxis (vgl. Wippermann et al. 2009, S. 3). D. h. während die unteren Schichten mit geringerem Bildungs- und Berufsniveau ihre Vorstellungen – die, wie gesehen, generell eher in eine traditionelle Richtung gehen – auch überwiegend in die Praxis umsetzen, gelingt dies den höheren Schichten mit anspruchsvolleren Erwerbstätigkeiten eher weniger. Dies steht vor allem damit im Zusammenhang, dass mit steigender Bildung und Schichtzugehörigkeit immer stärker eine moderne Rollenverteilung präferiert wird, die wiederum weniger einfach zu realisieren ist.

Infolgedessen äußern sich Männer noch deutlich unzufriedener mit ihrer Zeitverwendung bzw. der Aufteilung zwischen beruflicher und privater Sphäre als Frauen: Sie verbringen ihrer Meinung nach zu wenig Zeit mit ihren Kindern und zu viel Zeit im Beruf (vgl. DJI 2010, S. 19). Dies scheint weniger ihrem Wunsch zu entsprechen, wie die o. g. Zusammenhänge zeigen, sondern bedingt durch externe Zwänge zu sein. In diese Richtung weist auch eine Betrachtung im Rahmen des „Generations and Gender Survey" aus dem Jahr 2005 zu Unterschieden in der Wahrnehmung der „aktiven Vaterrolle" (d. h. verantwortliche Übernahme von Aufgaben, Investition von Zeit in das Kind, Unternehmungen mit dem Kind) zwischen den Generationen. Befragt wurden 390 Männer mit mindestens einem unter siebenjährigen Kind im Haushalt. Danach lassen sich sowohl die befragten 25- bis 34-jährigen als auch die 50- bis 64-jährigen Väter durchweg als „aktiv" charakterisieren, während die 35- bis 49-Jährigen von erheblichen Vereinbarkeitsproblemen zwischen beruflichem und familiärem Bereich berichten. Wenngleich aufgrund der geringen Fallzahlen bei den älteren Vätern die Ergebnisse lediglich explorativen Charakter haben, zeigen sie in der Tendenz jedoch auf, dass es insbesondere die mittleren Jahrgänge sind, bei denen eine berufliche Phase hoher Belastung mit der Lebensphase der Vaterschaft zusammentrifft, die sich in hohem Maße in einem Konflikt befinden (vgl. Tölke 2008, S. 24).

Somit ist der durchschnittliche heutige Vater eine Art „familienorientierter Brotverdiener", dessen primäre Verantwortung in der Sicherung des Familieneinkommens liegt.

Sein Alltag wird von der Erwerbstätigkeit strukturiert, die Tätigkeiten und Aufgaben rund um die Familie werden in die verbleibende Zeit „eingepasst". Erwerbstätige Partnerinnen unterstützen Väter in der Regel nur in dem Maße wie es ihre eigenen beruflichen Verpflichtungen zulassen, d. h. die beruflichen Rahmenbedingungen des Mannes nehmen letztlich nach wie vor in den meisten Familien eine Vorrangstellung ein. Dennoch ist durchaus festzustellen, dass vor allem der Wunsch nach einem stärkeren Engagement sowie, wenn auch in geringerem Umfang, dessen tatsächliche Umsetzung im Vergleich zu früheren Generationen deutlich zugenommen haben (vgl. BMFSFJ 2006, S. 64; 168 ff.).

Inanspruchnahme von Elternzeit bzw. Elterngeld durch Väter

Was die Inanspruchnahme von Elternzeit und Elterngeld anbelangt, so zeigen sich noch immer klare Unterschiede zwischen Müttern und Vätern, jedoch auch durchaus positive Entwicklungen in Bezug auf die zunehmende Teilhabe von Männern an Erziehungsaufgaben. Deutlich zutage treten auch sozioökonomische Faktoren sowie das Bildungsniveau, die Einfluss auf die Handlungsmuster nehmen.

Für im Jahr 2011 geborene Kinder bezogen 27,3 % der anspruchsberechtigten Väter Elterngeld – eine Steigerung um 2 Prozentpunkte im Vergleich zum gleichen Zeitraum 2010 (vgl. Statistisches Bundesamt 2013). Bereits 2009 bezogen mehr als die Hälfte der Paare (53 %) das Elterngeld zeitweise gemeinsam, 54 % der Väter beanspruchen Elterngeld parallel zur Mutter, 46 % alternierend (vgl. Familien mit Zukunft 2011; BMFSFJ 2010, S. 102 f.). Dabei nehmen Väter das Elterngeld durchschnittlich für dreieinhalb Monate in Anspruch, etwas mehr als drei von vier Vätern überschreiten die zwei „Vätermonate", immerhin jeder zehnte Vater bezieht zwischen zehn und zwölf Monaten Elterngeld (vgl. BMFSFJ 2011, S. 89; Statistisches Bundesamt 2013).

13 % der Mütter und 29 % der Väter, die im Jahr 2009 Elterngeld bezogen, arbeiteten während des Bezugs in Teilzeit (vgl. BMFSFJ 2010, S. 102 f.). Betrachtet man die regionale Verteilung des Elterngeldbezugs, so zeigt sich, dass im Jahr 2011 in Bayern und Sachsen mit 35,8 % bzw. 35,6 % die meisten Väter Elterngeld in Anspruch nahmen, gefolgt von Berlin mit 32,2 % und Thüringen mit 31,8 %. Die niedrigste Beteiligung am väterlichen Elterngeldbezug findet sich im Saarland mit 17,5 %. Der Elterngeldanspruch der Väter lag dabei gehaltsbedingt um mehr als ein Drittel höher als der der Mütter (vgl. Statistisches Bundesamt 2013).

Eine Untersuchung des Instituts für Wirtschafts- und Sozialwissenschaftlichen Transfer (WSI) der Hans Böckler Stiftung ergibt, dass Väter, die Elterngeld in Anspruch nehmen, überdurchschnittlich häufig in Großunternehmen und dabei fast ausschließlich in solchen mit einer betrieblichen Interessenvertretung beschäftigt sind. Darüber hinaus arbeiten sie überwiegend in der öffentlichen Verwaltung oder bei Dienstleistern und leben in Großstädten. Was ihre Qualifikation anbelangt, so weisen sie mehrheitlich einen Hochschulabschluss auf und sind als qualifizierte Angestellte tätig. Die „Elterngeldväter" sind im Durchschnitt 37 Jahre alt, ihre Partnerinnen sind in der Regel meist ebenfalls erwerbstätig (vgl. Pfahl und Reuyß 2009, S. 2). So liegt die Müttererwerbstätigkeit bei Eltern, die einen Partnerantrag stellen, über den gesamten Bezugszeitraum hinweg ca. 20 % über der von

Müttern, deren Partner nicht Elterngeld in Anspruch nimmt (vgl. BMFSFJ 2010, S. 100). Auch eine Studie des Hamburgischen WeltWirtschaftsInsituts (HWWI) aus dem Jahr 2010 legt nahe, dass die Entscheidung von Vätern für die Inanspruchnahme der „Vätermonate" in hohem Maße von der Erwerbstätigkeit der Partnerin und der Sicherheit des Arbeitsplatzes beider Partner abhängt. So erhöht sich die Chance einer Inanspruchnahme der Elternzeit durch den Vater um etwa 150 %, wenn die Partnerin Vollzeit erwerbstätig ist, ebenso dann, wenn die Partnerin das höhere Nettoeinkommen erzielt. Um jeweils mehr als 50 % erhöhen ein unbefristetes Arbeitsverhältnis, eine Führungsposition oder die Tätigkeit in einem Großunternehmen die Chance auf die väterliche Elternzeitnutzung (vgl. HWWI 2010; BMFSFJ 2011, S. 90). Deutlich geringer als beim Durchschnitt der Bevölkerung ist die Inanspruchnahme von Elterngeld bzw. Elternzeit in Partnerhaushalten mit Migrationshintergrund der Frau sowie in Familien von Müttern mit geringer Ausbildung (vgl. BMFSFJ 2009c, S. 19).

Als wichtigsten Grund für die Nicht-Inanspruchnahme der Partnermonate geben 68 % der Befragten in einer repräsentativen Befragung an, dass die Reduktion der Arbeitszeit nicht möglich war. Hinzu kommen Ängste im Zusammenhang mit der finanziellen Einschränkung der Familie (54 %). Hauptmotiv für die Nutzung der Elternzeit durch angehende Väter ist die Hoffnung, dadurch eine engere Beziehung zum Kind zu bekommen. Eine große Rolle spielt jedoch offenbar auch der Wunsch (bei 65 % der Befragten), die Partnerin zu entlasten. Deutlich werden dabei Unterschiede in den sozialen Schichten – so vertreten Angehörige der gehobenen Schichten häufiger die Meinung, Elternzeit könne eine Bereicherung für die Väter bedeuten als Vertreter der Mittel- und Unterschicht. In ländlichen Regionen wiederum wird die Inanspruchnahme der Elternzeit durch Väter weniger positiv gesehen als im städtischen Umfeld, hier zeigen sich auch weniger Väter selbst aufgeschlossen für die Elternzeit (vgl. Institut für Demoskopie Allensbach 2010, S. 27 ff.).

Als förderlich für die Inanspruchnahme von Elternzeit bzw. Elterngeld durch Väter lassen sich darüber hinaus insbesondere folgende Faktoren identifizieren (vgl. Dittmann et al. 2009, S. 35):

- Kenntnisse über die Rahmenbedingungen der Elternzeit.
- Positive Einstellung zum direkten Umgang mit dem Kind.
- Vorstellung von der kindlichen Entwicklung sowie der Erziehungsleistung, die die Notwendigkeit eines intensiven Umgangs mit Mutter UND Vater anerkennt.
- Positive Einstellung zur Gleichberechtigung von Mann und Frau im Hinblick auf die berufliche Entwicklung.
- Vereinbarkeit der beruflichen Entwicklung bzw. der Organisation der Arbeitstätigkeit mit der Elternzeit.
- Einbettung der Elternzeit in die Gesamtbetreuung des Kindes.
- Positive Beispiele im Freundes-, Familien- oder Kollegenkreis bzw. in der Öffentlichkeit.

2.2 (Steuer)rechtliche und infrastrukturelle Einflussfaktoren

Die Wahrnehmung von Vaterschaft und die entsprechenden Handlungsmuster von Männern in dieser Lebensphase werden neben ihrer familiären Situation, den gesellschaftlichen Werte- und Rollenmustern und ihren eigenen Wünschen in erheblichem Maße von externen Rahmenbedingungen beeinflusst. Diese stellen vielfach Hürden und Hemmnisse dar, die sich sowohl im (steuer)rechtlichen und infrastrukturellen Kontext, aber gerade auch im betrieblichen Alltag zeigen.

Wie bereits angedeutet, soll dieses Kapitel sich insbesondere auf die betrieblichen Einflussfaktoren konzentrieren. Da (steuer)rechtliche und infrastrukturelle Rahmenbedingungen jedoch auch nicht unerheblich das Engagement von Vätern beeinflussen, finden diese der Vollständigkeit halber ebenfalls Berücksichtigung in komprimierter Form.

2.2.1 (Steuer)rechtliche Einflussfaktoren

Seit der Wiedervereinigung ist in Deutschland insbesondere im Verfassungs- und Familienrecht eine Abkehr von traditionellen Rollenvorstellungen festzustellen. Ein Beispiel stellt die Ergänzung des Bildes des Vaters als Ernährer durch das Bild des sorgenden Vaters, unabhängig von der gewählten Familienform, durch das Verfassungsgericht dar. Dieses entschied zum einen, dass auch geschiedene Paare sowie Paare in einer nichtehelichen Gemeinschaft dennoch gemeinsam Sorge für ihre Kinder tragen. Zum anderen wurde das uneingeschränkte Umgangsrecht des Vaters auch für nicht-eheliche Kinder zugebilligt (vgl. Sachverständigenkommission zur Erstellung des Ersten Gleichstellungsberichtes der Bundesregierung/Frauenhofer-Gesellschaft zur Förderung der angewandten Forschung e. V. 2011, S. 48).

Hemmnisse für eine gleichberechtigtere Verteilung von Erwerbs- und Familienarbeit ergeben sich allerdings nach wie vor im Arbeits-, Sozial- und Einkommenssteuerrecht. So ist der sogenannte „Splitting-Effekt", d. h. die geringere Besteuerung gemeinsam veranlagter Ehepartner nach wie vor dort am höchsten, wo eine hohe Differenz zwischen den Einkommen beider Partner besteht. D. h. wenn ein nicht oder geringfügig beschäftigter Partner – in der Regel die Ehefrau bzw. Mutter – eine Erwerbstätigkeit aufnimmt oder erweitert, erfolgt eine Besteuerung zum jeweiligen Grenzsteuersatz. Berücksichtigt man diesen Zusammenhang und stellt ihn zusätzlich in den Kontext durchschnittlich höherer Einkommen von Männern, so zeigen sich sehr geringe Anreize, die Erwerbstätigkeit des Besserverdienenden zur Kinderbetreuung zu reduzieren und im Gegenzug die Erwerbstätigkeit des geringer Verdienenden auszuweiten (vgl. Sachverständigenkommission zur Erstellung des Ersten Gleichstellungsberichtes der Bundesregierung/Frauenhofer-Gesellschaft zur Förderung der angewandten Forschung e. V. 2011, S. 41, 44). Beispiele aus anderen Ländern, wie z. B. Schweden, zeigen, dass die gleichberechtigte Aufteilung der Erwerbs- und Familienarbeit unter den Geschlechtern durch eine Steuerpolitik vorangetrieben wird, die nicht die Alleinverdienerehe fördert, sondern deutlich vereinbarkeitsorientierter ausgestaltet ist (vgl. Dittmann et al. 2009, S. 43 ff.). Auch in Deutschland diskutieren Experten vermehrt die Weiterentwicklung des Ehegattensplittings zu einem

Kinder- bzw. Familiensplitting oder einem Realsplitting (vgl. Eichhorst et al. 2012; Robert Bosch Stiftung 2005, S. 11; Klös et al. 2013, S. 38).

Elterngeld und Elternzeit sind grundsätzlich als positives Signal im Hinblick auf die stärkere Beteiligung von Vätern an der Familienarbeit zu werten. Allerdings besteht auch hier durchaus noch Nachbesserungspotenzial. Denn wenn beide Elternteile gleichzeitig Elterngeld beanspruchen und in Teilzeit erwerbstätig sind, halbiert sich die Bezugsdauer des Elterngeldes. Dies stellt einen negativen Anreiz dahingehend dar, dass beide Partner frühzeitig durch eine Aufteilung der Fürsorgepflichten ihre Erwerbstätigkeit fortführen können (vgl. Sachverständigenkommission zur Erstellung des Ersten Gleichstellungsberichtes der Bundesregierung/Frauenhofer-Gesellschaft zur Förderung der angewandten Forschung e. V. 2011, S. 54).

2.2.2 Infrastrukturelle Einflussfaktoren

Im infrastrukturellen Bereich finden sich überwiegend Einflussfaktoren, die die Vereinbarkeit von Beruf und Familie bzw. das Engagement von Müttern und Vätern gleichermaßen erschweren bzw. im Umkehrschluss auch erleichtern können.

So stellen die noch immer nicht ausreichenden infrastrukturellen Rahmenbedingungen, insbesondere im Hinblick auf die Kinderbetreuung in Horten, Krippen und Kindertagesstätten, ein Hemmnis für die Erwerbstätigkeit sowohl von Müttern als auch von Vätern dar. Ähnlich verhält es auch mit der lokalen Zeitpolitik, denn einen Familienalltag zu organisieren beinhaltet auch Behördengänge, Einkäufe und Erledigungen, die durch die Öffnungszeiten der entsprechenden Anlaufstellen, aber vielfach auch durch die Taktgebung des Öffentlichen Nahverkehrs das ohnehin knappe Zeitbudget berufstätiger Eltern zusätzlich belasten (vgl. Universität Hamburg o. J.). In der Regel folgt die öffentliche Infrastruktur noch einem klassischen Geschlechtermodell, in dem ein Partner – in der Regel die Frau – weitgehend flexibel für die zeitliche Organisation des Alltags verantwortlich ist und der Mann sich auf das Erwerbsleben beschränkt (vgl. Possinger 2011, S. 8 f.; BMFSFJ 2006, S. 168 ff.).

2.3 Betriebliche Einflussfaktoren

Da Väter – wie gesehen – bislang noch eher in geringem Umfang Elternzeit bzw. Elterngeld in Anspruch nehmen und/oder ihre Arbeitszeit reduzieren, ist es vor allem ihre berufliche Situation, die in hohem Maße die Möglichkeiten determiniert, sich in Bezug auf die Familienarbeit zu engagieren.

Nach Angaben von Unternehmensvertretern ist von 2006 bis 2009 die Akzeptanz für die Inanspruchnahme der Vätermonate ebenso deutlich angewachsen (von 48 auf 66 % Zustimmung) wie die Akzeptanz einer vorübergehenden Reduzierung der Arbeitszeit von Männern zur Kinderbetreuung (von 59 auf 71 %). In jedem fünften Betrieb, dabei vor allem in Großunternehmen, finden sich seit Einführung des Elterngeldes mehr Männer in Teilzeit (vgl. Köcher 2009, S. 10 ff.). Dennoch berichten nach wie vor Väter, es aufgrund ihrer Familienverpflichtungen im Erwerbsleben schwerer zu haben, nicht zuletzt deshalb, weil viele betriebliche Angebote eher auf Mütter zugeschnitten sind bzw. bislang ausschließlich von Müttern genutzt werden (vgl. Krok und Zerle 2008, S. 16 ff.).

In der nachfolgenden Betrachtung der betrieblichen Einflussfaktoren auf ein stärkeres väterliches Engagement stehen vor allem die Unternehmens- und Führungskultur, die Werdegänge, die Entgeltpolitik und die Arbeitszeiten im Fokus.

2.3.1 Unternehmens- und Führungskultur

Wie gesehen identifizieren sich Männer noch stärker als Frauen über ihre beruflichen Erfolge. Hinzu kommt, wie ebenfalls bereits angesprochen, eine Unsicherheit in Bezug auf teils widersprüchliche Rollenzuschreibungen. Viele Väter empfinden es als Schwäche, nicht allen Anforderungen im beruflichen und familiären Bereich gerecht werden zu können und deshalb familienorientierte Angebote im Unternehmen annehmen „zu müssen". Eine Hemmschwelle ergibt sich auch, wenn die Unternehmenskommunikation mit solchen Maßnahmen primär Frauen anspricht. Im betrieblichen Kontext wurde bereits die Erfahrung gemacht, dass familienbewusste Maßnahmen, die bei Müttern erfolgreich umgesetzt werden konnten, von Vätern nicht angenommen werden bzw. für sie nicht praktikabel sind (vgl. Garde 2012, S. 30 ff.).

D. h. es bedeutet für Väter in der Regel eine deutlich höhere Überwindung und eine starke Überzeugung im Hinblick auf ihr Rollenverständnis, sich offen und aktiv um Unterstützung zur Wahrnehmung ihrer väterlichen Pflichten zu bemühen und ggf. bestehende Probleme zu artikulieren, da sie damit in vielen Unternehmen eine „Vorreiterrolle" einnehmen, die nicht jedem liegt (vgl. Becker et al. 2008, S. 5). Laut einer FORSA Umfrage schrecken 45 % der teilnehmenden Väter davor zurück, familienfreundliche Angebote wahrzunehmen, da sie negative Konsequenzen fürchten (vgl. Garde 2012, S. 31). Erst wenn das Gefühl besteht, sich auf eine gängige und akzeptierte Praxis zu beziehen und idealerweise Vorbilder in ähnlichen Situationen bzw. Führungskräfte als Orientierung dienen, werden einige Männer den Mut fassen, ihre Wunschvorstellungen tatsächlich in die Praxis umzusetzen bzw. einen Teil des Drucks, unter dem sie stehen, abzubauen. Denn stärker als Frauen fehlt es aktiven Vätern an positiven Vorbildern, d. h. ihnen muss zunächst vorgelebt werden, dass es im Unternehmen möglich ist, zu seinem familiären Engagement zu stehen und dafür auch gewisse Abstriche in der zeitlichen und/oder räumlichen Verfügbarkeit zu machen, ohne dass dies per se mit negativen Folgen für die Karriereentwicklung oder das Ansehen einhergeht, sie also nach wie vor als Leistungsträger anerkannt werden. Noch ist dies bei weitem nicht selbstverständlich, vielmehr berichten Väter auch von Diffamierungen im Kollegenkreis, wenn sie Elternzeit in Anspruch nehmen und/oder ihre Arbeitszeit reduzieren. Hierbei ist ggf. auch der Neid derer, die sich ebenfalls eine aktivere Vaterrolle wünschen, jedoch den „letzten Schritt" nicht zu tun wagen, zu berücksichtigen. D. h. es kommt weniger auf die Einzelmaßnahmen selbst als vielmehr auf die Unternehmens- und Führungskultur an (vgl. Garde 2012, S. 30 ff.; Becker et al. 2008, S. 5; Döge 2006, S. 25; Dittmann et al. 2009, S. 41; Henry-Huthmacher und Schmitz 2010, S. 43).

In engem Zusammenhang hierzu steht die Anwesenheitskultur, die in der Mehrzahl der Unternehmen noch immer vorherrschend ist. D. h. verantwortungsvolle Tätigkeiten werden in Unternehmen vielfach den Mitarbeitern übertragen, die eine hohe zeitliche Verfügbarkeit und hohe Präsenz im Unternehmen aufweisen (vgl. Ladwig und Domsch 2009, S. 89; Bischoff 2010, S. 165; Döge 2006, S. 25). Ein Vater äußert sich hierzu im Rahmen einer Interviewreihe wie folgt: „Viel wichtiger (als Instrumente) wäre ein gewisses Verständnis, dass Väter von kleinen Kindern nicht unbeschränkt zeitlich und örtlich mobil sein können." (Henry-Huthmacher und Schmitz 2010, S. 21).

Vielfach zeigt sich in Unternehmen allerdings auch, dass Vorbehalte und Unverständnis vor allem im Vorfeld eines stärkeren familiären Engagements von Vätern auftreten. Dort, wo aktive Väter ihre Wünsche und Forderungen umsetzen, arrangiert man sich in der Regel mit der Situation und es „kommt Bewegung in die Thematik" (vgl. Walther und Lukoschat 2008, S. 5). Zudem ist zu bemerken, dass gerade gut qualifizierten jungen Männern durchaus ein höheres Verständnis entgegengebracht wird, wenn diese beispielsweise Elternzeit in Anspruch nehmen, wenn Unternehmen bereits mit den Auswirkungen von Fachkräfteengpässen konfrontiert sind (vgl. Wippermann et al. 2009, S. 5).

2.3.2 Werdegänge

Es ist nicht von der Hand zu weisen, dass Männer mit einem modernen Rollenverständnis, die ihre Vaterschaft aktiv (vor)leben in der Regel nicht in den obersten Führungsetagen anzutreffen sind. Für den entsprechenden Aufstieg und den Zugang zu den dazugehörigen Netzwerken gilt nach wie vor in besonderem Maße die Anwesenheitskultur und insbesondere die nahezu bedingungslose zeitliche Verfügbarkeit auch außerhalb regulärer Arbeitszeiten. Diese wiederum ist kaum mit einer aktiven Vaterrolle in Einklang zu bringen. Auch solche Strukturen haben Signalfunktion für viele Väter, d. h. sie antizipieren, dass ein offenes Bekenntnis zu familiären Verpflichtungen verbunden mit gewissen Einschränkungen im beruflichen Bereich für sie nicht karriereförderlich ist. Männer wiederum sind jedoch vielfach karriereorientierter als Frauen, nicht zuletzt bedingt durch die bereits dargestellten tief verwurzelten Rollenmuster, als „Familienernährer" auch ein adäquates, nicht zuletzt an eine verantwortliche Position geknüpftes Entgelt zu erzielen (vgl. Wippermann et al. 2009, S. 5; Garde 2012, S. 30 ff.).

Befragt man Väter danach, welche Faktoren eine höhere Inanspruchnahme der Elternzeit fördern würden, so nennen sie auf einem der ersten Ränge die Gewissheit, dass sich dadurch keine Nachteile in Bezug auf die Karriere ergeben. Auch glauben sie, dass klassische „Männerberufe" weitaus weniger Akzeptanz für eine aktive Vaterschaft mit sich bringen als „Frauenberufe" (vgl. Dittmann et al. 2009, S. 14). In einer Studie der „hessenstiftung – familie hat Zukunft" geben 54,3 % der Befragten an, dass sie Karrierenachteile durch die Nutzung familienfreundlicher Angebote befürchten (vgl. Henry-Huthmacher und Schmitz 2010, S. 21).

2.3.3 Entgeltpolitik

Ebenfalls zentral für die Inanspruchnahme von Elternzeit, aber auch für die Frage, ob in einer Paarbeziehung Mutter oder Vater ihr Arbeitsvolumen reduzieren, sind die noch immer vorherrschenden Einkommensunterschiede zwischen Männern und Frauen. Wie gesehen erhöht sich die Inanspruchnahme der Elternzeit durch Väter exorbitant, wenn die Partnerin das höhere Einkommen erzielt (vgl. HWWI (Hamburgisches WeltWirtschafts-Institut 2010; Dittmann et al. 2009, S. 14). In der Praxis ist jedoch in der Mehrzahl der Familien noch immer der Mann der Hauptverdiener. Dies steht zum einen im Zusammenhang dazu, dass klassische „Frauenjobs" in der Regel schlechter bezahlt sind als klassische „Männerjobs", zum anderen spielen auch hier Stereotype eine nicht unerhebliche Rolle. So gehören beispielsweise konsequente Verhandlungsstrategien in Bezug auf Entgelt- und Karriereentwicklung bei Männern zum allgemein vorherrschenden Bild, während sie bei Frauen nicht selten als „unweiblich" empfunden werden, was wiederum die Hemmschwelle für viele weibliche Beschäftigte erhöht, sich für das eigene Vorankommen einzusetzen (vgl. Holst 2012).

2.3.4 Arbeitszeiten

Die Arbeitszeit ist ein entscheidender Faktor dafür, wie viel Zeit ein Vater mit seinem Kind bzw. seinen Kindern verbringt bzw. faktisch überhaupt verbringen kann. Dabei gilt: Je höher die Erwerbsbeteiligung von Vätern, desto weniger kindbezogene Aktivitäten üben diese aus. Dies lässt sich an einem einfachen Rechenbeispiel verdeutlichen: Beträgt die tatsächliche Wochenstundenzahl eines Vaters 50–60 h, so ist dieser rein zeitlich nicht dazu in der Lage, an Arbeitstagen Zeit mit seinem Kind bzw. seinen Kindern zu verbringen, wenn man deren Aufwach- und Schlafzeiten entsprechend berücksichtigt. Wissenschaftlich belegt ist dabei auch, dass Väter mit hohen Wochenarbeitszeiten zwar in den Bereichen „Spiel und Spaß", z. B. durch gemeinsame Wochenendausflüge, durchaus ein ähnlich hohes Engagement zeigen wie Väter mit niedrigeren Wochenarbeitszeiten, sich jedoch in erheblich geringerem Umfang an Routine- und Versorgungsaufgaben sowie der Organisation des Familienlebens beteiligen (vgl. Tölke 2008, S. 26; BMFSFJ 2006, S. 167 f.). Hier besteht wiederum ein enger Zusammenhang zu den Möglichkeiten für Mütter, ihre beruflichen Pläne zu realisieren.

Einen Kernpunkt der Problematik stellen dabei – das zeigen unterschiedliche Befragungen unabhängig voneinander – vor allem die divergierenden Arbeitszeiten von Müttern und Vätern in der Lebensphase der Elternschaft dar. Arbeitszeitwünsche und Realität klaffen bei beiden Geschlechtern meist weit auseinander, so dass sich die Arbeitszeitverteilung zwischen Vätern und Müttern nicht selten nicht in der gewünschten Weise realisieren lässt. Dies liegt zum einen an betrieblichen Erfordernissen, Abläufen und zum Teil auch gewachsenen Traditionen. Zum anderen jedoch lässt das vorhandene Betreuungsangebot die Flexibilität, die sich die meisten Eltern wünschen, nicht uneingeschränkt zu, z. B. durch den Zwang, feste Betreuungskontingente zu buchen und zu zahlen oder die Beschränkung der Öffnungszeiten auf „Kernzeiten" (vgl. BMFSFJ 2009b, S. 32 ff.).

Die folgenden Zahlen, Daten und Fakten geben einen Überblick über die tatsächlichen Arbeitszeiten von Müttern und Vätern:

- Nur in jedem sechsten Paarhaushalt in Deutschland mit Kindern im Alter bis zu 14 Jahren sind beide Elternteile in Vollzeit erwerbstätig. Knapp 30 % der Familien praktizieren das Alleinverdienermodell, in 44 % der Fälle werden eine Vollzeit- und eine Teilzeittätigkeit kombiniert. Im Zeitverlauf betrachtet nahm seit Mitte der neunziger Jahre der Anteil der Alleinverdienerhaushalte zugunsten einer Kombination aus Voll- und Teilzeit deutlich ab (vgl. Eichhorst und Thode 2010, S. 13 ff.). In Ostdeutschland arbeiten 56 % der Elternpaare im Durchschnitt zusammen zwischen 70 und 80 Stunden pro Woche, im Westen weniger als ein Viertel. Beide Partner in Vollzeit arbeiten in den neuen Bundesländern in 54,8 % der Fälle, in den alten Bundesländern bei 20,3 % der Paare (vgl. BMFSFJ 2009b, S. 31 f.).
- Der Anteil nicht erwerbstätiger Mütter bewegt sich zwischen 17 und 24 %, wenn das jüngste Kind zwischen 3 und 16 Jahren alt ist, d. h. die Erwerbsneigung nimmt – mit Ausnahme der Vollzeiterwerbstätigkeit – mit dem Älterwerden des jüngsten Kindes nicht signifikant zu (vgl. Eichhorst et al. 2011, S. 7).
- Zwar bleiben westdeutsche Mütter mit einer Erwerbsbeteiligung von 55 % nur geringfügig hinter den ostdeutschen Müttern zurück (58 %), allerdings geht in den neuen Bundesländern mehr als jede zweite Mutter mit dem jüngsten Kind unter 15 Jahren (53 %) einer Vollzeitbeschäftigung nach, während es in den alten Bundesländern lediglich 22 % der Mütter sind. Diejenigen ostdeutschen Mütter, die in Teilzeit tätig sind, tun dies überwiegend aufgrund eines Mangels an Vollzeitarbeitsplätzen, während im Westen die teilzeitbeschäftigten Mütter vor allem persönliche oder familiäre Gründe anführen (vgl. Statistisches Bundesamt 2010, S. 2 f.).
- Die Teilzeitquote deutscher Väter liegt in Abhängigkeit vom Alter des jüngsten Kindes im Haushalt zwischen 4 und 6 % (vgl. Statistisches Bundesamt 2010, S. 1). Inwieweit Väter die Möglichkeit sehen, eine Teilzeitbeschäftigung auszuüben, hängt erheblich von ihrer Berufsstellung ab. So sehen 37 % der einfachen Angestellten und Beamten mit Kindern Probleme beim Wechsel auf eine Teilzeitstelle auf sich zukommen, jedoch 70 % der leitenden Angestellten und Beamten. Mütter nehmen hier vergleichsweise weniger Probleme wahr, selbst wenn sie in leitenden Positionen beschäftigt sind (vgl. Institut für Demoskopie Allensbach 2010, S. 45 ff.).
- Der Anteil in Vollzeit erwerbstätiger Mütter sinkt mit der Anzahl der Kinder, während die Arbeitszeit der Väter mit der Anzahl ihrer Kinder ansteigt (vgl. BMFSFJ 2009b, S. 28 f.).
- Neben der regionalen Komponente nimmt die Bildung der Mütter Einfluss. Arbeitszeiten von 41 Stunden pro Woche finden sich bei einem Drittel der Mütter mit höherer Bildung, jedoch nur bei 12 % mit mittlerer und 4 % mit einfacher Bildung. Allerdings finden sich ebenso durchaus auch höher qualifizierte Mütter, die in Teilzeit oder nur stundenweise arbeiten (vgl. Institut für Demoskopie Allensbach 2010, S. 45 ff.).

- In Teilzeit arbeitende Frauen weisen in Westdeutschland mit durchschnittlich 18,2 Wochenstunden die geringste Wochenarbeitszeit aller europäischen Länder auf (vgl. Sachverständigenkommission zur Erstellung des Ersten Gleichstellungsberichtes der Bundesregierung/Frauenhofer-Gesellschaft zur Förderung der angewandten Forschung e. V. 2011, S. 8 f.). Im Durchschnitt arbeiten teilzeitbeschäftigte Mütter weniger als halb so lang wie vollzeitbeschäftigte Mütter, wobei die durchschnittliche Arbeitszeit in Teilzeit in den neuen Bundesländern bei 22,8 und in den alten Bundesländern bei 17,1 Stunden liegt. Werden die Kinder älter, weiten viele Teilzeitbeschäftigte ihre Arbeitszeit aus. Die durchschnittliche Vollzeitarbeitszeit von Vätern liegt bei 42,9 Stunden, in Teilzeit sind es 20,2 Stunden, d. h. ein deutlich höherer Durchschnittswert als bei den Müttern (vgl. BMFSFJ 2009b, S. 29).

Die Wünsche bezüglich der Arbeitszeiten von Müttern und Vätern stellen sich allerdings wie folgt dar:

- Unzufrieden mit ihrer Zeitverwendung im Sinne von zu viel Zeit für den Beruf und zu wenig Zeit für die Kinder zeigen sich einerseits Väter (vgl. DJI 2010, S. 19). So klagt nahezu die Hälfte der befragten Väter mit Kindern unter 16 Jahren im Rahmen einer Studie des Rheinisch-Westfälischen Instituts für Wirtschaftsforschung (RWI) darüber, zu wenig Zeit zu haben, um sich mit ihrem Kind bzw. ihren Kindern zu beschäftigen, drei Viertel von ihnen aus beruflichen Gründen (vgl. BMFSFJ 2009b, S. 32 ff.). Vereinbarkeitsprobleme für Väter ergeben sich überwiegend durch ihre langen Arbeitszeiten: 24 % der berufstätigen Väter von Kindern unter 18 Jahren weisen regelmäßige wöchentliche Arbeitszeiten von 50 oder mehr Stunden auf, 33 % arbeiten 41 bis unter 50 Stunden. Hiervon sind insbesondere Väter mit einfacher und höherer Bildung betroffen, wie z. B. leitende Angestellte und Beamte, Freiberufler und Arbeiter. In deutlich geringerem Umfang leisten Väter mit mittleren Bildungsabschlüssen, die z. B. als einfache Angestellte tätig sind, Überstunden (vgl. Institut für Demoskopie Allensbach 2010, S. 45 ff.). Laut Allensbacher Familienmonitor 2008 wünschen sich 27 % der Vollzeit erwerbstätigen Väter eine Reduzierung ihrer wöchentlichen vertraglichen Arbeitszeiten, meist nur um wenige Stunden (vgl. BMFSFJ 2009b, S. 32 ff.). Bezogen auf die tatsächlichen Arbeitszeiten, die meist von Überstunden geprägt sind, äußern diesen Wunsch 60 % der Befragten im Familienmonitor 2010 (vgl. Institut für Demoskopie Allensbach 2010, S. 45 ff.). In einer Studie des Wissenschaftszentrums Berlin für Sozialforschung (WZB) geben gar 73 % der befragten 21- bis 34-jährigen Väter an, sich eine Arbeitszeit zu wünschen, die unter ihrer vertragliche geregelten Arbeitszeit – im Studiendurchschnitt 37 Stunden pro Woche – liegt (Allmendinger und Haarbrücker 2013, S. 37 f.).
- Ebenso empfinden vollzeiterwerbstätige Mütter, zu wenig Zeit mit ihren Kindern zu verbringen (vgl. DJI 2010, S. 19). Von ihnen sind es 64 % (unter 45 Jahren), die laut Familienmonitor 2008 gerne ihre vertragliche Arbeitszeit um einige Stunden verringern würden (vgl. BMFSFJ 2009b, S. 32 ff.), sowie 41 % in Bezug auf die tatsächliche Arbeitszeit (Familienmonitor 2010) (vgl. Institut für Demoskopie Allensbach 2010, S. 45 ff.).

Auch viele Akademikerinnen, die in Vollzeit arbeiten, würden ihre überlangen Arbeitszeiten gerne reduzieren (vgl. Eichhorst et al. 2011, S. 3). Auf die Diskrepanz zwischen tatsächlichen und gewünschten Arbeitszeiten von Müttern verweist auch der 17. Monitor Familienforschung zu Einstellungen und Lebensbedingungen von Familien. Danach sind zwar 37 % der Mütter mit 36 und mehr Wochenstunden erwerbstätig (das Memorandum Familienleben spricht von 29,8 % Vollzeit erwerbstätigen Müttern) – wünschen tun sich dies allerdings nur 10 % (vgl. BMFSFJ 2009d, S. 21 f.).

- Zeitnot wird darüber hinaus besonders häufig von Familien mit kleinen Kindern empfunden, in denen beide Elternteile erwerbstätig sind. So gibt im Rahmen einer Umfrage fast die Hälfte der erwerbstätigen Eltern von Kindern im Vorschulalter an, häufig oder sehr häufig Zeitstress zu empfinden (vgl. BMFSFJ 2009b, S. 31, 2010, S. 43 ff.).
- 31 % der Teilzeit beschäftigten Mütter würden ihre Arbeitszeit gerne auf 30 bis 35 Stunden, also vollzeitnahe oder „substanzielle" Teilzeit, aufstocken (vgl. BMFSFJ 2009b, S. 32 ff.), bei teilzeitbeschäftigten Müttern mit weniger als 20 Wochenstunden liegt die gewünschte Arbeitszeiterweiterung im Durchschnitt bei 6 Stunden. Dabei äußern teilzeitbeschäftigte Mütter in den neuen Bundesländern deutlich häufiger den Wunsch nach Ausweitung ihres Arbeitszeitumfangs als im Westen (vgl. Eichhorst et al. 2011, S. 11 ff.).
- Für unterschiedliche Bildungsniveaus zeigt sich, dass höher Qualifizierte ihre Wochenarbeitszeit eher verringern möchten, um Überstunden abzubauen (im Durchschnitt um 1,5 Stunden), während Beschäftigte mit Berufsausbildung sich eine Erhöhung (im Durchschnitt um rund 1,4 Stunden) wünschen (vgl. Eichhorst et al. 2011, S. 11 ff.).
- Die größten Diskrepanzen zwischen Wunsch und Realität in Bezug auf die Arbeitszeit finden sich bei Personen, die mehr als 50 Stunden wöchentlich arbeiten, die geringsten in der Gruppe derer, die zwischen 20 und 30 Stunden pro Woche tätig sind (vgl. BMFSFJ 2009b, S. 32 ff.). Am zufriedensten zeigen sich Mütter in vollzeitnahen Teilzeitstellen, die sich lediglich eine durchschnittliche Reduzierung von einer halben Stunde pro Woche wünschen (vgl. Eichhorst et al. 2011, S. 11 ff.).
- Als unbefriedigend empfinden es erwerbstätige Eltern, wenn ihnen nur die Wahl zwischen einer Ganztags- oder Halbtagsstelle bleibt. Insgesamt liegen die Wunschvorstellungen bezüglich der Arbeitszeit je nach partnerschaftlichem Erwerbsmodell bei Mütter zwischen 22 und 29 Stunden, bei Vätern zwischen 32 und 38 Stunden (vgl. BMFSFJ 2009d, S. 21 f., 2010, S. 114 ff.). Das heißt: „Hätten Frauen und Männer die Wahl, würde ihr Arbeitszeitvolumen deutlich näher beieinander liegen, als es faktisch der Fall ist." (Sachverständigenkommission zur Erstellung des Ersten Gleichstellungsberichtes der Bundesregierung/Frauenhofer-Gesellschaft zur Förderung der angewandten Forschung e. V. 2011, S. 9).
- Ebenfalls favorisiert wird von fast zwei Drittel der jungen Eltern ein Modell, das keine konstante Arbeitszeit vorsieht, sondern vielmehr die Möglichkeit, in bestimmten Zeiten mehr zu arbeiten und dafür andere Tage komplett frei zu nehmen (vgl. BMFSFJ 2009b, S. 32 ff.). Dabei sind die Flexibilität und Planbarkeit bzw. Verlässlichkeit der Arbeitszeiten gleichermaßen wichtig (vgl. Eichhorst et al. 2011, S. 18).

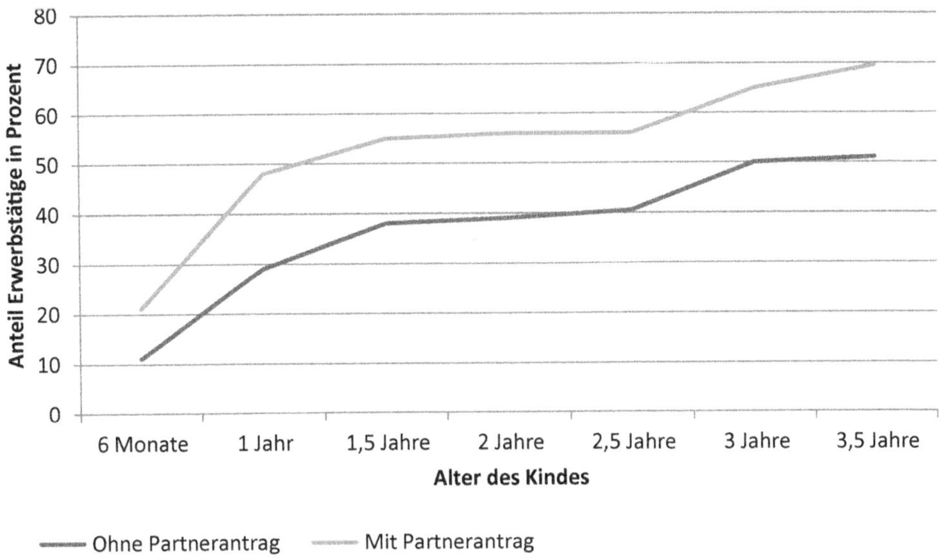

Abb. 3 Einfluss der Väterbeteiligung auf die Müttererwerbstätigkeit

Der Ravensburger Elternsurvey zeigt sehr deutlich, dass junge Eltern ein sequenzielles Modell der Erwerbstätigkeit präferieren, d. h. eine Parallelität von Fürsorge und Berufstätigkeit während des Aufwachsens der Kinder. Es widerspricht damit der teils geäußerten Vermutung, eine Vollzeittätigkeit beider Elternteile auch bei unter 3-Jährigen entspräche den Wunschvorstellungen der Mehrheit. Vielmehr wünschen sich vor allem Mütter kleiner Kinder in erster Linie Teilzeitmodelle, um beruflich aktiv zu sein und dennoch Zeit mit ihrer Familie verbringen zu können. Das Elterngeld folgt diesem sequenziellen Modell. Die Entscheidung, dass eher die Mutter als der Vater die Erwerbstätigkeit einschränkt, um Zeit für die Familie zu gewinnen, folgt teils traditionellen Mustern, teils jedoch auch einer rationalen Entscheidung, da in der Mehrzahl der Familien der Mann deutlich mehr verdient (vgl. Bertram und Spieß 2010, S. 4 f.).

2.4 Zwischenfazit zu den Einflussfaktoren auf väterliches Engagement

Die Analyse der vorherrschenden Stereotype, Rollenverständnisse und Handlungsmuster verdeutlicht einerseits, dass Väter sich bereits „auf den Weg gemacht haben", was die gleichberechtigte Teilhabe an der Familien- und Erziehungsarbeit anbelangt. Dies wirkt sich auch positiv auf den Wiedereinstieg von Müttern in den Beruf bzw. auf deren Verbleib im Arbeitsprozess und die daraus resultierenden Werdegänge aus, wie die Grafik im Hinblick auf den Elterngeldbezug durch Väter zeigt (BMFSFJ 2011, S. 97; Abb. 3).

Andererseits lässt sich nicht von der Hand weisen, dass es durchaus noch erhebliche Verbesserungspotenziale gibt. Nicht zuletzt besteht ein „Talking-Action-Gap" zwischen dem Wunsch nach mehr Zeit für Familie und den tatsächlich gelebten Rollen, der bei vielen Vätern eine hohe Unzufriedenheit bis hin zu Überlastungssituationen in der Lebensphase der Vaterschaft verursacht. Dieser „Gap" ist teils bedingt durch widersprüchliche Rollenzuschreibungen bei den Vätern und Familien selbst sowie innerhalb der Gesellschaft, aber auch Folge bestimmter Einflussfaktoren im (steuer)rechtlichen und infrastrukturellen, aber vor allem auch betrieblichen Bereich.

Das BMFSFJ bringt diese Zusammenhänge in seiner Studie „Facetten der Vaterschaft" wie folgt auf den Punkt: „Kennzeichnend für die aktuelle Situation von Vätern ist, dass hohe Ansprüche mit Blick auf mehrere Rollenaspekte gestellt werden. Väter sollen und wollen erfolgreich im Beruf sein, um so ihrer Familie ein gutes und auch langfristig sicheres Auskommen zu ermöglichen – was heute kein leichtes Unterfangen darstellt. Sie sollen und wollen sich aber auch in der Familie engagieren und, anders als ihre eigenen Väter, für ihre Kinder da sein. Dass es keine einfache Aufgabe ist, beiden Ansprüchen gerecht zu werden, liegt auf der Hand. Gelöst wird das entstehende Dilemma regelmäßig dadurch, dass dem Beruf Vorrang gegeben wird und die Kinder zur engagierten ‚Freizeitbeschäftigung' werden[…]. Die Gründe hierfür sind auf mehreren Ebenen zu suchen. Ein wesentlicher Faktor dürfte jedoch sein, dass Männer bei der Gestaltung der beruflichen Arbeit weniger Spielraum haben und sehen als bei der Gestaltung der innerfamilialen Partizipation. Zweitens besteht innerhalb der Gesellschaft eine große Varianz mit Blick auf die Konzeption von Vaterschaft und die Aufgaben von Vätern und Müttern. Diese Varianz tritt auch innerhalb der Gruppe der Männer deutlich zutage: Männer unterscheiden sich heute stark voneinander, wie sie die Rolle und die Verantwortung von Vätern und Müttern definieren. Manche vertreten eine traditionelle Haltung, die die Unterschiedlichkeit der Verantwortungsbereiche von Mann und Frau betont. Andere propagieren ein egalitäres Konzept, das Mütter und Väter gleichermaßen verantwortlich für die Sicherung des Einkommens, für innerfamiliale Aufgaben und für alle Belange der Kinder sehen. Wiederum andere ordnen zwar beiden Geschlechtern grundsätzlich die traditionellen Verantwortungsbereiche zu, begrüßen aber neue Rollenmodelle und versuchen auch, diese zu integrieren. Und schließlich gibt es nicht wenige Männern, die sich als ‚orientierungslos' charakterisieren lassen: Sie lehnen die bestehenden Modelle von der Vaterrolle ab, gleichzeitig gelingt es ihnen jedoch nicht, ein für sich adäquates Modell zu entwickeln." (BMFSFJ 2006, S. 35 f.).

Die Rolle des Mannes als Ernährer der Familie und zentraler Leistungsträger im Unternehmen mit hoher zeitlichen Präsenz und Einsatzbereitschaft wurde in den vergangenen Jahren und Jahrzehnten ergänzt durch das zunehmend präferierte Rollenbild des Mannes als aktiven Vater. Solange nicht eine Reduzierung der Rollenerwartung an den „berufsorientierten Mann" erfolgt, kann diese Entwicklung nur in einer hochgradigen Unzufriedenheit und Überlastung von Vätern münden. In dem Maße, in dem die Gleichstellung der Geschlechter im betrieblichen Kontext voranschreitet und dem „berufsorientierten Mann" gleichberechtigt eine „berufsorientierte Frau" zur Seite steht, öffnet dies Spielräume für den „familienorientierten Mann" und gleichzeitig auch vielen Frauen die Chance, sich ein Stück weit aus dem Ungleichgewicht zwischen „familienorientierter Frau" und „berufsorientierter Frau" zu lösen.

3 Handlungsansätze

Aufbauend auf den vorangegangenen Ausführungen wird deutlich, dass eine ganzheitliche Herangehensweise vonnöten ist, um eine tatsächliche und nachhaltige Veränderung hin zu mehr Zeit für Familie für Männer/Väter zu erwirken und so auch Frauen erweiterte Handlungsspielräume in Bezug auf ihre berufliche Entwicklung zu ermöglichen. Dabei fällt bei der Betrachtung der im vorangegangenen Abschnitt aufgeführten Klassifikation von Einflussfaktoren auf, dass sich im personenbezogenen und gesellschaftlichen Bereich sowie im betrieblichen Kontext explizit auf Väter zugeschnittene Handlungsansätze identifizieren lassen. Im (steuer)rechtlichen und infrastrukturellen Bereich hingegen dienen Maßnahmen wie eine Veränderung der Steuergesetzgebung oder der qualitative und quantitative Ausbau der Kinderbetreuung beiden Geschlechtern gleichermaßen. Die folgende Betrachtung konzentriert sich aufgrund der Schwerpunktsetzung dieses Kapitels daher auf personenbezogene und gesellschaftliche sowie betriebliche Handlungsansätze, wobei der Fokus auf letzteren liegt, die in Bezug zur Lebensphasenorientierten Personalpolitik gestellt werden.

3.1 Personenbezogene und gesellschaftliche Handlungsansätze

Die Untersuchung der personenbezogenen und gesellschaftlichen Einflussfaktoren auf väterliches Engagement konnte zeigen, dass Stereotype und Rollenverständnis in hohem Maße dazu beitragen, wie Männer ihre Vaterrolle wahrnehmen und ausüben. Dabei ist festzustellen, dass die Zustimmung zum klassischen Ernährermodell zwar abnimmt, diese Entwicklung allerdings bei Frauen sehr viel deutlicher ausfällt als bei Männern. Hinzu kommen Abweichungen im Selbst- und Fremdbild von Vätern, die nicht zuletzt daher rühren, dass es ihnen an attraktiven Rollenleitbildern fehlt und ihr Vereinbarkeitskonflikt sich vielfach in Form eines „unsichtbaren Dilemmas" abspielt. Einfluss nehmen auch das Bildungsniveau und der Migrationshintergrund. In der Folge weichen die tatsächlichen Handlungsmuster von Vätern nicht selten von deren Wünschen und Idealvorstellungen von der eigenen Vaterschaft ab. So verbleibt auch bei Berufstätigkeit der Partnerin die Hauptverantwortung für Familien-/Hausarbeit in der Regel bei den Frauen bzw. Müttern. Elternzeit und Elterngeld werden zwar von immer mehr Vätern in Anspruch genommen, meist jedoch nur für einen vergleichsweise kurzen Zeitraum. Gleichzeitig äußern sich viele Väter unzufrieden mit ihrer Zeitverwendung im Hinblick auf die Vereinbarkeit von Beruf und Familie.

3.1.1 Grundsätzliche Empfehlungen

Vor dem Hintergrund der aufgezeigten Herausforderungen richten sich Empfehlungen im personenbezogenen und gesellschaftlichen Bereich vor allem auf folgende Punkte (vgl. Dittmann et al. 2009, S. 43 ff.; Döge 2006, S. 25; Dittmann et al. 2009, S. 12, 15, 48; Geisler und Kreyenfeld 2009, S. 15; BMFSFJ 2006, S. 165 f.; Lazai et al. 2009, S. 5):

Klares gesellschaftliches Bekenntnis zur Akzeptanz von unterschiedlichen Männer-/Väterrollen Vor dem Hintergrund des nicht zu unterschätzenden Einflusses der Medien auf Handlungsmuster und Stereotypen ist verstärkt in Büchern, aber auch in TV-Programmen auf die Darstellung moderner Väterbilder zu achten.

Sichtbarmachung des „unsichtbaren Dilemmas" vieler Väter in Bezug auf die Vereinbarkeit von Beruf und Familie Der Austausch von Vätern untereinander kann dabei helfen, sich über Probleme mit der Vereinbarkeit von Beruf und Familie klar zu werden, diese offen anzusprechen und Lösungsansätze zu entwickeln. Hierfür eignen sich beispielsweise spezielle Vater-Kind-Kurse oder Vater-Kind-Wochenenden, während der sich Väter untereinander austauschen können.

Stärkung der Bindung zwischen Vätern und ihren Kindern Die bereits angesprochenen Programme, die Väter und Kinder zusammenbringen, haben zudem den Effekt, sich der Bedeutung des Vaters für die Entwicklung bewusster zu werden und zudem Erfahrungen im intensiven Umgang miteinander zu sammeln. Diese können beispielsweise Hemmschwellen abbauen, die Mütter bezüglich der Übergabe von Betreuungsaufgaben an ihre Partner zuweilen in sich tragen oder Männer ermutigen, mehr Zeit mit ihren Kindern zu verbringen und den damit verbundenen Herausforderungen auch gewachsen zu sein. Möglichkeiten der konkreten Umsetzung sind ebenfalls Angebote zu Vater-Kind-Aktivitäten bzw. Vater-Kind-Wochenenden oder sogenannte „Papatage" in Kindertageseinrichtungen und Schulen.

Frühzeitige Sensibilisierung von Jungen und Mädchen für moderne Geschlechterrollen Es ist unbestritten, dass ein Bewusstseinswandel frühestmöglich angestoßen werden sollte. Daher empfiehlt es sich, Themen wie Gleichberechtigung und moderne Rollenbilder bereits in den Kindergärten und Schulen, aber auch im Rahmen der dualen Ausbildung und Hochschulbildung zu integrieren.

Bewusstes Werben für ein stärkeres Engagement von Vätern in der Familie bei den Gruppen, bei denen dieses derzeit noch stark unterdurchschnittlich ist (niedriges Bildungsniveau, niedriges soziales Niveau, Migrationshintergrund) Über bevölkerungsnahe Migrantenvereine und Wohlfahrtsverbände sowie Jugendämter können verstärkt Informationen, beispielsweise durch Flyer, die in Arztpraxen verteilt werden, oder durch gezielte Vorträge an bisher nur unzureichend informierte (werdende) Väter herangetragen werden.

Verstärkte Information über Hintergrund und Ausgestaltungsmöglichkeiten der Elternzeit für Väter sowie über weitere Aspekte einer aktiven Vaterschaft Da gezeigt werden konnte, dass aktive Vaterschaft nicht zuletzt an mangelnden Kenntnissen über die bestehenden Möglichkeiten scheitert, muss es erklärtes Ziel sein, (werdende) Väter stärker als bisher mit Informationen zu unterstützen, um ihnen die Entscheidung für das Leben der Vereinbarkeit von Beruf und Familie zu erleichtern. Über Portale wie www.vaeter.de werden zahlreiche Vorträge, Workshops und individuelle Beratungen angeboten, Blogs wie www.vaeterblog.de regen zum Austausch an und bieten ebenfalls weiterführende Informationen und Links. Ebenfalls empfehlenswert ist es, mit Broschüren auch explizit Väter anzusprechen.

3.1.2 Beispiele guter Praxis

Die folgenden Beispiele guter Praxis zeigen drei unterschiedliche Strategien aus dem In- und Ausland auf, mit denen die unter Kapitel IV 1.1 genannten Empfehlungen umgesetzt werden können:

„VäterVorBilder" – Veranstaltungsreihe in Karlsruhe

Unter dem Motto „VäterVorBilder – Männerkarrieren in Familie und Beruf" rief das Karlsruher Bündnis für Familie im Jahr 2010 mit Unterstützung von Kammern, Verbänden und Vereinen eine zweiwöchige Veranstaltungsreihe ins Leben, die aus einer Fotoausstellung zu „VäterVorBildern" in Erziehung und Alltag sowie Beispielen familienfreundlicher Personalpolitik, Workshops, Freizeitevents etc. bestand. Eines der zentralen Ziele war es, die Netzwerkbildung anzustoßen und einen Bewusstseinswandel einzuleiten (vgl. Stadt Karlsruhe 2011).

„Vaterstadt" Köln

Im Kölner Stadt Anzeiger wurde das Thema Väter wiederholt aufgegriffen. Zudem wurden in Zusammenarbeit mit der IGS Organisationsberatung GmbH Väter in einer Onlinebefragung mit über dreißig Fragen um ihre Einschätzung bezüglich der Familien-/Väterfreundlichkeit der Kommune sowie der Arbeitgeber in der Region gebeten. Dabei ging es zum einen darum, wie die bestehenden Angebote zur Familienfreundlichkeit von den Vätern beurteilt bzw. selbst in Anspruch genommen werden bzw. wo noch Handlungsbedarf erkannt wird. Zum anderen standen auch Themen wie das eigene Engagement bei Elternsprechtagen oder die Erlebnisse in Bezug auf die Kollegen bei der Inanspruchnahme familienfreundlicher Maßnahme im Unternehmen im Blickpunkt (vgl. Henry-Huthmacher und Schmitz 2010, S. 45 ff.).

„Papadag" in den Niederlanden

Inzwischen fast zu einer Institution in den Niederlanden geworden ist der sogenannte „Papadag" („Papa-Tag"). Zahlreiche Männer arbeiten nur vier Tage pro Woche, um den fünften Tag mit ihren Kindern zu verbringen. Dies ist betrieblich wie gesellschaftlich akzeptiert. Generell unterstützt die niederländische Regierung Ansätze, um die Verkehrsbelastung durch Berufspendler zu reduzieren sowie Büroflächen einzusparen (vgl. Maitland und Thomson 2011, S. 105).

3.2 Betriebliche Handlungsansätze im Sinne der Lebensphasenorientierten Personalpolitik

Vorausgeschickt sei, dass die Lebensphasenorientierte Personalpolitik mit ihrer Philosophie, jeden Mitarbeiter gemäß seiner spezifischen Lebens- und Berufssituation wertzuschätzen, zu fördern und zu fordern, bereits den entscheidenden Grundstein dafür legt, auch die Bedürfnisse von Vätern angemessen zu berücksichtigen. Die nachfolgenden Ausführungen greifen daher nicht alle Facetten der Lebensphasenorientierten Personalpolitik auf, da dies an anderer Stelle bereits ausführlich geschehen ist (vgl. hierzu Kapitel „Die Lebensphasenorientierte Personalpolitik"). Vielmehr werden für die identifizierten Handlungsfelder einer Lebensphasenorientierten Personalpolitik explizite beispielhafte Ansätze für eine stärkere Väterorientierung aufgeführt.

3.2.1 Grundsätzliche Empfehlungen

Wie bereits dargestellt, werden die grundsätzlichen Empfehlungen für den betrieblichen Bereich nach den Handlungsfeldern des Konzepts der Lebensphasenorientierten Personalpolitik gegliedert:

- Unternehmenskultur
- Führung
- Organisation
- Personalentwicklung
- Mitarbeitergewinnung
- Berufliche Werdegänge
- Gesundheitsförderung
- Anreiz- und Motivierungssysteme
- Steuerung und Erfolgsbewertung

Dabei gilt zu beachten, dass Unternehmenskultur und Führung gleichermaßen das Fundament darstellen, auf dem väterorientierte Maßnahmen aufbauen müssen. Zudem ist allgemein anzumerken, dass es sich empfiehlt, in kleinen Schritten vorzugehen, da – wie gesehen – die vorherrschenden Stereotype und Handlungsmuster derzeit noch dafür sorgen, dass Männer eher skeptisch und zurückhaltend in Bezug auf väterorientierte Maßnahmen reagieren. Mit zunehmendem Grad der Akzeptanz und Selbstverständlichkeit kann dann auch die Bandbreite verfügbarer Maßnahmen ausgeweitet werden (vgl. Lazai et al. 2009, S. 2).

Unternehmenskultur

Mit Bezug zur Unternehmenskultur geht es insbesondere um Ansätze, die Wertschätzung ausdrücken und zur verbesserten Kommunikation beitragen. Im Einzelnen sind dies (vgl. Becker et al. 2008, S. 10 f., 24; Lazai et al. 2009, S. 2 ff.; Prognos AG 2005, S. 9; 15 ff.):

- **Schaffung von Transparenz über Angebote und Regelungen**
  Väter verfügen in der Regel nicht im gleichen Maße über informelle Netzwerke im Unternehmen wie Mütter bzw. tauschen sich eher weniger über familiäre Belange und/oder Problemstellungen aus. Zudem scheuen sie sich nicht selten, konkret bei ihrer Führungskraft oder der Personalabteilung nach Möglichkeiten zu fragen, Beruf und Familie besser vereinbaren zu können. Wichtig ist daher, Angebote und Regelungen transparent zu machen, damit diese für jeden Interessierten klar verständlich und nachvollziehbar sind. Mögliche Wege, Transparenz zu schaffen, sind zum Beispiel:
  - Bereitstellung von rechtlichen Informationen (über Elternzeit, Teilzeit in Elternzeit etc.) im Intranet, in der Betriebszeitung, über Aushänge und/oder in Form kostenfrei erhältlicher Broschüren (z. B. des BMFSFJ) oder über einen Verweis auf einschlägige Internetseiten (z. B. www.bmfsj.de, u. a. mit Elterngeldrechner).
  - Bereitstellung von Informationen über betriebliche Möglichkeiten der Vereinbarkeit (Telearbeit, Sabbatical, Arbeitszeitmodelle, Ansprechpartner etc.) im Intranet, über Aushänge oder in der Betriebszeitung.
  - Bereitstellung von Informationen über außerbetriebliche Angebote zur Vereinbarkeit (z. B. des pme Familienservice) im Intranet, über Aushänge, in der Betriebszeitung oder über Werbeflyer.
  - Angebot von Beratungsgesprächen bei Unsicherheit über die eigenen Vorstellungen von der möglichen Vereinbarkeit von Beruf und Familie, vor der Elternzeit bzw. vor einem Wechsel des Arbeitsmodells. Anregungen und Muster für Gesprächsleitfäden finden sich beispielsweise unter www.familienbewusste-personalpolitik.de.
  - Angebot von Checklisten zur Elternzeit zur Teilzeit bzw. zur Telearbeit zur Erleichterung der Entscheidungsfindung. Auch hierzu finden sich entsprechende Vorlagen und Beispiele unter www.familienbewusste-personalpolitik.de.

  Die genannten Informationen können generell zur Verfügung gestellt werden, sodass sie für jeden Beschäftigten jederzeit einsehbar und zugänglich sind. Besteht im Unternehmen Kenntnis darüber, welche Männer in Kürze Väter werden, so bietet sich der Versand eines sogenannten „Väterbriefs" (vgl. hierzu Abschnitt 3.2.2) an, in dem die o. g. Informationen gebündelt zur Verfügung gestellt werden, um eine frühzeitige Auseinandersetzung mit der Vereinbarkeit von Beruf und Familie anzustoßen und zur Übernahme von Verantwortung zu ermutigen.

- **Sensibilisierung für neue Männerrollen und Bekenntnis zur Notwendigkeit von Zeit für die Familie von Vätern**
  Ebenso wie im gesellschaftlichen Bereich kann auch von betrieblicher Seite das Bewusstsein dafür gestärkt werden, dass Zeit für Familie von Vätern notwendig ist und familienorientierte Männer im Unternehmen akzeptiert und unterstützt werden. Dabei können unterschiedliche Wege der Sensibilisierung verfolgt werden, wie z. B.:
  - Auslegen kostenfrei erhältlicher Broschüren, wie z. B. „Ich bin dabei – Vater werden" der Bundeszentrale für gesundheitliche Aufklärung oder „Abenteuer Teilzeit – Argumente für Männer" des BMAS.
  - Hinweis auf informative Internetseiten für Väter wie z. B. www.vaeter-in-balance.de, www.vaeter.de, www.vend-ev.de, www.vaeter-und-karriere.de und www.vaeterladen.de uvm., die auch zum Austausch anregen.
  - Abonnement von Zeitschriften wie z. B. „P wie PAPI – Magazin für werdende Väter".
  - Darstellung von positiven Beispielen für Rollenvorbilder im eigenen Unternehmen im Intranet, in der Betriebszeitung oder auch in angeleiteten Gesprächskreisen, in der Betriebsversammlung, am Tag der Offenen Tür oder im Außenauftritt (z. B. durch Platzieren entsprechender Artikel in der lokalen Presse).
  - Darstellung von positiven Beispielen für Rollenvorbilder außerhalb des eigenen Unternehmens, z. B. durch Veröffentlichung/Aushang entsprechender Zeitungsartikel.
  - Ermutigung von Männern, ihre Vorgesetzten und/oder die identifizierten Ansprechpartner für familien- bzw. väterorientierte Belange über ihre bevorstehende Vaterschaft zu informieren, um sie rechtzeitig und umfassend informieren zu können.
  - Unterstützung von innerbetrieblichen und/oder überbetrieblichen Eltern-/Elternzeit- oder Väternetzwerken zum Austausch bzw. zum Finden von Rollenvorbildern.
- **Benennung von Ansprechpartnern für familien- bzw. väterorientierte Belange**
  Gerade aufgrund der bereits angesprochenen Hemmschwellen, die insbesondere Väter zu überwinden haben, wenn es darum geht, sich und anderen bestehende oder aufkeimende Konflikte zwischen Beruf und Familie einzugestehen, sollten Ansprechpartner für derartige Fragestellungen klar benannt werden. Diese können im Bereich der Sozialbetreuung oder im Personalwesen, aber auch in den Reihen der Arbeitnehmervertretung oder bei den Führungskräften angesiedelt sein. Sind im Unternehmen mehrere Ansprechpartner vorhanden, gilt es, die Kräfte zu bündeln und eine einheitliche Informationspolitik zu verfolgen. Dies gilt auch in der Abstimmung mit den Führungskräften bzw. der Leitungsebene, damit diese jeweils die aktuellen Angebote und Rahmenbedingungen kommunizieren können. Eine nicht unerhebliche Rolle spielt es auch, männliche Ansprechpartner für Väter zu benennen.
- **Erfragen der tatsächlichen Bedürfnisse von Vätern im Unternehmen**
  Um Maßnahmen nicht „an den Betroffenen vorbei" zu konzipieren, empfiehlt es sich gerade in Bezug auf väterorientierte Ansätze, zu denen in der Regel eher weniger Erfahrungswerte bestehen, im Rahmen einer Mitarbeiterbefragung den Themenkomplex

der Vereinbarkeit von Beruf und Familie zu integrieren und die Rückmeldungen gesondert nach Geschlecht auszuwerten oder aber explizit nur Männer anzusprechen. Eine weitere Möglichkeit, Bedürfnisse zu erfragen, ergibt sich aus themenspezifischen Workshops.

- **Einbindung von Männern in die betriebliche Organisation familienbewusster Maßnahmen**
  Um die Akzeptanz unter Vätern zu erhöhen und gleichzeitig Männer stärker für familienbewusste Belange zu sensibilisieren empfiehlt es sich, in betriebliche Projektgruppen zum Thema Vereinbarkeit von Beruf und Familie grundsätzlich Männer einzubinden. Ideal ist es, wenn sich hierfür Führungskräfte als Multiplikatoren gewinnen lassen.
- **Verwendung männerspezifischer Sprache und Kommunikationsmittel/-wege**
  Männer sprechen nicht selten auf andere Kommunikationswege an als Frauen. Typische Informationswege für Männer, die im Hinblick auf die Sensibilisierung und Schaffung von Transparenz auch verstärkt genutzt werden sollten, sind einerseits neue Medien, andererseits aber auch Gesprächsrunden im Sinne von Kamingesprächen oder (Eltern-) Stammtischen.
- **Hervorhebung des Nutzens väterorientierter Maßnahmen**
  Wie gesehen definieren Männer sich in noch stärkerem Maße als Frauen über ihre beruflichen Erfolge. Hilfreich zur Überzeugungsarbeit sowohl von Führungskräften als auch von Mitarbeitern selbst ist das Aufzeigen des wirtschaftlichen Nutzens, z. B. von Teilzeitarbeitsplätzen oder Modellen der mobilen Arbeit. Thematisiert werden kann in diesem Zusammenhang die Steigerung der Motivation, die Reduzierung von Fehlzeiten oder aber der Zuwachs an Schlüsselkompetenzen. Ebenfalls hervorgeheben werden sollten Vorteile im Wettbewerb um Fachkräfte im Sinne des Employer Brandings.

Führung

Wie auch auf zahlreichen weiteren Gebieten der Personalpolitik spielen Führungskräfte eine entscheidende Rolle dabei, ob die Umsetzung einer stärkeren Väterorientierung in der Praxis gelingt oder gut gemeinte Ansätze im Alltag scheitern. Dabei spielt jedoch nicht nur das Wollen, sondern auch das Können der Führungskräfte in Bezug auf die Unterstützung familien- bzw. väterorientierter Maßnahmen eine entscheidende Rolle. D. h. Vorgesetzte müssen auch dazu befähigt werden, bestehende Regelungen und Angebote für ihre Mitarbeiter zugänglich zu machen bzw. diese selbst zu nutzen. Konkret lassen sich folgende Ansatzpunkte identifizieren (vgl. Garde 2012, S. 31; Becker et al. 2008, S. 26 ff.; Lazai et al. 2009, S. 5 ff.; Prognos AG 2005, S. 10; BMFSFJ 2009b, S. 8; 53; siehe auch die Fallstudien von Durbin und Tomlinson 2010):

- **Umfassende Information der Führungskräfte**
  Es versteht sich von selbst, dass Führungskräfte nur dann Ansprechpartner für ihre Mitarbeiter in Bezug auf familien- bzw. väterorientierte Maßnahmen und Instrumente sein können (z. B. auch im Rahmen des Mitarbeitergespräches), wenn sie selbst umfassend

und jeweils aktuell über bestehende Möglichkeiten in Kenntnis gesetzt werden. Dazu können Seminare, aber auch Newsletter und Rundmails oder Veröffentlichungen im Intranet und der Betriebszeitung genutzt werden.

- **Betonung und Stärkung der Vorbildfunktion der Führungskräfte**
  Die Führungskräfte des Unternehmens bis hin zum Vorstand spielen eine zentrale Rolle in Bezug auf ihre Vorbildfunktion. Gerade Männer brauchen positive Beispiele, um sie aus dem „Exotenstatus" herauszuheben, wenn sie Beruf und Familie aktiv vereinbaren möchten. Dazu gehört beispielsweise, dass auch Führungskräfte offen über ihre familiären Verpflichtungen sprechen und familien- bzw. väterorientierte Angebote wie flexible Arbeitszeiten, vollzeitnahe Teilzeit, Telearbeit, Job Sharing und/oder Elternzeit nutzen bzw. Familientermine wahrnehmen und ihre Arbeitszeiten an der Familie orientieren.
- **Sensibilisierung der Führungskräfte für die Notwendigkeit von mehr Zeit für Familie für Väter**
  Gerade für ältere Führungskräfte gilt es, tief verankerte traditionelle Rollenmuster in Frage zu stellen. Hilfreich dabei sind Argumente wie das Aufzeigen der steigenden Notwendigkeit einer Erwerbstätigkeit beider Partner, die Nutzung des Potenzials qualifizierter Frauen vor dem Hintergrund des demografischen Wandels sowie die steigende Gefahr der Überlastung durch die sogenannte „Rush-hour of life" (vgl. Bittman und Rice 2000, S. 165 ff.) auch für Männer. Wege, die Sensibilisierung voranzutreiben, sind einerseits die Integration der Thematik in Seminare, Gesprächskreise, in den betrieblichen Medien etc. sowie andererseits die Etablierung der Väterorientierung als Bestandteil der Zielvereinbarungen der Führungskräfte.
- **Thematisierung väterorientierter Belange in Mitarbeitergesprächen**
  Während werdende Mütter ihre bevorstehende Mutterschaft in der Regel frühzeitig bekanntgeben, besteht bei Männern grundsätzlich keine Notwendigkeit, dies zu tun. In der Folge fällt es schwer, väterorientierte Maßnahmen bereits vor Eintritt der Vaterschaft bzw. auch danach an die Väter im Unternehmen zu richten. Regelmäßige Mitarbeitergespräche fördern zum einen den Austausch zwischen Führungskräften und ihren Mitarbeitern und sorgen dafür, dass der persönliche Kontakt nicht abreißt, sodass es leichter fällt, Problemstellungen offen zu thematisieren. Zum anderen bieten Mitarbeitergespräche die Möglichkeit, bewusst auch private bzw. familiäre Belange zu thematisieren und dabei zu verdeutlichen, dass ein Interesse daran besteht, den Mitarbeiter bei einem bestmöglichen Einklang zwischen seinen persönlichen sowie den betrieblichen Bedürfnissen zu unterstützen. Selbstverständlich basieren Fragen in diesem Bereich stets auf Freiwilligkeit. Hilfreich ist es, Führungskräften Gesprächsleitfäden für Mitarbeitergespräche, gerade im Hinblick auf die Integration privater bzw. familiärer Belange, an die Hand zu geben. Ein Beispiel findet sich unter anderem unter www.familienbewusste-personalpolitik.de

Organisation

Befragt man junge Väter danach, welche betrieblichen Rahmenbedingungen ihrer Ansicht nach förderlich sind, damit sie ihrer Vaterrolle stärker gerecht werden können, so steht obenan das Thema Arbeitszeit. Hinzu kommen Wünsche nach mehr Flexibilität, z. B. durch temporäre Unterbrechung der Erwerbstätigkeit zur Betreuung eines Kleinkindes und/oder Regelungen zum Sonderurlaub nach der Geburt bzw. bei Erkrankung eines Kindes. Auch flexible „Home Office" Lösungen sowie betriebliche Kinderbetreuungsangebote rangieren bei den Vorstellungen der Väter von einem vereinbarkeitsorientierten Arbeitsplatz weit oben (vgl. Krok und Zerle 2008, S. 34; Kohn und Schmitz 2008, S. 10 ff.).

Somit stehen im organisatorischen Bereich vor allem Fragen flexibler Arbeitsmodelle im Blickpunkt, um Vätern mehr Zeit für die Familie einräumen zu können (vgl. Becker et al. 2008, S. 19 f.; Prognos AG 2005, S. 24):

- **Abkehr von der Verfügbarkeits- und Anwesenheitskultur**
  Solange Anwesenheit und zeitliche Verfügbarkeit stärker honoriert werden als die tatsächlich erbrachte Leistung, bleibt die Vereinbarkeit von Beruf und Familie gerade für Männer schwer zu realisieren.
- **Berücksichtigung familiärer Belange von Männern bei der Personaleinsatzplanung sowie bei der Terminfindung**
  Die Personaleinsatzplanung sollte die Bedürfnisse von Vätern in der aktiven Familienphase ebenso berücksichtigen wie dies für Mütter in vielen Unternehmen schon seit längerer Zeit der Fall ist. Dies schließt eine entsprechende Zurückhaltung bei der Vergabe von heimatfremden Arbeitseinsätzen ebenso ein wie die Berücksichtigung alltäglicher väterlicher Verpflichtungen, wie z. B. zum Abholen der Kinder aus der Betreuungseinrichtung bei der Planung von Besprechungsterminen. Grundsätzlich sind Termine zu prüfen, die familiäre Kernzeiten beeinträchtigen, wie z. B. der Beginn von Sitzungen am späten Nachmittag.
- **Gestaltung flexibler Arbeitsmodelle**
  Gerade wenn Väter eine ebenfalls berufstätige Partnerin haben, sind sie in hohem Maße auf flexible Lösungen mit Bezug zur Arbeitszeit und – wenn möglich – zum Arbeitsort angewiesen. Sie können so Arrangements zum Bringen und Abholen der Kinder zu Betreuungseinrichtungen, zur Teilnahme an Veranstaltungen in Kindertagesstätte oder Schule sowie zur Beaufsichtigung von Hausaufgaben etc. treffen, ohne ihre wöchentliche Arbeitszeit drastisch einschränken zu müssen.
- **Abfangen von Phasen mit erhöhtem Zeitbedarf über Langzeitkonten**
  Typische Phasen mit erhöhtem Zeitbedarf in Familien sind Ferienzeiten sowie längerfristige Erkrankungen der Kinder oder des Partners, der üblicherweise Betreuungsaufgaben wahrnimmt, aber auch die Wochen und Monate nach einer Geburt. Wenn Väter sich hier engagieren möchten oder müssen, können Langzeitkonten ihnen über Arbeitszeitguthaben bzw. Arbeitszeitschulden in Abstimmung mit den betrieblichen Belangen eine gewisse Flexibilität gewähren.
- **Angebot vollzeitnaher Teilzeitbeschäftigung**
  Gerade für Männer ist Teilzeit noch vielfach mit dem Stigma behaftet, auf weniger qualifizierte Tätigkeiten beschränkt zu sein und ein Karrierehindernis darzustellen. Zudem bedeutet der Wegfall eines Teils des zumeist höheren Verdienstes des männlichen Part-

ners in der Familie nicht selten einen erheblichen finanziellen Einschnitt. Vollzeitnahe Teilzeitstellen, die sich meist auf etwa 90 % einer Vollzeitstelle belaufen, können hier eine Kompromisslösung darstellen. Zum einen sind die Auswirkungen für den Einzelnen in Bezug auf Einkommen, Tätigkeitsspektrum und berufliche Werdegänge in der Regel gering, zum anderen lässt sich auch von betrieblicher Seite vergleichsweise einfach eine Anpassung vornehmen.

Personalentwicklung

Im Hinblick auf die Personalentwicklung geht es einerseits darum, die Belange von Vätern bei der Planung von Entwicklungsmaßnahmen und -schritten angemessen zu berücksichtigen und andererseits dafür zu sorgen, dass eine familienbedingte Reduzierung oder Unterbrechung der Erwerbstätigkeit die Entwicklungspfade im Unternehmen nicht beeinträchtigt (vgl. Dittmann et al. 2009, S. 43 ff.):

- **Aufrechterhalten des Kontaktes zum Unternehmen während familienbedingter Auszeiten**
  Gerade für Männer, die in der Regel nur vorübergehend ihre Erwerbstätigkeit familienbedingt unterbrechen, ist es sehr wichtig, während der „Auszeit" Kontakt zum Unternehmen zu halten und über Veränderungen informiert zu bleiben. Dies verringert zudem das Gefühl, „außen vor" zu sein und wichtige Entwicklungen zu verpassen. Nebenbei bemerkt lässt sich auch die Akzeptanz von Elternzeit unter Vätern steigern, wenn diesen bekannt ist, dass diese keinen „Bruch" mit dem betrieblichen Alltag bedeutet. Eine Möglichkeit, den Kontakt zu halten, stellen Patenprogramme dar, bei denen ein vorab bestimmter Kollege oder der Vorgesetzte in regelmäßigen Abständen den Elternzeitler über Veränderungen und Entwicklungen informiert. Eine andere Möglichkeit ist es, Zugang zum Intranet zu gewähren und/oder weiterhin zu Fortbildungsveranstaltungen einzuladen. Auf informeller Basis helfen Eltern(zeitler)stammtische, den Kontakt nicht zu verlieren. Dies jedoch stets auf freiwilliger Basis, da auch respektiert werden muss, wenn Mitarbeiter den Kontakt vollständig ruhen lassen möchten.
- **Einsatz elternzeiterfahrener Väter als Mentoren**
  Väter, die bereits Erfahrungen mit der Inanspruchnahme von Elternzeit gemacht haben, können im Unternehmen als Mentoren anderen (werdenden) Vätern wertvolle Hinweise zum Ablauf der Elternzeit, aber auch zum Wiedereinstieg ins Unternehmen geben. Zudem fungieren sie als Rollenvorbilder. Diese Mentoren können auch Teilnehmer an den o. g. regelmäßigen Treffen von Elternzeitlern sein.
- **Berücksichtigung der familiären Verpflichtungen bei der Planung von Weiterbildungsveranstaltungen**
  Während das Bewusstsein dafür, dass Mütter mehrtägige heimatferne Weiterbildungsveranstaltungen bzw. solche, die auch das Wochenende einschließen, oft nur schwer realisieren können, allmählich steigt, fehlt vielfach das Verständnis dafür, dass solche Verpflichtungen auch für Väter eine Belastung bedeuten können, gerade dann, wenn ihre Partnerin ebenfalls berufstätig ist. Entsprechende Wünsche und Bedürfnisse lassen

sich beispielsweise im Rahmen einer Mitarbeiterbefragung oder des Mitarbeiterjahresgespräches erfassen und entsprechend in die Seminarplanung integrieren.

Mitarbeitergewinnung

Die Vereinbarkeit von beruflicher und privater Sphäre nimmt gerade für gut qualifizierte Nachwuchskräfte eine steigende Bedeutung im Hinblick auf die Attraktivität eines Arbeitgebers ein. Gerade jüngere Männer sehen es - wie bereits angesprochen - zunehmend als Selbstverständlichkeit an, sich mit ihrer Partnerin Familienaufgaben gleichberechtigt zu teilen. Vor dem Hintergrund der Mitarbeitergewinnung spielt die Väterorientierung also eine große Rolle (vgl. Scheltwort 2004, S. 18 ff.; Ernst & Young GmbH 2009, S. 15; manager magazin 2005; Königes 2010; Werle 2008; Becker et al. 2008, S. 17 f.):

- **Verdeutlichung der zunehmenden Bedeutung einer Väterorientierung für die Gewinnung von Nachwuchskräften bei den Entscheidungsträgern**
  Gerade in Branchen, Regionen und Berufsbildern, in denen sich bereits heute ein Fachkräfteengpass abzeichnet, sind Entscheider dafür zu sensibilisieren, dass Angebote, die mehr Zeit für Familie auch für Männer/Väter einräumen, den Unterschied bei der Arbeitgeberwahl machen können.
- **Transparenz über familien- bzw. väterorientierter Maßnahmen im Sinne des Employer Branding**
  Intern familien- bzw. väterorientiert zu agieren und dies nicht nach außen zu kommunizieren bedeutet, einen Wettbewerbsvorteil im Hinblick auf die Gewinnung von Nachwuchskräften zu vergeben. In der Folge empfiehlt es sich, mit entsprechenden Maßnahmen an die Öffentlichkeit zu treten, z. B. in Form von Presseartikeln, bei regionalen Veranstaltungen, über Tage der Offenen Tür oder bei Schul-/Hochschulmessen. Auch Werkstudenten, Praktikanten etc. sollten über die Betriebszeitung, das Intranet oder Betriebsversammlungen über die Offenheit für aktive Vaterschaft informiert werden.
- **Konkrete Ansprache bestehender Angebote bei der Rekrutierung**
  Auch in Stellenanzeigen und auf Rekrutierungsmessen sollte offensiv mit bestehenden Maßnahmen zur Vereinbarkeit von Beruf und Familie, gerade für Väter, umgegangen werden. Ebenso empfiehlt es sich, potenziellen Arbeitnehmern im Vorstellungsgespräch entsprechende Angebote darzulegen. Nicht selten werden diese gerade von jüngeren Bewerbern auch bereits aktiv erfragt.

Berufliche Werdegänge

Karriere wird noch immer in der überwiegenden Zahl der Betriebe, aber auch in den Köpfen vieler Beschäftigter über Führungsverantwortung definiert. Ein solcher klassischer Karrierepfad, der von der Gruppenleitung über die Abteilungsverantwortung schließlich zur Bereichsleitung führt, toleriert nahezu keine Unterbrechungen in der Erwerbstätigkeit oder eine Reduzierung des Tätigkeitsumfangs. In der Konsequenz bedeutet dies, dass sowohl Veränderungen im Hinblick auf die Gestaltung und Wahrnehmung von Führungspositionen als auch zum Aufzeigen alternativer Karrierepfade vonnöten sind, um Vätern mehr Zeit für Familie einzuräumen und dennoch die gewünschten beruflichen Werdegänge zu verfolgen (vgl. Hans Böckler Stiftung 2008; Fetz und Köster 2007, S. 32 ff.; Lukoschat und Bessing 2004; VAETER e. V. o. A. b; Sachverständigenkommission zur Erstellung des Ersten Gleichstellungsberichtes der Bundesregierung/Frauenhofer-Gesellschaft zur Förderung der angewandten Forschung e. V. 2011, S. 107; Koch 2007, S. 22; Krell 2011, S. 415 f.; Morgenstern und Habermann 2011, S. 442 f.; Sattelberger 2011, S. 434; Garde 2012, S. 31):

- **Entwicklung familien- bzw. väterorientierter Führungsmodelle**
  Da sich derzeit noch deutlich mehr Männer als Frauen in Führungspositionen finden, kommt diesem Aspekt eine nicht zu unterschätzende Bedeutung zu. Denn noch ist die Führungsfunktion mit einer hohen zeitlichen Verfügbarkeit assoziiert, es herrscht eine Präsenz- anstelle einer Ergebniskultur. Teilzeitbeschäftigung gilt eher als „Karriere-Killer". In diesem Zusammenhang erscheint es unerlässlich, den Mythos der „Unteilbarkeit" verantwortungsvoller bzw. anspruchsvoller Tätigkeiten zu entkräften und individuell passende Arbeitszeiten zu ermöglichen, ohne dass dadurch der Aufstieg, die Weiter- oder Einkommensentwicklung eingeschränkt werden. Dazu gehört unweigerlich die „Überwindung des Dogmas der Vollzeitkultur", d. h. es sind Konzepte zu entwickeln, die von einer Arbeitsorganisation entlang der Arbeitszeitdauer eines „Normalarbeitstages" abrücken und unterschiedliche Arbeitszeitvolumina kombinieren. Überlange Arbeitszeiten sollten nicht länger als Zeichen der Loyalität und besonderen Motivation gelten, sondern vielmehr die Zielsetzung dahingehend lauten, das Arbeitsvolumen bzw. die gewünschten Leistungen innerhalb der regulären Arbeitszeit erbringen zu können. Modellprojekte ebenso wie Befragungen von Führungskräften und Personalverantwortlichen weisen übereinstimmend auf die Bedeutung einer Ergebnis- anstelle einer Anwesenheitsorientierung für Führungspositionen hin, um auch in der aktiven Familienphase eine Aufrechterhaltung des betrieblichen Status zu ermöglichen. Dies impliziert neben dem Angebot der vollzeitnahen Teilzeit und der flexiblen Arbeitszeitgestaltung auch die Vermeidung von Überstunden und Mehrarbeit.
- **Aufzeigen alternativer Werdegänge und Förderung von deren Akzeptanz**
  Das berufliche Fortkommen, Status und Ansehen spielen für Männer in der Regel eine gewichtigere Rolle als bei Frauen, sie sind gewissermaßen „karrierefixierter". Alternative Werdegänge, die sich in Projekt- oder Expertenfunktionen parallel zu Führungsaufgaben entwickeln können und vielfach mehr Raum für flexible Arbeitsmodelle lassen, sollten diesen Aspekt stets berücksichtigen. Das heißt, Karriere sollte nach außen sichtbar werden, auch wenn es sich nicht um die klassische Führungskarriere handelt, z. B. über gewisse „Statussymbole" wie einen eigenen Parkplatz, ein größeres Büro etc. Zudem braucht es eine breitere Akzeptanz unterschiedlicher Karrierepfade, die sich im Sinn einer „Mosaikkarriere" abwechseln können. Hilfreich ist in diesem Zusammenhang das bewusste Thematisieren von „Role Models", die erfolgreich alternative Karrierepfade beschritten haben und ein hohes Ansehen im Unternehmen genießen.

- **Durchlässigkeit von Werdegängen**
  Entschließt sich ein Mann, nach Eintritt der Vaterschaft von der Übernahme einer verantwortlichen Position, die ein hohes zeitliches Engagement erfordert, zunächst abzusehen, so sollte dies keinesfalls das Ende seiner Karriereperspektiven im Unternehmen bedeuten. In Anbetracht einer sich stetig verlängernden Lebensarbeitszeit fällt eine vergleichsweise kurze Zeitspanne, in der der privaten Sphäre eine höhere Priorität eingeräumt wird, nicht so sehr ins Gewicht wie die Gefahr, einen Beschäftigten dauerhaft zu demotivieren, wenn er sich infolge seiner Entscheidung „abgehängt" fühlt. Karriere ist dann die lebenslange stärkenorientierte Entwicklung in Beruf und im sozialen Umfeld mit dem Ziel, einen wertschöpfenden Beitrag zu leisten. Das heißt, jedem Vater stehen dann Entwicklungsmöglichkeiten gemäß seiner Talente und Stärken sowie seiner aktuellen Lebenssituation offen.

Anreiz- und Motivierungssysteme

Wie in Abschnitt 2 dargestellt, herrscht bei vielen Männern noch immer das Bild vor, „Familienernährer" sein zu müssen. Faktisch ist es auch in den meisten Familienmodellen noch der Vater, der das höhere Einkommen erzielt. Folglich nehmen Anreiz- und Motivierungssysteme gerade für Männer eine hohe Bedeutung ein. Dies bezieht sich auf materielle ebenso wie immaterielle Anreize. Hierzu lassen sich die folgenden Handlungsansätze identifizieren (vgl. Prognos AG 2005, S. 13; 22; 24):

- **Konzipierung von Vergütungsmodellen, die Entgeltsicherheit und Väterorientierung verbinden**
  Durch eine variable Ausgestaltung von Arbeitszeiten, unter anderem in Verbindung mit Langzeitkonten, lassen sich Freiräume für familiäre Belange schaffen, ohne dass Gehaltseinbußen hingenommen werden müssen.
- **Schaffung von Entgeltgerechtigkeit**
  Solange ein „Gender Pay Gap" zwischen Männern und Frauen in vergleichbaren Qualifikations- und Tätigkeitsprofilen besteht, fällt die Entscheidung in Familien darüber, wer die primäre Verantwortung für Haus- und Familienarbeit übernimmt, primär vor finanziellen Gesichtspunkten. Entgeltgerechtigkeit ermöglicht es einerseits Männern, verstärkt Familienaufgaben wahrzunehmen sowie Frauen, ihren beruflichen Werdegang stringenter als bisher zu verfolgen.
- **Gewährung von bezahlten Freistellungen aus familiären Gründen**
  Wertschätzung gegenüber der Vaterrolle lässt sich von Unternehmensseite auch dadurch ausdrücken, (werdenden) Vätern bezahlte Freistellungen, z. B. zu Schwangerschaftsuntersuchungen, für die Einschulung des Kindes, für Abschlussfeiern oder ähnliches zu gewähren.
- **Sicherstellung von Statusneutralität für unterschiedliche Karrierepfade**
  Um die Akzeptanz und Gleichwertigkeit von Fach-, Führungs- und Projektkarrieren voranzutreiben, ist es unerlässlich, Statusneutralität im Vergütungs- und Anreizsystem zu gewährleisten.

Gesundheitsförderung

Explizite Angebote zur Gesundheitsförderung für Väter richten sich weniger auf körperliche Be- und Überlastungssituationen als vielmehr auf den Umgang mit psychischen Belastungen und deren Prävention (vgl. Becker et al. 2008, S. 31):

- **Angebot spezieller Workshops für Männer zum Umgang mit Entlastungsstrategien**
  Angebote, die Entlastungsstrategien, wie z. B. Zeitmanagement, Entspannungstechniken etc. vermitteln und sich in ihrer Konzeption speziell an Männer richten, vermitteln Kompetenzen, um mit den alltäglichen Belastungen umzugehen. Durch eine entsprechende Gestaltung, idealerweise mit einem männlichen Trainer bzw. Ansprechpartner, finden sie eine höhere Akzeptanz als gemischtgeschlechtliche Angebote.
- **Seminare zur Sensibilisierung für drohende oder versteckte Vereinbarkeitskonflikte**
  Viele Männer fühlen sich durch die gleichbleibend hohen Ansprüche an ihre berufliche Leistung und die gleichzeitig steigenden Ansprüche an ihr Engagement im familiären Bereich nicht selten stark belastet. Ihnen fällt es jedoch in der Regel schwerer als Frauen, sich diese Belastung einzugestehen. Es drohen jedoch Überlastungssituationen, wenn nicht rechtzeitig gegengesteuert wird. Spezielle Seminare, die Väter dafür sensibilisieren, dass der „Spagat zwischen Beruf und Familie" durchaus eine Herausforderung darstellt, die bestimmter Strategien bedarf, können wertvolle Präventionsarbeit leisten.
- **Förderung der Transparenz und Akzeptanz bestehender Angebote zur Gesundheitsförderung**
  Indem Gesundheitsförderung in die Führung und Personaleinsatzplanung integriert und auch mit der Personalentwicklung verbunden und immer wieder proaktiv beworben wird, entsteht eine Verbindlichkeits- und Konsequenzkultur, die es gerade Männern erleichtert, bestehende Angebote wahrzunehmen, ohne einen Statusverlust zu befürchten.

Steuerung und Erfolgsbewertung

Wie bereits angedeutet, nimmt die Effektivität von Maßnahmen, die Vätern mehr Zeit für die Familie einräumen, sowohl für die Überzeugungsarbeit bei Führungskräften und Geschäftsleitung als auch bei den Männern selbst eine nicht zu unterschätzende Bedeutung ein. Diese lässt sich durch Zahlen und Fakten untermauern (vgl. Rump et al. 2011, S. 56):

- **Identifizierung väterspezifischer Kennzahlen**
  Über Kennzahlen wie die Anzahl von Vätern in Elternzeit oder in Teilzeitmodellen oder die Teilnahme von Männern an väterspezifischen Seminaren, Workshops bzw. sonstigen Veranstaltungen lassen sich Entwicklungen im Zuge familien- bzw. väterorientierter Maßnahmen auf ihren Erfolg hin bewerten und entsprechende Anpassungsbedarfe steuern.
- **Erfolgsbewertung über regelmäßige Mitarbeiterbefragungen**
  Auch die regelmäßige Durchführung von Mitarbeiterbefragungen mit familien- bzw. vereinbarkeitsorientierten Inhalten und deren geschlechtsspezifische Auswertung lässt

Rückschlüsse auf Veränderungen in Handlungsmustern, Geschlechterstereotypen und Wertehaltungen zu.

3.2.2 Beispiele guter Praxis

An dieser Stelle sei angemerkt, dass die nachfolgenden Beispiele lediglich eine repräsentative Auswahl aus zahlreichen vorbildlichen Ansätzen zur Förderung von mehr Zeit für Familie für Väter darstellen.

Beispiel

In der Datev eG erhalten Väter bereits vor Eintritt der Vaterschaft bzw. infolge einer eingehenden Geburtsbescheinigung einen „**Väterbrief**" (Musterbriefe sind verfügbar unter www.familienbewusste-personalpolitik.de) sowie ein umfassendes **Informationspaket**, u. a. mit rechtlichen und betriebsinternen sowie regionalspezifischen Angeboten und Regelungen, familien- und väterorientierten Zeitschriften, einem **Musterantrag für Elternzeit** und einem **Laufzettel für die Familienpause**. Des Weiteren hat die Datev eG den Themenkomplex Work-Life-Balance in ihre **Mitarbeiterbefragungen** integriert (vgl. Lazai et al. 2009, S. 4, 8).

Beispiel

Die Ford-Werke GmbH hat ein **Elternnetzwerk** etabliert, das explizit auch Väter anspricht, bei der Commerzbank AG gibt es ein reines **Väter-Netzwerk** („Fokus Väter") (vgl. Prognos AG 2005, S. 10 f.; Becker et al. 2008, S. 25).

Beispiel

Die Airbus Deutschland GmbH führte eine **Befragung männlicher Mitarbeiter** zu deren Einschätzungen und Bedarfe zur Vereinbarkeit von Beruf und Familie bzw. Beruf und Pflege in Kooperation mit dem Netzwerk Väter e. V. durch (vgl. Becker et al. 2008, S. 12).

Beispiel

An der Universität des Saarlandes wird im Intranet regelmäßig ein Hochschulmitarbeiter als „**Vater des Monats**" mit seinem individuellen Work-Life-Konzept und seinen Erfahrungen vorgestellt (vgl. Becker et al. 2008, S. 17).

Beispiel

Zahlreiche Unternehmen, darunter beispielsweise die Techniker Krankenkasse oder die Fraport AG, werben bei ihrem **Internetauftritt** bewusst mit ihren Maßnahmen zur Vereinbarkeit von Beruf und Familie und sprechen dabei explizit auch Männer an. Auf der Website der Techniker Krankenkasse berichtet beispielsweise ein **Vater von seiner Elternzeit**, u. a. über die Ermutigung seitens seines Arbeitgebers, dieses Angebot wahrzunehmen und über seine Rückkehr in den betrieblichen Alltag (vgl. Techniker Krankenkasse 2009).

Beispiel

Bei der von der Heydt GmbH, einem mittelständischen Betrieb des Groß- und Produktionsverbindungshandels, werden im Rahmen des **Mitarbeiterjahresgesprächs** explizit die **persönliche Lebenssituation und die Berufsphase** der Mitarbeiter, von denen 67 % männlich sind, berücksichtigt. Dies wird laut einer Umfrage von mehr als drei Vierteln der Belegschaft als positiv bewertet (vgl. Rump et al. 2011, S. 86).

Beispiel

In den Unternehmen Dekra und adidas findet das Thema **Väterzeit** Berücksichtigung im **Mitarbeitergespräch** (vgl. Lazai et al. 2009, S. 8).

Beispiel

Im „Tandemprojekt" im Mercedes-Benz-Werk Wörth wurde zum Thema „Familie und Beruf" ein **Rotationsprinzip** eingeführt, durch das viele unterschiedliche Führungskräfte an dem Projekt teilnahmen und die familienbewussten Ansätze in ihrem jeweiligen Bereich verbreiteten (vgl. Becker et al. 2008, S. 24).

Beispiel

Bei der Personaleinsatzplanung wird bei der Anton Schönberger Stahlbau und Metalltechnik, einem kleinen Familienunternehmen aus der Oberpfalz, berücksichtigt, dass Montagemitarbeiter in den **letzten drei Monaten der Schwangerschaft** ihrer Partnerinnen nicht mehr auf **heimatfernen** Einsätzen tätig sein müssen. Zudem werden werdende Väter für die **Schwangerschaftsuntersuchungen ihrer Partnerinnen** freigestellt. Ebenfalls bei der Anton Schönberger Stahlbau und Metalltechnik ist es möglich, über Urlaubstage und Mehrstunden **sechs- bis siebenwöchige „Auszeiten"** aufzubauen (vgl. Prognos AG 2005, S. 24).

Beispiel

Die Windwärts Energie GmbH, ein mittelständisches Unternehmen, ermöglicht es Eltern, durch ein **Jahresarbeitszeitkonto** intensive Betreuungsphasen bis hin zu Sabbaticals abzudecken und richtet dieses Angebot auch explizit an Väter, die es als selbstverständlich wahrnehmen (vgl. Becker et al. 2008, S. 20).

Beispiel

Bei der Robert Bosch GmbH werden unter dem Leitgedanken „flexibel, fair, familienfreundlich" **maßgeschneiderte Teilzeit- und Elternzeitmodelle** ebenso wie Väter und Führungskräfte, die diese nutzen, über eine Internetseite und eine Broschüre vorgestellt (vgl. Becker et al. 2008, S. 29).

Beispiel

Elternstammtische/Elternzeitlertreffen finden sich beispielsweise bei Bosch Ansbach und Bosch Bamberg sowie den Ford-Werken (vgl. Lazai et al. 2009, S. 18; Prognos AG 2005, S. 14 f.).

Beispiel

Die Commerzbank unterstützt mit ihrem Programm „Comeback plus" auch Väter während und nach der Elternzeit. Dies zum einen durch **Kontakthaltemaßnahmen** und zum anderen durch Angebote zur **Erleichterung der Wiedereingliederung** (vgl. VAETER e. V. o. A. a).

Beispiel

Die Condat AG, ein mittelständisches Dienstleistungsunternehmen der IT-Branche, und die BfA praktizieren **vollzeitnahe Teilzeit und Job Sharing** in Führungspositionen, was auch bereits von Vätern genutzt wird (vgl. Lukoschat und Bessing 2004, S. 13 f., 31 f.).

Beispiel

In der „Druckwerkstatt Kollektiv GmbH", einem Kleinunternehmen aus Darmstadt, wird je nach aktueller Familienphase die wöchentliche **Arbeitszeit bei vollem Lohnausgleich** reduziert, und zwar bei Kindern ab 6 Jahren um zwei Stunden auf 28 Wochenstunden, bei Kindern zwischen 3 und 6 Jahren um vier Stunden auf 26 Wochenstunden und bei Kindern bis zu 3 Jahren um sechs Stunden auf 24 Wochenstunden (vgl. Prognos AG 2005, S. 13.).

Beispiel

Bei der Ford-Werke GmbH wird konsequent **Männern und Frauen in gleichen Positionen das gleiche Gehalt** gezahlt (vgl. Prognos AG 2005, S. 14 f.).

Beispiel

In speziellen Workshops zum Thema „**Entlastungsstrategien für Väter**" werden im Auftrag von Airbus von der Organisationsberatung Dads GbR Männer daraufhin geschult, verantwortungsvoll mit ihren eigenen Ressourcen umzugehen und sich besser zu organisieren (vgl. Becker et al. 2008, S. 31).

3.3 Zwischenfazit zu den Handlungsansätzen

Die Betrachtung der Handlungsansätze auf personenbezogener und gesellschaftlicher Ebene, aber auch im betrieblichen Kontext zeigt, dass es durchaus nicht an Empfehlungen und Beispielen guter Praxis mangelt, wenn es um die Förderung von mehr Zeit für Familie für Väter geht. Allerdings ist zu konstatieren, dass der Grundsatz „Tue Gutes und rede darüber" bei vielen Unternehmen noch nicht in dem Maße umgesetzt wird wie es angesichts der steigenden Bedeutung der Thematik im Hinblick auf die Fachkräftesicherung anzuraten wäre.

Wie gesehen, droht bereits sehr früh in der Vaterschaft der Rückfall in tradierte Muster, so dass Maßnahmen, um dieser Tendenz entgegenzuwirken, frühzeitig einsetzen sollten, idealerweise bereits vor der Geburt des Kindes im Sinne einer Bewusstseinsförderung auf personenbezogener und gesellschaftlicher Ebene. Für den betrieblichen Kontext lässt sich insbesondere festhalten, dass bei konkreten Handlungsansätzen dem Umstand Rechnung getragen werden muss, dass es derzeit noch keine Selbstverständlichkeit darstellt, wenn Väter ihre Rolle aktiv leben. Infolgedessen sollten auf betrieblicher Ebene gerade zu Beginn solche Maßnahmen präferiert werden, die den Arbeitsalltag möglichst wenig beeinträchtigen und mit nicht zu übersteigerten Erwartungen behaftet sind. D. h. man wird Rollenmuster nicht kurzfristig und vollständig aufbrechen können. Deshalb kann es nicht Ziel sein, die männliche Inanspruchnahme der Elternzeit der der Mütter anzugleichen oder ähnliche Teilzeitquoten für Väter zu erreichen wie für Mütter. Wichtig ist vielmehr, die Selbstverständlichkeit des männlichen Engagements zu verdeutlichen und den Vätern über flexible Arrangements vor allem in Bezug auf Arbeitszeit und Arbeitsort die Zeit mit der Familie zuzugestehen, die sie sich wünschen und die in hohem Maße zu ihrer Zufriedenheit und in Folge dessen auch zu ihrer Leistungsfähigkeit im Beruf beiträgt. Insofern sind „kleine Schritte" anzustreben, die einen solchen „Kulturwandel" allmählich wachsen lassen, wie z. B. vollzeitnahe Teilzeitmodelle für Väter und eine entsprechend ausgerichtete Unternehmenskommunikation, die auch immer wieder den Unternehmensnutzen betont. Noch bedeutsamer als konkrete Instrumente ist ein Umdenken im Sinne der Unternehmenskultur, damit Angebote auch ohne Angst vor Gesichtsverlust genutzt werden (vgl. Prognos AG 2005, S. 8 ff.; Kohn und Schmitz 2008, S. 10).

4 Ausblick

In der Studie im Auftrag der „hessenstiftung – familie hat zukunft" wurde ermittelt, dass fast alle Befragten in der Lebensphase der Vaterschaft einen Konflikt zwischen beruflichen und familiären Anforderungen erleben. Nur etwas mehr als ein Viertel glaubt, dass in ihrer derzeitigen beruflichen Situation eine angemessene Bewältigung der Vaterpflichten möglich ist (vgl. Henry-Huthmacher und Schmitz 2010, S. 18 f.). Gegebenenfalls wird infolge einer solchen Unzufriedenheit auch ein Wechsel in ein Arbeitsmodell bzw. zu einem Arbeitgeber mit einer höheren Chance auf Realisierung der persönlichen Balance in Erwägung gezogen. Denn immerhin geben in Umfragen unabhängig vom Alter mehr als 60 % der befragten Männer an, die Vereinbarkeit von Beruf und Familie sei ihnen ebenso wichtig oder sogar wichtiger als das Gehalt (vgl. Becker et al. 2008, S. 5; 8).

Eine stärkere Berücksichtigung von Männerbelangen in Bezug auf deren Lebensphasenorientierung tut also Not. Die Vorteile für unterschiedliche Interessengruppen liegen auf der Hand (vgl. BMFSFJ 2006, S. 188 f.; Walther und Lukoschat 2008):

- **Für die Kinder:** Väter nehmen eine bedeutsame Rolle im Hinblick auf die psychische, soziale und schulische Entwicklung ein. Je besser sie dieser Rolle, vor allem in zeitlicher Hinsicht gerecht werden können, desto mehr profitieren die Kinder und hier wiederum insbesondere die Jungen. Denn diese sehen sich im Bildungssystem beginnen mit der frühkindlichen Betreuung überwiegend weiblichen Bezugspersonen gegenüber, so dass es ihnen nicht selten an männlichen Vorbildern fehlt, wenn auch im familiären Bereich die Mutter den Hauptanteil an Erziehung und Betreuung erbringt.
- **Für die Väter selbst:** Wie gesehen entspricht es zunehmend den Wünschen der Väter selbst, aber auch ihrer Einschätzung bezüglich der Erwartungen ihrer Partnerinnen, sich aktiver an Familienaufgaben zu beteiligen. Gelingt ihnen dies nicht, sind innere wie äußere Konflikte die Folge, die nicht zuletzt in psychische Überlastungssituationen münden können.
- **Für die Mütter:** In dem Maße, in dem die väterliche Beteiligung an den Familienaufgaben ansteigt, eröffnen sich den Müttern Freiräume, sich stärker der beruflichen Sphäre zuzuwenden. Dies nicht alleine in Bezug auf einen früheren Wiedereinstieg und/oder ein höheres Arbeitsvolumen, sondern auch im Hinblick darauf, dass ein umfangreicheres berufliches Engagement auch die Chancen auf die Übernahme bzw. den Erhalt von Führungspositionen trotz Mutterschaft deutlich vergrößert.
- **Für die Arbeitgeber:** In Anbetracht eines zunehmenden Fachkräftemangels nimmt die Dringlichkeit zu, die neuen Wertemuster gerade der knapper werdenden Nachwuchskräfte in Bezug auf eine aktive Vaterrolle im Sinne der Mitarbeitergewinnung und -bindung stärker als bisher zu berücksichtigen. Mit Blick auf die Verlängerung der Lebensarbeitszeit ist darüber hinaus darauf zu achten, Überlastungssituationen bedingt durch eine unzureichende Balance zwischen Beruf, Privat- und Familienleben gerade auch von Männern vorzubeugen, um deren Leistungsfähigkeit und Motivation aufrecht zu erhalten.

Literatur

Allmendinger J, Haarbrücker J (2013) Lebensentwürfe heute. Wie junge Frauen und Männer in Deutschland leben wollen, Berlin

Becker S, Kienle A, Knittel T, Kemper L, Zweers U (2008) Männer vereinbaren Beruf und Familie. Frankfurt a. M.

Bertram C, Spieß CK (2010) Elterliches Wohlbefinden, öffentliche Unterstützung und die Zukunft der Kinder – der Ravensburger Elternsurvey. Kurzfassung der ersten Ergebnisse. http://www.ravensburger.de/content/wcm/mediadata/PDF/Stiftung/Studie%20Elternsurvey%202010.pdf. Zugegriffen: 30. Juli 2013

Bischoff S (2010) Wer führt in (die) Zukunft? Männer und Frauen in Führungspositionen der Wirtschaft in Deutschland – die 5. Studie. Bertelsmann, Bielefeld

Bittman M, Rice JM (2000) The rush hour: the character of leisure time and gender equity. Soc Forces 79(1):165–189

BMFSFJ (2006) Facetten der Vaterschaft – Perspektiven einer innovativen Väterpolitik. Berlin

BMFSFJ (2007) 20-Jährige Frauen und Männer heute, qualitative Untersuchung von Sinus Sociovision. Heidelberg. http://www.bmfsfj.de/RedaktionBMFSFJ/Broschuerenstelle/Pdf-Anlagen/sinus,property=pdf,bereich=bmfsfj,sprache=de,rwb=true.pdf. Zugegriffen: 23. Aug. 2010

BMFSFJ (2009a) Männer in Bewegung, zehn Jahre Männerentwicklung in Deutschland. Forschungsreihe Bd 6. Berlin.

BMFSFJ (2009b) Memorandum Familie leben. Impulse für eine familienbewusste Zeitpolitik. Berlin. http://www.bmfsfj.de/RedaktionBMFSFJ/Broschuerenstelle/Pdf-Anlagen/memorandum-familie-leben,property=pdf,bereich=bmfsfj,sprache=de,rwb=true.pdf. Zugegriffen: 15. Feb. 2011

BMFSFJ (2009c) Evaluationsbericht Bundeselterngeld- und Elternzeitgesetz 2009. Berlin. http://www.bmfsfj.de/RedaktionBMFSFJ/Broschuerenstelle/Pdf-Anlagen/beeg-evaluation, property=pdf,bereich=bmfsfj,sprache=de,rwb=true.pdf. Zugegriffen: 11. Feb. 2011

BMFSFJ (2009d) Einstellungen und Lebensbedingungen von Familien 2009. Monitor Familienforschung. Beiträge aus Forschung, Statistik und Familienpolitik. Berlin. http://www.bmfsfj.de/bmfsfj/generator/RedaktionBMFSFJ/Broschuerenstelle/Pdf-Anlagen/monitor-familienforschung-juli-2009,property=pdf,bereich=bmfsfj,sprache=de,rwb=true.pdf. Zugegriffen: 04. März 2011

BMFSFJ (2010) Familienreport 2010. Berlin. http://www.bmfsfj.de/RedaktionBMFSFJ/Broschuerenstelle/Pdf-Anlagen/familienreport-2010,property=pdf,bereich=bmfsfj,sprache=de,rwb=true.pdf. Zugegriffen: 15. Feb. 2011

BMFSFJ (2011) Familienreport 2011. Berlin. http://www.bmfsfj.de/BMFSFJ/Service/Publikationen/publikationen,did=176198.html. Zugegriffen: 19. Juli 2013

Dittmann J, Fischer A, Koch L, Weigel H (2009) Motive und Rahmenbedingungen für die Vereinbarkeit von Erwerbstätigkeit und Familie für Väter. Mainz

DJI (Deutsches Jugendinstitut) (2010) Aufwachsen in Deutschland. Potenziale und Herausforderungen. Wissenschaftliche DJI-Fachtagung mit Parlamentarischem Abend am 17. und 18. November 2010 in Berlin. Berlin. http://www.dji.de/dasdji/home/PA2010/PA_2010_Folien.pdf. Zugegriffen: 2. März 2011).

Döge P (2006) Auch Männer haben ein Vereinbarkeitsproblem, Blockaden und Perspektiven auf dem Weg zur aktiven Vaterschaft, Heft 1. Rote Revue, Berlin

Durbin S, Tomlinson J (2010) Female part-time managers: networks and career mobility. Work Employ Soc 24(4):621–640

Eichhorst W, Thode E (2010) Vereinbarkeit von Familie und Beruf 2010 Benchmarking Deutschland: Steigende Erwerbsbeteiligung, aber schwierige Übergänge. In: IZA Research Report No. 30. http://www.iza.org/en/webcontent/publications/reports/report_pdfs/iza_report_30.pdf. Zugegriffen: 5. März 2011

Eichhorst W, Marx P, Tobsch V (2011) Familienfreundliche flexible Arbeitszeiten – ein Baustein zur Bewältigung des Fachkräftemangels. IZA Research Report No. 33. http://www.iza.org/en/webcontent/publications/reports/report_pdfs/iza_report_33.pdf. Zugegriffen: 5. März 2011

Eichhorst W, Hintz T, Marx P, Peichl A, Pestel N, Siegloch S, Thode E, Tobsch V (2012) Geringfügige Beschäftigung: Situation und Gestaltungsoptionen. Gütersloh. http://dev.buergerstiftungen.de/bst/de/media/xcms_bst_dms_36551_36555_2.pdf. Zugegriffen: 30. Juli 2013

Ernst & Young GmbH (2009) Studenten in Deutschland 2009. Was sie bewegt. Wohin sie wollen. http://www.de.ey.com/Publication/vwLUAssets/Deutsche_Studenten:_Keine_Angst_vor_Arbeitslosigkeit/$FILE/Studentenstudie_2009.pdf. Zugegriffen: 2. Aug. 2010

Familien mit Zukunft (2011) Elterngeld: Die meisten Paare beziehen die Leistung zeitweise gemeinsam. http://www.familien-mit-zukunft.de/index.cfm?uuid=2E65BF1AC2975CC8AA396DFB4A98B20D. Zugegriffen: 10. Feb. 2011

Fetz J, Köster U (2007) Teilzeit für Führungskräfte. Personalmagazin 04/2007:32–35

Garde AL (2012) Väter im Fokus. Eine familienfreundliche Unternehmenskultur bedeutet weit mehr als Home Office oder Smartphone, Ein Beispiel, wie der Spagat zwischen Familie und Beruf gelingen kann. In: Personalwirtschaft, Heft 6

Geisler E, Kreyenfeld M (2009) Against all odds: Father's use of parental leave in Germany. MDIR Working Paper Oktober. Rostock

Hans Böckler Stiftung (2008) Sechs Punkte für eine familienfreundliche Arbeitszeitkultur. Böckler Impuls, Ausgabe 14/2008. http://www.boeckler-boxen.de/4758.html. Zugegriffen: 7. März 2011

Henry-Huthmacher C, Schmitz M (2010) Väter zwischen Karriere und Familie. St. Augustin/Berlin

Holst E (2012) Verringerung des Gender Pay Gap ist auch für die Familie gut. http://www.diw.de/documents/publikationen/73/diw_01.c.395428.de/12-12-5.pdf. Zugegriffen: 7. Dez. 2012

HWWI (Hamburgisches WeltWirtschaftsInstitut) (2010) Väter und Elternzeit: Erwerbstätigkeit der Partnerin und Sicherheit des Arbeitsplatzes entscheidend. Pressemitteilung vom 17.09.10. http://www.hwwi.org/Vaeter-und-Elternzei.6369.0.html. Zugegriffen: 10. Feb. 2011

Ihsen S, Buschmeier A, Skok R (2004) Ingenieurinnen und Ingenieure im Spannungsfeld zwischen Beruf, Karriere und Familie. VDI Bericht. Düsseldorf

Institut für Demoskopie Allensbach (2010) Monitor Familienleben 2010. Einstellungen und Lebensverhältnisse von Familien. Ergebnisse einer Repräsentativbefragung – Berichtsband, Allensbach 2010. http://www.bmfsfj.de/RedaktionBMFSFJ/Abteilung2/Pdf-Anlagen/familienmonitor-2010,property=pdf,bereich=bmfsfj,sprache=de,rwb=true.pdf. Zugegriffen: 7. März 2011

Jürgens K, Voß G (2007) Entgrenzung von Arbeit und Leben. APuZ Aus Politik und Zeitgeschichte 34/2007:3–9 (Bonn)

Klös H-P, Bellmann L, Bomsdorf E, Eichhorst W, Ehing D, Eilers S, Moog S, Schuster M (2013) Arbeitsmarkt. In: Rump J, Walter N (Hrsg) Arbeitswelt 2030. Trends, Prognosen, Gestaltungsmöglichkeiten. Schäffer-Poeschel, Stuttgart, S 33–55

Koch A (2007) Teilzeitregelungen in Führungspositionen für Beschäftigte mit Kindern. Aus Politik Zeitgeschichte 7:3–8

Köcher R (2009) Die Vereinbarkeit von Familie und Beruf aus Sicht der deutschen Unternehmen. Vortrag anlässlich des Unternehmenstags Erfolgsfaktor Familie am 06.05.2009 in Berlin. http://www.kibis.at/pdf/wlb/0905-VereinbkSichtUnternehm.pdf. Zugegriffen: 3. März 2011

Kohn J, Schmitz M (2008) Zeit für Väter. Ergebnisse der Online-Befragung „Anforderungen von Vätern an einen familienfreundlichen Arbeitgeber“. Bensheim

Königes H (2010) Erste Gehversuche mit der Generation Y. Online verfügbar unter: http://www.computerwoche.de/karriere/hp-young-professional/1937467/index3.html. Zugegriffen 19. Aug. 2010

Krell G (2011) Geschlechterungleichheiten in Führungspositionen. In: Krell G, Ortlieb R, Sieben B (Hrsg) Chancengleichheit durch Personalpolitik. Gleichstellung von Frauen und Männern in Unternehmen und Verwaltungen. 6 Aufl. Gabler, Wiesbaden, S 403–422

Krok I, Zerle C (2008) Was wünschen sich junge Männer und Väter von Politik und Arbeitgebern?. In: DJI Bulletin, Ausgabe 83/2008. München, S 16–19

Ladwig DH, Domsch ME (2009) Zuwachs an weiblicher Positionsmacht durch Qualitäts- und Prozessmanagement. In: Fröse MW, Szebel-Habig A (Hrsg) Mixed leadership: Mit Frauen in die Führung! Haupt, Bern, S 85–100

Lazai C, Kaltenhäuser H, Dellbrügge K, Hübler M (2009) Die Vereinbarkeit von Beruf und Familie für Väter. Ein Handlungsleitfaden für Personalvertreter, Betriebsräte, Gleichstellungsbeauftragte und Führungskräfte. Nürnberg

Lukoschat A, Bessing N (2004) Führungskräfte und Familie. Wie Unternehmen Work-Life-Balance fördern können. Ein Leitfaden für die Praxis. Baden-Baden. http://doku.iab.de/externe/2005/k050916a09.pdf. Zugegriffen: 22. Juli 2011

Maitland A, Thomson P (2011) Future work. How businesses can adapt and thrive in the new world of work. Palgrave Macmillan, London manager magazin (2005) Jugendstudie „Generation 05". Was Studenten über ihre Zukunft denken. http://www.manager-magazin.de/koepfe/karriere/0,2828,345522,00.html. Zugegriffen: 2. Aug. 2010

Morgenstern C, Habermann C (2011) Praxisbeispiel Rheinland-Pfalz: Das Modellprojekt „Führen in Teilzeit". In: Krell G, Ortlieb R, Sieben B (Hrsg) Chancengleichheit durch Personalpolitik. Gleichstellung von Frauen und Männern in Unternehmen und Verwaltungen, 6 Aufl. Gabler, Wiesbaden, S 441–444

Nelles H-G (2007) Väter & Karriere – Eine Präsentation von Hans Georg Nelles, Gender Jour-Fix, 9.Mai, Folie 2 f. Wiesbaden

Pfahl R, Reuyß S (2009) Das neue Elterngeld, Erfahrungen und betriebliche Nutzungsbedingungen von Vätern. In: Böckler Impuls, Ausgabe 17. Düsseldorf

Possinger J (2011) Kommunale Zeitpolitik für Familien – Ansätze, Erfahrungen und Möglichkeiten der Praxis. Lambertus-Verlag, Freiburg

Prognos AG (2005) Work life balance. Motor für wirtschaftliches Wachstum und gesellschaftliche Stabilität. Analyse der volkswirtschaftlichen Effekte – Zusammenfassung der Ergebnisse. Berlin. http://www.prognos.com/fileadmin/pdf/publikationsdatenbank/Prognos_management_summary_work_life_balance.pdf. Zugegriffen: 24 Juni 2012

Robert Bosch Stiftung (2005) Starke Familie. Bericht der Kommission „Familie und demographischer Wandel". Stuttgart

Rump J (2008) Junge mit wenig Frust-Toleranz. In: StellenSonntag, Nr. 29, 28.7., S 1

Rump J, Eilers S, Wilms G (2011) Strategie für die Zukunft – Lebensphasenorientierte Personalpolitik 2.0. Mainz

Sachverständigenkommission zur Erstellung des Ersten Gleichstellungsberichtes der Bundesregierung/Frauenhofer-Gesellschaft zur Förderung der angewandten Forschung e. V. (2011) Neue Wege – Gleiche Chancen. Gleichstellung von Frauen und Männern im Lebensverlauf. Gutachten der Sachverständigenkommission an das Bundesministerium für Familie, Senioren, Frauen und Jugend für den ersten Gleichstellungsbericht der Bundesregierung. Zentrale Ergebnisse und Handlungsempfehlungen. Essen/München. http://www.fraunhofer.de/Images/Sachverstaendigengutachten_1.Gleichstellungsbericht_Bundesregierung_tcm7-78851.pdf. Zugegriffen: 15. Feb. 2011

Sattelberger T (2011) Praxisbeispiel Telekom: Die Frauenquote – Qual der Entscheidung und der schwierige Weg vor uns. In: Krell G, Ortlieb R, Sieben B (Hrsg) Chancengleichheit durch Personalpolitik. Gleichstellung von Frauen und Männern in Unternehmen und Verwaltungen, 6 Aufl. Gabler, Wiesbaden, S 429–435

Scheltwort S (2004) Ein Job fürs Leben. In: Junge Karriere, Ausgabe 11/04. S 18–30

Stadt Karlsruhe (2011) Rückblick auf die Veranstaltungsreihe: „VäterVorBilder – Männerkarrieren in Familie und Beruf". http://www.karlsruhe.de/b3/soziales/einrichtungen/kinderbuero/buendnis/arbeitswelt/vaetervorbilder.de. Zugegriffen: 10. Dez. 2012

Statistisches Bundesamt (2010) Alles beim Alten: Mütter stellen Erwerbstätigkeit hinten an. Bonn. http://www.destatis.de/jetspeed/portal/cms/Sites/destatis/Internet/DE/Navigation/Publikationen/STATmagazin/2010/Arbeitsmarkt2010__03,templateId=renderPrint.psml__nnn=true. Zugegriffen: 8. März 2011

Statistisches Bundesamt (2013) Väterbeteiligung mit 27,3 % auf neuem Höchststand. Pressemitteilung Nr. 176 vom 27.05.2013. https://www.destatis.de/DE/PresseService/Presse/Pressemitteilungen/2013/05/PD13_176_22922.html. Zugegriffen: 15. Aug. 2013

Techniker Krankenkasse (2009) Ein Vater berichtet von seiner Elternzeit. Online verfügbar unter: http://www.tk.de/tk/was-wir-bieten/beruf-und-familie/ein-vater-berichtet-von-seiner-elternzeit/142102. Zugegriffen: 11. Dez. 2012

Tölke A (2008) Väter, Wege in die Vaterschaft, Vorstellungen vom Vatersein, Kinderwünsche junger Väter, Ältere Väter, inhaftierte Väter. In: DJI Bulletin, Ausgabe 83/2008, München, S 24–26

Universität Hamburg (o. J.) Zeitkonflikte im Alltag. http://www.wiso.uni-hamburg.de/fachbereiche/sozialoekonomie/forschung/forschungsstelle-zeitpolitik/zeitkonflikte-im-alltag/. Zugegriffen: 27. Juni 2011

VAETER e. V. (o. A. a.) Führungskräfte in (Eltern)Teilzeit. http://www.vaeter-in-balance.de/best-practise-besipiele/fhrung-in-teilzeit/. Zugegriffen: 22. Juli 2011

VAETER e. V. (o. A. b.) Teilzeit, „Comeback plus" und Telearbeit für Väter. Online verfügbar unter: http://vaeter.de/beruf/erfolg/teilzeit-comeback-plus-und-telearbeit-fr-vaeter.html. Zugegriffen: 11. Dez. 2012

Walther K, Lukoschat H (2008) Kinder und Karrieren: Die neuen Paare. Eine Studie der EAF im Auftrag der Bertelsmann Stiftung. Kurzzusammenfassung der Studie. http://www.eaf-berlin.de/fileadmin/eaf/Studien/Kurzzusammenfassung_Kinder_und_Karrieren.pdf. Zugegriffen: 22. Juni 2012

Werle K (2008) Wir sind dann mal weg. In: manager magazin, Ausgabe 06/2008. S 134–142. http://wissen.manager-magazin.de/wissen/image/show.html?did=57145648&aref=image036/2008/05/27/ROMM200800601340142.PDF. Zugegriffen: 3. Sept. 2010

Wippermann C, Calmbach M, Wippermann K (2009) Männer: Rolle vorwärts, Rolle rückwärts? Identitäten und Verhalten von traditionellen, modernen und postmodernen Männern, Sozialwissenschaftliche Studie. Leverkusen

http://www.familienbewusste-personalpolitik.de

Zerle C (2008) Väter, Wege in die Vaterschaft, Vorstellungen vom Vatersein, Kinderwünsche junger Väter, Ältere Väter, inhaftierte Väter. In: DJI Bulletin, Ausgabe 83/2008. München S 10–12

Weibliche Talente gewinnen, fördern und binden

Herausforderungen und lebensphasenorientierte Gestaltungswege für mehr Frauen in Fach- und Führungspositionen

Jutta Rump und Silke Eilers

Zusammenfassung

Lebensphasenorientierung für mehr Frauen in Fach- und Führungspositionen
Frauen stellen inzwischen nahezu die Hälfte aller Beschäftigten in Deutschland. Ihr Bildungs- und Qualifikationsniveau steht längst nicht mehr hinter dem der Männer zurück und zunehmend besteht der Wunsch, berufliche und private bzw. familiäre Verpflichtungen miteinander zu vereinbaren. Dennoch geht ein großer Teil qualifizierter Frauen auf dem Weg „nach oben" verloren, sodass gerade im mittleren Lebensalter der Anteil an Frauen in Fach- und Führungspositionen drastisch sinkt bzw. sich nicht wenige Frauen aufgrund eines als zu gering empfundenen „Return on Investment" aus einer bestehenden Führungsverantwortung zurückziehen. Die Ursachen sind vielfältig, die Handlungsansätze müssen es ebenfalls sein und gleichermaßen an den Unternehmenskulturen und dem Führungsverständnis wie auch im Bereich der Arbeitsorganisation und der Gestaltung von Werdegängen ansetzen.

1 Die Ausgangslage

In der Altersgruppe zwischen 20 und 64 Jahren gingen im Jahr 2011 bereits 71 % aller Frauen – und damit neun Prozent mehr als noch zehn Jahre zuvor, einer Erwerbstätigkeit nach. Im gleichen Zeitraum wuchs die Erwerbstätigenquote bei Männern zwar auch

J. Rump (✉)
Institut für Beschäftigung und Employability (IBE),
Ludwigshafen, Deutschland
E-Mail: jutta.rump@ibe-ludwigshafen.de

S. Eilers
Institut für Beschäftigung und Employability (IBE),
Ludwigshafen, Deutschland

J. Rump, S. Eilers (Hrsg.), *Lebensphasenorientierte Personalpolitik*, IBE-Reihe,
DOI 10.1007/978-3-642-41665-1_3, © Springer-Verlag Berlin Heidelberg 2014

an, jedoch ist bei Frauen eine deutlichere Steigerung der Erwerbsneigung zu beobachten (vgl. Statistisches Bundesamt 2012b, S. 6)[1]. Schreibt man diese Entwicklung fort, so ist davon auszugehen, dass in Kürze der Anteil weiblicher und männlicher Arbeitnehmer am Arbeitsmarkt ausgeglichen sein wird.

Dennoch ist nicht von der Hand zu weisen, dass durchaus noch erhebliche „Aufholpotenziale" bestehen, die sich auf das Arbeitsvolumen, das Berufs- und Branchenspektrum und nicht zuletzt den Anteil an Führungspositionen beziehen. Diese Faktoren weisen untereinander nicht unerhebliche Wechselwirkungen auf. So gilt nach wie vor eine Beschäftigung in Teilzeit als eines der größten Karrierehindernisse, vor allem bei einem wöchentlichen Arbeitsvolumen von weniger als 20 Stunden. Was das Berufs- und Branchenspektrum anbelangt, so selektieren sich Frauen überwiegend in solche Berufsbilder und Branchen, die weniger karriereträchtig sind als vermeintliche „Männerdomänen". Die wichtigsten Zahlen, Daten und Fakten sind nachfolgend kurz dargestellt.

1.1 Arbeitsvolumen von Frauen

Mit Bezug zum Arbeitsvolumen von Frauen lassen sich die folgenden Aussagen treffen (vgl. Bundesagentur für Arbeit 2012, S. 10 f.; Sachverständigenkommission zum Achten Familienbericht 2011, S. 9; 27 f.; Statistisches Bundesamt 2012b, S. 30; IZA/Bertelsmann Stiftung 2010, S. 19 ff.): Der starke Anstieg der Erwerbstätigenquote unter Frauen ist nicht zuletzt einem ebenfalls starken Anstieg der Teilzeitbeschäftigung im gleichen Zeitraum geschuldet.

- Fast jede zweite erwerbstätige Frau (46 %) zwischen 15 und 74 Jahren arbeitete 2011 weniger als 32 h pro Woche.
- Im Jahr 2011 stellten Frauen 66 % der ausschließlich geringfügig entlohnt Beschäftigten und 57 % der im Nebenjob geringfügig entlohnt Beschäftigten.
- Die Teilzeitquote von Frauen steigt zwischen dem 20. und 35. Lebensjahr, also in der Familiengründungsphase, immer stärker an und liegt bei den 35- bis 39-Jährigen bei 54 % und bei den 40- bis 60-Jährigen zwischen 50 und 60 %.
- Charakteristisch für Teilzeitbeschäftigung in Deutschland ist die vergleichsweise kurze durchschnittliche Arbeitszeit von 18 Stunden pro Woche.
- 25 % der Frauen, die sich 2011 in Teilzeitarbeitsverhältnissen befanden, waren „unterbeschäftigt", d. h. sie wünschten sich mehr Arbeitsstunden.

[1] Bei den 15- bis unter 65-jährigen Frauen lag die Erwerbstätigenquote 2010 bei 66 %. vgl. Bundesagentur für Arbeit 2012, S. 6.

1.2 Berufs- und Branchenspektrum

Das Berufs- und Branchenwahlverhalten von Frauen zeigt einige charakteristische Eigenschaften (vgl. Bundesagentur für Arbeit 2012, S. 13 f.; BIBB 2012; GWK 2011; Bloem 2013, S. 2):

- Zahlen aus dem Jahr 2012 zeigen ein nahezu unverändertes Bild bei der Wahl der Ausbildungsberufe durch Mädchen im Vergleich zu den Jahren bzw. Jahrzehnten davor: An der Spitze stehen kaufmännische Berufe, medizinische Fachausbildungen und dienstleistungsorientierte Berufsbilder wie das der Friseurin. Junge Männer hingegen entscheiden sich zwar auch vergleichsweise häufig für Ausbildungsgänge im kaufmännischen Bereich, doch dominieren insgesamt die handwerklich-technischen Berufe.
- 2010 waren nur 16 % aller Studentinnen in einem MINT-Studiengang immatrikuliert (verglichen mit 46 % der männlichen Studierenden).
- Insgesamt kann in den MINT-Fächern über die vergangenen 20 Jahre hinweg nur ein leichter Anstieg der Frauenanteile unter Studierenden festgestellt werden. Dabei gilt es allerdings zu differenzieren, denn in den Fächern Mathematik und Statistik waren 2011 immerhin 59 % der Absolventen weiblich, im naturwissenschaftlichen Bereich 42 %.
- Während der Männeranteil an den Beschäftigten im Produzierenden Gewerbe, im Bereich Bergbau/Energie/Wasser und im Verarbeitenden Gewerbe klar dominiert, sind überwiegend Frauen in den Dienstleistungsbranchen und hier wiederum vor allem im Gesundheits- und Sozialwesen sowie im Bereich Erziehung und Unterricht tätig.

1.3 Frauen in Führungspositionen

Die Situation bezüglich weiblicher Führungskräfte stellt sich wie folgt dar (vgl. Sachverständigenkommission zur Erstellung des Ersten Gleichstellungsberichtes der Bundesregierung/Fraunhofer-Gesellschaft zur Förderung der angewandten Forschung e. V. 2011, S. 9; 107; 113; Bischoff 2010, S. 85; Funken 2011, S. 9; 18; Statistisches Bundesamt 2012b, S. 26; Holst et al. 2012, S. 75; 84)[2]:

- Der Frauenanteil in Führungspositionen in der Privatwirtschaft liegt derzeit zwischen 27 und 30 % – ein Wert, der sich in den vergangenen Jahren nur marginal erhöht hat.
- Frauen befinden sich überwiegend in den niedrigen Managementebenen in der Vorgesetztenrolle, d. h. mit zunehmender Hierarchieebene nimmt der Frauenanteil ab. Man spricht auch vom „Glass Ceiling", einer unsichtbaren Decke, die den Weg nach oben blockiert, ein Begriff, der schon in den 70er Jahren in den USA geprägt wurde.

[2] Da bislang keine einheitliche Definition von Führungskräften existiert und eine Vergleichbarkeit unterschiedlicher Datenbasen und Populationen nur bedingt gegeben ist, kann es in unterschiedlichen Studien zu divergierenden Ergebnissen bezüglich des Anteils von Frauen in Führungspositionen kommen.

- Lediglich drei Prozent Frauen saßen Ende 2011 in den Vorständen von börsennotierten Unternehmen, und nur 17 % der politischen Ämter werden von einer Frau bekleidet.
- Der Anteil von Frauen in Führungspositionen ist darüber hinaus branchenabhängig. So waren 2011 im Bereich Erziehung und Unterricht immerhin 49 % der Führungskräfte weiblich, im Gesundheits- und Sozialwesen 44 %. Deutlich niedriger lag ihr Anteil im Baugewerbe mit 15 % und im Verarbeitenden Gewerbe mit 17 %. Hier besteht ein klarer Bezug zum gesamten Frauenanteil in der jeweiligen Branche.
- Je länger Frauen einem bestimmten Unternehmen angehören, je lückenloser also ihre Berufsbiografie ist, desto eher ergibt sich für sie die Chance auf Übernahme einer Führungsposition.
- Der Frauenanteil im Top-Management sinkt mit der Unternehmensgröße.
- Nach der Vollendung des 35. Lebensjahres nehmen Frauen deutlich seltener Führungsaufgaben wahr.
- 77 % aller Frauen in Führungspositionen waren im Jahr 2008 kinderlos, ein Viertel unverheiratet. „Während karriereambitionierte Männer vorwiegend eine Partnerschaft mit einer Frau bevorzugen, die auf eigene Karriereambitionen verzichtet, verzichten karriereambitionierte Frauen eher auf Kinder." (Boes et al. 2011, S. 27).

Betrachtet man das Erwerbsverhalten von Frauen im Lebensverlauf, so fällt auf, dass bestimmte Lebensphasen und -situationen – der erste Gleichstellungsbericht spricht in diesem Zusammenhang auch von „Knotenpunkten" (vgl. Sachverständigenkommission zur Erstellung des Ersten Gleichstellungsberichtes der Bundesregierung/Fraunhofer-Gesellschaft zur Förderung der angewandten Forschung e. V. 2011, S. 89) – den weiteren Berufs- und Karriereweg nicht unerheblich beeinflussen. Es liegt daher nahe, Frauen eine bessere Vereinbarkeit dieser Lebensphasen und -situationen mit ihren beruflichen Wünschen und Ambitionen zu ermöglichen. Weshalb es sich lohnt, sich in diesem Sinne für mehr Frauen in Fach- und Führungspositionen zu engagieren, zeigt der folgende Abschnitt auf.

2 Drei gute Gründe für mehr Frauen in Fach- und Führungspositionen

Vorausgeschickt sei, dass dieses Kapitel unter Fach- und Führungspositionen solche versteht, die einen erheblichen Beitrag zur Wertschöpfung eines Unternehmens leisten, also nicht der engen Definition von Führungspositionen folgt, sondern eher einem erweiterten Ansatz, der alle verantwortlichen Positionen mit einschließt.

Es sind insbesondere drei Argumentationslinien, die für mehr Frauen in Fach- und Führungspositionen sprechen. Dies ist zum einen die Fachkräftelücke, die sich in bestimmten Branchen, Regionen und Berufsbildern bereits heute deutlich zeigt und in Zukunft noch zunehmen wird. Zum anderen der viel beschriebene „Vormarsch" der Frauen in Bezug auf Bildung, aber auch auf ihren Einfluss auf die Wirtschaft. Und schließlich lässt sich nicht von der Hand weisen, dass geschlechterdiverse Teams in Fach- und Führungspositionen durchaus Vorteile generieren.

2.1 Fachkräftelücke: Alle Potenziale ausschöpfen

Die Arbeitswelt befindet sich in einem Spannungsfeld, das sich in den kommenden Jahren und Jahrzehnten noch deutlich verstärken wird. Auf der einen Seite steht die demografische Entwicklung, die einen sinkenden Anteil von Erwerbspersonen und Nachwuchskräften mit sich bringt. Dem gegenüber stehen technologische und ökonomische Entwicklungen, die insbesondere im Kontext der zunehmenden Globalisierung die Notwendigkeit von Innovation(skraft) bei Produkten, Dienstleistungen, Prozessen und Systemen erhöhen. Damit einher geht eine beständig steigende Wissensintensität am Arbeitsplatz, d. h. die Erfordernis von aktuellem Wissen und aktueller Kompetenz bei Beschäftigten. Der Bedarf an Fachkräften wächst also im gleichen Zeitraum, in dem sich deren Verfügbarkeit verringert.

Welche Strategien empfehlen sich im Zuge dieser zu erwartenden Engpässe? Wenn wir davon ausgehen, dass die in Rente gehende Kohorte von Fachkräften größer ist als die Nachwuchskohorte, müssen wir die Kompetenzen und Qualifikationen der einzelnen (potenziellen) Fachkräfte erhöhen, um so das Know-how konstant zu halten. Bildung, Aus- und Weiterbildung sind hierbei die wesentlichen Handlungsfelder. Bei einem gleichbleibenden und erst recht bei einem steigenden Bedarf an Fachkräften ist unter den gegebenen Bedingungen der Demografie darüber hinaus eine Ausweitung des Personenkreises vorzunehmen, aus dem sich Fachkräfte rekrutieren. Provokant gefragt: Können wir es uns auf Dauer leisten, auf bestimmte Personengruppen des Arbeitsmarktes zu verzichten, also unter anderem auch auf Frauen, die – wie gesehen – gerade in Bezug auf Berufs- und Branchenspektrum, das Arbeitsvolumen und den Anteil an Führungskräften erhebliches Aufholpotenzial haben? Insbesondere vor dem Hintergrund der sich verlängernden Lebensarbeitszeit scheinen Karriereoptionen für Männer und Frauen, die flexibel über die Lebens- und Berufsphasen hinweg gestaltbar und für beide Geschlechter realistisch sind, essentiell, um die Fachkräfteengpässe zu reduzieren.

Dabei ist auch der Blick auf die unter 1.1 aufgeführten Zahlen zum Anteil von Frauen an den Teilzeitbeschäftigten zu richten. Ein Großteil des Arbeitsvolumens auch qualifizierter Frauen liegt brach. Teils ist dies den infrastrukturellen Rahmenbedingungen, teils gesellschaftlichen und/oder kulturellen Normen geschuldet, doch Umfragen zeigen sehr deutlich, dass viele Frauen gerne ihr Arbeitsvolumen erhöhen würden, wenn sich die Möglichkeit dazu böte (vgl. BMFSFJ 2009, S. 32 ff.; Eichhorst et al. 2011, S. 11 ff. und vgl. hierzu auch Kapitel „Mehr Zeit für Familie auch für Väter"). Eine solche Erhöhung wäre auch im Hinblick auf die Fachkräftesicherung äußerst wünschenswert, ebenso wie der Übergang eines Teils der Teilzeitbeschäftigten in Vollzeitbeschäftigung. Eine Expertenkommission zur Zukunft der Arbeitswelt der Robert Bosch Stiftung belegt mit Szenario-Rechnungen eindrucksvoll, dass eine Senkung der Teilzeitbeschäftigtenquote um ein Drittel sowie eine

Erhöhung der Arbeitszeit von Teilzeitbeschäftigten um 50 % die demografischen Effekte in Bezug auf das gesamtwirtschaftliche Arbeitsvolumen erheblich abmildern könnte. So ergibt sich aus der erstgenannten Maßnahme eine Erhöhung des gegenwärtigen Arbeitsvolumens um etwa 6 % sowie aus der zweiten eine Erhöhung um immerhin 5 % (vgl. Walter et al. 2013, S. 12 f.).[3]

2.2 Megatrend Frauen: Die Zahlen sprechen für sich

In den letzten Jahrzehnten ist zu beobachten, dass das Bildungsniveau und der Qualifikationsstand vor allem von Frauen deutlich gestiegen sind. Heute sind mehr als die Hälfte der Abiturienten Frauen (zum Vergleich: 1950 waren es nur etwa ein Drittel) (vgl. Autorengruppe Bildungsberichterstattung 2012, S. 124; SPIEGEL ONLINE Schulspiegel 2011), der Anteil der weiblichen Studienanfänger liegt bei knapp 50 % (vgl. Statistisches Bundesamt 2012a, S. 11). Bereits seit einigen Jahren schließen mehr Frauen als Männer erfolgreich ihr Studium ab (vgl. Statistisches Bundesamt 2013, S. 15), und auch der Anteil von Frauen an Promotionen beträgt mittlerweile 44 % (vgl. BMBF 2013). Es ist zu beobachten, dass mit steigendem Bildungsniveau der Wert des Berufs bzw. der Erwerbstätigkeit zunimmt. Qualifikation und Berufserfahrung geben die Möglichkeit der Bewegungsfreiheit in der Arbeitswelt und sind die Sicherungsanker auf den Arbeitsmärkten.

Hinzu kommt ein weiterer Aspekt. Wirtschaftlich betrachtet, nehmen Frauen mehr und mehr Einfluss auf ganze Märkte. So konnte in Studien ermittelt werden, dass der weibliche Teil der Gesellschaft in der Tat eine enorme Konsumstärke besitzt, wobei alleine bei Fragen über Haushaltseinkäufe Frauen in bis zu 80 % aller Fälle die Entscheidung treffen. Dem gegenüber stehen allerdings vielfach männlich besetzte Entscheidungspositionen in Bezug auf Produktportfolio und Marketingstrategie (vgl. Rump und Biegel 2011, S. 58; Schaffnit-Chatterjee 2011, S. 4).

Anders gesagt: „Es ist aus geschäftlicher Sicht sehr sinnvoll, die Hälfte der weltweit vorhandenen Intelligenz gut zu nutzen – vor allem in Führungspositionen.“ (Schaffnit-Chatterjee 2011, S. 4).

2.3 „Der Mix macht's“: Vorteile gemischter Führung nutzen

Frauen und Männer führen nicht besser oder schlechter, doch durchaus unterschiedlich. Dabei konnten Studien sogar nachweisen, dass Frauen bei den meisten Eigenschaften, die gemeinhin als erforderlich für eine „gute Führung“ eingestuft werden (wie z. B. Inspi-

[3] Diese Zahlen basieren auf dem demografischen Referenzszenario des Kommissionsberichtes, wonach die zusammengefasste Geburtenziffer auf dem heutigen Niveau bei 1,4 verharrt, die Lebenserwartung Neugeborener auf 85 (männlich) bzw. gut 89 (weiblich) Jahre im Jahr 2060 ansteigt und der langfristige jährliche Nettowanderungsgewinn Deutschlands ab dem Jahr 2017 150.000 beträgt.

ration, partizipativen Führungsstil, Personalentwicklung oder Erwartungen und Belohnungen), besser abschneiden und dass wiederum ein Mangel an eben diesen Verhaltensmustern in zahlreichen Unternehmen festgestellt wird. Durch ihr besseres Beziehungsmanagement kombinieren Frauen zudem den transformationalen Führungsstil, der auf Elemente wie Begeisterung, Zusammengehörigkeit, Vertrauen und Kreativität baut, mit den Belohnungselementen des transaktionalen Führungsstils und erreichen im Ergebnis ein höheres Mitarbeiterengagement (vgl. Szebel-Habig 2009, S. 73 und Schaffnit-Chatterjee 2011, S. 4 ff. unter Bezugnahme auf McKinsey & Company 2008, 2010; sowie Stock-Homburg 2008, S. 387).

Eine Untersuchung von Wippermann zeigt, dass Männer und Frauen in Führungspositionen in Bezug auf ihre Einschätzung der Erfolgsfaktoren für einen „guten Manager" zwar auf ähnliche Kompetenzen setzen, diese jedoch unterschiedlich zueinander in Bezug setzen. Dies wiederum lässt auf unterschiedliche Führungsphilosophien, Strategien und Führungsstile schließen, die zu vielfältigeren Lösungsansätzen führen (vgl. Wippermann 2010, S. 40 f.).

Gerade vor dem Hintergrund einer zunehmend diversen Belegschaft und Kundschaft sowie der steigenden Komplexität einer globalisierten Wirtschaft werden die Vorteile gemischtgeschlechtlicher Führungsteams immer deutlicher. Es ist seit langem bekannt, beispielsweise auch aus altersgemischten Teams, dass Diversität aufgrund der gegebenen Vielfalt an Kompetenzen und Perspektiven die Kreativität und das Innovationspotenzial enorm steigern kann. Speziell für den Bereich der Geschlechterdiversität in Führungspositionen weisen Studien inzwischen auf positive Effekte für Organisation und Unternehmensführung sowie für den geschäftlichen Erfolg insgesamt hin, auch wenn eine direkte Kausalität nicht belegt ist (vgl. Wippermann 2010, S. 8 f.; 20 ff.; Schaffnit-Chatterjee 2011, S. 5 unter Bezugnahme auf Gratton et al. 2007; McKinsey & Company 2007 sowie Wittenberg-Cox und Maitland 2009).

Eine Befragung im Auftrag des BMFSFJ unter mehr als 500 weiblichen und männlichen Führungskräften ergibt den Wunsch nach stärker geschlechtergemischten Führungsteams, wenngleich Frauen im gehobenen Management nicht „per se" als Wettbewerbsvorteil für Unternehmen erachtet werden. Das heißt, die Forderung nach mehr Frauen in Führungspositionen alleine findet eine deutlich geringere Zustimmung als der Ansatz, Führungspositionen sowohl mit Männern als auch mit Frauen zu besetzen. Dies ist darauf zurückzuführen, dass die erste Forderung als reine Frauenfördermaßnahme wahrgenommen wird, die eine sozial ungerechte Verteilung korrigiert, jedoch nicht als ganzheitliche Management-Philosophie, die die Vorteile der Vielfalt wertschätzt und nutzt. Allerdings gilt es festzuhalten, dass diese Einstellung derzeit noch der faktischen Besetzungspraxis widerspricht. Nicht zu unterschätzen ist auch die Thematik der Außenwirkung von überwiegend männlich geprägten Führungskulturen. In zunehmendem Maße stellen Unternehmen fest, dass im Ausland gemischtgeschlechtliche Führungsteams selbstverständlich sind und dort ansässige Firmen verwundert auf die deutschen „Mono-Kulturen" reagieren (vgl. Wippermann 2010, S. 8 f.; 20 ff.; Groysberg und Bell 2013, S. 93).

3 Status Quo: Welche Hürden es zu überwinden gilt

Hürden und Hemmnisse auf dem Berufsweg qualifizierter Frauen ergeben sich zum einen auf Seiten der Frauen selbst durch ihre segregative Berufs- und Branchenwahl sowie durch ihr Selbstverständnis in Bezug auf die Übernahme verantwortlicher Positionen. Hinzu kommt die nur eingeschränkte Attraktivität eben dieser verantwortlichen Positionen vor dem Hintergrund der derzeit geltenden Rahmenbedingungen und die stark durch Stereotypen geprägte Unternehmenskultur. Selbstverständlich nehmen auch gesellschaftliche und infrastrukturelle Aspekte bezüglich der geschlechterspezifischen Wahrnehmung und Verteilung von Familienaufgaben in der Gesellschaft Einfluss auf die Perspektiven von Frauen in Fach- und Führungspositionen. Diese sind jedoch nicht Gegenstand dieses Abschnittes, da sie bereits an anderer Stelle (vgl. Kapitel „Mehr Zeit für Familie auch für Väter" und Kapitel „Die Lebensphasenorientierte Personalpolitik") in diesem Buch thematisiert werden.

3.1 Segregative Berufs- und Branchenwahl

Wie bereits aufgezeigt, wählen Frauen seit Jahrzehnten in überwiegendem Maße „typisch weibliche" Berufe[4] und suchen ihre spätere Beschäftigung ebenfalls primär in bestimmten Branchen, die wiederum in der Regel mit eingeschränkten Aufstiegs- und Verdienstperspektiven einhergehen. Anders ausgedrückt sinken die Karrierechancen umso stärker, je höher im gewählten Beruf der Frauenanteil ist (vgl. Busch und Holst 2009, S. 383). Zahlreiche Initiativen und Programme für Mädchen und junge Frauen, die darauf abzielen, diese „horizontale Segregation" des Arbeitsmarktes zu verändern, zeigen zwar Effekte, jedoch in eher geringem Umfang.

Hintergrund der selektiven Berufs- und Branchenwahl sind einerseits sicherlich tradierte Vorstellungen, die nicht zuletzt im Verlaufe der Sozialisation geprägt werden. Dies zeigen bereits stark geschlechtsspezifische Berufswünsche von Jungen und Mädchen (vgl. Funken 2011, S. 29 ff.). Ebenso spielt die Darstellung bestimmter Berufsbilder in den Medien eine Rolle, von Kinder- und Jugendbüchern bis hin zu aktuellen Rekrutierungskampagnen großer Konzerne, in denen nach wie vor junge Männer im Arbeitsanzug mit schmutzigen Händen und junge Frauen adrett gekleidet im Kundenservice gezeigt werden (vgl. Fiedler 2013). Hinzu kommen jedoch sehr pragmatische Überlegungen. So assoziieren Frauen gerade in Berufen und Branchen, die als „Männerdomäne" gelten, eine hohe Verfügbarkeitskultur, eine unzureichende Vereinbarkeit von Beruf und Familie und eine eher gering ausgeprägte „Willkommenshaltung" für Frauen. Tatsächlich lässt sich zeigen, dass Frauen, die sich doch für einen eher Frauen-unüblichen Beruf entscheiden, häufiger als ihre männlichen Kollegen nur befristete Arbeitsverhältnisse erhalten, in ihren Karrie-

[4] Als Frauenberufe gelten solche, bei denen der Frauenanteil 70 % beträgt. (vgl.: HolstBusch 2010, S. 21).

reperspektiven eingeschränkt werden und häufiger arbeitslos sind (vgl. Solga und Pfahl 2009, S. 2 ff.).

Auch innerhalb von Unternehmen lässt sich eine Segregation feststellen: So sind Frauen überdurchschnittlich häufig im Personalwesen, im Marketing, in der Presse- und Öffentlichkeitsarbeit sowie in der Buchhaltung und Rechnungswesen anzutreffen. Auch diese Bereiche sind in der Regel nicht besonders karriereträchtig. Man spricht in diesem Zusammenhang auch von „Glass Walls", die die strategisch relevanten Abteilungen wie Rechtsabteilung, Forschung und Entwicklung sowie den Vertrieb gerade im Führungsbereich für Frauen schwer zugänglich machen (vgl. Funken 2011, S. 29 ff.; Wippermann 2010, S. 51 f.; Ohlendieck 2003, S. 189).

3.2 Attraktivität von Fach- und Führungspositionen

Vielfach konzentriert sich die Diskussion um mehr Frauen in Fach- und Führungspositionen auf die Fragen des „Könnens" und „Dürfens". Nicht zu unterschätzen ist jedoch auch der Aspekt des „Wollens" seitens der Frauen.

3.2.1 Streben nach Führungspositionen

Zu Beginn des Erwerbslebens stellt sich für viele qualifizierte Frauen die Frage, wie sich ihr beruflicher Werdegang gestalten soll. In diesem Zusammenhang werden insbesondere Rollenvorbilder gesucht. Dabei stellen viele Frauen fest, dass gehobene Fach- und Führungspositionen zum einen männlich dominiert sind und zum anderen mit einer ausgeprägten Verfügbarkeits- und Anwesenheitskultur einhergehen.

Wenden wir uns zunächst der Thematik **männerdominierter Fach- und vor allem Führungspositionen** zu. Befragt man weibliche und männliche Führungskräfte danach, ob Frauen im Top-Management bzw. bereits auf dem Weg dorthin mehr leisten müssen als Männer, stimmen die Frauen diesem Umstand deutlich zu, während Männer ihn eher verneinen. Das heißt, Frauen nehmen wahr, für die gleiche Anstrengung eine geringere Wertschätzung zu erhalten bzw. einem höheren Leistungs- und Anforderungsdruck zu unterliegen. Von den 21- bis 34-jährigen Befragten einer aktuellen Untersuchung des Wissenschaftszentrums Berlin für Sozialforschung (WZB) stimmen 65 % der befragten Männer und 84 % der befragten Frauen der Aussage zu „Frauen müssen im Berufsleben meist mehr leisten, um das Gleiche zu erreichen als Männer" und 87 % der Männer und Frauen sagen „Die Leistung von Frauen wird anders beurteilt als die von Männern" (Allmeindinger und Haarbrücker 2013, S. 44). Zudem sollte nicht vergessen werden, dass Frauen, die gehobene Fach- und Führungspositionen anstreben, in der Regel ohnehin bereits besonders hohe Anforderungen an sich selbst stellen, die durch die Fremderwartungen noch einmal höher werden. So berichten auch bei einer Untersuchung unter 511 Top-Managern aus dem Jahr 2010 drei Viertel der befragten Frauen von dem Gefühl, mehr leisten zu müssen als Männer, um das gleiche Maß an Anerkennung und Wertschätzung zu erhalten. Hinzu kommt das Empfinden, einem gewissen Ähnlichkeitsanspruch nicht gerecht werden zu können, der viele Unternehmenskulturen bestimmt (vgl. Wippermann 2010, S. 37 f.; 43 f.). In diesem Zusammenhang spielen auch Stereotype eine Rolle, auf die allerdings in Abschn. 3.3 dezidiert eingegangen werden soll.

Eine noch entscheidendere Rolle spielt jedoch die **Verfügbarkeits- und Anwesenheitskultur**, die aufstiegsorientierte Frauen bei Rollenvorbildern in verantwortlichen Positionen erkennen. In diesen Positionen, insbesondere im Top-Management, gelten nach wie vor ein hoher zeitlicher Einsatz, eine hohe Mobilität, Flexibilität und Allzeitverfügbarkeit als unerlässliche Rahmenbedingungen und als Nachweis für einen hohen Leistungswillen und eine hohe Leistungsfähigkeit. Je höher die Hierarchieebene, desto höher in der Regel auch die Arbeitsbelastung – eine Vereinbarkeit mit außerberuflichen Belangen ist weitgehend unmöglich. Dies zeigt sich auch darin, dass Top-Manager, vielfach Väter, meist Partnerinnen haben, die nicht oder nur in Teilzeit berufstätig sind. Für Frauen ergibt sich dieser Zusammenhang eher seltener, d. h. nur wenige Männer sind bereit, zugunsten ihrer karriereorientierten Frau ganz oder teilweise auf ihre Berufstätigkeit zu verzichten. In der Folge finden sich bei weiblichen Fach- und Führungskräften in gehobenen Positionen eher „Dual Career Couples" ohne Kinder. Hohe zeitliche Präsenz vor Ort im Büro im Sinne einer starken Präsenzkultur sowie nahezu uneingeschränkte Erreichbarkeit per E-Mail oder Telefon, auch an Abenden und Wochenenden, im Sinne einer ausgeprägten Erreichbarkeitskultur sind ebenfalls Kriterien, die Positionen im Top-Management charakterisieren. Paradoxerweise steht in vielen Unternehmen parallel zu dieser Erreichbarkeitskultur das Angebot unterschiedlicher flexibler Arbeitsmodelle, die nicht zuletzt dazu dienen sollen, berufliche und private Sphäre besser miteinander zu verbinden. Die höhere Flexibilität, auf die diese Modelle abzielen, geht im Zusammenhang mit der Erreichbarkeitskultur nahezu vollständig verloren. Wenn Arbeitstage kaum plan- bzw. aus Sicht des Mitarbeiters gestaltbar sind, weil eine hohe Mobilität und Flexibilität vorausgesetzt wird, bedeutet dies ebenfalls, dass außerberufliche Belange – insbesondere solche, die zeitlich fixiert sind wie z.B. Bring- und Abholzeiten von Kindern – sich als nahezu unvereinbar darstellen (vgl. Kaiser et al. 2012, S. 36 ff.). Nicht zuletzt ist zu konstatieren, dass gerade in Großkonzernen ein mehrjähriger Auslandsaufenthalt nahezu unabdingbar für das Erklimmen der Karriereleiter erscheint – aus den aufgeführte Gründen ebenfalls ein Kriterium, dem Frauen seltener als Männer gerecht werden können.

Hinzu kommt, dass bislang die relevanten Stufen zum Erreichen der Führungsebene und wichtiger Fach- und Führungspositionen zwischen dem 30. und 40. Lebensjahr durchlaufen werden. Genau dieses Zeitfenster jedoch kollidiert mit der Fertilitätsphase und der Notwendigkeit der Vereinbarung von Beruf und Familie (auf diesen Themenbereich wird in Abschn. 3.5 noch einmal dezidiert eingegangen).

Zusammenfassend lässt sich konstatieren: „Die Erwartung, sich nach dem Aufstieg in eine solche Position gleichzeitig mit mehreren rationalen und irrationalen, ökonomisch sinnvollen und sinnlosen, fremden und eigenen Rollenanforderungen herumplagen zu müssen, wird – trotz aller Freude auf solch einen Job – als Energiefresser begriffen, deren Belastung im Vorfeld nur schwer absehbar ist. Angesichts dieser multiplen Druckerwartung fragen sich einige Frauen, ob sie sich das antun wollen.“ (vgl. Wippermann 2010, S. 44).

3.2.2 Verbleib in Fach- und Führungspositionen

Doch nicht nur die Zurückhaltung bei der Übernahme von gehobenen Fach- und Führungspositionen lässt sich bei Frauen beobachten. Vielmehr kann festgestellt werden, dass auch Frauen, die es vermeintlich „geschafft“ haben und bereits verantwortliche Positionen innehaben, gerade im mittleren Lebensalter nicht selten eine ernüchternde Bilanz ziehen. Auf die Frage, ob die hohe Investition in ihr Berufsleben, die meist mit Verzicht auf bestimmte Aspekte des Privatlebens in bestimmten Lebensphasen einherging, sich letztlich gelohnt hat, müssen viele sich eingestehen, dass der „Return on Investment“ nicht gegeben ist. Dazu trägt der Umstand bei, dass in vielen Unternehmen ab einer gewissen Hierarchieebene – spätestens mit dem Eintritt in Geschäftsführung oder Vorstand – letztlich doch „gläserne Decken“ bestehen, die die Karriere der Frauen stagnieren lassen. In einer Befragung im Auftrag des BMFSFJ unter Managerinnen über 50 Jahren zeigt sich, dass 60 % entweder innerlich kündigen oder tatsächlich den Ausstieg aus dem Unternehmen bzw. aus der Erwerbstätigkeit insgesamt planen (vgl. Funken 2011, S. 53 f.).

Ebenso gelangen nicht wenige Frauen, die sich den im vorangegangenen Abschnitt dargestellten „Normen“ einer verantwortlichen Position unterwerfen und dennoch Verantwortung für eine Familie übernehmen, über kurz oder lang an einen Punkt, an dem deutlich wird, dass sie den Anforderungen aus beiden Sphären nicht mehr in einem für sie zufriedenstellenden Maße gerecht werden können. Gerade hoch qualifizierte Frauen streben auch für ihre Kinder eine entsprechend hochwertige Entwicklung an, die sie nicht vollständig aus ihrer Verantwortung geben können und wollen. So zeigen selbst Frauen, die einen „Rollentausch“ mit ihrem Partner in Bezug auf die Familienaufgaben vorgenommen haben, dennoch ein deutlich höheres Engagement in Bezug auf die Organisation des Alltags und die Teilhabe an der Erziehung ihrer Kinder als Männer im umgekehrten Fall. Nicht selten resultiert hieraus eine Überlastungssituation im Sinne einer psychischen Erkrankung, gemeinhin auch als „Burn-Out“ bezeichnet und/oder ein Rückzug aus der bisherigen Verantwortung und Position (vgl. Bauer und Gröning 2009, S. 156 ff.; Sachverständigenkommission zur Erstellung des Ersten Gleichstellungsberichtes der Bundesregierung/Fraunhofer-Gesellschaft zur Förderung der angewandten Forschung e. V. 2011, S. 157 ff.).

Und so gilt: „Die frustrierende Erkenntnis, in Sachen Karriere und Selbstmarketing nicht mehr nur mehr leisten zu müssen als Männer, sondern diesbezüglich auch einen fast unzumutbaren Spagat zwischen Selbstentwurf und Fremdbestimmung, sowie zwischen privatem und beruflichem Lebenskonzept vollbringen zu müssen, führt bei den teuer ausgebildeten und hoch engagierten Akademikerinnen zu unwiderruflichen Konsequenzen. Die Motivation und Leistungsbereitschaft ist ihnen in der unternehmerisch strukturierten und männlich habitualisierten Arbeitswelt verloren gegangen.“ (vgl. Funken 2011, S. 56).

3.3 Stereotype in der Unternehmenskultur

Wenn es um Chancengleichheit geht, ist fast jede Unternehmenskultur in Deutschland durch Stereotype beeinflusst. Diese wiederum werden stark von dem gesellschaftlichen Rollenbild geprägt, das noch immer vorherrscht (vgl. hierzu Kapitel „Mehr Zeit für Familie auch für Väter"). Nicht selten wird unterschiedlich bewertet sowie das Verhalten der weiblichen und männlichen Beschäftigten unterschiedlich wahrgenommen und interpretiert. Zwar wird in Befragungen gerade von männlichen Führungskräften immer wieder betont, wie sehr sie eine Steigerung des Anteils von Frauen in Fach- und Führungspositionen begrüßen würden und eine „gender-political correctness" nach außen getragen, doch letztlich wirken subtile Stereotype, die Besetzungsentscheidungen beeinflussen (vgl. Wippermann 2010, S. 9; Kaiser et al. 2012, S. 13). In einer Studie von Accente mit 2.250 Teilnehmern sehen Frauen ihr Geschlecht als das größte Karrierehemmnis an (vgl. Accenture 2007, S. 3).

3.3.1 Gängige Stereotype

Nachfolgend sind einige der gängigsten Stereotype aufgeführt:

„Frauen haben andere Intentionen als Männer."

Nicht selten wird davon ausgegangen, dass viele Frauen vor allem durch sinnvolle Tätigkeiten und befriedigende Sozialkontakte motiviert werden.
Dem ist nicht so:
Bei Befragungen nennen Frauen bestimmte Faktoren genauso häufig wie Männer. Dazu gehören Gehaltsniveau, Karrierechancen, Weiterbildung, Führungsnachwuchsförderung, Karriereplanung.

„Frauen können nicht führen."

Die Erfolgs- bzw. Misserfolgsrate unterscheidet sich bei Männern und Frauen nicht wesentlich. Die Aussage, dass Frauen nicht führen können, ist also unter ökonomischen Gesichtspunkten nicht haltbar.
Nicht zu widerlegen ist jedoch die Aussage:
Frauen führen anders.

„Frauen wollen keine Karriere machen."

In diesem Zusammenhang wird häufig auf

- mangelndes Selbstvertrauen bei der Ergreifung von Karrierechancen,
- mangelnde Bereitschaft, sich im Kampf um Positionen anzupassen,
- mangelnde kompetitive Fähigkeiten, sowie
- auf die Priorisierung von Familienpflichten

hingewiesen.

Ihre Fähigkeit, neue Perspektiven einzubringen und „den Raum nicht zu verlassen, bis ein Problem gelöst ist", wird von den Frauen selbst als große Stärke erachtet, von Männern jedoch nicht selten skeptisch betrachtet und als Störfaktor in den traditionellen Kommunikationsgepflogenheiten wahrgenommen (vgl. Groysberg und Bell 2013, S. 92 ff.). Frauen wird darüber hinaus nicht selten mangelnde Belastbarkeit und fehlendes Durchsetzungsvermögen unterstellt. Ebenso ein weicherer Führungsstil und eine geringere fachliche Qualifikation, die wiederum zu geringeren Produktivitätserwartungen gegenüber Frauen führen. Eine haltlose These, da zahlreiche Studien bestätigen, dass die Durchschnittsproduktivität von Frauen nicht geringer ist als die von Männern (vgl. Sachverständigenkommission zur Erstellung des Ersten Gleichstellungsberichtes der Bundesregierung/Fraunhofer-Gesellschaft zur Förderung der angewandten Forschung e. V. 2011, S. 107; Funken 2011, S. 21). Was das Führungsverständnis anbelangt, so schätzen und honorieren Mitarbeiter prosoziales Verhalten bei männlichen Führungskräften, nicht aber bei weiblichen – vermutlich weil prosoziales Verhalten bei Frauen als „normal" vorausgesetzt wird. Ebenso ist festzustellen, dass autokratisches, direktives Verhalten bei weiblichen Führungskräften deutlich negativer erlebt wird als bei ihren männlichen Kollegen (vgl. Ibarra et al. 2013, S. 1603; TUM 2013).

Auch eine Studie des Fraunhofer-Instituts konnte bestätigen, dass weiblichen Führungskräften eher Begrifflichkeiten wie „Empathie", „Integrierend", „Sachkompetenz" und „Sachorientierung" als Vorzüge zugesprochen werden, während mit Männern Attribute wie „Durchsetzungsstärke", „Selbstmarketing" und „Netzwerken" verbunden werden. Gleicht man diese Ergebnisse nun mit den Erkenntnissen darüber ab, welche Faktoren und Kompetenzen ganz allgemein als karriererelevant eingestuft werden, fällt auf, dass sich darunter ausnahmslos solche finden, die man Männern zuspricht. Eine Folge hieraus ist, dass bei Frauen, die einen Aufstieg anstreben, ihre Kompetenzen und ihr Können einer deutlich intensiveren Prüfung unterliegen, da man bei ihnen per se die karriererelevanten Attribute nicht vermutet. Sie müssen gewissermaßen zuerst das Gegenteil beweisen, was mit einem hohen Druck und vielfach auch mit einem Rückgang der Motivation für den Aufstieg einhergeht (vgl. hierzu auch Abschn. 3.2) (vgl. Kaiser et al. 2012, S. 23 ff.).

3.3.2 Einstellungsmuster von Männern

Wippermann unterscheidet drei Muster von Männern in der Einstellung zu karriereorientierten Frauen, die allesamt in Unternehmen anzutreffen sind und „als mehrdimensional miteinander verschränkte Sperren gegen Frauen" wirken (vgl. Wippermann 2010, S. 17 ff.):

- **Konservativ eingestellte Männer:** Sie lehnen Frauen in Führungspositionen prinzipiell ab. Dies zum einen, weil sie sie als einen gewissen Störfaktor in den eingespielten und bewährten Kreisen und Netzwerken empfinden, zum anderen aus der Überzeugung heraus, eine Führungskraft benötige einen stabilen familiären Background. Sie stufen Frauen in Führungspositionen als „verbissene Einzelkämpferinnen" ein, die letztlich die männlichen Kollegen zu übertrumpfen und zu kopieren suchen und nur schwer Verantwortung abgeben können.

- **Männer mit aufgeschlossener Haltung gegenüber Frauen in Führungspositionen:** Zwar vertreten diese Männer die Ansicht, im Sinne der Gleichberechtigung sollten beide Geschlechter gleich stark in Führungspositionen vertreten sein, doch differenzieren sie hierbei zwischen dem mittleren und dem Top-Management. Für letzteres bescheinigen sie den Frauen eine nicht ausreichende Härte bzw. konstatieren, dass Frauen, die sie dennoch an den Tag legen, nicht dem gängigen Frauenbild in der Gesellschaft entsprechen und daher letztlich sogar dem Image des Unternehmens schaden könnten.
- **Männer mit individualistischer Grundhaltung:** Für sie zählen alleine Persönlichkeit, fachliche Qualifikation und Kontinuität der Berufsbiografie, wenn es um den Aufstieg auch in Vorstandspositionen geht. Sie stellen jedoch fest, dass die Frauen selbst sich zu selten für Führungspositionen bewerben bzw. sich für diese Positionen „disqualifizieren", indem sie sich für eine familiär bedingte Auszeit entscheiden. Des Weiteren stellen sie fest, dass Frauen in Führungspositionen zuweilen nicht authentisch wirken, da sie – teils unbewusst – männliche Verhaltensmuster zu übernehmen versuchen.

3.3.3 Besetzungsentscheidungen

Auch Besetzungsentscheidungen sind nicht selten von Stereotypen geprägt. Im Zuge des sogenannten „think manager – think male" Phänomens (vgl. Dodge et al. 1995, S. 253 ff.) werden fehlende Informationen bezüglich der Eignung für ein bestimmtes Tätigkeitsprofil vielfach durch Merkmale eines bestimmten Prototyps ersetzt. Das heißt, wenn die gleiche oder eine ähnliche Tätigkeit über lange Zeit hinweg stets von einem Mann besetzt war, wird die Entscheidung zwischen einem männlichen Bewerber und einer weiblichen Bewerberin in der Regel für den Mann fallen, da er dem bewährten Prototyp entspricht (vgl. Krell 2011, S. 413; Funken 2011, S. 24 ff.). Es herrscht also ein „Ähnlichkeitsprinzip" vor, denn: „Bei jemandem, der einem selbst ähnlich ist, kann das Verhalten in Krisen oder bei wichtigen Entscheidungen besser eingeschätzt werden als bei Personen, die einem von ihrer Art und Herkunft fremd sind." (vgl. Funken 2011, S. 26).

Für Frauen ergibt sich daraus das Problem, einerseits den Ansprüchen an bestimmte Eigenschaften zu entsprechen, die für eine bislang männlich geprägte Stelle bereits manifestiert sind, andererseits jedoch auch ihre eher weiblichen Stärken nicht zu vernachlässigen. Zudem wird bei Frauen per se das Risiko antizipiert, sie könnten aufgrund einer Schwangerschaft oder Familienphase deutlich höhere Fluktuationsraten aufweisen als Männer. Faktisch sind die Fluktuationsraten von Frauen allerdings nicht höher (vgl. Funken 2011, S. 21).

3.3.4 Karrierebrüche durch unternehmenskulturelle Rahmenbedingungen

Die bereits angesprochene Studie des Fraunhofer-Instituts konnte zeigen, dass zahlreiche Gründe für Karrierebrüche bei Frauen in unternehmenskulturellen Rahmenbedingungen zu finden sind und Einzelmaßnahmen weitgehend wirkungslos bleiben, wenn sie nicht von einem entsprechenden Kulturwechsel begleitet werden (vgl. Kaiser et al. 2012, S. 7; 13 ff.). Das Projekt identifizierte als ausschlaggebend für weibliche Karrierebrüche insbesondere folgende unternehmenskulturelle Gründe (vgl. Kaiser et al. 2012, S. 8 f.):

- Geringes Bewusstsein für die ökonomischen Vorteile eines höheren Anteils von Frauen an Führungspositionen.
- Geringes Bewusstsein für den Mehrwert für Männer durch eine stärker gemischte Führungsmannschaft.
- Zu starke Ausrichtung der Unternehmenskulturen auf Einheitlichkeit und Anpassung.
- Fokussierung auf die Frauen als Auslöser des Problems anstelle des Hinterfragens unternehmenskultureller Hürden.
- Netzwerkabhängigkeit bei der Besetzung von Positionen im Top-Management, verbunden mit intransparenten Besetzungsprozessen.
- Vereinheitlichende Wirkung bestehender Karrierewege und personalpolitischer Prozesse ohne Sensibilität für unterschiedliche Lebensphasen.
- Verfügbarkeitskultur im Hinblick auf verantwortliche Positionen, die eine Vereinbarkeit mit außerberuflichen Belangen nahezu unmöglich macht.
- Karrierenachteile durch Teil- und Auszeiten.

3.4 Weibliches Selbstverständnis

Auch sollte nicht unerwähnt bleiben, dass nicht selten eine Hürde von Frauen selbst gelegt wird. Neben der antizipierten Unvereinbarkeit beruflicher und privater Lebensphasen und der Befürchtung, unter gleichen Voraussetzungen mehr leisten zu müssen als ein Mann, spielt auch das Selbstverständnis vieler Frauen eine Rolle. Studien ergeben, dass nicht wenige Frauen tatsächlich unter einem Selbstunterschätzungssyndrom leiden. Je geringer das Selbstvertrauen, desto niedriger das selbst gesetzte Anspruchsniveau, das Durchsetzungsvermögen bei auftretenden Widerständen und die Risikobereitschaft bei der Übernahme von Verantwortung. Zudem ist es eher unwahrscheinlich, dass Frauen in Bewerbungs-, Beurteilungs- oder Verhandlungssituationen ihr Gegenüber von ihrem Potenzial überzeugen können, wenn sie selbst nicht recht daran glauben (Sachverständigenkommission zur Erstellung des Ersten Gleichstellungsberichtes der Bundesregierung/Fraunhofer-Gesellschaft zur Förderung der angewandten Forschung e. V. 2011, S. 108 f.).

Darüber hinaus: Viele Frauen sind noch immer überzeugt davon, dass gute Leistungen ausreichen. Aufstiegsstrategien und -taktiken werden nur bedingt als wichtige Erfolgsfaktoren gesehen. Diese Einstellung trägt zwar vielfach bis zum mittleren Management, doch zeigt sich gerade beim Aufstieg in Top-Management-Positionen, dass hier die Voraussetzungen sich dahingehend wandeln, dass es primär darauf ankommt, taktisch zu agieren und unter Nutzung bestehender Netzwerke Unternehmenspolitik zu betreiben. Nicht selten führt der Druck, gute Leistungen erbringen zu müssen, um in der „Männerwelt" zu bestehen, zu einem Effekt, der dem gewünschten entgegensteht. Denn die aus dem selbst gesetzten Druck resultierenden Verhaltensmuster hinterlassen gerade bei männlichen Führungskräften den Eindruck, die Frauen seien „überengagiert" oder „übertrieben" in ihren Bestrebungen (vgl. Wippermann 2010, S. 43; 49 f.).

Für Frauen in Fach- und Führungspositionen – auch das zeigen aktuelle Studien – sind ihre erreichten Erfolge sehr viel weniger selbstverständlich als für Männer. Einen Karrieresprung, d. h. das Überspringen von Karrierestufen, bewerten Männer eher als Ausdruck ihrer Kompetenz und ihrer Persönlichkeit, während Frauen ihn tendenziell als abweichend von der Norm bzw. sogar als „seltenes Glück" empfinden (vgl. Wippermann 2010, S. 32 ff.). Bei einer Befragung unter 369 Führungskräften hielten nur 24 % der Frauen, aber 42 % der Männer ihre Führungsposition für selbstverständlich (vgl Kaiser et al. 2012, S. 10; Universum Communications AG (Hrsg) 2009; Bischoff 2010, S. 140). In der Folge streben Männer häufiger aktiv nach Karrieresprüngen und kommunizieren dieses Bestreben auch offensiv, während Frauen eher dazu neigen, auf entsprechende Karrieresprünge zu warten und zu hoffen anstatt sie strategisch vorzubereiten. Tatsächlich machen doppelt so viele Männer wie Frauen mehrfache Karrieresprünge (vgl. Wippermann 2010, S. 32 ff.).

3.5 Vereinbarkeit von Beruf und Familie

Obgleich sich das Rollenverständnis in Deutschland allmählich wandelt (vgl. hierzu auch Kapitel „Mehr Zeit für Familie auch für Väter"), ist nicht von der Hand zu weisen, dass Frauen noch immer die primäre Verantwortung für die Vereinbarkeit von Beruf und Familie tragen. Zudem sind sie es, die Mutterschutzzeiten und in überwiegendem Maße auch die Elternzeit in Anspruch nehmen. Auszeiten und Phasen der Teilzeit im Zusammenhang mit gehobenen Fach- und Führungspositionen – gerade im Top-Management – führen jedoch bei nüchterner Betrachtung der derzeit vorherrschenden betrieblichen Praxis und auch in der Einschätzung von Führungskräften in unterschiedlichen Studien, in der Regel zum Karriere-Aus. Gerade Führungspositionen gelten als unvereinbar mit einer lückenhaften Berufsbiografie bzw. einer nicht ausschließlichen Konzentration auf die berufliche Sphäre (vgl. hierzu auch Abschn. 3.2) (vgl. Edding 2009, S. 174; Wippermann 2010, S. 30 f.). „Führung in Teilzeit ist ab einer bestimmten Hierarchieebene ebenso wenig vorstellbar wie eine Führungskraft mit einer einjährigen (familienbedingten) Auszeit." (Kaiser et al. 2012, S. 40). Wird darüber hinaus noch räumliche Mobilität in Form von Auslandseinsätzen oder häufigen Umzügen vorausgesetzt, so bedingt diese ein Familienmodell, wie es heute generell kaum noch vorzufinden ist, wie es jedoch Frauen noch einmal deutlich seltener leben – das eines Alleinverdieners, dessen nicht berufstätiger Partner sich sämtlichen Veränderungen anpasst (vgl. Kaiser et al. 2012, S. 36 ff.).

Es zeigt sich, dass Männer in der aktiven Familienphase ihre Erwerbstätigkeit kaum unterbrechen oder reduzieren, auch wenn sie den Wunsch verspüren, stärker an der Erziehung und Betreuung ihrer Kinder teilzuhaben als es ihr berufliches Engagement zulässt. Ihr Karriereverlauf kann somit weitgehend unbeeinflusst von der privaten Sphäre in die gewünschten Bahnen gelenkt werden. Bei Frauen hingegen findet in aller Regel ein „Bruch" im Karriereverlauf mit Eintritt der Mutterschaft und der dadurch bedingten Verhaltensänderung statt (vgl. Sachverständigenkommission zum Achten Familienbericht 2011, S. 93). Dabei spielt auch eine Rolle, dass Männer noch immer eher als Frauen mit

Nachteilen aufgrund von Teil- oder Auszeiten rechnen müssen und diese nach wie vor nur in äußerst geringem Maße in Anspruch nehmen, was wiederum die Wahrnehmung im Unternehmen als „Fraueninstrumente“ verstärkt (vgl. Kaiser et al. 2012, S. 41).

Vor diesem Hintergrund sehen viele karriere- **und** familienorientierte Frauen nur die Alternativen, sich den bestehenden Zwängen zu unterwerfen und auf eine Familie zu verzichten oder aber von einer verantwortlichen Position (vor allem im Top-Management) abzusehen. So geben in einer Untersuchung der Bertelsmann Stiftung 51 % der befragten Frauen an, einen Karrierewunsch aufgegeben oder geändert zu haben, weil die Doppelbelastung durch Familie und Beruf zu groß gewesen wäre (im Vergleich zu 30 % der befragten Männer) (vgl. Bertelsmann Stiftung 2010). Angesichts der demografischen Entwicklung in Deutschland und den zunehmenden Fachkräfteengpässen ist eine solche „Entweder-Oder-Strategie“ keinesfalls erstrebenswert.

4 Gestaltungswege: Wie Lebensphasenorientierung im Unternehmen (potenzielle) weibliche Fach- und Führungskräfte fördern und unterstützen kann

Die obigen Ausführungen machen deutlich: Damit Chancengleichheit umgesetzt wird und der Anteil von Frauen in Fach- und Führungspositionen steigt, bedarf es einer Abkehr von der bisherigen Praxis. Dabei sollte ein Aspekt handlungsleitend sein: Die Lebensphasenorientierung. Der achte Familienbericht konstatiert: „Moderne Gesellschaften mit in vielerlei Hinsicht egalitären Geschlechterrollen und zunehmendem Bedarf an weiblichen Fach- und Führungskräften werden zukünftig auf eine konsistente Zeitpolitik, die Rücksicht auf die Bedürfnisse in verschiedenen Lebensphasen nimmt, nur noch schwerlich verzichten können.“ (Sachverständigenkommission zum Achten Familienbericht 2011, S. 3).

Beschäftigte durchlaufen im Zuge ihres immer länger werdenden Erwerbslebens unterschiedliche Lebens- und Berufsphasen. Die Vereinbarkeit von Beruf und Familie bzw. Pflege nimmt dabei eine zentrale Stellung ein, doch auch sonstige private Belange wie z. B. ehrenamtliches Engagement oder kritische Lebensereignisse können weit in die berufliche Sphäre hineinreichen. Die Bedürfnisse von Männern und Frauen, aber auch ihre Potenziale, unterscheiden sich in diesen Phasen und machen eine individualisierte Herangehensweise notwendig. Darüber hinaus nehmen unternehmenskulturelle Faktoren einen nicht zu unterschätzende Einfluss. Unter Berücksichtigung des lebensphasenorientierten Ansatzes als Querschnittsthema bieten sich vor allem in den folgenden betrieblichen Gestaltungsfeldern Handlungsmöglichkeiten an, die untereinander verzahnt werden sollten (Abb. 1):[5]

[5] Auf die infrastrukturellen Voraussetzungen, die zu einer verbesserten Vereinbarkeit von Beruf und Familie bzw. Beruf und Pflege beitragen und dadurch ebenfalls die Optionen karriereorientierter Frauen vergrößern können, soll an dieser Stelle nicht explizit eingegangen werden.

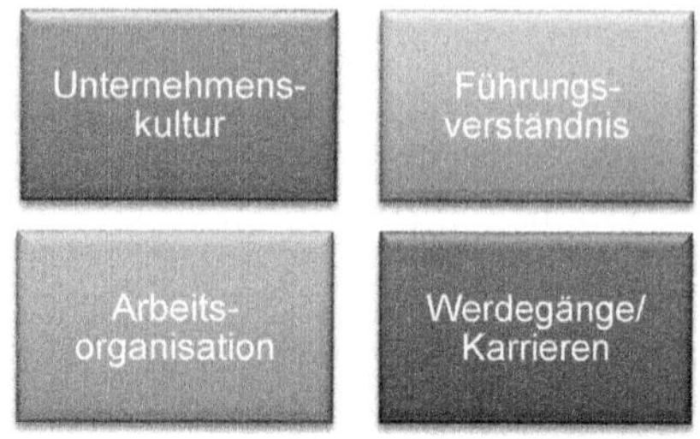

Abb. 1 Gestaltungsfelder für mehr Frauen in Führungspositionen

4.1 Handlungsmöglichkeiten in der Arbeitsorganisation

Im Rahmen der Arbeitsorganisation stehen an erster Stelle eine **Flexibilisierung der Arbeitsmodelle** (Zeit, Ort) und deren statusneutrale Behandlung. Dabei ist zum einen an die Einräumung von Freiheitsgraden bei der Bestimmung von Lage, Länge und Verteilung der Arbeitszeit in Abstimmung mit den betrieblichen Belangen zu denken. Zum anderen lässt sich Arbeitszeit souverän gestalten, wenn Möglichkeiten zur mobilen Arbeit bzw. alternierenden Telearbeit bestehen. Hieraus können sich Perspektiven ergeben, um ein vergleichsweise hohes Arbeitsvolumen bis hin zur Vollzeittätigkeit mit privaten Verpflichtungen in Einklang bringen zu können. Nebenbei bemerkt entsprechen solche variablen Arbeitsmodelle auch einem allgemein zu beobachtenden Trend in der Arbeitswelt. Dieser ist zum einen der zunehmenden Notwendigkeit von Flexibilität und Anpassungsfähigkeit in einer komplexer werdenden globalen Wettbewerbssituation geschuldet, zum anderen den Werten der nachrückenden Generation, die Freiheitsgrade in Bezug auf das „Wo" und „Wann" ihrer Arbeitserledigung schätzt und auch offensiv einfordert (vgl. Fischer et al. 2013, S. 61 ff.; Maitland und Thomson 2011; Gratton 2011).

Wenn es um Teilzeitoptionen für Fach- und vor allem für Führungskräfte geht, wird noch immer überwiegend argumentiert, verantwortliche Positionen seien unteilbar, weil der Abstimmungsbedarf einen nicht zu vertretenden Aufwand mit sich bringe und der Kontakt zu den Mitarbeitern unzureichend sei. Diese Argumentation ist mit der Prämisse verbunden, dass mit Führung in Teilzeit eine Teilung der Führungsposition einher geht, Führung also faktisch im Job-Sharing-Modell erfolgt. Hohe „Rüst-" und Koordinationskosten lassen die Nutzen-Kosten-Relation ungünstig erscheinen. Es stellt sich allerdings die Frage, inwieweit die Möglichkeiten der Arbeitsorganisation im Hinblick auf flexible Arbeitsorte und -zeiten auch für Fach- und Führungskräfte tatsächlich ausgereizt sind. Die Vermutung liegt nahe, dass vollzeitnahe Teilzeitmodelle und flexible Arbeitszeiten, idealerweise in Verbindung mit flexiblen Arbeitsorten, zu einer stärkeren Verbreitung der Integration von Karriere und aktiver Familienphase beitragen können. Denn sie ermöglichen die Anwesenheit im Unternehmen in ausreichendem Maße, um Abstimmungen mit Kollegen, Vorgesetzten und Mitarbeitern herbeizuführen, Aufgaben zu delegieren und bei Problemen ansprechbar zu sein. Gleichzeitig eröffnen sie dem Einzelnen die gewünschte Zeitsouveränität und die Möglichkeit, seinen Verpflichtungen im privaten Bereich in angemessenem Maße nachzukommen und eine Lebensphasenorientierung umsetzen zu können. An positiven Beispielen mangelt es – auch in Deutschland – nicht, doch kann bei weitem nicht von einer nennenswerten Verbreitung vollzeitnaher und flexibler Arbeitszeitmodelle in Fach- und Führungspositionen gesprochen werden (vgl. Sachverständigenkommission zum Achten Familienbericht 2011, S. 93 f.; Fetz und Köster 2007, S. 32 ff.; Lukoschat und Bessing 2004; Sachverständigenkommission zur Erstellung des Ersten Gleichstellungsberichtes der Bundesregierung/Fraunhofer-Gesellschaft zur Förderung der angewandten Forschung e. V. 2011, S. 107; Koch 2007, S. 22). Dies steht in engem Zusammenhang zu dem erforderlichen Wandel in Bezug auf das vorherrschende Führungsverständnis (vgl. Abschn. 4.4).

Eine Herausforderung besteht auch darin, Teilzeitangebote „zu Ende zu konzipieren": Geht eine Fach- oder Führungskraft in Teilzeit, so muss gewährleistet sein, dass Lösungen bezüglich einer Reduktion des Verantwortungsbereiches gefunden werden. Nicht selten nehmen Teilzeitbeschäftigte in gehobenen Positionen grundsätzlich die gleichen Verantwortlichkeiten wahr wie zuvor, nur mit einem höheren Zeitdruck, oder Kollegen müssen die Differenz abfedern, was für keinen der Beteiligten eine befriedigende Lösung darstellt. Ansätze sind die flexiblere Gestaltung von Verantwortungsbereichen, Modelle des Job-Sharings in Fach- und Führungspositionen oder der Einsatz von Nachwuchs-Führungskräften als „Springer" im Sinne einer Entwicklungsmaßnahme bei temporären Aus- oder Teilzeitphasen. Grundsätzlich empfiehlt es sich, Vertretungsprozesse vorab zu definieren. Darüber hinaus ist zu konstatieren, dass die Inanspruchnahme bestehender Teilzeitmöglichkeiten und/oder Auszeiten, z. B. im Sinne der Elternzeit, durch Fach- und Führungskräfte nur dann voranschreiten wird, wenn diese nicht länger mit Karrierenachteilen einhergehen. Es stehen also eher die Rahmenbedingungen aus den übrigen Handlungsfeldern im Fokus, um die Maßnahmen und Aktivitäten im Rahmen der Arbeitsorganisation attraktiv und „nutzbar" zu machen (vgl. Kaiser et al. 2012, S. 9; 32; 40 ff.; 58).

Über die reine Arbeitsorganisation hinaus sollte den Beschäftigten auch **Unterstützung bei der Betreuung von Kindern und/oder pflegebedürftigen Angehörigen** zuteilwerden, beispielsweise durch entsprechende Informationen, die Etablierung eines festen Ansprechpartners oder Kooperationen mit Betreuungsanbietern.

4.2 Handlungsmöglichkeiten bei Werdegängen/Karrieren

Derzeit wirken Alter, Verfügbarkeit und Unterbrechungsfreiheit noch häufig als implizite Beförderungskriterien. Dies entbehrt jeglicher Lebensphasensensibilität und wirkt insbesondere auf Frauenkarrieren stark hemmend (vgl. Kaiser et al. 2012, S. 9).

Bei der Karriereplanung und -gestaltung ist ein Ansatz wünschenswert, der eine langfristige Laufbahnplanung in den Mittelpunkt stellt. Denn: „Die meisten Unternehmen identifizieren Führungskräfte im Alter zwischen 30 und 35 Jahren. Damit wollen sie Frauen nicht bewusst diskriminieren. Aber sie können keinen schlimmeren Zeitraum wählen als jenen, in dem die meisten Hochschulabsolventinnen, die im Beruf stehen und Kinder möchten, mit der Familienplanung beginnen. Systemimmanente Regeln wie diese sind oft unbewusst, bis Unternehmen versuchen, Frauen zu fördern. Dann realisieren sie, dass ihre Regeln im 20. Jahrhundert gemacht wurden – für Männer, deren Frauen zu Hause blieben und sich um den Alltag kümmerten."(Wittenberg-Cox 2010, S. 11). Nicht selten werden auch Nachwuchsförderprogramme oder definierte Entwicklungsstufen nur Beschäftigten unter 40 Jahren angeboten, wer bis zu diesem Zeitpunkt nicht bereits die entscheidenden Weichen für sein berufliches Fortkommen gestellt hat, hat das Nachsehen (vgl. Sachverständigenkommission zum Achten Familienbericht 2011, S. 93 ff.).

Verantwortliche Positionen sollten nicht bedingen, dass sie unvereinbar mit außerberuflichen Belangen sind bzw. suggerieren, dass eine verantwortliche Position nur ausfüllen kann, wer „frei" von außerberuflichen Verantwortlichkeiten ist. Dies gilt zum einen in Bezug auf den sogenannten „Immerverfügbarkeitsanspruch". Dieser zeigt sich darin, dass ein unterbrechungsfreier, hierarchischer Aufstieg – vielfach kombiniert mit einem mehrjährigen Auslandsaufenthalt – noch immer als Voraussetzung für eine Karriere im Top-Management gilt. Dazu gehört, angebotene Karriereschritte nicht abzulehnen – auch nicht aus persönlichen, lebensphasen- oder lebensereignisbezogenen Gründen – und das Leben bedingungslos nach den beruflichen Bedürfnissen auszurichten (und nicht umgekehrt). Dazu gehört auch, Karrierepausen durch Auszeiten zu vermeiden. Da Frauen häufiger als Männer Fürsorgepflichten tragen, seltener einen Partner haben, der ihnen im privaten Bereich „den Rücken freihält" und/oder sich nach der Geburt eines Kindes zumindest für einige Monate ausschließlich der Familie widmen möchten, betrifft sie dieser Punkt in besonderem Maße. Auch sind sie stärker als Männer von dem Umstand betroffen, dass bestimmte Karriereschritte weitgehend auf ein enges Zeitfenster zwischen 30 und 40 Jahren beschränkt sind und spätere Karriereschritte wiederum als „Ausnahme von der Norm" kritisch gesehen werden (vgl. Ibarra et al. 2013, S. 1604; Kaiser et al. 2012, S. 9; 33 ff.).

Ein lebensphasenorientierter und langfristig angelegter Karriereansatz impliziert einerseits die Akzeptanz von **„Patchworkbiografien"**, d. h. solchen Biografien, die von kurzen Erwerbsunterbrechungen oder Perioden der Teilzeitbeschäftigung gekennzeichnet sind. Diese sollten als normale Zyklen im Laufe eines immer länger werdenden Erwerbslebens und nicht als „Ausnahmefälle" begriffen werden (vgl. Kaiser et al. 2012, S. 35). Wenn für die Karriereentwicklung keine Laufzeit von 15–20 Jahren veranschlagt wird, sondern vielmehr von 40–50 Jahren, fallen Phasen unterschiedlicher Arbeitsintensität deutlich weniger ins Gewicht.

Andererseits gehört zu einer langfristigen Laufbahnplanung auch die Durchlässigkeit von Werdegängen. In diesem Zusammenhang wird auch von **„Mosaik-Karrieren"** gesprochen. Karriere sollte in jedem Alter möglich sein, so dass auch die Absage eines „Karrieresprunges" in einer Lebensphase, die privat ein hohes Engagement erfordert, keineswegs bedeutet, dass ein entsprechendes Angebot in einer späteren Phase nicht noch einmal gemacht wird und auch „späte Karrieren" die gleiche Wertschätzung erfahren. Zudem erhöht die Akzeptanz unterschiedlicher Karrierewege in unterschiedlichen Lebens- und Berufsphasen in hohem Maße die Durchlässigkeit. Denn je nach Ausgestaltung lassen sich Projekt- und Fachfunktionen in bestimmten Lebensphasen leichter mit den privaten Belangen vereinbaren als Führungspositionen. Dazu müssen die Leistungs- und

Kompetenzanforderungen für bestimmte Fach- und Führungsebenen unter Beachtung lebensphasenbezogener Spezifika klar definiert und operationalisiert werden (vgl. Kaiser et al. 2012, S. 35). In der konkreten Umsetzung einer lebensphasenorientierten und gleichberechtigten Karrieregestaltung spielen Instrumente wie Kontakthalteprogramme und schnelle Wiedereinstiegsprogramme oder Sabbaticals ebenso eine bedeutsame Rolle wie Qualifizierungsangebote auch während der Eltern- oder Pflegezeit und die Möglichkeit, auch in Führungspositionen in (vollzeitnaher) Teilzeit tätig zu sein (vgl. Abschn. 4.2).

Schließlich gilt es, die **Besetzungspraxis** für die Vergabe von gehobenen Fach- und Führungspositionen transparenter und objektiver zu gestalten. Solange die Besetzung solcher Positionen auf der Basis persönlicher Netzwerke erfolgt, kann die unternehmenskulturelle Tradition der Einheitlichkeit und Anpassung nicht überwunden werden und Frauen bleiben benachteiligt, da sie als „anders" wahrgenommen werden. Sie entsprechen damit nicht den Ähnlichkeitsfaktoren, die nicht selten die Besetzungsentscheidung mitbestimmen und müssen zunächst – im Vergleich zu männlichen Mitbewerbern – unter Beweis stellen, dass ihre Beförderung kein Risiko darstellt. Transparente und objektive Besetzungsprozesse für Fach- und Führungspositionen sind daher unerlässlich. Hinzu kommt, dass die Netzwerkabhängigkeit der Besetzung von Fach- und Führungspositionen auch eine gewisse Zufälligkeit mit sich bringt. Es entsteht der Eindruck „zur richtigen Zeit am richtigen Ort" sein zu müssen, was einer strukturierten, langfristigen Karrierebegleitung und -planung widerspricht. Eine solche jedoch kann gerade Frauen außerhalb von Netzwerken eine objektive Chance auf Beförderung gewährleisten (vgl. Wittenberg-Cox und Maitland 2009, S. 142; Krell 2011, S. 418; Kaiser et al. 2012, S. 9; 29 ff.; Ibarra et al. 2013, S. 1602). Nichts desto trotz sollten auch die Netzwerke von Frauen innerhalb des Unternehmens gefördert werden. Mentoring-Programme beispielsweise, die Frauen auch den Einstieg in Fach- und Führungspositionen erleichtern, lassen solche hilfreichen Netzwerke entstehen.

4.3 Handlungsmöglichkeiten in Zusammenhang mit der Unternehmenskultur

Bezüglich einer Unternehmenskultur, die Chancengleichheit fördert, gilt ein besonderes Augenmerk Wegen aus der so genannten „Stereotypenfalle" (Bias-Thematik).

Dazu gehört, dass Chancengleichheit als **Top-Thema** in die Unternehmensstrategie integriert und **auf der obersten Führungsebene** sowie in der Organisation verankert wird. Nur durch diese Verbindlichkeit und die damit verbundene Konsequenzkultur werden ein Umdenken und nachhaltige Veränderungen bei Handlungsmustern in die Wege geleitet

Zudem ist es unerlässlich, den **ökonomischen Nutzen** eines höheren Frauenanteils in Fach- und Führungspositionen durch Innovations- und Kreativitätsvorteile stärker zu kommunizieren und zu einer der primären Argumentationslinien zu machen. Denn es zeigt sich, dass beispielsweise die Vorteile gemischtgeschlechtlicher Führungsteams primär in „positiven atmosphärischen Veränderungen", also in sehr weichen Faktoren, gesehen werden. Ebenso muss der Mehrwert dargelegt werden, der sich für männliche Fach-

und Führungskräfte ergibt. Bei diesen hinterlassen die vielfältigen Aktivitäten zur Förderung von Frauen in verantwortlichen Positionen nicht selten den Eindruck, die Vorteile hieraus lägen ausschließlich auf weiblicher Seite, sodass vielen Männern schlichtweg die Einsicht fehlt, weshalb sie diese unterstützen sollten. Dies zeigen auch die vorab vorgestellten Männertypen, bei denen augenscheinlich der „neutrale Mann" fehlt. Wenn Kulturveränderungen beide Geschlechter gleichermaßen ansprechen und ihnen den beidseitigen Nutzen aufzeigen, steigt auch die Akzeptanz und Umsetzungsbereitschaft (vgl. Kaiser et al. 2012, S. 8 f.; 13 ff.; Schaffnit-Chatterjee 2011, S. 11 f.; Wittenberg-Cox und Maitland 2009, S. 20 f.).

Vielfach ist zu beobachten, dass zwar **Maßnahmen** wie Coaching, Mentoring oder auch Angebote zur Vereinbarkeit von Beruf und Familie offiziell Männer und Frauen ansprechen, faktisch jedoch überwiegend von Frauen genutzt und infolgedessen als „Sonderlösungen" für Frauen wahrgenommen werden. Dies erschwert ihre Inanspruchnahme durch Männer zusätzlich und manifestiert bei Frauen, die Gebrauch von entsprechenden Maßnahmen – insbesondere im Hinblick auf die Vereinbarkeit von Beruf und Familie – machen, Karrierenachteile durch ein Verhalten, das vom „Normalfall" abweicht. Es ist daher essentiell, sich dieser Mechanismen bewusst zu werden und in der Folge konsequent auf Männer in Fach- und Führungspositionen mit entsprechenden Angeboten zuzugehen. Darüber hinaus sollte es nicht zu einer „Vermischung" in der Kommunikation genderbezogener und vereinbarkeitsbezogener Handlungsansätze kommen (vgl. Schaffnit-Chatterjee 2011, S. 11 f.; Wittenberg-Cox und Maitland 2009, S. 20 f.; 173 ff.; Kaiser et al. 2012, S. 8 f.; 13 ff.).

Eine wichtige Rolle spielt es, **geschlechterspezifische Annahmen und Zuschreibungen** offen zu thematisieren und zu hinterfragen bzw. Frauen und Männer in Bezug auf vermeintliche Geschlechterstereotypen zu sensibilisieren und zu qualifizieren. Dabei darf es jedoch keinesfalls darum gehen, „…Frauen mit der vorherrschenden, männlichen Norm zu versöhnen." (Schaffnit-Catterjee 2011, S. 9). Vielmehr müssen Heterogenität und Vielfalt als Vorteil und Ressource erkannt und dargestellt werden, da sie dem gängigen Bild von Einheitlichkeit und Anpassung, durch das viele Unternehmenskulturen geprägt sind, zunächst widersprechen. Nur dann lassen sich Innovations- und Kreativitätsvorteile generieren (vgl. Kaiser et al. 2012, S. 9; 20 ff.). Denn „immer noch definieren tradierte, in Unternehmenskulturen mit hohem Männeranteil entstandene Verhaltens- und Rollenbilder den Erwartungshorizont, an dem ‚zielführendes' und ‚erfolgreiches' Managementverhalten gemessen wird. Abweichungen davon werden als erheblicher Irritationsfaktor wahrgenommen." (Kaiser et al. 2012, S. 20). Nicht selten wird Frauen alleine ob ihres Geschlechtes ein geringerer Karrierewille – in der Regel begründet durch den Wunsch nach Familiengründung oder -fürsorge – unterstellt, sodass davon ausgegangen wird, dass sie nicht die erforderlichen zeitlichen und mentalen Ressourcen für eine Karriere mitbringen. Hinzu kommen die bereits angesprochenen Kompetenzzuschreibungen, die nicht selten auch subtil in Beurteilungs- bzw. Besetzungsentscheidungen einfließen. Eine Möglichkeit besteht darin, ein diversitygerechtes Führungsverhalten als Leistungsanforderung für Führungskräfte zu definieren und entsprechende Zielvereinbarungen zu treffen und/oder

Führungskräften über den Weg der Sensibilisierung die Potenziale der Heterogenität aufzuzeigen. Zudem sollte deutlich die Wertschätzung gegenüber unterschiedliche Stärken signalisiert werden (vgl. Kaiser et al. 2012, S. 20 ff.).

Nicht zuletzt gilt es, **Vorbilder** zu identifizieren und Erfolgsgeschichten zu erzählen, etwa im Intranet oder in der Unternehmenszeitschrift. Je mehr „Role Models" aufstiegsorientierte Frauen in ihrer Organisation vorfinden, desto selbstbewusster werden sie auch ihre eigene Karriereplanung vorantreiben (vgl. Günther 2004; Sachverständigenkommission zur Erstellung des Ersten Gleichstellungsberichtes der Bundesregierung/Fraunhofer-Gesellschaft zur Förderung der angewandten Forschung e. V. 2011, S. 109; Ibarra et al. 2013, S. 1604). So stellt eine Studie beispielswiese eine positive Korrelation zwischen der Zahl der weiblichen Vorstände eines Unternehmens und dem Anteil nachfolgender weiblicher Führungskräfte (insbesondere im operativen Bereich) fest (vgl. Schaffnit-Chatterjee 2011, S. 5 unter Bezugnahme auf Catalyst 2008). Unterschätzt werden sollte dabei auch nicht die „Kultur der großen Schwestern", d. h. es bedarf Frauen in Führungspositionen bzw. Frauen, die in Top-Führungspositionen gehen, die als Teil des bestehenden Systems die Unternehmenskultur im Sinne gleicher Chancen für Männer und Frauen von innen heraus prägen und umgestalten.

4.4 Handlungsmöglichkeiten in Bezug auf das Führungsverständnis

Die Fach- und Führungssituation ist mehr und mehr durch Verdichtung, Beschleunigung und Komplexität gekennzeichnet. Vielfalt bei der Besetzung von Führungspositionen erweitert Perspektiven, Ansichten sowie Denk- und Handlungsmuster. Dabei sollte die **Zusammensetzung der Fach- und Führungspositionen** die Zusammensetzung der in Frage kommenden Belegschaft widerspiegeln. Als Faustregel lässt sich beispielsweise formulieren, dass von zehn Top-Führungskräften mindestens drei Frauen sein sollten, da ab diesem prozentualen Anteil Potenziale aus dem Gender-Mix am besten genutzt werden können.

Hoher zeitlicher Einsatz, hohe Mobilität, Flexibilität und Allzeitverfügbarkeit charakterisieren – dies wurde in einem der vorangegangenen Abschnitte dargestellt – vor allem gehobene Führungspositionen und veranlassen gut qualifizierte Frauen, von einer Führungsposition abzusehen oder sich aus einer bereits erreichten Position zurückzuziehen. Es bedarf daher eines Umdenkens in Bezug auf das Bild des „guten Managers". Vielfach ist davon auszugehen, dass nicht „objektiv gegebene, sondern subjektiv konstruierte Barrieren" (Krell 2011, S. 416) eine weitere Verbreitung der unter 4.1 vorgestellten Möglichkeiten flexibler Arbeitsmodelle mit Bezug zu Arbeitsort und Arbeitszeit auch für Führungskräfte behindern, sondern vielmehr ein Festhalten an tradierten Normen. Denn nicht selten sind auch Vollzeitführungskräfte faktisch für ihre Mitarbeiter aufgrund häufiger Meetings und/oder Geschäftsreisen zeitlich bzw. räumlich nur stark eingeschränkt verfügbar. Modellprojekte ebenso wie Befragungen von Führungskräften und Personalverantwortlichen weisen übereinstimmend auf die Bedeutung einer Ergebnis- anstelle einer Anwesenheitsorientierung hin, um Fach- und Führungspositionen in vollzeitnaher

Teilzeit, mit flexibler Arbeitszeitgestaltung und unter Vermeidung von Überstunden und Mehrarbeit zu ermöglichen. So lässt sich auch in der aktiven Familienphase der betriebliche Status aufrechterhalten (vgl. Sachverständigenkommission zum Achten Familienbericht, S. 93 ff.; Krell 2011, S. 415 f.; Morgenstern und Haberman 2011, S. 442 f.; Sattelberger 2011; S. 434; Ladwig und Domsch 2009, 89 f.; Bessing und Mahler 2011, S. 505 f.).

5 Ausblick

Die obigen Ausführungen machen deutlich: Chancengleichheit ist ein zentraler Megatrend. Zum einen besteht die Notwendigkeit, auf qualifizierte Frauen in Fach- und Führungspositionen in Zukunft nicht verzichten zu können. Zum anderen tragen Veränderungen des Rollenmusters sowie die Angleichung des Bildungsniveaus und des Qualifikationsstandes erheblich zu diesem Megatrend bei. Wittenberg-Cox formuliert es folgendermaßen: „The question for *this* century is not what is wrong with women. It is what is wrong with companies that fail to attract, retain, and promote the majority of today's educated Talent pool..." (Wittenberg-Cox 2010, S. 7).

Diesen Zusammenhang auch im Unternehmenskontext hervorzuheben ist wichtig, um den Weg zu einer tatsächlichen Gleichstellung von Männern und Frauen in Fach- und Führungspositionen einschlagen zu können. Nicht zu vergessen ist angesichts eines zunehmenden „War for Talents" auch, dass eine lebensphasenorientierte Herangehensweise gerade für die nachrückende jüngere Generation der Arbeitnehmer die Attraktivität als Arbeitgeber steigern kann. Dies gilt ebenso für die Außenwirkung heute und in Zukunft als auch für die Innenwirkung zum Erhalt von Motivation und Identifikation. Nach Ansicht des Trendforschers Wippermann bieten sich karriereorientierten Frauen grundsätzlich zwei Strategien. Zum einen die bedingungslose Anpassung an die bestehenden Normen und Strukturen und das kluge „Mitspielen". Dieser Weg ist der reibungslosere, der derzeit auch noch größere Chancen auf das Erreichen der beruflichen Ziele verspricht, jedoch keinesfalls geeignet ist, einen Kulturwandel anzustoßen. Der zweite, risikoreichere Weg besteht darin, zwar die Rahmenbedingungen, Regeln und Spiele zu kennen und zu durchschauen, sich jedoch nur insoweit anzupassen, wie es für erforderlich gehalten wird und ansonsten den eigenen Stil selbstbewusst zu leben und andere dafür zu begeistern – im Sinne der „Kultur der großen Schwestern". In Anbetracht des graduellen Wandels des Rollenverständnisses auch bei jüngeren männlichen Führungskräften scheint dieser Weg letztlich der zukunftsfähigere zu sein (vgl. Wippermann 2010, S. 75).

Darüber hinaus sei angemerkt, dass es durchaus Meinungen gibt, wonach der Blickwinkel „Gender" künftig wahrscheinlich durch die Berücksichtigung unterschiedlicher Lebensphasen und -situationen ergänzt, eventuell auch ersetzt wird. Die grundlegende Annahme hinter dieser These lautet, dass die Erwerbsbeteiligung und das Arbeitsvolumen von Frauen sich denen der Männer in den nächsten 20 Jahren angleichen, was sich auch in der Besetzung von Fach- und Führungspositionen widerspiegelt. Die Vielfalt zeigt sich dann vor allem in den Möglichkeiten der Vereinbarkeit der Lebenssituationen und Berufsphasen sowohl von Männern als auch von Frauen. Aus dieser Annahme resultiert auch die Fortsetzung des Paradigmenwechsels hin zu einem partnerschaftlichen Rollenverständnis in Kombination mit der Wahlfreiheit für das jeweilige Lebens- und Familienmodell (vgl. Fischer und Rump et al. 2013, S. 75 ff.).

Nicht zuletzt: Soll im Unternehmen eine Lebensphasenorientierte Personalpolitik implementiert und „gelebt" werden, dann sind die Führungskräfte das „Zünglein an der Waage", da sie die ersten Ansprechpartner der Mitarbeiter darstellen. Eine nach dem Ähnlichkeitsprinzip zusammengesetzte Führungsmannschaft, die selbst keine Diversität in Bezug auf Geschlecht, Lebensentwurf und Laufbahnentwicklung aufweist, wird mit der Herausforderung, individualisierte Personalpolitik über alle Lebens- und Berufsphasen hinweg zu betreiben, schlicht überfordert sein.

Literatur

Accenture (Hrsg) (2007) Expectations and achievement: empowering women from within. http://www.globewomen.org/summit/2007/Speeches/Accenture_Frauenstudie_2007 %5B1 %5D.pdf. Zugegriffen: 19. Juli 2013

Allmendinger J, Haarbrücker J (2013) Lebensentwürfe heute. Wie junge Frauen und Männer in Deutschland leben wollen, Berlin

Autorengruppe Bildungsberichterstattung (2012) Bildung in Deutschland 2012. Ein indikatorengestützter Bericht mit einer Analyse zur kulturellen Bildung im Lebenslauf. Bielefeld. http://www.bildungsbericht.de/daten2012/bb_2012.pdf. Zugegriffen: 18. Juli 2013

Bauer A, Gröning K (2009) Geschlechterkonflikte und Geschlechterkonstruktionen von Frauen in Führungspositionen – eine Skizze aus der Perspektive der Supervision. In: Fröse M, Szebel-Habig A (Hrsg) Mixed Leadership: Mit Frauen in die Führung. Haupt, Bern, S 147–166

Bertelsmann Stiftung (2010) Doppelbelastung von Familie und Beruf stoppt Frauenkarrieren. Pressemeldung vom 12.08.2010. http://www.bertelsmann-stiftung.de/cps/rde/xchg/bst/hs.xsl/nachrichten_102755.htm. Zugegriffen: 17. Juli 2013

Bessing N, Mahler Walther K (2011) Work-Life-Balance: Vorteile für Beschäftigte und Organisationen. In: Krell G, Ortlieb R, Sieben B (Hrsg) Chancengleichheit durch Personalpolitik. Gleichstellung von Frauen und Männern in Unternehmen und Verwaltungen, 6. Aufl. Gabler, Wiesbaden, S 497–510

BIBB (Bundesinstitut für Berufsbildung) (2012) Anzahl neu abgeschlossener Ausbildungsverträge 2012 und 2011 nach Geschlecht in den einzelnen Erhebungsberufen in Deutschland. http://www.bibb.de/dokumente/pdf/naa309_2012_tab046_0bund.pdf. Zugegriffen: 22. Juli 2013

Bischoff S (2010) Wer führt in (die) Zukunft? Männer und Frauen in Führungspositionen der Wirtschaft in Deutschland – die 5. Studie, Bertelsmann, Bielefeld

Bloem S (2013) OECD-Ländernotiz Deutschland: Bildung auf einen Blick 2013. http://www.oecd.org/edu/Germany_EAG2013 %20Country%20Note%20 %28DE%29.pdf. Zugegriffen: 18. Juli 2013

BMBF (2013) Frauen im Wissenschaftssystem. http://www.bmbf.de/de/494.php. Zugegriffen: 18. Juli 2013

BMFSFJ (2009) Memorandum Familie leben. Impulse für eine familienbewusste Zeitpolitik. Berlin. http://www.bmfsfj.de/RedaktionBMFSFJ/Broschuerenstelle/Pdf-Anlagen/memorandum-familie-leben,property=pdf,bereich=bmfsfj,sprache=de,rwb=true.pdf. Zugegriffen: 24. Juli 2013

Boes A, Bultemeier A, Kämpf T (2011) Werden die Karten für Frauen in modernen Unternehmen neu gemischt? In: Boes A, Bultemeier A, Kämpf T, Trinczek R (Hrsg) Strukturen und Spielregeln in modernen Unternehmen und was sie für Frauenkarrieren bedeuten (können). München, S 7–43. http://www.frauen-in-karriere.de/cms/upload/frauen-in-karriere/arbeitspapiere/1102_Arbeitspapier-2.pdf. Zugegriffen: 17. Juli 2013

Bundesagentur für Arbeit (2012) Frauen und Männer am Arbeitsmarkt im Jahr 2011. Nürnberg. http://statistik.arbeitsagentur.de/Statischer-Content/Arbeitsmarktberichte/Berichte-Broschueren/Arbeitsmarkt/Generische-Publikationen/Frauen-Maenner-Arbeitsmarkt-2012-07.pdf. Zugegriffen: 22. Juli 2013

Busch A, Holst E (2009) Berufswahl wichtig für Karrierechancen von Frauen und Männern. In: DIW-Wochenbericht 23. Berlin, S 376–387

Catalyst (2008) Advancing women leaders: the connection between women board directors and women corporate officers. http://www.catalyst.org/system/files/Advancing_Women_Leaders_The_Connection_Between_Women_Board_Directors_and_Women_Corporate_Officers_0.pdf. Zugegriffen: 23. Juli 2013

Dodge K, Gilroy F, Fenzel LM (1995) Requisite management characteristics revisited. Two decades later. J Soc Behav Pers 10:253–264

Edding C (2009) Die gute Herrschaft – Führungsfrauen und ihr Bild der Organisation. In: Fröse M, Szebel-Habig A (Hrsg) Mixed Leadership: Mit Frauen in die Führung. Haupt, Bern, S 167–182

Eichhorst W, Marx P, Tobsch V (2011) Familienfreundliche flexible Arbeitszeiten – ein Baustein zur Bewältigung des Fachkräftemangels. In: IZA Research Report No. 33. http://www.iza.org/en/webcontent/publications/reports/report_pdfs/iza_report_33.pdf. Zugegriffen: 5. März 2011

Fetz J, Köster U (2007) Teilzeit für Führungskräfte. Personalmagazin 04/07:32–35

Fiedler J (2013) Männerjobs sollen Mädchensache werden. http://www.zeit.de/karriere/beruf/2013-02/mint-foerderung. Zugegriffen: 23. Juli 2013

Fischer H, Rump J, Eilers S, Fleischer G, Heyn T, Holdenried H-U, Marquardt T, Mittorp K, Platzer P (2013) Unternehmen. In: Rump J, Walter N (Hrsg) Arbeitswelt 2030. Trends, Prognosen, Gestaltungsmöglichkeiten. Schäffer-Poeschel, Stuttgart, S 57–81

Funken C (2011) Managerinnen 50plus – Karrierekorrekturen beruflich erfolgreicher Frauen in der Lebensmitte. Eine Untersuchung der EWMD Deutschland e. V. im Auftrag des BMFSFJ. Berlin. http://www.bmfsfj.de/RedaktionBMFSFJ/Broschuerenstelle/Pdf-Anlagen/Managerinnen-50-plus,property=pdf,bereich=bmfsfj,sprache=de,rwb=true.pdf. Zugegriffen: 17. Juli 2013

Gratton L (2011) The shift. The future of work is already here. Collins, London

Gratton L, Kelan E, Voigt A, Walker L, Wolfram H-J (2007) Innovative potential: men and women in teams. The Lehman Brothers Centre for Women in Business. London Business School

Groysberg B, Bell D (2013) Dysfunction in the boardroom. Harvard Bus Rev June 2013:88–97

Günther S (2004) Führungsfrauen im Management: Erfolgsmerkmale und Barrieren in ihrer Berufslaufbahn. Berlin

GWK (Gemeinsame Wissenschaftskonferenz) (2011) Frauen in MINT-Fächern Bilanzierung der Aktivitäten im hochschulischen Bereich. Bonn. http://www.gwk-bonn.de/fileadmin/Papers/GWK-Heft-21-Frauen-in-MINT-Faechern.pdf. Zugegriffen: 23. Juli 2013

Holst E, Busch A (2010) Führungskräftemonitor 2010. Berlin. http://www.diw.de/documents/publikationen/73/diw_01.c.358490.de/diwkompakt_2010-056.pdf. Zugegriffen: 23. Juli 2013

Holst E, Busch A, Kröger L (2012) Führungskräftemonitor 2012. Update 2001–2010. Berlin. http://www.diw.de/documents/publikationen/73/diw_01.c.407592.de/diwkompakt_2012-065.pdf. Zugegriffen: 18. Juli 2013

Ibarra H, Ely R, Kolb D (2013) Women rising: the unseen barriers. Harvard Bus Rev September 2013:1600–1606

Kaiser S, Hochfeld K, Gertje E, Schraudner M (2012) Unternehmenskulturen verändern – Karrierebrüche vermeiden. Stuttgart. http://publica.fraunhofer.de/eprints/urn:nbn:de:0011-n-2171498.pdf. Zugegriffen: 18. Juli 2013

Koch A (2007) Teilzeitregelungen in Führungspositionen für Beschäftigte mit Kindern. Aus Politik und Zeitgeschichte 7:3–8

Krell G (2011) Geschlechterungleichheiten in Führungspositionen. In: Krell G, Ortlieb R, Sieben B (Hrsg) Chancengleichheit durch Personalpolitik. Gleichstellung von Frauen und Männern in Unternehmen und Verwaltungen. 6. Aufl. Gabler, Wiesbaden, S 403–422

Ladwig DH, Domsch ME (2009) Zuwachs an weiblicher Positionsmacht durch Qualitäts- und Prozessmanagement. In: Fröse MW, Szebel-Habig A (Hrsg) Mixed leadership: Mit Frauen in die Führung! Haupt, Bern, S 85–100

Lukoschat H, Bessing N (2004) Führungskräfte und Familie. Wie Unternehmen Work-Life-Balance fördern können. Ein Leitfaden für die Praxis. Baden-Baden

Maitland A, Thomson P (2011) Future work. How businesses can adapt and thrive in the new world of work. Palgrave Macmillan, London

McKinsey & Company (2007) Women matter: gender diversity, a corporate performance driver. http://www.europeanpwn.net/files/mckinsey_2007_gender_matters.pdf. Zugegriffen: 26. Juli 2013

McKinsey & Company (2008) Women matter 2: Female leadership, a competitive edge for the future. http://ww1.mckinsey.com/locations/paris/home/womenmatter/pdfs/Women_matter_oct2008_english.pdf. Zugegriffen: 22. Juli 2013

McKinsey & Company (2010) Women matter 2010: Women at the top of corporations. Making it happen. http://www.mckinsey.com/~/media/McKinsey/dotcom/client_service/Organization/PDFs/Women_matter_oct2010_english. Zugegriffen: 23. Juli 2013

Morgenstern C, Habermann C (2011) Praxisbeispiel Rheinland-Pfalz: Das Modellprojekt „Führen in Teilzeit". In: Krell G, Ortlieb R, Sieben B (Hrsg) Chancengleichheit durch Personalpolitik. Gleichstellung von Frauen und Männern in Unternehmen und Verwaltungen, 6. Aufl. Gabler, Wiesbaden, S 441–444

Ohlendieck L (2003) Die Anatomie des Glashauses: Ein Beitrag zum Verständnis des Glass-Ceiling-Phänomens. In: Pasero U: Gender – from costs to benefits. VS Verlag für Sozialwissenschaften, Wiesbaden, S 183–193

Rump J, Biegel I (2011) Employability und megatrends. Die Arbeitswelt im Wandel. In: Rump J, Sattelberger T (Hrsg) Employability Management 2.0. Einblick in die praktische Umsetzung eines zukunftsorientierten Employability managements. Verlag Wissenschaft & Praxis, Sternenfels, S 43–71

Sachverständigenkommission zum Achten Familienbericht (2011) Zeit für Familie. Familienzeitpolitik als Chance einer nachhaltigen Familienpolitik. Berlin. http://www.bmfsfj.de/RedaktionBMFSFJ/Abteilung2/Pdf-Anlagen/Achter-familienbericht,property=pdf,bereich=bmfsfj,sprache=de,rwb=true.pdf. Zugegriffen: 18. Juli 2013

Sachverständigenkommission zur Erstellung des Ersten Gleichstellungsberichtes der Bundesregierung, Fraunhofer-Gesellschaft zur Förderung der angewandten Forschung e. V. (2011) Neue Wege – Gleiche Chancen. Gleichstellung von Frauen und Männern im Lebensverlauf. Gutachten der Sachverständigenkommission an das Bundesministerium für Familie, Senioren, Frauen und Jugend für den ersten Gleichstellungsbericht der Bundesregierung. Zentrale Ergebnisse und Handlungsempfehlungen. Essen, München. http://www.bmfsfj.de/RedaktionBMFSFJ/Broschuerenstelle/Pdf-Anlagen/Erster-Gleichstellungsbericht-Neue-Wege-Gleiche-Chancen,property=pdf,bereich=bmfsfj,sprache=de,rwb=true.pdf. Zugegriffen: 18. Juli 2013

Sattelberger T (2011) Praxisbeispiel Telekom: Die Frauenquote – Qual der Entscheidung und der schwierige Weg vor uns. In: Krell G, Ortlieb R, Sieben B (Hrsg) Chancengleichheit durch Personalpolitik. Gleichstellung von Frauen und Männern in Unternehmen und Verwaltungen. 6. Aufl. Gabler, Wiesbaden, S 429 – 435

Schaffnit-Chatterjee C (2011) Auf dem Weg zur „gender-balanced leadership". Was nicht funktioniert hat – und was funktionieren könnte. Deutsche Bank Research. http://www.dbresearch.de/PROD/DBR_INTERNET_DE-PROD/PROD0000000000267540.pdf. Zugegriffen: 17. Juli 2013
Solga H, Pfahl L (2009) Wer mehr Ingenieurinnen will, muss bessere Karrierechancen für Frauen in Technikberufen schaffen. WZBrief Bildung, April 2009. http://bibliothek.wzb.eu/wzbrief-bildung/WZBriefBildung072009_solga_pfahl.pdf. Zugegriffen: 18. Juli 2013
SPIEGEL ONLINE Schulspiegel (2011) Jeder zweite Schüler schafft die Hochschulreife. http://www.spiegel.de/schulspiegel/wissen/0,1518,748622,00.html. Zugegriffen: 26. Juli 2013
Statistisches Bundesamt (2012a) Bildung und Kultur. Schnellmeldungsergebnisse der Hochschulstatistik zu Studierenden und Studienanfänger/-innen – vorläufige Ergebnisse -. https://www.destatis.de/DE/Publikationen/Thematisch/BildungForschungKultur/Hochschulen/SchnellmeldungWSvorlaeufig5213103138004.pdf?__blob=publicationFile. Zugegriffen: 18. Juli 2013
Statistisches Bundesamt (2012b) Frauen auf dem Arbeitsmarkt. Deutschland und Europa. Wiesbaden. https://www.destatis.de/DE/Publikationen/Thematisch/Arbeitsmarkt/Erwerbstaetige/BroeschuereFrauenMaennerArbeitsmarkt0010018129004.pdf?__blob=publicationFile. Zugegriffen: 22. Juli 2013
Statistisches Bundesamt (2013) Hochschulen auf einen Blick. Ausgabe 2013. https://www.destatis.de/DE/Publikationen/Thematisch/BildungForschungKultur/Hochschulen/BroschuereHochschulenBlick0110010137004.pdf?__blob=publicationFile. Zugegriffen: 18. Juli 2013
Stock-Homburg R (2008) Personalmanagement. Theorien – Konzepte – Instrumente. Gabler, Wiesbaden
Szebel-Habig A (2009) Mixed Leadership: eine Kosten-Nutzen-Betrachtung. In: Fröse M, Szebel-Habig A (Hrsg) Mixed leadership: Mit Frauen in die Führung. Haupt, Bern, S 59–83
TUM (Technische Universität München) (2013) Fröhlichen Frauen wird kein Führungswille zugetraut – stolzen schon. Pressemeldung vom 03.06.2013. http://www.tum.de/die-tum/aktuelles/pressemitteilungen/kurz/article/30864/. Zugegriffen: 12. Aug 2013
Universum Communications AG (Hrsg) (2009) Universum professional survey 2009. Stockholm.
Walter N, Fischer H, Hausmann P, Klös HP, Lobinger T, Raffelhüschen B, Rump J, Seeber S, Vassiliadis M (2013) Die Zukunft der Arbeitswelt. Auf dem Weg ins Jahr 2030. Stuttgart. http://www.bosch-stiftung.de/content/language1/downloads/Studie_Zukunft_der_Arbeitswelt_Einzelseiten.pdf. Zugegriffen: 24. Juli 2013
Wippermann C (2010) Frauen in Führungspositionen: Barrieren und Brücken. Eine Untersuchung der Sinus Sociovision GmbH im Auftrag des BMFSFJ. Berlin. http://www.bmfsfj.de/RedaktionBMFSFJ/Broschuerenstelle/Pdf-Anlagen/frauen-in-f_C3_BChrungspositionen-deutsch, property=pdf,bereich=bmfsfj,sprache=de,rwb=true.pdf. Zugegriffen: 17. Juli 2013
Wittenberg-Cox A (2010) How women mean business. John Wiley & Sons, Chichester
Wittenberg-Cox A, Maitland A (2009) Why women mean business. John Wiley & Sons, Chichester

Lebensstile

Die „dritte Dimension" einer modernen Personalpolitik?

Birgit Weinmann, Antje Leist und Janina Boerckel

Zusammenfassung

Bereits heute sind Unternehmen mit dem Management der Vielfalt privater Belange befasst, die es sowohl bezogen auf das Individuum als auch auf die Zusammenarbeit von Teams mit den unternehmensbezogenen Anforderungen zu integrieren gilt. Lebensphasenorientierte Personalkonzepte haben zum Ziel, diese Entwicklung proaktiv zu gestalten und gelten inzwischen als „State of the Art" moderner Personalpolitik.

Die Hypothese diese Beitrages ist, dass Unternehmen ihre Personalarbeit zukünftig nicht nur familienbewusst und lebensphasenorientiert gestalten müssen, sondern dass die Weiterentwicklung einer attraktive und zukunftsorientierten Personalarbeit die Lebensentwürfe und Lebensstile der Beschäftigten mit ins Kalkül zieht. Dies erfolgt einzelfallbezogen zwar bereits heute, die systematische Analyse und strategisch ausgerichtete Anreicherung von Instrumenten einer individualisierten familien- und lebensphasenbewussten Personalarbeit um die Aspekte „Lebensentwurf" und „Lebensstil" steht jedoch noch aus.

B. Weinmann (✉)
berufundfamilie Service GmbH
Frankfurt am Main, Deutschland
E-Mail: b.weinmann@berufundfamilie.de

A. Leist
berufundfamilie Service GmbH
Frankfurt am Main, Deutschland

J. Boerckel
berufundfamilie Service GmbH
Frankfurt am Main, Deutschland

J. Rump, S. Eilers (Hrsg.), *Lebensphasenorientierte Personalpolitik*, IBE-Reihe,
DOI 10.1007/978-3-642-41665-1_4, © Springer-Verlag Berlin Heidelberg 2014

1 Vom Arbeitgeber- zum Arbeitnehmermarkt: Personalpolitik im demografischen Wandel

Martialisch ausgerufen wurde er schon im Jahr 1997, der „War for Talent" (vgl. Michaels et al. 1997). Inzwischen gibt es ihn bereits in der Version 2.0, denn er wird nicht länger nur in Diskussionsrunden zu Felde geführt, sondern die angekündigten Auswirkungen sind in der Unternehmensrealität deutlich spürbar: Waren Fachkräftemangel und Rekrutierungsprobleme in der Vergangenheit vor allem vom sogenannten „Mismatch-Problem" bestimmt, d. h. der fehlenden Passung von Anforderungsprofil und Bewerberqualifikation, so kommt nun der demografische Effekt hinzu: Je nach Branche und Region zwar in unterschiedlicher Stärke, im Gesamttrend jedoch steigend.

Ein Blick auf die demografischen Prognosen zeigt, dass die Bevölkerungszahl in Deutschland von derzeit rund 81,8 Mio. (2011) bis zum Jahr 2060, je nach Variante der so genannten „mittleren Bevölkerung", auf rund 70 Mio. (Obergrenze) bzw. knapp 65 Mio. (Untergrenze) schrumpfen wird. Besonders markant gestaltet sich die Abnahme der Bevölkerung im erwerbsfähigen Alter (15–65 Jahre): Hier beläuft sich der Rückgang auf rund 35 %. Umfasste diese Altersgruppe im Jahr 2011 noch 54,1 Mio., so werden im Jahr 2060 nur rund 35 Mio. Menschen im erwerbsfähigen Alter sein (vgl. Statistisches Bundesamt 2009).

Zugleich werden im Zuge der Alterung der Bevölkerung das Durchschnittsalter der Personen im erwerbsfähigen Alter und damit auch das Durchschnittsalter der Belegschaften deutlich ansteigen. Die Kumulation dieser Prozesse stellt viele Unternehmen vor erhebliche Herausforderungen: Gesunderhaltung alternder Belegschaften, Rekrutierung von Auszubildenden[1], Bindung qualifizierter Fach- und Führungskräfte im Unternehmen und gleichzeitig Gewinnung qualifizierter Nachwuchskräfte.

Arbeitgeber müssten angesichts dieser Entwicklung ein grundsätzliches Interesse daran haben, ihre Stammbelegschaft zu halten, so die Schlussfolgerung einer Studie aus dem Jahr 2011: Für das Jahr 2020 prognostiziert McKinsey eine Lücke von zwei Millionen Arbeitskräften. Die daraus resultierende Empfehlung ist weitreichend: Unternehmen sollten vor diesem Hintergrund lieber auf Gewinne verzichten, als kurzfristig Personal freizusetzen (vgl. McKinsey 2011).

In diesem Kontext belegen die Teilnahme an Zertifizierungen, Rankings, Wettbewerben und Auszeichnungen sowie die umfangreichen Veranstaltungsangebote zum Thema: Man will nicht nur „Wunscharbeitgeber werden", sondern möglichst lange bleiben. Als ein zentrales Element der Arbeitgeberattraktivität hat sich dabei die familienbewusste Personalpolitik erwiesen.

---

[1] Im Zuge einer rückläufigen Zahl junger Menschen und einer höheren Neigung zum Studium gestaltet sich der Ausbildungssektor bereits heute problematisch.

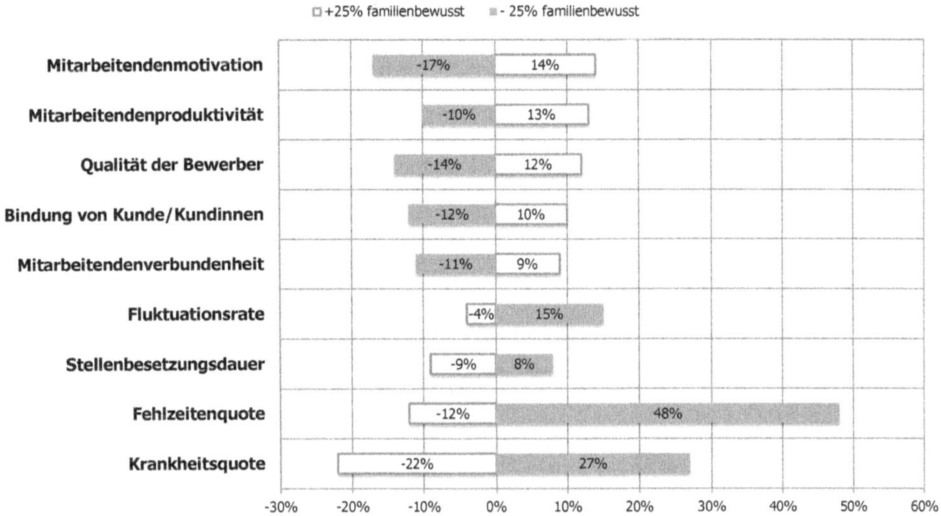

Abb. 1 Betriebswirtschaftliche Effekte einer familienbewussten Personalpolitik; Prozentuale Abweichung vom Mittelwert der 25 % wenig (-) und 25 % hoch (+) familienbewussten Unternehmen ausgewählte Kennzahlen

2 Vom Störfall zum Business Case: Vereinbarkeit Beruf, Familie und Privatleben

Die Vereinbarkeit von Beruf, Familie und Privatleben ist vor diesem Hintergrund von der guten sozialen Tradition zum harten „Business Case" geworden. Die positive Wirkung auf die Unterstützung der intendierten Unternehmensziele und Kennzahlen ist hinreichend analysiert, vgl. Studie des Forschungszentrums Familienbewusste Personalpolitik (Abb. 1, Gerlach et al. 2013, S. 63).

Gleichzeitig ist der Stellenwert familienbewusster Personalpolitik für Beschäftigte hoch und in den letzten Jahren weiter gestiegen (Abb. 2, BMFSFJ / Erfolgsfaktor Familie 2010, S. 8).

Die Handlungsfelder einer strategisch aufgestellten familienbewussten Personalpolitik sind Leistung, Dialog und Kultur (Abb. 3, Schneider et al. 2008, S. 31 ff.).

Bei der Betrachtung des Handlungsfeldes „Leistung" wird das sichtbare quantitative Angebot an Maßnahmen in den Blick genommen, das Arbeitgeber ihren Beschäftigten zur Unterstützung der Vereinbarkeit von Beruf, Familie und Privatleben bieten. Für die Qualität ist von Bedeutung, ob diese Angebote der strategischen Ausrichtung des Themas im Unternehmen folgen, an den Bedarfslagen der Belegschaft orientiert sind und kontinuierlich evaluiert und gegebenenfalls angepasst werden.

Im Handlungsfeld „Dialog" geht es um die Art und Weise, wie das Thema zwischen Führungskräften, mit Mitarbeitern, in den Teams sowie im gesamten Unternehmen be-

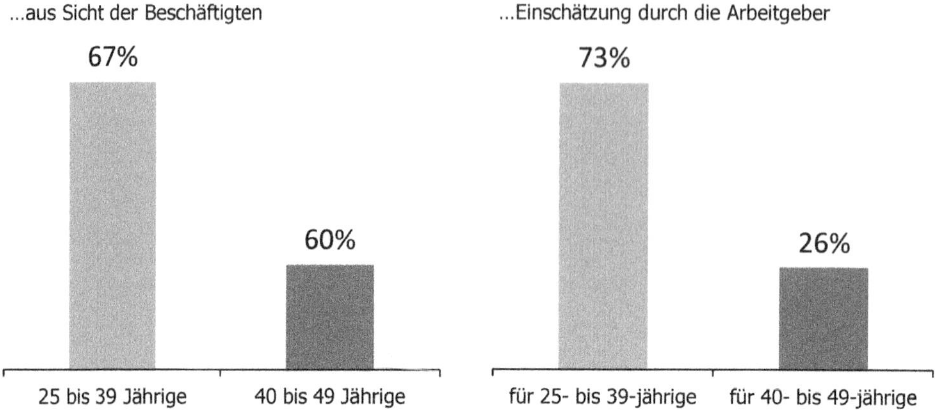

Abb. 2 Wechselbereitschaft jüngerer und älterer Beschäftigter – Antworten „trifft voll und ganz zu" und „trifft zum Teil zu", in Prozent der Befragten

sprochen und kommuniziert wird. Gemeint ist damit nicht nur eine adäquate Reaktion auf ad hoc auftretende Vereinbarkeitsbedürfnisse der Mitarbeiter, sondern auch die systematische Erfassung, Analyse, Interpretation und Bereitstellung der Informationen über grundsätzliche Vereinbarkeitsanliegen in der Belegschaft (vgl. Schneider et al. 2008, S. 8 f.). Kennt die Führungskraft die familiären Lebensumstände ihrer Beschäftigten und verfügt sie über eine entsprechende kommunikative Kompetenz sowie die Fähigkeit, zeitkritische Entscheidungen ergebnis- und mitarbeiterorientiert zu treffen? In diesem Fall können familiäre Anliegen, die den Arbeitsplatz betreffen, von den Mitarbeitern offen angesprochen werden, unter Umständen Fehlzeiten durch Flexibilität in der Arbeitsort- und Arbeitszeitorganisation reduziert und stellenweise sogar vermieden werden. Die Bereitschaft gemeinsam nach einer Lösung zu suchen, ist ein wichtiger Aspekt des Dialogs. Dazu gehört aber auch die Akzeptanz, dass es nicht immer eine Lösung im Sinne des Mitarbeiters geben kann, wenn betriebliche Belange dieser entgegenstehen. Ebenso bedarf es einer offenen Kommunikation im Team, um Verständnis für individuelle Situationen, daraus resultierende Bedarfe und damit einhergehend die Bereitschaft zur Unterstützung zu fördern. Teil des Dialogs ist dabei auch, den Aspekt von „Geben" und „Nehmen" offen anzusprechen und im Handeln aller Beteiligten einzufordern, d. h. dass auch die Beschäftigten mit aktiven Betreuungsaufgaben ihren Beitrag im Arbeitsalltag leisten.

Die Summe aller betrieblichen Selbstverständlichkeiten wird wiederum im Handlungsfeld „Kultur" betrachtet. Dabei stellt sich die Frage nach der Akzeptanz familiärer Verpflichtungen und deren Auswirkungen auf die betrieblichen Abläufe, sowohl durch Führungskräfte wie durch die Belegschaft im Team. Unternehmensleitbilder dienen hierbei häufig als „Wertnormierungen". Mit Bezug auf die Personalentwicklung wird die Kultur dahingehend betrachtet, ob Aufstiegs- und Entwicklungschancen unabhängig von der individuell geprägten Familiensituation von Beschäftigten vorhanden sind und ergriffen werden (können). Ebenso wird berücksichtigt, wie die Prozesse rund um familiär bedingte Auszeiten gestaltet und begleitet werden. Wichtigste Treiber der Kultur sind die Führungs-

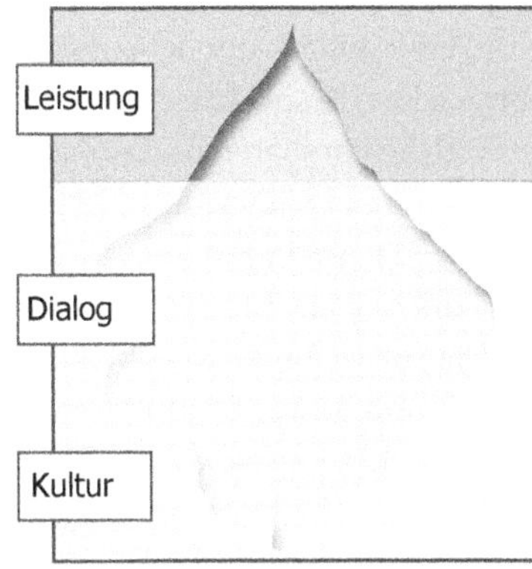

Abb. 3 Ebenen einer strategisch ausgerichteten familienbewussten Personalpolitik

kräfte, die im Arbeitsalltag meist zeitkritische Entscheidungen unter Berücksichtigung eigener Zielvorgaben und ergebnis- und mitarbeiterorientiert treffen müssen. Sie benötigen eine klare Haltung und ein deutliches Commitment zum Thema von der Unternehmensleitung, verbunden mit Handlungsspielräumen, um die notwendige Flexibilität auf der operativen Ebene gestalten zu können.

3 Von der Indifferenz zum Agenda Setting: Familien- und Lebensphasen

Unternehmen sind an einer qualitativen Leistungserbringung zu möglichst geringen Kosten zum richtigen Zeitpunkt am richtigen Ort orientiert. Die klassische Personalentwicklung orientiert sich daher in erster Linie an den tätigkeitsbezogenen Anforderungen.

Der laufbahnbezogene Mitarbeiterzyklus betrachtet in diesem Kontext, verkürzt formuliert, die berufsbezogenen Entwicklungsphasen wie (Wieder-) Einstieg, Umstieg, Aufstieg, (temporärer)Ausstieg. Für die Rekrutierung sind zusätzlich die Phase der Berufsvorbereitung sowie zunehmend auch die nachberufliche Phase von Interesse. Berufsphasen stellen in diesem Sinne die „erste Dimension" der betrieblichen Personalarbeit dar.

Ausschließlich laufbahnbezogene Planungskonzepte konnten in der Vergangenheit jedoch nur so lange ohne Berücksichtigung familiärer und privater Belange umgesetzt werden, wie am Arbeitsmarkt eine ausreichende Menge von Arbeitskräften und Karriereaspiranten zur Verfügung stand, die bereit waren, die Entscheidung „Beruf oder Familie" zu treffen bzw. private Belange zurückzustellen.

Andererseits wurden individuelle Ziele und Bedürfnisse als wichtige Faktoren der Mitarbeiterproduktivität im Zuge der aufgaben- und mitarbeiterorientierten Führungsstiltheorien erkannt und in den Betrieben entsprechend umgesetzt (vgl. Becker 2009, S. 325).

Die Indifferenz einer eindimensionalen berufsphasenbezogenen Perspektive gegenüber familiären Lebensformen und dem Lebensentwurf des Einzelnen wurde durch die Integration der familien- und lebensphasenbezogenen Perspektive weiter aufgelöst. Die Entwicklung dieser Perspektive stellt die „zweiten Dimension“ der modernen Personalpolitik dar.

Welche familiären und privaten Belange nun in welcher Intensität mittels welcher Rahmenbedingungen wann zu berücksichtigen oder zu unterstützen sind, ergibt sich zunächst aus den einschlägigen gesetzlichen Regelungen, wie z. B. rund um die Familiengründung, die Fürsorge um Kinder oder die Pflege von Angehörigen.

Die Ausweitung auf weitere Handlungsfelder in den dargestellten Aspekten Leistung, Dialog und Kultur resultiert jeweils daraus, welche Ziele das Unternehmen mit dem entsprechenden Engagement verfolgt: Soll Produktivität und Arbeitgeberattraktivität durch eine spezifische Unternehmenskultur entstehen, deren Ziel es ist, dass Mitarbeiter sich wohl fühlen, motiviert und gerne zur Arbeit gehen, Wertschätzung und Anerkennung in ihren individuellen Lebensbezügen erfahren oder steht die Lösung von sozialen Problemen im Vordergrund. Soll Hilfe zur Selbsthilfe geleistet werden oder versteht das Unternehmen die Vereinbarkeit als Dienstleistungsangebot für die Beschäftigten mit „Full-Service-Paket“?

Die Bandbreite in der Ausrichtung der jeweiligen familienbewussten Personalpolitik ist entsprechend hoch. Im günstigsten Fall kann sie als Ausdruck der Unternehmenskultur und als strategischer Wettbewerbsvorteil sogar Alleinstellungsmerkmale aufweisen. Praktisch beginnt sie bereits mit der scheinbar banalen Frage, für wen die Angebote gelten und damit wer zum Kreis der Familie und was zum Privatleben zählt.

„Familie ist da, wo man ungefragt an den Kühlschrank gehen kann.“ (Steinle 2011), dieser vielzitierte humoristisch gemeinte Satz, versucht die Vielfalt der realen Familienkonstellationen zu beschreiben, was mit den klassischen Verwandtschaftsverhältnissen unter Umständen kaum noch möglich ist (vgl. Peukert 2012, S. 21).

Auch mit der Pluralisierung der Lebensformen ist Familie für Menschen aller Altersklassen von hoher Bedeutung (vgl. Albert et al. 2010; Wissenschaftszentrum für Sozialforschung Berlin (WZB)/Statistisches Bundesamt 2011). Für die einen sind es die Kinder, für die anderen die Eltern, wieder andere nehmen als ihre Familie das persönliche Umfeld im Privatleben wahr. Veränderungen in diesem Lebensbereich haben unmittelbare Auswirkungen auf die Arbeitswelt des jeweils Betroffenen. Umgekehrt schlagen sich Veränderungen in der Arbeitswelt – positiv wie negativ – direkt im privaten Umfeld nieder.

„Familie“ ergibt sich jedoch nicht von selbst. In familiären Konstellationen treffen mehrere individuelle Lebensführungen mit unterschiedlichen Strukturen, Bedürfnissen und Interessen aufeinander, die miteinander ausbalanciert werden müssen (vgl. Schierk und Jurczyk 2007, S. 10). „Doing Family“ bedeutet, dass das gemeinsame Ganze immer wieder aktiv hergestellt werden muss (Schierk und Jurczyk 2007, S. 10): „Um Fürsorgeleistungen zu erbringen und soziales Leben in Familien überhaupt zustande kommen zu lassen, benötigt Familie ein Minimum an planbarer, stabiler und verlässlicher Rahmenbedingungen. Ebenso müssen diese aber flexibel genug sein, um auf die im Alltag und im Lebenslauf wechselnden Bedürfnisse von Familien reagieren zu können.“ (Schierk und Jurczyk 2007, S. 11 f.).

Dessen sind sich Arbeitgeber bewusst, wenn sie eine mitarbeiterorientierte Personalpolitik anbieten. Flexible Arbeitszeitgestaltung und Zeitsouveränität in Abhängigkeit von den betrieblichen Rahmenbedingungen sind wesentliche Leistungsaspekte einer familienbewussten Personalpolitik. Die lebensereignis- oder lebensphasenorientierte Personalpolitik geht daher auf die unterschiedlichen Anforderungen und Situationen im Lebenszyklus ein.

Dabei gilt es immer, die Balance zwischen Unternehmensinteressen und Mitarbeiterbelangen im Blick zu behalten und die notwendigen Flexibilitätsanforderungen auf beiden Seiten bei der Gestaltung des Arbeitsalltags und der Karrierewege ausgewogen zu berücksichtigen. Leistungs- und Werteorientierung sind dabei wichtige Schlüsselfaktoren, die besonders von den Führungskräften verinnerlicht werden müssen, um zu einer erfolgreichen Unternehmenskultur zu finden.

Dabei werden je nach strategischer Ausrichtung und Ausstattung der entsprechenden Verantwortungsbereiche ein Kanon vielfältiger Lebensphasen und Lebensereignisse definiert, die Arbeitgeber auf Basis ihrer Unternehmensstrategie unterstützen.

Konkret zeigt sich dies im betrieblichen Alltag darin, welche persönlichen Belange als Anspruch formuliert, eingebracht oder verhandelt werden können oder als selbstverständlich im Sinne einer gelebten Unternehmenskultur gelten.

Alles was ein Unternehmen explizit benennt und strategisch unter den Begriffen Vereinbarkeit von Beruf, Familie und Privatleben subsummiert, ist damit offiziell Teil der Vereinbarkeitsagenda und wird bei einer systematischen Personalarbeit in Dialog, Leistung und Kultur integriert.

In der Regel sind die zur Verfügung gestellten Instrumente auf einen zu erwartbaren sozialen Verlauf einer Lebensphase abgestellt, den „Normalfall“ und die häufigsten Bedarfe.

(siehe hierzu auch das Kapitel „Die Lebensphasenorientierte Personalpolitik“)

4 Vielfalt statt mehr vom Selben: Lebensentwürfe und Lebensstile

Das Konzept der Lebensphasen hat die biografischen Phasen im Lebens(ver)lauf und ihre Übergänge im Blick. Innerhalb gleichartiger Lebensphasen können wiederum verschiedene Lebenslagen auftreten, die milieu- und geschlechtsspezifisch sowie ethnisch geprägt sind. Während die einzelnen Phasen und Übergänge früher standardisierter waren, verwischen die Grenzen zunehmend: Lebensphasen entstandardisieren sich und Übergänge sind schwieriger zu bestimmen (vgl. Tippelt und Hippel 2005, S. 33 ff.).

Gleichzeitig sind in der betrieblichen Praxis immer mehr Aspekte familien- und lebensphasenbewusster Personalpolitik zu integrieren. Im Ergebnis sind sie als Ausnahmefälle und individuelle Absprachen zu berücksichtigen. Gelegentlich erfolgt sogar ein bewusster Verzicht auf explizite Regelungen, weil der Handlungsspielraum damit eingeschränkt und der Ausnahmefall schon antizipiert wird. Andere Anspruchsgruppen, wie Beschäftigte ohne unmittelbare Familienaufgaben, fühlen sich wiederum ausgeschlossen, selbst ohne konkrete Bedarfe, weil es für „ihre Lebensphase“ keine Angebote und auch keinen Dialog

Abb. 4 Die Dimensionen moderner Personalpolitik

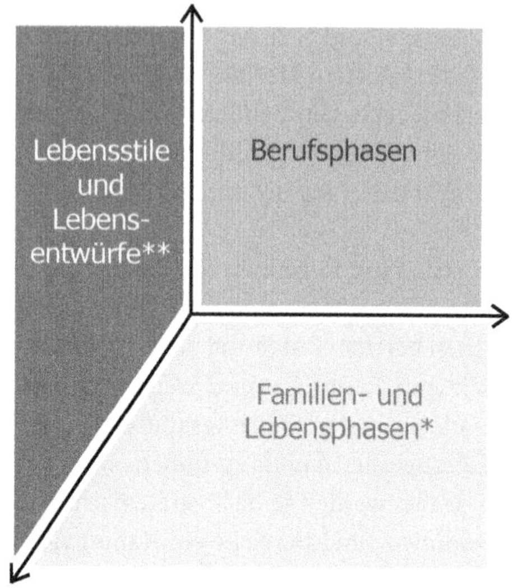

über ihre Anliegen gibt. Häufig kommt es deshalb zu mehr oder weniger aufwändigen Aushandlungsprozessen zwischen Führungskräften und Mitarbeitern im Team mit entsprechenden „Aufrechnungen", die in jedem Team anders ausfallen können. Kompensiert die Möglichkeit, eine mehrwöchige Fernreise tätigen zu können, für einen kinderlosen Kollegen, die Tatsache, dass er länger bleibt, weil der Kollege täglich das Kind um 16.00 Uhr von der Kita abholen muss?

Wie viel Differenzierung ist nun notwendig und für Unternehmen und Führungskräfte leistbar? Wie kann die mögliche Varianz beschrieben werden? Welche Konsequenzen ergeben sich daraus für die Personalarbeit, für Führung und Zusammenarbeit? Hier kommt das Konzept der Lebensstile und Lebensentwürfe zum Tragen (Abb. 4).

Lebensstile haben im Marketing, der Markt- und der Wahlforschung Eingang in die Praxis gefunden und sich dort erfolgreich etabliert. Dabei bezieht sich die Analyse von Lebensstilen auf das konkrete Verhalten von Personen (vgl. Otte und Rössel 2011, S. 12).

Das Lebensstilkonzept fragt danach, wie Menschen ihren Alltag gestalten und organisieren. Hierzu gehören das Freizeitverhalten, Formen der Kulturrezeption (Film- oder Musikgeschmack) oder Wertorientierungen (bspw. die Ausprägung von Pflicht- und Akzeptanzwerten). Dabei geht es nicht um einzelne Handlungen, sondern um Muster der Alltagsorganisation, die einen Zusammenhang bilden. Sie haben expressiven Charakter, bringen damit etwas zum Ausdruck und sind nach außen sichtbar. Es handelt sich damit „um ein Muster verschiedener Verhaltensweisen, die eine gewisse formale Ähnlichkeit und biografische Stabilität aufweisen, Ausdruck zugrunde liegender Orientierungen sind und von anderen Personen identifiziert werden können." (Otte und Rössel 2011, S. 13). Lebensstile sind an der Schnittstelle von Beruf, Familien- und Haushaltsarrangements und

Freizeit zu verorten. Ob diese inhaltlich räumlich oder sozial getrennt werden oder verwoben, ist eine Facette des Lebensstils (vgl. Otte und Rössel 2011, S. 14).

Ein Beispiel hierfür ist der vom Soziologen Karl H. Hörning zu Beginn der 1990er in den Diskurs eingeführte Lebensstil der „Zeitpioniere". Zeitpioniere pflegen einen sorgfältigen Umgang mit ihrer Zeit als einer knappen Ressource, die sie durch flexibilisierte und verkürzte Arbeitszeiten erkämpft haben. Die so gewonnene Zeit wird nicht für andere Aufgaben eingesetzt, sondern dient dazu, mehr Zeit für sich selbst zu haben (vgl. Hörning et al. 1990).

Die Zeitpioniere lassen sich, wie viele andere Formen pluralisierter Lebensstile, in den Kontext der Individualisierungsthese verorten.

Die Individualisierung stellt neben der bereits angeführten demographischen Entwicklung einen weiteren gesellschaftlicher Trend dar, der sich als Treiber auf die Vereinbarkeit von Beruf, Familie und Privatleben auswirkt. Gekennzeichnet ist dieser Trend nach Ulrich Beck u. a. durch die Freisetzung der Individuen aus tradierten Sozialformen, Herrschafts- und Versorgungszusammenhängen und dem damit einhergehenden Verlust von normierter Handlungssicherheit (vgl. Beck 1983). Diese Entwicklung lässt sich auch im Hinblick auf die Vereinbarkeit von Beruf und Familie als eine „riskanten Chance" (vgl. Keupp 1993) definieren, die sich sowohl in einer größeren Freiheit/Individualität, aber auch in mehr Entscheidungsdruck manifestieren kann.

So tritt das Normalarbeitsverhältnis (der Beruf auf Lebenszeit) als Beschäftigungsform immer mehr zurück, flexible Formen nehmen zu (vgl. Becker und Beck 2012, S. 18). Anhand zweier Beispiele aus der Forschung lassen sich diese Tendenzen mit konkreten Typisierungen fassen:

Die neuen Lebensstilgruppen, die einen stark individualisierten Lebensentwurf pflegen und sich in der Regel bewusst aus klassischen Rollen herausbewegen beschreibt das Zukunftsinstitut mit den Lebensstilen 2020. Identifiziert werden 11 Lebensstil-Typen als gesellschaftliche Innovatoren. Dazu gehören beispielsweise die „Latte-Macchiato-Familien", die einen urbanen Lebensstil pflegen und dabei Beruf und Familie gut organisiert miteinander vereinbaren wollen oder die „VIB-Familien" (very important Baby) mit dem späten Wunschprojekt „Kind", intensiver Frühförderung und Helikopter-Verhalten ebenso wie die neuen „Super-Daddys", als Helden der Gefühls- und Hausarbeit oder die „Smarten Weltbürger", die Viel- und Überflieger der jüngeren Generation, um nur einige zu nennen (vgl. Dziemba et al. 2007).

Eine prominente Rolle im Diskurs um die Lebensstilforschung spielen die bekannten Sinus-Milieus. Sie umfassen hauptsächlich zugrunde liegende Einstellungsvariablen. Soziale Milieus fassen Menschen in ähnlicher sozialer Lage und mit ähnlichen Werthaltungen, Lebensauffassungen zusammen. Sie sind Einheiten innerhalb der Gesellschaft (vgl. Tippelt und Hippel 2005, S. 33 ff.). In verschiedenen Milieus lassen sich bestimmte Geschlechterbilder identifizieren, die sich im Alltag in geschlechtsspezifischen oder egalitären Tätigkeitsmustern zeigen (vgl. Baur und Akremi 2011, S. 289). Sie verteilen sich vertikal entlang der Achse „Ausstattungsniveau". Hierzu zählen zum Beispiel die Bildung, das Einkommen oder das Berufsprestige und horizontal entlang der Achse „Modernität/ biografische Perspektive".

Auf der theoretischen Ebene haben sich in der Lebensstilforschung im deutschsprachigen Raum zwei Paradigmen herausgebildet: Das Differenzierungsparadigma versucht die Individualisierungsthese in ein nicht vertikal ausgerichtetes Sozialstrukturmodell zu integrieren. Im Fokus steht hier die Analyse verschiedener Milieus und ihrer jeweiligen Lebensstile auf einer horizontalen Achse.

Dem steht das vertikale Paradigma gegenüber, in dem Lebensstile als Resultat von Schicht-/Klassenzugehörigkeiten und somit in unmittelbarer Abhängigkeit von der Sozialstruktur verortet werden (vgl. Linder 2012, S. 94 ff).

Ein Blick in die Empirie macht die Berechtigung und Reichweite beider Paradigmen ersichtlich: So lässt sich besonders an mittleren Statuslagen ablesen, dass eine ähnliche Ressourcenausstattung zu unterschiedlichen Lebensstilen führen kann. Zugleich muss jedoch auch betont werden, dass Lebensstile auch in Zeiten der Individualisierung nicht das Ergebnis eines individuellen Entscheidungsprozesses sind, sondern immer in einem Zusammenhang mit sozialen Strukturen stehen (vgl. Linder 2012, S. 128 ff.).

Für eine personalpolitische Perspektive auf die Thematik sind die strukturellen Ursachen unterschiedlicher Lebensstile oder der damit in verbindungstehende sozialen Status allerdings wenig relevant. Jenseits der beiden Paradigmen ist hier für die Integration des Lebensstilbegriffs der horizontale Blick auf die Verteilung von Milieus oder Lebensstilen interessant und angebracht. Im Fokus steht dabei, Präferenzen in der Gestaltung des jeweiligen Lebensentwurfs aus den Lebensstilen abzuleiten. Zugleich führt der horizontale Blick zu einer wertungsfreien Perspektive auf die unterschiedlichen Bedarfe.

Die aus den Lebensstilen abgeleiteten Lebensentwürfe können als Weichenstellungen bei der Gestaltung von Berufs-, Lebens- und Familienphasen gesehen werden. Sie steuern Idealvorstellungen, Verhaltensweisen und Entscheidungsprozesse, wodurch sie ein wichtiger Schlüssel für eine zukunftsfeste und adressatengerechte Personalplanung sind.

Das Aufeinandertreffen unterschiedlicher Lebensentwürfe fordert sowohl innerhalb der Teams wie auch in der Wahrnehmung der Führungsaufgabe Sensibilität und die Bereitschaft, auch dem eigenen Lebensentwurf konträre Lebensentwürfe im Hinblick auf die arbeitsplatzbezogenen Fragen zu unterstützen. Dabei ist die Unternehmenskultur maßgeblich für die Art des Umgangs miteinander.

In individuellen und mittelfristig stabilen Lebensentwürfen kommen die angestrebte Laufbahnplanung und der als optimal empfundene Erwerbsumfang des einzelnen zum Ausdruck. Ein Lebensentwurf enthält beispielsweise Antworten auf die Fragen: Wie lange möchte ich erwerbstätig sein und in welchem Umfang? Steige ich noch (deutlich) vor dem gesetzlichen Renteneintrittsalter aus dem Erwerbsleben aus, um mir meinen Jugendtraum zu erfüllen oder um mich ehrenamtlich zu engagieren? Plane ich, auch nach Abschluss der Familienplanung wieder in Vollzeit erwerbstätig zu sein? So weisen zum Beispiel insbesondere Höherqualifizierte eine höhere Streuung bezogen auf den Übergang in den Ruhestand auf. Es werden dabei auch finanzielle „Abschläge" in Kauf genommen, um früher in die späte Freiheit einzutreten (vgl. Peukert 2012, S. 631). Unternehmen stehen hier in Konkurrenz zu attraktiven und vor allem realisierbaren Alternativen.

Abb. 5 Zusammenhang von Familienphase, Lebensphase und Lebensstil

Daraus resultiert die Annahme, dass unterschiedliche Lebensentwürfe und Lebensstile mit einer unterschiedlichen Erwartungshaltung an die Vereinbarkeit von Beruf, Familie und Privatleben korrespondieren und andere Maßnahmen hinsichtlich der hinsichtlich der Leistungsangebote, des Dialogs und der Kultur verlangen.

So kann das Angebot der Unterstützung bei der Kinderbetreuung oder von haushaltsnahen Dienstleistungen in einem Fall als hilfreich empfunden werden, im anderen Fall als Erwartungsdruck zum „Wegorganisieren" von Familienaufgaben. Wenn eine Führungskraft eine Mitarbeiterin mit kleinen Kindern bewusst nicht mit Reisetätigkeiten oder sehr anspruchsvollen Aufgaben „belastet", kann das Subjektiv als Einschränkung persönlicher Entwicklungsmöglichkeiten erlebt werden oder als positives Entgegenkommen des Arbeitgebers (Abb. 5, eigene Darstellung).

Die Integration von individuellen Lebensentwürfen oder Lebensentwürfen in die familien- und lebensphasenbewusste Personalpolitik ist konzeptionell, organisatorisch und führungsbezogen ein neuer Ansatz, der die familien- und lebensphasenbewusste Personalarbeit ergänzt.

Ziel ist es, Muster zu identifizieren, anhand derer eine weitere Differenzierung hinsichtlich der Aspekte Leistung, Dialog und Kultur sinnvoll ist und einen Mehrwert für das Unternehmen bringt, aber auch wo eine Entdifferenzierung sinnvoll ist.

Somit wird die Achse der Lebensentwürfe und Lebensstile neben der laufbahnbezogenen Berufsphase, dem Familienstatus und der Lebensphase als die „dritte Dimension" einer familien- und lebensphasenbewussten Personalpolitik bezeichnet.

Hierzu sind Informationen über die in der Belegschaft vorherrschenden Lebensstile und der durch sie geprägten Lebensentwürfe notwendig. Um an diese Informationen zu gelangen ist die Durchführung einer Explorationsstudie vorgesehen. Zu dieser Fragestellung liegen bisher keine Forschungsergebnisse vor (Abb. 6, eigene Darstellung).

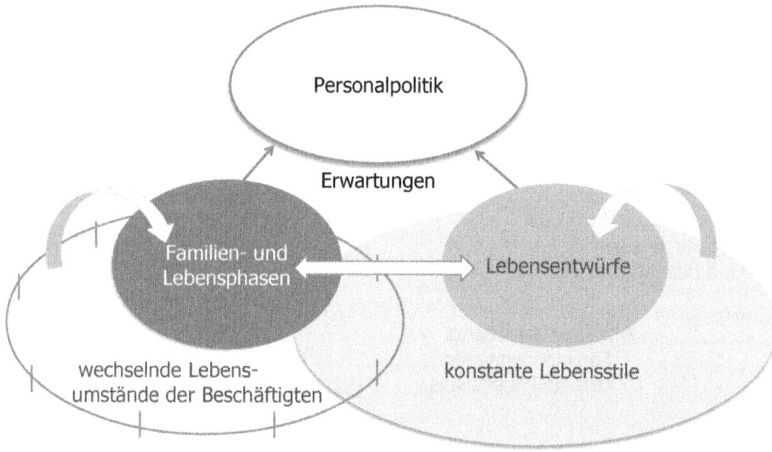

Abb. 6 Auswirkungen von Familien- und Lebensphasen sowie Lebensentwürfen auf die Personalpolitik

5 Ausblick: Maßgeschneiderte Personalarbeit mit Lebensstilen

Wie kann der gordische Knoten: „Passt mein Leben zu meiner Arbeit und passt meine Arbeit zu meinem Leben“ (Benko und Weisberg 2009, S. 29), so von Arbeitgebern und Arbeitnehmern aufgelöst werden, damit beide maximalen Nutzen daraus ziehen?

Für die postmoderne Arbeitswelt gilt es, „...personalwirtschaftliche Instrumente zu entwickeln, die geeignet sind, die veränderte Lebenswelt so zu gestalten, dass die Mitarbeiter ihren Lebensstil praktizieren können und trotzdem motiviert und engagiert arbeiten.“ (Becker und Beck 2012, S. 1). Insgesamt, so konnte in einer empirischen Studie an der Universität Halle gezeigt werden, wirkt eine maßgeschneiderte Personalpolitik positiv. Sie führt zur Reduktion von Anspannung und Orientierungslosigkeit sowie zur Steigerung beruflicher Selbstwirksamkeitserwartung, Eigeninitiative und innovativem Verhalten (vgl. Becker und Beck 2012, S. 118). Standardprogramme sind gemäß den Ergebnissen abzulehnen. Viele Instrumente der individualisierten Führung und Personalarbeit sind bereits vorhanden. Zielvereinbarungen, strukturierte Mitarbeitergespräche, Karriere- und Nachfolgeplanung, Coaching und Mentoring werden darunter gefasst (vgl. Becker und Beck 2012, S. 121). Attraktive Arbeitsbedingungen und Work-Life-Balance-Maßnahmen sind gleichermaßen als wichtige Aspekte zum Erhalt der Gesundheit und Leistungsfähigkeit der Mitarbeiter identifiziert worden (vgl. Becker und Beck 2012, S. 122).

In diesem Kontext kann auch der Ansatz der „Mass Career Customization“ als individualisierte Karriereplanung herangezogen werden. Er setzt auf die Entwicklung von Karrieregittern anstatt klassischer Karriereleitern mit Wahlmöglichkeiten bezüglich des Arbeitspensums, des Arbeitsorts und der Arbeitszeiteinteilung sowie der Position respektive der Verantwortlichkeiten (vgl. Benko und Weisberg 2008, S. 84).

Mitarbeiter müssen zusammen mit ihrem Arbeitgeber viele Wahlmöglichkeiten durchdenken können, um den optimalen Weg zu finden. Es sollte vermittelt werden, dass sie ihre Karriere „...an persönlichen und professionellen Schlüsselmomenten individualisieren können" (Benko und Weisberg 2008, S. 28). Andererseits müssen Arbeitgeber die Wahlmöglichkeiten managen können.

„So viel Individualisierung wie möglich, so viel Standardisierung wie nötig,..." (Becker und Beck 2012, S. 122) – Die geplante Explorationsstudie hinsichtlich eines lebensstilbezogenen Portfolios soll weitere Ansatzpunkte und Muster liefern, um die diesbezügliche Leistung, den Dialog und die Kultur familien- und lebensphasenbewusster Personalarbeit weiter zu verbessern.

Die Integration der „dritten Dimension" in die unternehmerische Personalpolitik in diesem Sinne macht die bereits vorhandene Vielfalt der Lebensstile und die zunehmenden Erwartungen an die Kompatibilität von Lebensentwurf und beruflicher Entwicklung explizit und gezielt nutzbar. Die lebensstil- und lebensentwurfssensible Personalpolitik ist damit nicht nur ein ausgewiesenes Kennzeichen moderner Personalarbeit, sondern ein deutlicher Wettbewerbsvorteil am umworbenen Markt der Talente. Dies ist die Essenz der Bindung von qualifizierten Fachkräften. Zugleich stellt die lebensstil- bzw. lebensentwurfssensible Personalpolitik einen Wettbewerbsvorteil bei der Rekrutierung von Fachkräften dar.

Literatur

Albert M, Hurrelmann K, Quenzel G, Schneekloth U, Gensicke T, Leben I, Willert M, Picot S (2010) 16. Shell-Jugendstudie „Jugend 2010". Online verfügbar unter: http://www.shell.de/aboutshell/our-commitment/shell-youth-study/2010/family.html. Zugegriffen: 02. Sept. 2013

Baur N, Akremi L (2011) Lebensstile und Geschlecht. In: Rössel J, Otte G (Hrsg) Lebensstilforschung, Kölner Zeitschrift für Soziologie und Sozialpsychologie, Sonderheft 51/2011, S 267–294

Beck U (1983) Jenseits von Klasse und Stand. Soziale Ungleichheit, gesellschaftliche Individualisierungsprozesse und die Entstehung neuer sozialer Formationen und Identitäten. In: Kreckel R (Hrsg) Soziale Ungleichheit. Soziale Welt. Sonderband 2. Auflage. Schwartz, Göttingen, S 35–74

Becker M (2009) Personalentwicklung: Bildung, Förderung und Organisationsentwicklung in Theorie und Praxis. Schäffer-Poeschel, Stuttgart

Becker M, Beck A (2012) Die Quadriga der Postmoderne und ihre Folgen: eine empirische Studie zur Entwicklung und Steuerung von Individualisierung, Fragmentierung, Temporalisierung und Ästhetisierung. eo ipso, Mainz

Benko C, Weisberg A (2008) Individualisierte Karriereplanung. Campus, Frankfurt a. M.

BMFSFJ/Erfolgsfaktor Familie (2010) Familienfreundlichkeit als Erfolgsfaktor für Arbeitgeberattraktivität. Berlin

Dziemba O, Pock B, Rauch Ch, Steinle A (2007) Lebensstile 2020. Eine Typologie für Gesellschaft, Konsum und Marketing. Zukunftsinstitut, Frankfurt a. M.

Gerlach I, Schneider H, Schneider AK, Quednau A (2013) Status quo der Vereinbarkeit von Beruf und Familie in deutschen Unternehmen sowie betriebswirtschaftliche Effekte einer familienbewussten Personalpolitik. Ergebnisse einer repräsentativen Studie. FFP Münster

Hörning KH, Gerhard A, Michailow M (1990) Zeitpioniere: flexible Arbeitszeiten – neuer Lebensstil. Suhrkamp, Frankfurt a. M.
Keupp H (1993) Aufrecht gehen lernen. In einer Welt riskanter werdender Chancen. In: Blätter der Wohlfahrtspflege, Heft 2/93, S 52–54
Linder D (2012) Das gesollte Wollen: Identitätskonstruktion zwischen Anspruchs- und Leistungsindividualismus. Springer, Wiesbaden
McKinsey (Hrsg) (2011) Wettbewerbsfaktor Fachkräfte. Strategien für Deutschlands Unternehmen. Berlin
Michaels E, Handfield-Jones H, Axelrod B (1997) The War for Talent. Harvard Business Review Press, Boston
Müller H-P (2012) Werte, Milieus und Lebensstile. Zum Kulturwandel unserer Gesellschaft. In: Hradil S (Hrsg) Deutsche Verhältnisse. Eine Sozialkunde, Campus, Frankfurt, S 189–212
Otte G, Rössel J (2011) Lebensstile in der Soziologie. In: Otte G, Rössel J (Hrsg) Lebensstilforschung. Kölner Zeitschrift für Soziologie und Sozialpsychologie, Sonderheft 51/2011. Wiesbaden, S 7–34
Peuckert R (2012) Familienformen im sozialen Wandel. 7., vollst. überarb. Auflage. Springer, Wiesbaden
Schierk M, Jurczyk K (2007) „Familie als Herstellungsleistung" in Zeiten der Entgrenzung. In: Bundeszentrale für politische Bilder (Hrsg) APUZ (34,2007). S 10–17
Schneider H, Gerlach I, Juncke D, Krieger J (2008) Betriebswirtschaftliche Ziele und Effekte einer familienbewussten Personalpolitik. Arbeitspapier Nr. 5 2008. Münster
Statistisches Bundesamt (2009) Bevölkerung Deutschlands bis 2060. Wiesbaden
Steinle, A (2011) zitiert nach Kerschner S (2011) Trendstudie: Junge Menschen wollen sich nicht entscheiden, in: http://www.dasinvestment.com/investments/versicherungen/news/datum/2011/03/24/trendstudie-junge-menschen-wollen-sich-nicht-entscheiden/ Zugegriffen: 30.01.2013
Tippelt R, Hippel A (2005) Lebenslagen – Lebensphasen – Lebensstile. Entgrenzungen der Teilnehmerschaft. In: DIE Zeitschrift für Erwachsenenbildung, 12. Jg., I/2005, S 33–35
Wissenschaftszentrum für Sozialforschung Berlin (WZB)/Statistisches Bundesamt (2011) Datenreport 2011: 45

Teil III
Stimmen aus der Praxis

„Strategie für die Zukunft – Lebensphasenorientierte Personalpolitik" – Eine nachhaltige Erfolgsgeschichte in Rheinland-Pfalz

Lebensphasenorientierung als Schlüssel für Produktivität

Jutta Rump, Gudrun Thomas-Wolf, Gaby Wilms und Silke Eilers

Zusammenfassung

Bereits seit dem Jahr 2005 beschäftigt sich das Institut für Beschäftigung und Employability IBE im Auftrag des rheinland-pfälzischen Wirtschaftsministeriums mit den Themen Vereinbarkeit von Beruf und Familie sowie Lebensphasenorientierte Personalpolitik. Dabei ist eine Entwicklung hin zu einem erweiterten Vereinbarkeitsbegriff erkennbar, der alle Arbeitnehmergruppen über den gesamten Verlauf des Erwerbslebens hinweg einschließt. Bezeichnend für die einzelnen Projektschritte ist die stets enge Verzahnung mit Unternehmen unterschiedlicher Größenordnungen und Branchen aus Rheinland-Pfalz, die zum einen zu praxisnahen Handlungsempfehlungen im Rahmen mehrerer Publikationen geführt und zum anderen einen intensiven Erfahrungsaustausch rheinland-pfälzischer Betriebe zur Lebensphasenorientierten Personalpolitik und Fachkräftesicherung angestoßen hat.

J. Rump (✉)
Institut für Beschäftigung und Employability (IBE), Ludwigshafen,
Deutschland
E-Mail: jutta.rump@ibe-ludwigshafen.de

G. Thomas-Wolf
Ministerium für Wirtschaft, Klimaschutz, Energie und Landesplanung Rheinland-Pfalz
Mainz, Deutschland

G. Wilms
Institut für Beschäftigung und Employability (IBE),
Ludwigshafen, Deutschland

S. Eilers
Institut für Beschäftigung und Employability (IBE),
Ludwigshafen, Deutschland

J. Rump, S. Eilers (Hrsg.), *Lebensphasenorientierte Personalpolitik*, IBE-Reihe,
DOI 10.1007/978-3-642-41665-1_5, © Springer-Verlag Berlin Heidelberg 2014

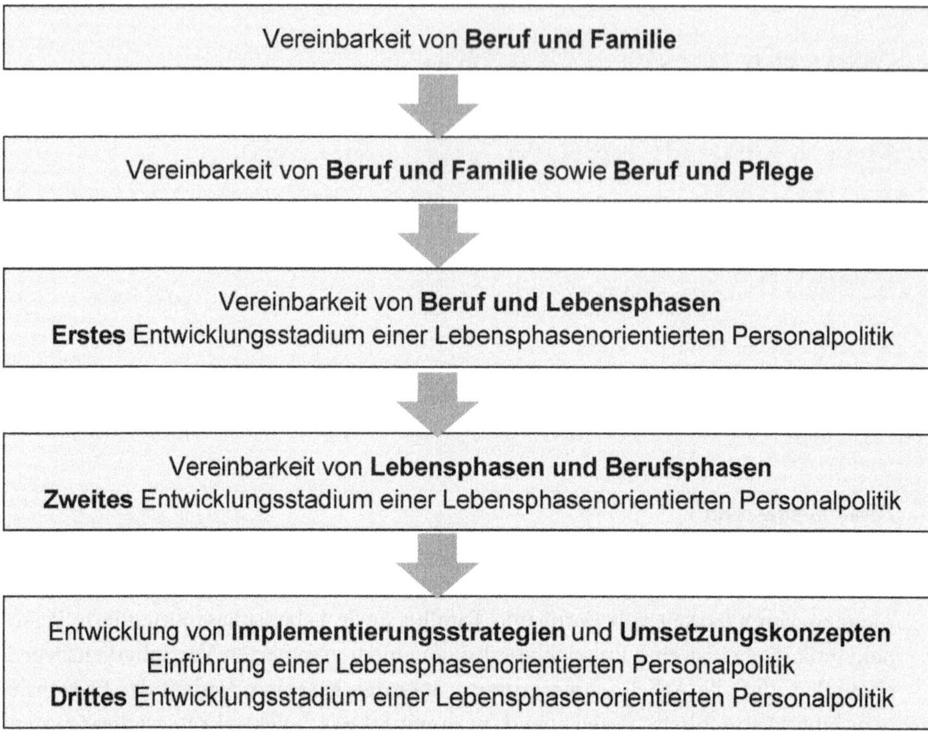

Abb. 1 Entwicklungspfad der Lebensphasenorientierten Personalpolitik

1 Einführung

Die Lebensphasenorientierte Personalpolitik ist keine Ad-Hoc-Entwicklung. Vielmehr lässt sich über die Jahre hinweg ein Entwicklungspfad identifizieren (Abb. 1 vgl. Rump et al. 2011, S. 22):

Dieser Entwicklungspfad wird vom Ministerium für Wirtschaft, Klimaschutz, Energie und Landesplanung des Landes Rheinland-Pfalz mit Unterstützung des Instituts für Beschäftigung und Employability IBE seit mehr als acht Jahren konsequent beschritten. Ausgangspunkt dieses Bestrebens ist nicht zuletzt die Erkenntnis, dass gerade für Rheinland-Pfalz als mittelständisch geprägten Wirtschaftsstandort eine Lebensphasenorientierte Personalpolitik besondere Chancen bietet. Denn mittelständische Unternehmen verfügen über beste Voraussetzungen, ihr Profil auf diese Weise zu schärfen. Die große Resonanz von betrieblicher Seite zeigte von Anfang an, dass mit der Lebensphasenorientierten Personalpolitik ein Thema von großem Interesse gerade auch für kleine und mittelständische Betriebe aufgegriffen wurde.

Der Ansatz des beschrittenen Entwicklungspfades ist quasi multikulturell: Politik, Wirtschaft und Wissenschaft traten nicht gegeneinander an im Wettbewerb um das beste Konzept, sondern die drei Bereiche öffneten sich für ein gemeinsames Produkt. Eine Form von „Public Private Partnership“ im besten Sinne des Begriffes. Von politischer Seite wurde in die Förderung von Innovation und Krisenfestigkeit der heimischen Wirtschaft investiert, und zwar nicht in Form verbilligter Kredite oder Zuschüsse, sondern vielmehr um Know How in Form von Beratungsleistungen in die Unternehmen zu transferieren. Betriebswirtschaftlich zum Wohle der Unternehmen und ihrer Beschäftigten, volkswirtschaftlich zur Stärkung von Wachstum und Vollbeschäftigung.

Durch das engagierte Zusammenwirken von Wissenschaft, Wirtschaft und Politik konnten sehr praxisnahe Handlungsempfehlungen entwickelt und direkt in den Betrieben umgesetzt werden. Denn die wissenschaftlichen Ansätze wurden hier nicht „am grünen Tisch" oder „im gläsernen Turm" ausgearbeitet, sondern die Fragestellungen und Konzeptvorschläge mitten hinein in den unternehmerischen Alltag projiziert. In diesem Zusammenhang lässt sich auch feststellen, dass die Nachhaltigkeit personalpolitischer Ansätze dann am größten ist, wenn diese nicht auf Basis politischer Vorgaben erfolgen, sondern aus der konkreten Begleitung und Beratung der Betriebe vor Ort sowie aus dem Erfahrungsaustausch mit anderen Unternehmen entstehen.

Die folgenden Kapitel geben einen Überblick über die unterschiedlichen Projektphasen.

2 Projektphase 1 (2005–2006): „Aktionsplan Beruf und Familie – Auswirkungen auf die Wirtschaft"

Das Projekt „Aktionsplan Beruf und Familie – Auswirkungen auf die Wirtschaft" entstand aus der Motivation heraus, auf breiter Ebene in Wirtschaft, Politik und Gesellschaft für die Bedeutung der Thematik der Vereinbarkeit von Beruf und Familie zu sensibilisieren und eine hohe Öffentlichkeitswirksamkeit zu erreichen. Darüber hinaus sollten durch eine hohe Transparenz und Bewusstseinsschaffung Nachahmungseffekte erzielt werden.

Im Auftrag des rheinland-pfälzischen Wirtschaftsministeriums und in Zusammenarbeit mit den Industrie- und Handelskammern, den Handwerkskammern sowie den Wirtschaftsjunioren des Landes Rheinland-Pfalz verfolgte das Institut für Beschäftigung und Employability IBE einen mehrstufigen Ansatz. So wurden zum einen alle relevanten Handlungsfelder der Vereinbarkeit von Beruf und Familie identifiziert und deren Wechselwirkungen beleuchtet und zum anderen ein Bezug zu Staat, Unternehmen und Individuum hergestellt. Darauf aufbauend ging es darum, Ansatzpunkte, Konzepte, Wege und Lösungsmöglichkeiten zu identifizieren und in einer Dokumentation der Öffentlichkeit zur Verfügung zu stellen.

Um die Zielsetzung bestmöglich zu erfüllen, wurde die Notwendigkeit erkannt, die Vereinbarkeit von Beruf und Familie aus unterschiedlichen Blickwinkeln zu beleuchten. Diese unterschiedlichen Blickwinkel repräsentierten insgesamt 14 verschiedene Expertengruppen, in denen mit ca. 250 Gesprächspartnern diskutiert wurde. Dazu gehörten:

- Unternehmer,
- Personalleiter,
- Vertreter von Betreuungseinrichtungen,
- Betriebsräte/Gewerkschaftsvertreter,

- Wissenschaftler,
- Existenzgründer,
- Vertreter von Frauenverbänden,
- Studierende und Auszubildende sowie
- Vertreter aus ausgewählten Branchen wie dem produzierenden und dem dienstleistungsorientierten Handwerk, dem Einzelhandel, Medien und Finanzdienstleistungen.

Eine Analyse der Zahlen, Daten, Fakten zur demografischen Entwicklung, zur Familiengründung, zur Familienstruktur und zur Vereinbarkeit von Beruf und Familie in Deutschland zeigte deutlich die Notwendigkeit grundlegender Veränderungen in der Familienpolitik und der Unternehmenspolitik sowie auf individueller Ebene auf. So entstand mit der im September 2006 erschienenen Broschüre „Beruf und Familie – Anregungen aus der Wirtschaft" (Rump et al. 2006). Das Konzept einer nachhaltigen, zukunftsorientierten Familienpolitik, die die Zielsetzungen „Vereinbarkeit von Beruf und Familie" sowie „Steigerung der Fertilitätsrate" gleichermaßen fördert. Die Umsetzung einer solchen Familienpolitik bedarf dreier Säulen – Staat, Unternehmen und Individuum – und gelingt nur dann, wenn alle Säulen gleichermaßen zur Erreichung der genannten Zielsetzungen beitragen. Auf Seiten der Unternehmen bedarf es dabei vor allem einer Lebensphasenorientierten Personalpolitik.

3 Projektphase 2 (2007–2008): „Leitfaden zur Lebensphasenorientierten Unternehmens- und Personalpolitik"

Nachdem in Projektphase 1 die hohe Bedeutung einer Lebensphasenorientierten Unternehmens- und Personalpolitik identifiziert worden war, verfolgte das Institut für Beschäftigung und Employability IBE in der darauffolgenden Förderperiode im Auftrag des rheinland-pfälzischen Wirtschafts- sowie des Familien- und Arbeitsministeriums das Ziel, ein praxisnahes Umsetzungskonzept einer solchen Lebensphasenorientierten Unternehmens- und Personalpolitik mit den Dimensionen „Demografiebezug" sowie „Vereinbarkeit von Beruf und Familie" und „Beschäftigungsfähigkeit" zu entwickeln und in Form eines praxisnahen Leitfadens darzustellen. Der Projektverlauf gliederte sich in eine explorative Studie, vier Regionalkonferenzen in Rheinland-Pfalz sowie eine empirische Untersuchung. Am Ende stand die Veröffentlichung der Projektergebnisse in Form eines Leitfadens zur Lebensphasenorientierten Unternehmens- und Personalpolitik.

Die explorative Studie wurde in fünf Unternehmen mit Hilfe leitfadengestützter Interviews durchgeführt. Dabei standen jeweils unterschiedliche Interessensgruppen – HR-Verantwortliche, Führungskräfte, Betriebs- bzw. Personalratsmitglieder und Mitarbeiter – als Gesprächspartner zur Verfügung, um einen möglichst ganzheitlichen Blickwinkel zu ermöglichen. Die Auswertung der Interviews erfolgte dementsprechend nicht nur unternehmensübergreifend, sondern auch individuell für die jeweiligen Interessensgruppen.

Mit dem Ziel der Sensibilisierung von Unternehmen und Gewinnung praxisnaher Empfehlungen wurden in Mainz, Ludwigshafen, Koblenz und Trier anschließend vier

„Regionalkonferenzen Beruf & Familie" durchgeführt. Dabei stellten insgesamt zehn Best Practice Betriebe ihre Konzepte für eine familienbewusste Unternehmens- und Personalpolitik vor. In Workshops wurde danach das Thema der Vereinbarkeit von Beruf und Familie bearbeitet. Die große Resonanz auf diese Regionalkonferenzen zeigte sehr deutlich, dass Familienorientierung ein Thema ist, das viele bewegt und dem sich auch immer mehr Betriebe annehmen möchten. Zudem konnte festgestellt werden, dass viele Unternehmen bereits familienfreundliche Maßnahmen praktizieren, ohne sich dessen bewusst zu sein.

Um die im Rahmen der explorativen Studie sowie der Regionalkonferenzen zusammengetragenen Erkenntnisse in einer großzahligen Studie auf ihr Zutreffen und den Grad ihrer Wichtigkeit hin zu überprüfen, wurde eine empirische Untersuchung durchgeführt, an der sich 155 Vertreter kleiner, mittlerer und großer Unternehmen unterschiedlicher Branchen beteiligten. Diese bezog sich zum einen auf die Frage, ob die demografische Entwicklung bereits eine Rolle in der Unternehmens- und Personalpolitik der an der Studie teilnehmenden Unternehmen spielt und inwieweit ein Zusammenhang zwischen der demografischen Entwicklung und der Vereinbarkeit von Beruf und Familie erkannt wird. Zum anderen ging es um die persönliche Einschätzung der Studienteilnehmer, welche Trends neben der demografischen Entwicklung Einfluss auf die Unternehmens- und Personalpolitik nehmen. Schließlich wurden die Befragten um ihre Einstufung der Bedeutung bestimmter Aspekte der Lebensphasenorientierten Unternehmens- und Personalpolitik in den Handlungsfeldern Unternehmenskultur, Führung, Organisation, Personalentwicklung, Compensation & Benefits, Gesundheitsförderung und Services für die Familie gebeten.

Auf Basis der aggregierten Ergebnisse der vorherigen Projektschritte wurde schließlich der Leitfaden „Strategie für die Zukunft – Lebensphasenorientierte Personalpolitik" (Rump 2008) verfasst, der im Jahr 2008 erschien.

4 Projektphase 3 (2009–2011): Modellprojekt „Strategie für die Zukunft – Lebensphasenorientierte Personalpolitik"

Das Modellprojekt „Strategie für die Zukunft – Lebensphasenorientierte Personalpolitik", das zwischen 2009 und 2011 mit neun kleinen und mittelständischen Betrieben, zwei Großunternehmen sowie einer Institution des öffentlichen Diensts durchgeführt wurde, hatte zum Ziel, Ansätze und Konzepte sowie Implementierungsstrategien zu erarbeiten, die praxisnah, ausgereift und handlungsorientiert sind. Das Modellprojekt wurde durch das rheinland-pfälzische Wirtschaftsministerium und die Europäische Union im Rahmen des Programmes EFRE (Europäischer Fonds für regionale Entwicklung) gefördert. Geleitet und umgesetzt wurde es durch das Institut für Beschäftigung und Employability IBE. Als Multiplikatoren und Evaluationspartner waren Kammern, Verbände, Gewerkschaften und Wirtschaftsjunioren beteiligt.

Dem Modellprojekt lag ein ganzheitliches, mehrstufiges Verfahren zugrunde. In einem Wettbewerb, der in Rheinland-Pfalz ausgeschrieben wurde, konnten sich Unternehmen und Institutionen mit ihren bisherigen Personalmaßnahmen und -konzepten sowie ihren Ideen für eine Lebensphasenorientierte Personalpolitik bewerben. Aus den eingehenden

Bewerbungen wählte eine unabhängige Jury zwölf[1] Modellbetriebe aus. Das Wirtschaftsministerium selbst hat sich auch als Modellbetrieb beteiligt. Auf dem Weg zu einer Lebensphasenorientierten Personalpolitik wurden die Modellbetriebe in der einjährigen Praxisphase von Dezember 2009 bis November 2010 durch qualifizierte Prozessbegleiter[2] bei der Umsetzung und Integration der Thematik in die bestehende Personalpolitik unterstützt. Dazu gehörte ebenso, die Modellbetriebe mit der Entwicklung lebensphasenorientierter Maßnahmen als attraktive Arbeitgeber auf dem Arbeitsmarkt zu positionieren, die Wettbewerbsfähigkeit am Standort zu festigen und damit den wirtschaftlichen, technologischen, gesellschaftspolitischen und demografischen Herausforderungen zu begegnen. Abbildung 2 gibt einen Überblick über die Projektphasen (Abb. 2, eigene Darstellung):

Die Prozessbegleitung in den Modellbetrieben wurde nach einem im Vorfeld definierten Ablaufschema durchgeführt. Dieses begann mit einer ausführlichen Bestandsaufnahme der Personalpolitik des Unternehmens unter dem Blickwinkel der Lebensphasenorientierung. Es wurde in Zusammenarbeit zwischen den Unternehmens- und Verwaltungsvertretern sowie den Prozessbegleitern des Instituts für Beschäftigung und Employability IBE überprüft, inwiefern die vorhandenen Maßnahmen zweckmäßig und zielführend waren: einerseits unter dem Aspekt der aktuellen Rahmenbedingungen, andererseits unter dem Gesichtspunkt der zukünftigen Herausforderungen des Unternehmens und zum Dritten unter Berücksichtigung der Lebensphasenorientierung. Mithilfe einer Stärken-Schwächen-Analyse wurden Aussagen darüber getroffen, ob die Instrumente in der bestehenden Form beibehalten oder Modifizierungen vorgenommen werden sollten. Ebenso darüber, welche Maßnahmen die strategische Ausrichtung des Unternehmens und der Personalpolitik unterstützen und wo sich gegebenenfalls „weiße Flecken" befinden und Verbesserungspotenzial besteht. Genau an dieser Stelle setzten die Priorisierung der Maßnahmen und die Aktivitätenplanung an.

Im Rahmen einer Aktionswoche zur Präsentation der Zwischenergebnisse stellten sich in Ludwigshafen, Koblenz, Mainz und Bitburg die in der Region ansässigen Modellbetriebe im September 2010 in gut besuchten Veranstaltungen den Fragen des Moderators sowie der interessierten Kollegen aus regionalen Unternehmen und Institutionen. Beim Abschluss-Symposium am 03.02.2011 wurden mehr als 330 Teilnehmern die Endergebnisse der Betriebe vorgestellt.

Tabelle 1 zeigt im Überblick, für welche lebensphasenorientierten Maßnahmen sich die am Projekt beteiligten Modellbetriebe entschieden haben. Es ist eine facettenreiche Mischung aus verschiedenen Instrumenten und Herangehensweisen entstanden, die das wechselseitige Aufeinanderzugehen von Arbeitgebern und Arbeitnehmern im Rahmen einer Lebensphasenorientierten Personalpolitik eindrucksvoll dokumentiert (Tab. 1 vgl. Rump et al. 2011, S. 62).

---

[1] Einer der Modellbetriebe sagt aus betrieblichen Gründen kurz nach Projektbeginn seine Teilnahme wieder ab.

[2] Die Prozessbegleiter werden vom Institut für Beschäftigung und Employability IBE nach einer entsprechenden Ausschreibung ausgewählt und im Rahmen eines zweitägigen Workshops für ihre Aufgabe geschult.

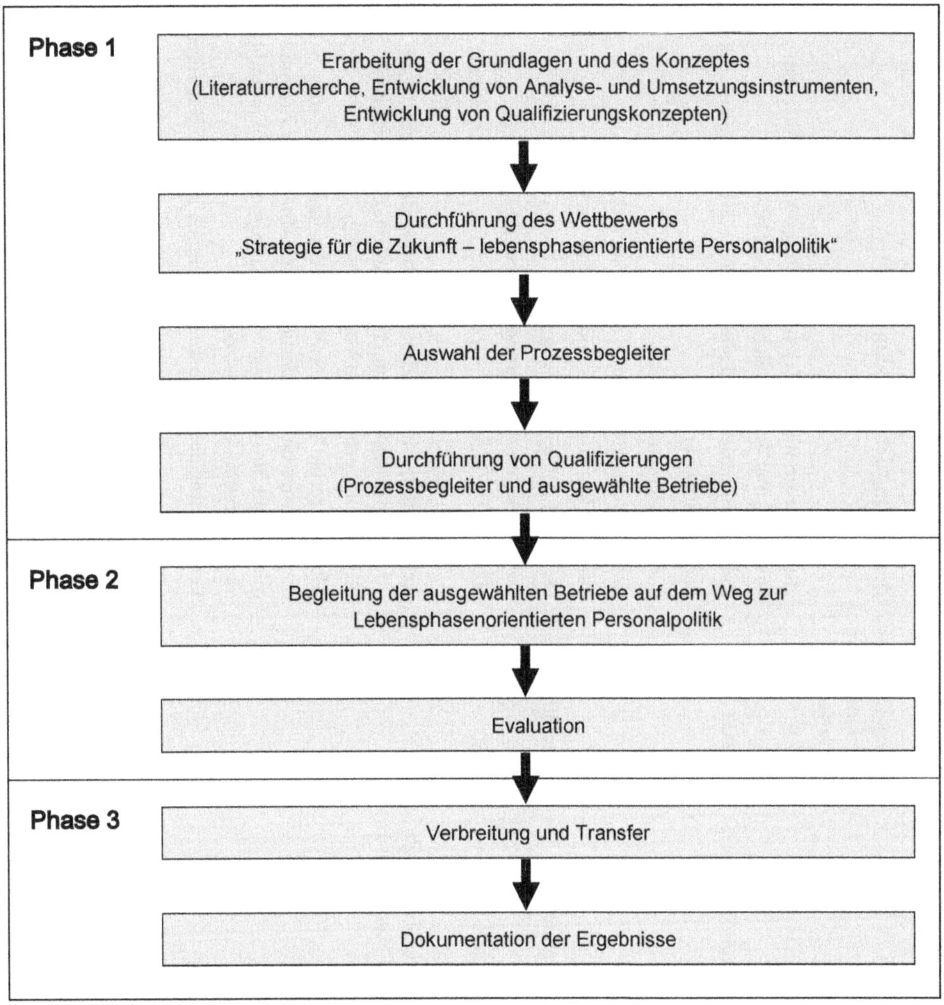

Abb. 2 Projektphasen im Modellprojekt

Die teilnehmenden Unternehmen und die teilnehmende Institution gelten mittlerweile als Best Practices für andere Unternehmen und Institutionen in Rheinland-Pfalz, aber auch außerhalb von Rheinland-Pfalz. Dies ist nicht zuletzt darauf zurückzuführen, dass sich aufgrund des breit angelegten Ansatzes Betriebe unterschiedlichster Ausrichtung „wiederfinden". Die gefundenen Umsetzungswege und Implementierungsansätze wurden deshalb für andere Unternehmen und Institutionen aufbereitet und so einer breiten Öffentlichkeit zugänglich gemacht. Sie bilden das Herzstück der Neuauflage des Leitfadens „Strategie für die Zukunft – Lebensphasenorientierte Personalpolitik 2.0" (Rump et al. 2011), der zudem auch eine überarbeitete Fassung des Konzepts und der Handlungsempfehlungen für eine Lebensphasenorientierte Personalpolitik beinhaltet.

Tab. 1 Die Modellbetriebe und ihre lebensphasenorientierten Maßnahmen

Unternehmen	Branche	Anzahl der Mitarbeiter am Standort	Bezeichnung der Maßnahmen
BASF SE, Ludwigshafen	Chemische Industrie	32.910	„Rückkehr im Blick" – (Qualifizierungs-) Angebot(e) zur Unterstützung des beruflichen Wiedereinstiegs
Bitburger Braugruppe GmbH, Bitburg	Brauerei/Getränkeindustrie	1.000	Zukunftsorientierte und altersgerechte Arbeitsorganisation
			Lebenslanges Lernen
			Gesundheitsmanagement
			Arbeitszeitgestaltung und Vorruhestandskonzepte
			Vereinbarkeit von Beruf und Familie
Boehringer Ingelheim Pharma GmbH & Co. KG, Ingelheim	Chemische Industrie	11.430	Scorecard – Beruf und Familie
			Kosten-Nutzen-Betrachtung Beruf und Familie
Chemische Fabrik Budenheim KG, Budenheim	Chemische Industrie	680	Strukturierte Nachfolgeplanung und Talent Management
G + H Isolierung GmbH, Ludwigshafen	Dienstleistungen für Hightech, Wärme- und Kälteisolierungen	500	Sicherstellung und Angebot einer konkreten Kompetenz- und Laufbahnentwicklung für talentierte Mitarbeiter mit Interesse an beruflichem Vorankommen
			Alternsgerechte Veränderung der Arbeitsprozesse, um bereits frühzeitig die Belastungen für Mitarbeiter zu minimieren und Bewusstseinsveränderungen mit der Einbindung der Generation 50 + bewirken
			Verbesserung der Akzeptanz von Frauen in Technikberufen
Karl-Otto Braun GmbH & Co. KG. (KOB), Wolfstein	Produktion medizinischer Spezialtextilien	720	Erhöhung der Transparenz über die vorhandenen Instrumente einer Lebensphasenorientierten Personalpolitik
			Feedbackgespräch als Teil eines professionellen Kompetenzmanagements
Kaufmann GmbH & Co. KG, Schwegenheim	Elektro- und Metalltechnik	150	Mitarbeitergerechte Optimierung der Arbeitsprozesse
			Systematische Arbeitsplatzbesetzung

Tab. 1 Fortsetzung

Unternehmen	Branche	Anzahl der Mitarbeiter am Standort	Bezeichnung der Maßnahmen
LBS Landesbausparkasse Rheinland-Pfalz, Mainz	Finanzdienstleistungen, Banken, Bausparkassen	300	Verankerung des Gedankens der Lebens- und Berufsphasenorientierung
			Nachfolgeplanung
			Alter(n)sgerechte Personalentwicklung
Ministerium für Wirtschaft, Klimaschutz, Energie und Landesplanung Rheinland-Pfalz	Öffentliche Verwaltung	425	Einrichtung eines Wissensmanagements
			Verankerung der Lebensphasenorientierung in der Führungskultur
Modehaus Marx KG, Trier	Einzelhandel	67	Erstellung eines ausführlichen Einarbeitungsplans
			Erarbeitung eines Unternehmensleitbildes
Sabath Media Designagentur GmbH	Visuelle Kommunikationsdienstleistung	32	Unternehmens- und lebensphasenorientierte Mitarbeiterbefragung
			Erstellung eines Mitarbeiterentwicklungsplans
			Weiterbildungskonzept „Mitarbeiter schulen Mitarbeiter"
Von Der Heydt GmbH	Groß- und Produktionsverbindungshandel	146	Kompetenzentwicklung durch Mitarbeiterjahresgespräch
			Feedbackgespräch
			Stellenmatrix mit Anforderungsprofil
			Weiterbildungsangebot und Schulungskatalog

Ausführliche Beschreibungen der Maßnahmen der Modellbetriebe befinden sich im Leitfaden „Strategie für die Zukunft – Lebensphasenorientierte Personalpolitik 2.0", der unter www.lebensphasenorientierte-personalpolitik.de zum Download bereitsteht. Die angegebene Anzahl der Mitarbeiter gibt den Stand zum Projektabschluss 2011 wieder

Abb. 3 Die Säulen der Fortführung der Umsetzung der Lebensphasenorientierten Personalpolitik

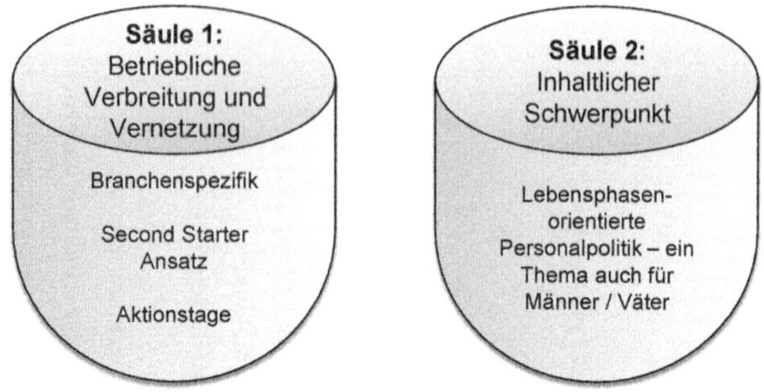

5 Projektphase 4 (2012–2013): Fortführung der Umsetzung der Lebensphasenorientierten Personalpolitik in rheinland-pfälzischen Betrieben

Nicht zuletzt aufgrund der großen Resonanz auf die Abschlussveranstaltung im Projekt „Strategie für die Zukunft – Lebensphasenorientierte Personalpolitik", setzte das rheinland-pfälzische Wirtschaftsministerium im Jahr 2012 die Zusammenarbeit mit dem Institut für Beschäftigung und Employability IBE fort, um noch mehr Betriebe in Rheinland-Pfalz für eine Lebensphasenorientierte Personalpolitik zu sensibilisieren und darüber hinaus bestimmte Fragestellungen vertiefend zu analysieren. Die Fortführung der Umsetzung der Lebensphasenorientierten Personalpolitik umfasste dabei insbesondere zwei Säulen (Abb. 3, eigene Darstellung):

5.1 Betriebliche Vernetzung und Verbreitung

Die betriebliche Vernetzung und Verbreitung des Ansatzes der Lebensphasenorientierten Personalpolitik in Rheinland-Pfalz definiert sich insbesondere über die folgenden Veranstaltungsreihen:

- Branchendialoge
- Second-Starter-Ansatz
- Aktionstage

Branchendialoge Mit den Branchendialogen wurde eine Untersuchung der Branchenspezifik in Bezug auf die Lebensphasenorientierte Personalpolitik sowie eine Vernetzung zwischen den Betrieben angestrebt. Bei der Branchenclusterung stehen diejenigen Branchen im Fokus, die in Rheinland-Pfalz eine zentrale Rolle spielen:

- Verarbeitendes Gewerbe
- Finanzdienstleistungen und unternehmensnahe Dienstleistungen

- Handel
- Dienstleistungsorientierte Gesundheitswirtschaft
- Öffentliche Verwaltung
- Handwerk

Für jedes dieser identifizierten Branchencluster fand innerhalb der zweijährigen Projektlaufzeit eine Veranstaltung in Kooperation mit der Investitions- und Strukturbank Rheinland-Pfalz (ISB) statt. Bei allen Veranstaltungen fungierten Kammern, Verbände, Wirtschaftsjunioren, Gewerkschaften, Weiterbildungsinstitutionen sowie Kommunen und Wirtschaftsförderer als Kooperationspartner bzw. Transferpartner. Dabei wurden in Vorträgen von Referenten aus Wissenschaft und Praxis spezielle branchenbezogene Aspekte der Lebensphasenorientierten Personalpolitik thematisiert, in Workshops wurden darüber hinaus konkrete Fragestellungen erörtert. Eine anschließende Auswertung der Ergebnisse durch das Institut für Beschäftigung und Employability IBE führte zu praxisnahen Handlungsempfehlungen für die jeweiligen Branchen, die auf der Projekthomepage www.lebensphasenorientierte-personalpolitik.de veröffentlicht werden.

Second-Starter-Ansatz Parallel zu den Branchendialogen wurde ein sogenannter „Second-Starter-Ansatz“ ins Leben gerufen. Dabei ging es insbesondere um eine Netzwerkbildung rheinland-pfälzischer Betriebe zum Thema Lebensphasenorientierte Personalpolitik sowie um eine inhaltliche Unterstützung der praktischen Arbeit in den Unternehmen. Die 12 Modellbetriebe aus dem Modellprojekt wurden Teil des Netzwerks, weitere 40 Betriebe erhielten die Möglichkeit, an quartalsmäßigen Netzwerktreffen an der Hochschule Ludwigshafen teilzunehmen. Diese Netzwerktreffen behandelten jeweils ein Themenfeld der Lebensphasenorientierten Personalpolitik bzw. der Fachkräftesicherung. Auch die hierbei erarbeiteten Ergebnisse werden der Öffentlichkeit über die Projekthomepage www.lebensphasenorientierte-personalpolitik.de zugänglich gemacht.

Aktionstage Zusätzlich zu den Veranstaltungsreihen der Branchendialoge und Netzwerktreffen fanden im Rahmen der Projektlaufzeit zwei Aktionstage unter dem Motto „Unternehmen 2030“ statt, an denen neben Impulsvorträgen auch die Möglichkeit zum Austausch mit Experten aus Politik, Wissenschaft und Praxis bestand.

5.2 Inhaltlicher Schwerpunkt

Die Lebensphasenorientierung in der Personalarbeit bezieht sich auf Frauen und Männer. In der betrieblichen Praxis und auch in anderen Projekten und Initiativen mit ähnlicher Zielsetzung jedoch zeigt sich, dass sie immer noch verstärkt auf Frauen bezogen wird. Ziel der Weiterführung des Projekts ist es somit auch, den Fokus auf Männer zu richten. Dazu reicht es jedoch nicht aus, ein „Männerförder-Programm“ sowie eine Veranstaltungsreihe zur Sensibilisierung von Führungskräften (und Kollegen) zu konzipieren und umzusetzen.

Es bedarf vielmehr des Aufbrechens von Stereotypen, Vorurteilen und Rollenmustern. Die Ergebnisse des inhaltlichen Schwerpunkts „Mehr Zeit für Familie auch für Männer/Väter" finden sich im Kapitel „Mehr Zeit für Familie auch für Väter" dieses Buches. Dieser Fokus bedeutet gleichzeitig eine Erleichterung der Vereinbarkeit für qualifizierte Frauen. Dieser Thematik widmet sich das Kapitel „Weibliche Talente gewinnen, fördern und binden".

6 Fazit

Verfolgt man den Weg der Lebensphasenorientierten Personalpolitik in Rheinland-Pfalz über die vergangenen acht Jahre, so fallen insbesondere drei Aspekte ins Auge, die durchaus keine Selbstverständlichkeit darstellen. Zum einen die konsequente Weiterentwicklung des Ansatzes entlang der betrieblichen Bedarfe und auf Basis der Arbeit „vor Ort". Zum zweiten die Herangehensweise, nicht über politische Vorgaben, sondern im Austausch mit der Praxis und durch den Austausch von Unternehmen ein Umdenken voranzutreiben. Und nicht zuletzt gilt es, die vertrauensvolle und engagierte Zusammenarbeit zwischen Politik, Wissenschaft und einer großen Zahl von Vertretern aus der Wirtschaft hervorzuheben, die in engem Schulterschluss einem gemeinsamen Ziel entgegenstreben: Der Sicherung des Wirtschaftsstandorts Rheinland-Pfalz und seiner Fachkräftebasis durch eine zukunftsorientierte und individualisierte Personalarbeit. So entsteht eine „Win-Win-Situation" für Arbeitnehmer, Arbeitgeber und die Gesellschaft und Volkswirtschaft als Ganzes.

Literatur

Rump J (2008) Lebensphasenorientierte Personalpolitik – Strategie für die Zukunft, ein Leitfaden für Unternehmen zur Bindung und Gewinnung von Mitarbeitern. Mainz

Rump J, Groh S, Eilers S (2006) Beruf und Familie – Auswirkungen auf die Wirtschaft. Mainz

Rump J, Eilers S, Wilms G (2011) Strategie für die Zukunft – Lebensphasenorientierte Personalpolitik 2.0. Ein Leitfaden für Unternehmen zur Bindung und Gewinnung von Mitarbeiterinnen und Mitarbeitern. Mainz

Lebensphasenorientierte Personalpolitik in der LBS Rheinland-Pfalz

Ein Projekt auf Basis der Vertrauens- und Rückmeldekultur

Christian Ahlring

Zusammenfassung

Die LBS Rheinland-Pfalz hat auf Basis ihrer Vertrauens- und Rückmeldekultur mit den Kernelementen Vertrauensarbeitszeit für alle Mitarbeiter und einem 360° Feedback-Prozess eine lebensphasenorientierte Personalpolitik eingeführt. Im Rahmen einer Bestandsaufnahme wurde dabei das Instrumentarium der Personalarbeit auf einem Zeitstrahl der Berufs- und Lebensphasen abgetragen. Daraus wurde eine Matrix der Zuordnung von Instrumenten und Phasen entwickelt, die viele Handlungsoptionen der flexiblen praktischen Anwendung ergibt.

Schwerpunktaktivitäten der Projektarbeit waren eine Altersstrukturanalyse, die Einführung eines lebensphasenorientierten Mitarbeitergesprächs sowie die Entwicklung von Ansätzen eines alternsgerechten Lernens. Aus der Alterstrukturanalyse wurden einfache Tools der Nachfolgeplanung und Potenzialanalyse abgeleitet. Das jährliche Mitarbeitergespräch wurde um den Gedanken der Lebensphasenorientierung ergänzt. Ziel ist, die Mitarbeiter in die Lage zu versetzen, sich in jeder Lebensphase optimal in der LBS einbringen zu können.

Anhand einer Reihe von Einzelbeispielen wird aufgezeigt, wie durch eine Grundhaltung der Flexibilität und Offenheit Lösungen gefunden werden, die dem Unternehmen und den Mitarbeitern gleichermaßen nutzen.

C. Ahlring (✉)
LBS Landesbausparkasse Rheinland-Pfalz
Mainz, Deutschland
E-Mail: christian.ahlring@lbs-rlp.de

J. Rump, S. Eilers (Hrsg.), *Lebensphasenorientierte Personalpolitik*, IBE-Reihe,
DOI 10.1007/978-3-642-41665-1_6, © Springer-Verlag Berlin Heidelberg 2014

Abb. 1 Grundlage: Vertrauens- und Rückmeldekultur

1 Grundlagen

Grundlage der lebensphasenorientierten Personalpolitik in der LBS Rheinland-Pfalz ist unsere Vertrauens- und Rückmeldekultur. Der Begriff Vertrauen ist dabei eng verknüpft mit dem Instrument der Vertrauensarbeitszeit. Sie ist Ausdruck einer konsequenten Leistungs- und Ergebnisorientierung. Die Mitarbeiter verfügen im Rahmen dieser Arbeitszeitkultur über ein Höchstmaß an Eigenverantwortung und Eigeninitiative. Daraus ergibt sich ein sehr ökonomischer Umgang mit der Ressource Arbeitszeit. Insbesondere dadurch, dass keine falschen Anreize für die Bildung von Arbeitszeitguthaben gesetzt werden. Unabhängig davon haben alle Mitarbeiter die Möglichkeit, tageweise oder im Zweifel auch wochenweise Zeitausgleich herbeizuführen. Davon machen auch Führungskräfte Gebrauch (Abb. 1, eigene Darstellung).

2 Vertrauensarbeitszeit für alle Mitarbeiter

Im Tarifbereich gehen wir davon aus, dass ein 1:1 – Zeitausgleich für Mehrarbeit erfolgt. Darüber hinaus besteht auch im Rahmen der Vertrauensarbeitszeit die Möglichkeit, tarifliche Mehrarbeit zu nutzen, die vergütet oder auf das Langzeitkonto gebucht wird. Im AT-Bereich sehen die Arbeitsverträge zwar branchenüblich vor, dass Mehrarbeit durch die Vergütung als abgegolten gilt. Trotzdem legt die LBS Rheinland-Pfalz Wert darauf, dass auch Fach- und Führungskräften eine Balance zwischen hohen beruflichen Anforderungen und privaten Verpflichtungen durch zusätzliche Regenerationszeiten gelingt. Das Arbeitszeitverhalten der Mitarbeiter wird ganz wesentlich durch das Arbeitszeitverhalten der Führungskräfte geprägt. Insofern lebt der Vorstand konsequent eine Arbeitszeitkultur vor, die gerade nicht dadurch gekennzeichnet ist, dass man wie in vielen anderen Unternehmen, einem Anwesenheitskult huldigt. So entschuldigt sich der Vorstand bereits für Anrufe nach 17 Uhr und wünscht am Ende einen baldigen Feierabend. Nach 18 Uhr bleiben Anrufe des Vorstands aus.

Selbstverständlich ergeben sich für Führungskräfte durch Abendveranstaltungen, Dienstreisen oder Belastungsspitzen in der Projektarbeit zuweilen Arbeitszeiten, die auch darüber hinaus gehen, aber eben nicht dadurch, dass eine Anwesenheit in den Abendstunden oder am Wochenende erwartet wird. Gleichzeitig betreuen Führungskräfte gelegentlich unter der Woche nachmittags ihre Kinder, um ihren berufstätigen Partnern zusätzliche Flexibilität zu ermöglichen und werden dabei vom Vorstand ausdrücklich ermutigt, dieses in der LBS auch aktiv zu kommunizieren.

3 Prozess der Einführung

Zur Entstehungsgeschichte der Vertrauensarbeitszeit in der LBS ist anzumerken, dass diese bereits eine Option in der Dienstvereinbarung „Flexible Arbeitszeit“ der Landesbank Rheinland-Pfalz war, aus der die LBS 2005 als selbstständiges Unternehmen hervorgegangen ist. Allerdings wurde diese Option dort im Tarifbereich kaum genutzt. In Ermangelung einer Änderung der Dienstvereinbarung haben wir seinerzeit lediglich eine Kommunikationsoffensive Vertrauensarbeitszeit für alle Mitarbeiter in der LBS initiiert.

Dabei haben wir auf breiter Front Überzeugungsarbeit geleistet. Zunächst haben wir ein Sounding Board mit Mitarbeitern aus allen Fachbereichen als Botschafter der Vertrauensarbeitszeit ins Leben gerufen, darunter waren etliche erklärte Skeptiker. In der Projektarbeit gelang es nach und nach die Botschafter zu überzeugen, freiwillig und zunächst befristet in die Vertrauensarbeitszeit zu wechseln. Deren positive Erfahrungen mit dem Wegfall der Zeiterfassung bereits nach wenigen Monaten führten zum Durchbruch im ganzen Haus. Workshops für Führungskräfte und Infomärkte für alle Mitarbeiter taten ihr Übriges. Ein wesentlicher Erfolgsfaktor war die Einbindung der Führungskräfte und der Personalvertretung. So waren die Führungskräfte gehalten, die optionale Selbsterfassung der Mitarbeiter insbesondere als Rechtfertigung für Zeitausgleichstage zu ignorieren. Diese liegen in der Arbeitszeitsouveränität der Mitarbeiter und unterliegen ansonsten nur der Abstimmung untereinander, etwa um die Servicezeiten im Team bzw. die Vertretungsregelungen abzudecken. Im Ergebnis nutzen über 95 % der Mitarbeiter auf freiwilliger Basis die Vertrauensarbeitszeit, der Rest erfasst mit Hilfe eines einfachen Excel-Tools die Arbeitszeit im Sinne einer Selbstkontrolle. Unmittelbar nach Projektende entfernten der Vorstandschef und der Personalratsvorsitzende symbolisch das letzte Zeiterfassungsterminal der LBS.

4 360 ° – Feedback

Eine weitere tragende Säule der Unternehmenskultur der LBS Rheinland-Pfalz ist der durchgängige Rückmeldeprozess. Bereits aus Landesbank-Zeiten stammt das jährliche Mitarbeitergespräch, das bereits Mitte der Neunziger Jahre ein skaliertes Beurteilungsgespräch abgelöst hatte. Im Rahmen dieses Feedback-Gesprächs werden zunächst die Aufgabenschwerpunkte aktualisiert sowie die Zielerreichung des Vorjahres konstatiert. Im Weiteren erfolgt eine Rückmeldung bezogen auf das Leistungs- und Arbeitsverhalten, das unternehmerische Denken, die Weiterbildungsbereitschaft sowie die Zusammenarbeit. Abschließend werden Entwicklungsziele definiert.

Diese solide Basis haben wir durch eine kriterienbezogene Vorgesetztenrückmeldung ergänzt, die unmittelbar im Anschluss erfolgt. Ähnlich wie das Mitarbeitergespräch bilden Strukturelemente und beispielhafte Formulierungsvorschläge den Rahmen der individuellen Rückmeldung. Zu den Kriterien des Führungsverhaltens zählen u. a. Information, Kommunikation, Motivation und Delegation. Das Gespräch ist absolut vertraulich und wird nur für die beiden Gesprächspartner dokumentiert. Der Personalbereich erhält lediglich die Information, ob im Rahmen des Mitarbeitergesprächs auch eine Vorgesetztenrückmeldung stattgefunden hat. 90 % der Mitarbeiter machen davon auf freiwilliger Basis Gebrauch.

5 Mitarbeitergespräch und Vorgesetztenrückmeldung

Eine Mitarbeiterbefragung im Rahmen einer Diplomarbeit nach Einführung hat ergeben, dass 80 % der Mitarbeiter mit dem Prozess der Einführung zufrieden oder sehr zufrieden waren. Nach dem zweiten Durchgang hat zudem eine stichprobenartige Resonanzgruppenbefragung ergeben, dass die weit überwiegende Mehrzahl der Mitarbeiter bereits im zweiten Jahr mit dem Instrument sehr souverän umgegangen sind, sich dabei sogar bereits teilweise von der Papierform gelöst haben und den Feedbackbogen nur noch aktualisiert als Referenzpunkt genutzt haben und die Rückmeldung trotzdem strukturiert und differenziert erfolgte.

Kernelement der Einführung waren Workshops für alle Mitarbeiter, in denen insbesondere die Feedback-Regeln vermittelt respektive aufgefrischt wurden. Ziel war, alle Mitarbeiter in die Lage zu versetzen, ihren Führungskräften auch bezogen auf die Methodenkompetenz in dem Gespräch auf Augenhöhe zu begegnen. Durch die Pluralität der Rückmeldungen aber eben auch zentrale Stränge der Reflektion, die sich für die Führungskräfte aus den Gesprächen ergeben, optimieren wir das Führungsverhalten auf einer breiten Basis. Dabei gehen wir davon aus, dass Vorgesetzte nicht reflexartig mit Verhaltensänderungen reagieren, sehr wohl jedoch im Zeitablauf verspüren lassen, dass gesetzte Impulse aufgenommen werden.

6 Kollegen-Feedback für Führungskräfte

Eine Abrundung des Rückmeldespektrums im Sinne eines 360° – Feedbacks für Führungskräfte wurde durch die Einführung eines Kollegen-Feedbacks erreicht. Dieses Instrument wurde erstmalig komplett durch die betroffenen Führungskräfte entwickelt. Hierzu wurden im Rahmen zweier Workshops der Strategierunde der LBS, die sich aus Vorstand, Bereichs- und Stabsabteilungsleitern zusammensetzt, Leitfragen für ein Kollegen-Feedback entwickelt.

Die Gesprächspartner wurden anhand der Intensität der jeweiligen Arbeitsbeziehungen ausgewählt. Ergebnis nach zwei institutionalisierten Durchgängen dieser informellen Gespräche war, dass man zwar aufgaben- und projektbezogen bereits vorher in einem intensiven Kontakt war, jedoch kaum Gelegenheit hatte, sich auch über das Miteinander auszutauschen. Dabei hat sich eine Reihe von Ansätzen ergeben, die sich in der weiteren Zusammenarbeit konkret auswirken. So bilanzierte der Vorstand nach zwei Jahren, dass er bereits deutlich weniger als Clearingstelle in Zweifelsfällen der Kommunikation angerufen wurde als noch vor Einführung des Verfahrens. In den noch verbliebenen Fällen verweist der Vorstand auf das Instrument des Kollegen-Feedbacks.

7 Personalentwicklungsverfahren für Führungsnachwuchskräfte

Ein weiterer Baustein der Personalentwicklung der LBS Rheinland-Pfalz ist das Personalentwicklungsverfahren für Führungsnachwuchskräfte. Dabei wurde das alte Landesbank-AC als Gruppenverfahren durch ein Einzelverfahren abgelöst. Hintergrund war das Mengengerüst der LBS mit nur noch rund 300 Mitarbeitern gegenüber den rund 2.000 Mitarbeitern der damaligen Landesbank Rheinland-Pfalz. Gleichzeitig wurde das Prinzip der Potenzialanalyse zu Beginn des Verfahrens und im Sinne einer Auslese durch ein Development Center ersetzt, das nach einer 18–24 monatigen Entwicklungsmaßnahme im Rahmen eines abschließenden AC-Tages lediglich den Status Quo der Personalentwicklung konstatiert bzw. Lernhinweise aufzeigt (Abb. 2, eigene Darstellung).

Grundidee war, mit den durch die Fachbereiche identifizierten Potenzialträgern kriterien- und aufgabenbezogen zu arbeiten, ohne eine Verliererproblematik für Leistungsträger zu generieren. Die enge Begleitung des Verfahrens durch die erfahrenen Führungskräfte des Hauses entpuppte sich dabei als Personalentwicklung für alle Beteiligten, als dass auch die gestandenen Führungskräfte durch die intensive Begleitung des Verfahrens, die Vorbereitung und Durchführung von Übungssituationen und insbesondere die Intensität des Rückmeldeprozesses profitieren. Dabei wurden an vielen Stellen über das Curriculum hinaus kreative Impulse gesetzt. So wurden z. B. bei Präsentationsübungen die Montagsmaler bemüht, um innerhalb von einer Minute einen Fachbegriff zu visualisieren.

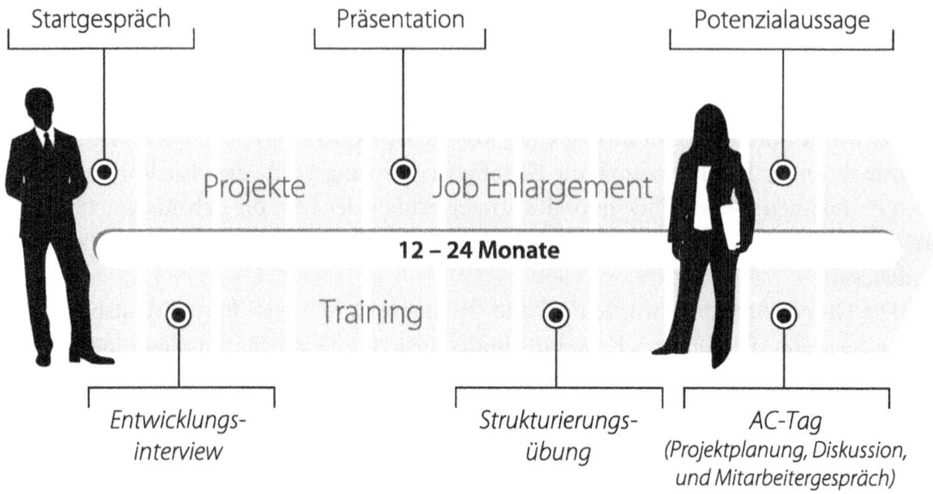

Abb. 2 Personalentwicklungsverfahren

Innerhalb von fünf Jahren wurden insgesamt 20 Nachwuchskräfte systematisch und intensiv auf die Übernahme von Führungsaufgaben vorbereitet. Obwohl das Programm als Einzelverfahren angelegt war, wurden „Schwimmgruppen" der Teilnehmer gebildet, um Gruppenübungen durchzuführen und Erfahrungen auszutauschen. Dabei wurden typische Führungssituationen wie Mitarbeitergespräche, Gruppendiskussionen, Präsentationen oder Projektplanungen eingeübt und durch einen kontinuierlichen Feedback-Prozess begleitet. Im Ergebnis bekleiden heute 15 der Teilnehmer eine Führungsfunktion.

Mit Blick auf unsere Lebensphasenorientierung haben wir einer Spezialistin im Vertrieb die Teilnahme ermöglicht, indem wir das Programm gestrafft und bei Terminvereinbarungen auf deren Teilzeitmodell hin angepasst haben. Ein weiteres Beispiel in diesem Zusammenhang ist die Teilnahme eines über 50-jährigen Finanzierungsspezialisten, der im Anschluss Leiter der Gruppe wurde, der er zuvor als Mitarbeiter angehörte. Selten hatten wir einen Teilnehmer, der so souverän das Verfahren durchlaufen hat, als dass er aus einem reichen Fundus an Erfahrungen bezogen auf die Anforderungen zurückgreifen konnte und gleichzeitig über ein hohes Maß an Gelassenheit der beruflichen Reife verfügen konnte.

Ein weiterer Teilnehmer hatte zwischenzeitlich mit Belastungen aus dem persönlichen Umfeld zu kämpfen, so dass er sich phasenweise außer Standes sah, Wertungsübungen zu bestreiten und bereits kurz davor stand, das Verfahren abzubrechen. Nach dann doch erfolgreichem Abschluss des Verfahrens nicht zuletzt durch die enge Begleitung des Vorgesetzten trat der Kollege sehr souverän als Referent in einem Führungskreistreffen auf.

Im nächsten Schritt organisieren die Absolventen des Personalentwicklungsverfahrens in bereichs- und hierarchieübergreifenden Arbeitsgruppen selbstgesteuert einen Austausch über ihre Führungsarbeit. Diese Lerninseln der Führungserfahrung werden jeweils von einem altersgemischten Team aus Bereichs- und Abteilungsleitern begleitet. Abgerun-

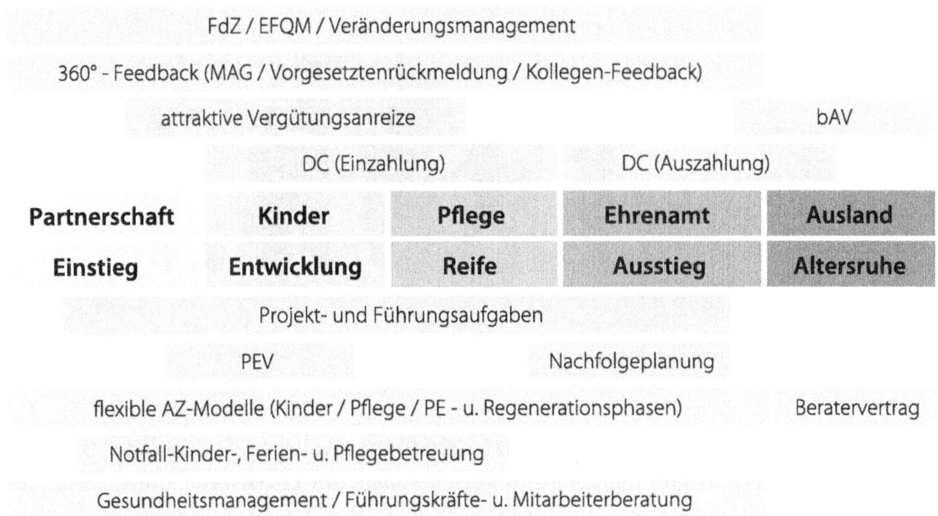

Abb. 3 Phasen und Instrumente

det wird die Maßnahme durch Business Lunches mit dem Vorstand in Anlehnung an Kamingespräche, um sich mit der Geschäftsleitung über LBS – relevante Themen auszutauschen und dabei auch von den Erfahrungen der „PEV-Alumni" – Gruppen zu berichten.

8 LPOPP-Projekt

Auf dieser Basis von Vertrauen in die Handlungs- und Lösungskompetenz von Mitarbeitern und Führungskräften sollte im Projekt „Strategien für die Zukunft – Lebensphasenorientierte Personalpolitik" die Grundlage zur Bewältigung des demografischen Wandels in der LBS gelegt werden. Dabei wurde zunächst der Status Quo des Instrumentariums der Personalarbeit erhoben und auf einem Zeitstrahl von Berufs- und Lebensphasen abgetragen. Bereits bei der Bestandsaufnahme wurde augenfällig, welche Potentiale der intensivierten Nutzung sowie Weiterentwicklung in dem aus der mittelständischen Konzernstruktur LRP hervorgegangenen und in den Folgejahren konsequent auf die Bedarfe der sehr viel kleineren LBS angepassten und weiterentwickelten Instrumentariums stecken (Abb. 3, eigene Darstellung).

Aus einer einfachen Übersichtsdarstellung resultierte eine komplexe Matrix der Zuordnung von Phasen und Instrumenten. Im nächsten Schritt wurde ob des hohen Altersdurchschnitts in der LBS Rheinland-Pfalz eine Altersstrukturanalyse durchgeführt. Diese Aufgabe des LPOPP-Projektteams fiel dem Personalratsvorsitzenden zu. Darüber hinaus bestand das Projektteam aus der Personalleitung sowie der Gleichstellungsbeauftragten. Weder die Einbindung der Personalvertretung noch der Gleichstellungsbeauftragten hatten formalen Charakter. Beide Kollegen waren wesentliche Aufgabenträger der Projekt-

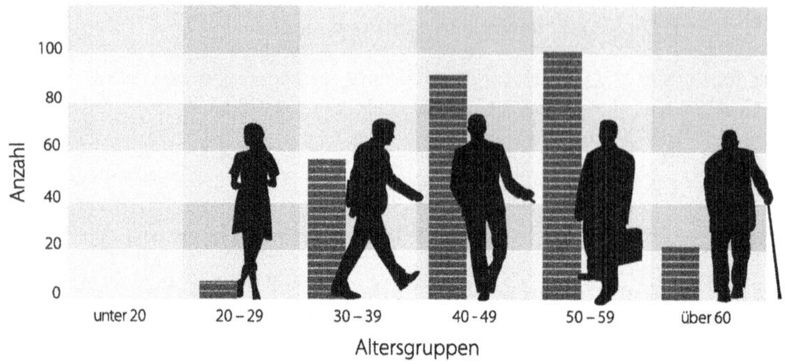

Abb. 4 Altersstruktur (31.12.2012)

arbeit, Experten und gleichzeitig Multiplikatoren für das Anliegen. So wurden z. B. die Ergebnisse der Altersstrukturanalyse mit unterschiedlichen Szenarien der Entwicklung des Personalbestandes in der Personalversammlung durch den Personalrat kommuniziert und damit zusätzliche Akzeptanz geschaffen (Abb. 4, eigene Darstellung).

Ergebnis der Altersstrukturanalyse per 31.12.2009 war, dass bis 2019 25 % und damit 75 von 300 Mitarbeitern altersbedingt ausscheiden und parallel dazu der Anteil Älterer massiv ansteigt. Ende 2012 betrug der Altersdurchschnitt 47 Jahre. Mit deutlich über 100 Mitarbeitern bildet die Gruppe der 50–59 Jährigen bereits heute die größte Alterskohorte. Wohingegen die 20–29-Jährigen schon die Ausnahme bilden. Hintergrund ist die hohe durchschnittliche Betriebszugehörigkeit von 21 Jahren, die auf ein früheres Gesamtversorgungssystem zurückgeht. Hinzu kommt, dass wir in den Jahren seit der Verselbstständigung weit überwiegend berufserfahrene Spezialisten eingestellt haben und in diesem Intervall auch keine Berufsausbildung angeboten haben. Darüber hinaus tendiert die natürliche Fluktuation ob der hohen Arbeitszufriedenheit in der LBS gegen Null.

9 Personal- und Nachfolgeplanung

Aus der Altersstrukturanalyse wurden einfache Tools der Personal- und Nachfolgeplanung entwickelt. So führen Personalleitung und Organisation seither jährliche Personalplanungsgespräche mit den Fachbereichen, im Rahmen derer alle Mitarbeiter ab Mitte 50 bezogen auf deren mittel- bis langfristige Berufs- und Lebensplanung durchgegangen werden. Dadurch kann das Zeitfenster zwischen Inanspruchnahme des Vorruhestandes mit 61, unter bestimmten Voraussetzungen in Einzelfällen sogar bereits mit 58, bis hin zur Vollendung des 65. respektive 67. Lebensjahres eingegrenzt werden.

Parallel dazu wird einzelfallbezogen diskutiert, wie sich die Aufgabengebiete der Stelleninhaber weiterentwickeln, welche Aufgaben technisch substituiert, welche Leistungsreserven aktiviert werden können, welche Prozessoptimierungen genutzt werden können oder welche Aufgaben sogar entfallen können. Im Ergebnis soll die Altersfluktuation möglichst aktiv genutzt werden, um darüber den hohen Kostendruck auszugleichen. Wobei sich durch die jährliche Fortschreibung auch schon in den ersten zwei Jahren entsprechende Veränderungen ergeben haben. Hintergründe sind etwa die Einführungen technischer Tools, die den manuellen Bearbeitungsaufwand reduzieren.

Auch hier hat die aus der Lebensphasenorientierung weiterentwickelte Grundhaltung der Flexibilität Einzelfallkonstellationen ergeben, die vor Jahren noch nicht denkbar gewesen wären. So nutzen acht von zehn Mitarbeitern den tariflichen Vorruhestand mit 61. Vor diesem Hintergrund und mit Blick auf die Erfordernisse einer längeren Beschäftigung sowie betriebswirtschaftlicher Erwägungen schließen wir ansonsten den Eintritt in den vorzeitigen und damit noch früheren Ruhestand grundsätzlich aus. Aus dieser klaren und konsequenten Haltung heraus sind mehrere Mitarbeiter an uns herangetreten, die ihrerseits Vorstellungen entwickelt haben, wie sie trotzdem ein früheres Arbeitsende erreichen können.

So haben wir uns z. B. mit einer Mitarbeiterin auf eine unbezahlte Freistellung bis zum Eintritt in den Vorruhestand verständigt. Ein Mitarbeiter hat uns angeboten, dauerhaft auf Teile seiner Versorgungsansprüche zu verzichten, um früher in den Ruhestand treten zu können. Voraussetzung derartiger Einzelvereinbarungen ist, dass sie sich sowohl für den Mitarbeiter als auch für die LBS rechnen. Dabei kam in beiden Fällen hinzu, dass die Mitarbeiter nicht 1:1 ersetzt werden mussten. Die Verteilung verbleibender Aufgaben im Team wird von den Fachbereichen en detail plausibilisiert und die entsprechende Umsetzung durch den Personalrat eng begleitet.

Neben der Nachfolgeplanung auf Basis einer Potenzialanalyse für Fach- und Führungskräfte hinsichtlich der perspektivischen Übernahme weiterführender Verwendungen können so auch noch gezielter Personalentwicklungsmaßnahmen für ältere Mitarbeiter aufgesetzt werden. So zum Beispiel im Falle eines 60 Jahre alten Mitarbeiters, der entgegen der Einschätzung seines Vorgesetzten nicht mit 61 in den Vorruhestand sondern erst mit 65 in den Ruhestand treten möchte. Dadurch ergaben sich deutlich erhöhte Bedarfe der Anpassungsfortbildung insbesondere in der Weiterentwicklung der IT-technischen Kompetenz.

Gleichzeitig hat die Anwendung eines einfachen Tools auf Basis einer Vierfelder-Matrix in Anlehnung an den Produktlebenszyklus unternehmensweit verschiedene Handlungsoptionen der internen Nachfolgeplanung für Schlüsselfunktion auch bereichsübergreifend ergeben. Bemerkenswert war in diesem Prozess die Bereitschaft der Fachbereichsvertreter, uneigennützig und damit im Sinne der Gesamtbankorientierung auch Potenziale eigener Leute für den Einsatz in anderen Bereichen aufzuzeigen.

10 Lebensphasenorientiertes Mitarbeitergespräch

Um sich auch im Zeitablauf modifizierende Vorstellungen der Mitarbeiter hinsichtlich ihrer Laufbahn- und Lebensplanung frühzeitig auf den Radarschirm der Personalplanung zu bekommen, wurde das jährliche Mitarbeitergespräch durch den Gedanken der Lebensphasenorientierung ergänzt. Hierzu wurden wie beim Kollegen-Feedback für Führungskräfte Leitfragen entwickelt, so etwa die Frage nach besonderen Belastungsfaktoren, die

- In welcher **Lebenssituation** befindet sich der/die Mitarbeiter/-in?
- Welche berufliche **Motivation** ergibt sich daraus und welche **Belastungsfaktoren?**
- Welche **Anforderungen** ergeben sich daraus an die **Zusammenarbeit** von Führungskraft und Mitarbeiter/-in?
- Inwieweit können **organisatorische Veränderungen** (z. B. die Arbeitsplanung) Lebenssituation und Berufsphase noch besser in Übereinklang bringen?
- Was kann der/die **Mitarbeiter/-in dazu beitragen?**
- Welche **Instrumente der LBS** können dabei unterstützen?

Abb. 5 Leitfragen Lebensphasenorientiertes Mitarbeitergespräch

sich aus einer bestimmten Lebenssituation heraus gegeben oder auch die nach besonderen Motivatoren (Abb. 5, eigene Darstellung). Dementsprechend stellt sich die Frage, mit welchen Instrumenten die LBS flexibel auf die jeweiligen Bedarfe der Mitarbeiter eingehen kann und umgekehrt, wie die Mitarbeiter sich bezogen auf die Anforderungen der LBS in jeder Lebensphase optimal einbringen können.

So haben wir uns beispielsweise mit einer Mitarbeiterin auf deren Initiative hin auf eine gegenüber dem Planungsansatz vorzeitige Rückkehr aus der Elternzeit verständigt. Dabei wurde der ursprünglich angedachte Arbeitszeitanteil reduziert und darüber hinaus vereinbart, dass die Mitarbeiterin während der Eingewöhnungsphase in der Kita einen noch darunter liegenden Arbeitszeitanteil einbringt, um dann in der zweiten Jahreshälfte diesen entsprechend zu erhöhen. Die Vergütung blieb konstant. Damit war beiden Seiten geholfen. Die LBS blieb im Personalkostenplanungsansatz und die Mitarbeiterin konnte sich sehr flexibel in die Projektarbeit einbringen.

Selbstverständlich sind die Eckdaten der jeweiligen Lebenssituation der Mitarbeiter den Führungskräften bekannt. Jedoch ergibt sich durch diesen jährlichen Abgleich von Lebens- und Berufsphase eine zusätzliche Qualität der Kommunikation, Planungssicherheit und flexiblen Anwendung unseres personalpolitischen Instrumentariums. So berichtet eine alleinerziehende Spezialistin im Vertrieb davon, dass sie ihren Arbeitszeitanteil im Laufe der Jahre der jeweiligen Betreuungssituation ihres Sohnes anpassen konnte. Durch den Lebensphasen-Blickwinkel haben sich für unser Haus zentrale Stränge der weiteren Entwicklung ergeben. Dabei sind insbesondere die betriebswirtschaftlichen Potenziale der Teilzeitbeschäftigung in den Fokus der Betrachtung gerückt.

11 Perspektive Teilzeit

So beträgt der Anteil von Mitarbeitern in Teilzeit bereits heute rund 25 %. Unsere flexible Haltung mit Blick auf die arbeitsorganisatorische Bewältigung einer steigenden Teilzeitquote zeigt sich darin, dass sich diese allein zwischen 2005 und 2012 annähernd verdoppelt hat. Entgegen der Haltung vergleichbarer Häuser sehen wir in diesem Bereich keine Schmerzgrenze von 30 % Teilzeitbeschäftigung sondern erst den Anfang einer Entwicklung. Im Bereich der Arbeitszeitanteile von unter 50 % belegt die LBS Rheinland-Pfalz im Quervergleich der LBS-Gruppe die Spitzenposition. In einzelnen Bereichen beträgt die Teilzeitquote bis zu 90 %. So decken etwa in der Unternehmenskommunikation drei Teilzeitkräfte mit einem Arbeitszeitanteil von insgesamt 1,5 Personenjahren ein weitaus breiteres Aufgabenspektrum ab als noch vor fünf Jahren zwei Vollzeitkräfte.

Gleichzeitig nutzen derzeit noch weit überwiegend Frauen mit Kindern Teilzeit. Eine Gruppenleiterin in Teilzeit berichtet davon, dass sie über ihren 50 % – Arbeitszeitanteil hinaus per Smart Phone erreichbar sei, die Mitarbeiter davon aber so gut wie nie Gebrauch machen würden, weil die meisten Entscheidungen auch noch am nächsten Tag getroffen werden könnten. Kind krank – Tage werden häufig durch eine Mischung aus flexibler Home Office Option und Zeitausgleich abgedeckt. Auch damit ist beiden Seiten geholfen. Die Mitarbeiterin kann zumindest zeitkritische Vorgänge für die LBS weiterverfolgen und gleichzeitig ihr krankes Kind betreuen. Zudem entfällt die administrativ aufwändige Abrechnung mit der gesetzlichen Krankenkasse.

Bezogen auf Teilzeit für Männer, Führungskräfte und Ältere antizipieren wir derzeit bereits zukünftige Bedarfe, dass heißt, dass viele dieser Optionen noch nicht genutzt werden, obwohl z. B. Führungskräfte jenseits der 60 bei Weitem nicht mehr den Finanzierungsbedarf haben, wie Kollegen in der Lebensmitte und sie zudem in hohem Maße von längeren Regenerationszeiten im Sinne des Erhalts der Beschäftigungsfähigkeit profitieren würden. Wie attraktiv 52 lange Wochenenden gegenüber nur einigen wenigen mit Brückentagen sein könnten, wenn man denn seinen Arbeitszeitanteil auf 80 % reduzieren würde, ist allerdings derzeit offenbar noch nicht zu vermitteln. Für die Generation der heute Mitte 40-jährigen wird sich das in 15 Jahren mutmaßlich schon ganz anders anlassen. Von der nachfolgenden Generation Y wissen wir bereits heute, dass sie großen Wert auf Flexibilität in der Gestaltung der Arbeit und einer Ausgewogenheit von beruflichen und privaten Belangen legt.

Langfristig wird Teilzeit ein Schlüssel zum Erhalt der Beschäftigungsfähigkeit mit Mitte bis Ende 60 sein. Hinzu kommen Überlegungen perspektivisch Neueinstellungen mit einem Arbeitszeitanteil von 80 % vorzunehmen und 90 % zu vergüten, um unabhängig vom Alter der Beschäftigten, einen attraktiven Anreiz zu setzen, eine Balance zwischen Berufs- und Privatleben zu erreichen und sich die Kosten dafür mit den Mitarbeiter zu teilen.

Fraglich ist, ob Vorruhestandstarifverträge langfristig noch in die Landschaft passen. Vollzeitnahe Beschäftigungsverhältnisse hingegen ermöglichen den Unternehmen Personalkosteneinsparungen und Produktivitätsfortschritte sowie den Mitarbeiter eine bessere

Balance von Beruf und Privatleben ohne nennenswerte Einbußen von Einkommen und Versorgungsbezügen. In der LBS wird die gesetzliche Rente durch eine substantielle arbeitgeberfinanzierte Betriebsrente aufgestockt. Hinzu kommt die Möglichkeit einer hochverzinslichen Alterskapitalbildung durch Verzicht auf variable Gehaltsbestandteile (Deferred Compensation).

12 Alternsgerechtes Lernen

Einen weiteren Schwerpunkt der LPOPP-Projektarbeit bildet die gezielte Flankierung von Maßnahmen für den langfristigen Erhalt der Beschäftigungsfähigkeit. Mit Blick auf die Anpassung von Weiterbildungsinstrumenten, die auf das Lernen im Alter zugeschnitten sind, haben wir ältere Mitarbeiter gezielt befragt. Daraus ergab sich, dass man etwa mit der Vermittlung von PC-Kenntnissen bei der Einführung neuer Software-Programme sehr zufrieden ist.

Trotzdem erstellen wir derzeit Trainerleitfäden, um eine noch höhere Sensibilität für die Lernvoraussetzungen Älterer zu schaffen. Durch die Vermittlung von Grundkenntnissen der Gerontologie bezogen auf das Lernen älterer Mitarbeiter sollen Schulungssituationen weiter optimiert werden. Hinzu kommt die Erkenntnis, dass sich Veränderungsdruck zeitlebens auf die geistige Elastizität positiv auswirkt. Allein die Vermittlung dieser Haltung vor dem Hintergrund andauernder technischer wie fachlicher Veränderungen erzeugt einen Perspektivwechsel hin zu mehr Aufgeschlossenheit.

Eine weitere Lernvoraussetzung für ältere Mitarbeiter ist die körperliche Leistungsfähigkeit. Konsequenterweise wünschen sich die Befragten in der LBS zusätzliche Angebote der Gesundheitsförderung. Gleichzeitig gab die weit überwiegende Mehrzahl der Befragten an, privat eher wenig dafür zu tun. Hier gilt es also, zusätzliche Maßnahmen zu entwickeln, aber eben auch wirksame Anreize zu setzen, eigeninitiativ zu werden. Eine weitere Befragung ergab, dass die Mitarbeiter besonderen Wert auf Maßnahmen der Stressbewältigung legen.

13 Arbeitskreis Gesundheit

Unter Mitwirkung externer Berater und Kooperationspartner wurde deshalb ein Arbeitskreis Gesundheit aus Vertretern des Vorstandes, der Personalleitung, des Personalrates, der Schwerbehinderten, des Arbeitsschutzes und der internen Kommunikation gebildet, um die verschiedenen bereits vorhandenen Aktivitäten zu bündeln und weiterzuentwickeln. Dabei wurden die Handlungsfelder Ernährung, Stress, Pflege und Vorsorge als Vertiefungsthemen identifiziert und Kleinarbeitsgruppen zugewiesen. Von der interdisziplinären Verknüpfung der einzelnen Themenschwerpunkte versprechen wir uns perspektivisch nachhaltige Effekte (Abb. 6, eigene Darstellung).

Abb. 6 Arbeitskreis Gesundheit

So wurde unmittelbar im Nachgang an die schwere Grippewelle Anfang 2013 im Mitarbeiter-Magazin nachdrücklich auf das Angebot der Grippeschutzimpfung hingewiesen, das im Herbst des Vorjahres von nur 50 Mitarbeitern genutzt wurde. Dementsprechend hoch war der Krankenstand auf dem Höhepunkt der Grippewelle. Als weiteres Ergebnis wurde eine Workshopreihe zu Themen der Selbstregulation konzipiert, im Rahmen derer Veranstaltungen zum Ziele setzen, dem Zeitmanagement, der Prokrastination und zu Lernstrategien angeboten werden. Im Rahmen von Führungskreistreffen wurden zudem Bewegungsangebote wie ein Team-Parcours im Kletterwald durchgeführt oder auch die Selbstreflexion zum Thema Gesundes Führen aus theologischer Sicht angestoßen. Ein wertschätzender Umgang und die Vermittlung von Sinnhaftigkeit zählen zum Grundverständnis der Führungsarbeit in der LBS. So informiert der Vorstand im Rahmen von Mitarbeiterversammlungen innerhalb von 72 h nach der Verabschiedung der Unternehmensziele in den Gremiensitzungen.

Der jährliche Gesundheitstag soll noch stärker in eine ganzjährige Kampagne eingebettet werden. So wurden in 2012 unter dem Motto „LBS Check-up" erstmals auf breiter Front Werte zum Gesundheitszustand der Mitarbeiter erhoben und im Nachgang entsprechend kommuniziert. Unterjährig wurden Obst- und Mineralwassertage sehr positiv aufgenommen. Ein weiterer Ansatz der interdisziplinären Verknüpfung von Aktivitäten ist die Einbindung des externen Führungskräfte- und Mitarbeiterberaters in die Konzeption von Gesundheitsmaßnahmen. In der Weiterentwicklung dieser bisherigen Sozialbetreuung werden derzeit rund 20 Mitarbeiter persönlich eng begleitet. Neben der Betreuung dieser akuten Fälle, die in erheblichem Maße zur Stabilisierung der Betroffenen führt, gibt der Berater wichtige Impulse in den AK Gesundheit.

Hinzu kommt die Pilotierung von gezielten zusätzlichen Gesundheitsmaßnahmen in einer Sachbearbeitungsgruppe mit hoher Arbeitsverdichtung durch Stapelverarbeitung und einem hohen Anteil an Bildschirmarbeit. Hier soll ein Team-Coaching-Ansatz zur Anwendung kommen, der neben gemeinschaftlichen Aktivitäten wie arbeitsplatzbezogenen Bewegungsangeboten auch eine individuelle Arbeitssituationsanalyse beinhaltet. Davon versprechen wir uns eine deutliche Reduzierung der in diesem Bereich durch die gegebene Belastungssituation überdurchschnittlich hohen Fehlzeiten. Flankierend sollen weitere Überlegungen entwickelt werden, wie in der Situation auch strukturell Abhilfe geschaffen werden kann. Bei erfolgreicher Pilotierung soll dieser Ansatz auch an anderer Stelle umgesetzt werden.

14 Ausblick

Als weitere zentrale Maßnahme zur Bewältigung des demografischen Wandel werden wir ab 2014 gezielt junge Bankkaufleute unmittelbar nach Ausbildungsende für unsere Vertrags- und Kreditsachbearbeitung rekrutieren sowie ein duales Studium für unseren Spezialistennachwuchs anbieten. Diesen Ansatz haben wir im Vertrieb bereits erfolgreich pilotiert. Unsere Arbeitgeberattraktivität basiert neben der erfolgreichen Marktbearbeitung und der Bekanntheit der Marke LBS vor allem auf unserer lebensphasenorientierten Personalpolitik. Die für junge Menschen dabei besonders attraktiven Aspekte herauszuarbeiten und herauszustellen wird eine zentrale Anforderung sein.

Der Berufs-Lebensbaum

Ein strategischer Ansatz zur Lebensphasenorientierten Personalpolitik und ein ganzheitliches Modell der individuellen Karriere- und Lebenslaufbahn im demografischen Wandel

Marion Hodapp und Martin Peußer

Zusammenfassung

Mit dem visuellen Modell des Berufs-Lebensbaumes können die Anforderungen des Unternehmens an einzelne Mitarbeiter mit den Fähigkeiten, Kenntnissen, Bedürfnissen und Lebenszielen des Mitarbeiters in einem Bild zusammengefügt werden. Es ermöglicht so die einfache und hoch individualisierte Darstellung einer Berufs- und Lebensplanung als ganzheitliche Maßnahme.

Angefangen bei den Wurzeln, die von Talenten, Vererbung, Werten und Erziehung geprägt sind, über die Phase der beruflichen und privaten Festigung (Stamm) bis hin zur feinen Verästelung im Rahmen der individuellen Berufslaufbahn- und Lebensplanung, werden alle beruflichen und privaten Herausforderungen bis in den sogenannten „Unruhestand" in der Baumkrone detailliert berücksichtigt und mit den Blättern jeweils von zwei Seiten bereichert: von der Mitarbeiterseite tragen die persönlichen Qualifikationen, Interessen und Anforderungen aufgrund der Lebenssituation zur Entwicklung bei, von der Unternehmensseite werden die zur Verfügung stehenden Maßnahmen und Angebote in den einzelnen Lebensphasen bereitgestellt.

M. Hodapp (✉)
Personalrezepte
Kronberg, Deutschland
E-Mail: marion.hodapp@personalrezepte.de

M. Peußer
Personalrezepte
Kronberg, Deutschland

J. Rump, S. Eilers (Hrsg.), *Lebensphasenorientierte Personalpolitik*, IBE-Reihe,
DOI 10.1007/978-3-642-41665-1_7, © Springer-Verlag Berlin Heidelberg 2014

1 Ausgangssituation

Welche Faktoren bestimmen mehr und mehr die Wettbewerbsfähigkeit der Unternehmen und welche aktuellen Prioritäten ergeben sich daraus in der Personalarbeit? Vor dem Hintergrund der demografischen Entwicklung und einer Verschärfung des Arbeitskräfteangebotes wird Personal- bzw. Humankapital zum Wettbewerbsfaktor. Unternehmen brauchen daher eine vorausschauende und entschlossene Personalstrategie. Diese darf in Personalressourcen nicht nur Headcount, FTE's oder einen Kostenfaktor sehen, sondern einen Vermögenswert, welcher aktiv entwickelt werden muss, um einen langfristigen Unternehmenserfolg gewährleisten zu können. Die Fragen der Zukunft fokussieren sich immer mehr in der qualitativen und quantitativen Personal-bzw. Workforceplanung und Simulation von Schlüsselqualifikationen. Kernbestandteile eines wertorientierten Personalmanagements sind daher das Halten von qualifizierten Mitarbeitern, das Heben von Beschäftigungsreserven intern bzw. extern (Rekrutierung) und eine gezielte Personalentwicklung.

Im Rahmen einer künstlichen Arbeitsmarktkonjunktur (Abschaffung der Wehr-und Sozialpflichtzeiten, G8 und G9 Abiturjahrgänge streben zusammen in den Markt) ist der Fachkräftemangel bzw. zusätzliche Bedarf an Fachkräften noch immer nur an manchen Stellen ein politisches Thema. Im Allgemeinen wird trotzdem niemand mehr leugnen: „Deutschland wird älter, die Arbeitskräfte auch"- Diese Behauptung unterschreiben in den meisten Unternehmen von der Geschäftsführung angefangen alle Beteiligten in den Unternehmen, alle. Nach unserer Auffassung gilt es jedoch auch hier nicht pauschal, sondern stärker differenziert nach mindestens vier Attributen zu unterscheiden:

- Markt:
  - Die unternehmensspezifischen Produkte und Dienstleistungen bestimmen anhand ihrer strategischen Ausrichtung die Skill-Anforderungen der jeweiligen Mitarbeiter
  - Veränderung der Arbeitsmärkte aus lokaler und globaler Sicht ist zu berücksichtigen
- Zeit:
  - Die Veränderungen und die geplanten/angedachten Änderungen in Bezug auf die wöchentliche Arbeitszeit und die Lebensarbeitszeit in verschiedenen Lebensphasen und Mitarbeitergruppen
- Mitarbeiter:
  - Quantitative Headcountentwicklung
  - Qualitative Veränderung und deren Simulationen auf zukünftige Anforderungen durch individuelle Personalentwicklung
- Produktivität:
  - Die Verbesserungen durch ein- und umgesetzte Instrumente der Personalentwicklung stellen Anforderungen an die Produktivität

Aus dem oben genannten und in der Praxis gelebten wird klar, welche Bedeutung jeder Mitarbeiter und dessen Weiterentwicklung hat. Mitarbeiter sind ein wichtiger, wenn nicht sogar der wichtigste Baustein für zukünftigen Erfolg und Wettbewerbsfähigkeit. Dieses Potenzial zu schöpfen, zu erhalten und weiterzuentwickeln ist Aufgabe einer jeden Führungskraft. Aber nur im Zusammenspiel zwischen den einzelnen Mitarbeitern, Kollegen und ihren Führungskräften kann dieses zu einer „WIN – WIN" Situation führen. Nur wenn betriebliche und persönliche Zielvorstellungen miteinander in einem permanenten Veränderungsprozess harmonieren, entwickeln WIR uns weiter.

2 Grundlage – Die strategischen Komponenten der Personalentwicklung in Unternehmen

Ausgangspunkt ist eine fokussierte Analyse zukünftiger Stellenanforderungen und benötigter Schlüsselqualifikationen, abgeleitet aus den strategischen Markterwartungen und Unternehmenszielen. Dafür wurde eine Demografie-SWOT-Methodik entwickelt, die mit einer einfachen, aber methodisch sinnvollen Metaplan-Technik arbeitet. Sie hilft qualitative und quantitative Risiken (Vakanzen/Qualifikationslücken) aufzudecken und Potenzialträger und Talente im Unternehmen zu identifizieren.

Um qualifizierte Arbeitskräfte halten und diese gezielt weiterentwickeln zu können, wird das Konzept des BerufsLebensbaums eingesetzt. Dieses visualisiert auf einfache und verständliche Weise Lebens- und Berufsentwicklungsphasen. Die individuelle Position von Potenzialträgern innerhalb dieses „Baumes", deren Leistungsmotivation und Entwicklungswünsche lassen sich hiermit gezielt abfragen. Darüber hinaus hilft dieser „Baum" im Dialog geeignete Maßnahmen zu finden, um beides – Unternehmens- und individuelle Lebensziele – in Einklang zu bringen und somit Arbeitskräfte zu binden. Das Instrument eignet sich für jede Führungskraft.

Die Kenntnis der Schlüsselkompetenzen, der Potenzialträger und deren Entwicklungswünsche, komplettiert die Informationen aus den vorhandenen Personalstamm- und Bewegungsdaten an entscheidender Stelle. Es hilft jedoch nur bedingt, wenn sich diese Informationen nicht zusammenführen lassen, um sich auf Knopfdruck ein Gesamtbild machen zu können über vorhandenes Humanpotenzial, Vakanzen, Qualifizierungsbedarfe, Kompetenz-Altersstruktur, etc.

Die Wichtigkeit der Identifikation von Potenzialträgern und Talenten wurde von den meisten Unternehmen in Deutschland inzwischen verstanden. Während vor wenigen Jahren noch sehr faktenorientiert mit den Themen Nachfolgeplanung bzw. Fach- und Führungskräfteentwicklung umgegangen wurde, fand inzwischen – zumindest bei größeren Mittelständlern und auf Konzernebene – ein Umdenken in der Personalentwicklungsstrategie statt. Dass nicht jede gute Fachkraft auch eine gute Führungskraft ist, haben viele aus Erfahrungen durch Fehlbesetzungen lernen müssen, genauso wie die Tatsache, dass nicht jeder Mitarbeiter die ihm angebotenen Karrierestufen als positive Entwicklung wahrnimmt und eventuelle positiv gemeinte Veränderungsvorschläge als Belastung empfindet und ablehnt.

Aus diesem Ansatz hat sich die simple Erkenntnis entwickelt, dass nicht nur die unternehmerischen Interessen bei der Entwicklung eines Potenzialträgers eine entscheidende Rolle spielt, sondern auch die außerberuflichen Lebensziele des Mitarbeiters einen großen, über die Generationen hinweg sogar wachsenden Faktor für die Entscheidung für oder gegen einen Karriereschritt im Unternehmen darstellt. Um beides – Unternehmens- und individuelle Lebensziele – in Einklang bringen zu können, muss zunächst auf der Unternehmensseite ein Verständnis für die Motive der eigenen Mitarbeiter entwickelt werden.

3 Check und Analyse als strategische Komponente

Die vorzustellende Methodik stellt einen in vielerlei Hinsicht praxisorientierten Leitfaden dar. Ausgehend von einem gecoachten und moderierten Teamprozess innerhalb eines Tages-Workshops, an dem Führungskräfte verschiedener Hierarchiestufen teilnehmen, wird in einem zwei stufigen Prozess zunächst die Soll- bzw. Idealorganisation und danach die IST- Organisation ermittelt. Damit setzen sich die betrieblichen Führungskräfte zunächst abstrakt mit ihrer Organisation auseinander ohne die jeweiligen zur Zeit beschäftigten Mitarbeiter einzubeziehen, dieses wird erst im zweiten Prozessschritt der Betrachtung vorgenommen. Diese Vorgehensweise sichert ab, dass sich individuelle Personalentwicklungsmaßnahmen nicht nur personenorientiert, sondern abgeleitet aus den zukünftigen Stellenanforderungen ergeben. Zusammenfassend entsteht in Kooperation zwischen betrieblichen Führungskräften und Personal eine quantitative und qualitative zukunftsorientierte Personalanalyse, die als Basis zur Personal-, Qualifizierungs- und Weiterbildungsplanung dient. Damit lassen sich entsprechend Mitarbeiterbindungs- und Mitarbeiterfindungsthemen bearbeiten. Im Nachfolgenden sind die einzelnen Prozessschritte beispielhaft dargestellt:

1. Stellen
   - Beschreibung der Stellen nach den zukünftigen Anforderungen
   - Neue Stellen innerhalb der Workshop Diskussion erarbeiten und innerhalb der Organisation einordnen, damit transparente und inhaltliche klare Sollprofile feststehen
   - Betrachtung der Stellen im Unternehmen, gestaffelt nach den jeweiligen Verantwortlichkeiten
   - Sicherstellung, dass gerade im in den gewerblich/technischen Bereichen systematische Sollprofile bestehen, damit Nachwuchs für eine effiziente, nachhaltige und zukunftsweisende Aufgabenerfüllung vorhanden bzw. weitergebildet wird, unabhängig vom Alter
2. Ideal- bzw. Sollorganisation (Grüne Wiese)
   - Jetzige Organigramme dienen als Spiegel der jetzigen Anforderungen um diese an zukünftige Anforderungsentwicklungen entsprechend anzupassen
   - Erarbeitung eines Stellen-und Profilmodells „Auf der grünen Wiese"- abstrakte Sichtweise einhalten

- Keine Einbeziehung der jetzigen Mitarbeiter
- Die Darstellung erfolgt im Workshop an Plakaten und anhand der oben aufgezeigten Stellenbeschreibungen

3. Mitarbeitereinschätzung
   - Einschätzung (nicht Beurteilung) der jetzigen Mitarbeiter entsprechend den zukünftigen Anforderungen
   - Gehen sie dabei vor allen Dingen von dem Prinzip aus „Kennen, Können und Tun"
   - Aufzeigen von Verbesserungspotenzialen auf der einen Seite, genauso wie die guten und sehr guten Leistungsträger von den Potenzialträgern innerhalb der Organisation klar zu benennen und Handlungsfelder, Maßnahmen und Optionen der Entwicklung aufzuzeigen
4. Abgleich
   - Abgleich zwischen den Schritten zwei und drei zur Gap Analyse zwischen den Anforderungen an die Stelle und dem jetzigen Mitarbeiterstamm
5. Ableitung von Maßnahmen zur Mitarbeiter-Findung und Bindung
   - Identifizierung möglicher Potenzialträger mit der Ableitung notwendiger Qualifizierungen- und Weiterbildungen und Umsetzung in den jeweiligen Programmen in zeitlicher Folge und der Abbildung in Budgets
   - Identifizierung von neuen Stellen, entsprechend den erarbeiteten zukünftigen Anforderungen und Ausschreibung innerhalb der Unternehmen bzw. Suche im Markt zur systematischen Neubesetzung
   - Planerische Vorbereitung von Fach- und Führungskräften in simulierten Nachfolgesituationen
   - Identifizierung von offenen Stellen, die nicht intern besetzt werden können, zur Feststellung einer Vakanz und möglichen externen Ausschreibung
   - Identifizierung von guten und sehr guten Leistungsträgern mit gezielten und benötigten Qualifizierungsprogrammen ohne Altersbeschränkung
   - Systematische, planerische Qualifizierung-/und Weiterbildungsplanung

4 Die Generationen im Berufsleben

Das Berufsleben jedes Mitarbeiters ist durch verschiedene Stadien gekennzeichnet:

Der Beginn des Berufslebens ist durch die Aufnahme einer Ausbildung bzw. eines Studiums gekennzeichnet und führt nach mehreren individuellen Stationen bis zum „(Un) Ruhestand" im späten Erwachsenenalter.

In einer Momentaufnahme betrachtet befinden sich mehrere Generationen aktuell im Berufsleben, jeweils in ihrer individuellen Phase. Die einzelnen Generationen unterscheiden sich jedoch nicht nur durch das Alter voneinander, sondern haben auch eine maßgeblich differierende Einstellung zu den Themen Beruf und Leben.

Zwischen einzelnen Jahrgängen besteht ein fließender Übergang, dadurch gibt es gerade in den Randjahrgängen starke Vermischungen, nicht zuletzt geprägt durch die Erziehung der jeweiligen Elterngeneration.

Im Nachfolgenden sind diese Haltungsweisen pauschal für die jeweiligen Generationengruppen in Kurzfassung stilisiert.

Die Veteranen (auch „die Nachkriegsgeneration", Geburtsjahr ca. 1945–1959) Die Generation der Veteranen charakterisiert sich vor allem durch eine stark ausgeprägte Arbeitsmoral und durch hohes Pflichtbewusstsein. „Arbeit" wird als wichtige Notwendigkeit zur Lebenssicherung betrachtet, sie „dient dem Broterwerb". Das Karriereverständnis von Veteranen wird rein über monetäre Anreize und Macht gesteuert. Selbstverwirklichung spielt eine untergeordnete Rolle. Zusammenfassend kann die Generation der Veteranen mit der Aussage beschrieben werden: „Arbeit ist wichtig, vor allem um meinen Nachkommen ein besseres Leben zu ermöglichen als ich es hatte".

Die Babyboomer (Jahrgänge ca. 1960–1969) Die Babyboomer zeichnen sich durch eine erhöhte Karriereorientierung aus. Darüber hinaus sind sie sehr statusgeprägt: „Arbeit" dient nicht der puren Überlebenssicherung, sondern dem Schaffen eines möglichst hohen Lebensstandards. Das Ansehen, das über den Status im Berufsleben erreicht wird, spielt dabei die größte Rolle. „Arbeit" wird eher als „Beruf" oder „Karriere" bezeichnet. Die Babyboomer sind mit folgendem Satz zu charakterisieren: „Mein Beruf und meine Karriere stehen an erster Stelle, weil sie mir hohes Ansehen verschaffen und einen hohen Lebensstandard ermöglichen".

Die Generation X (Geburtsjahr ca. 1970–1978) Die Generation X ist in Deutschland die erste Generation, deren Eltern größtenteils bereits keine direkten Kriegserfahrungen mehr gesammelt und daher eine andere Lebenseinstellung als die Jahrgänge zuvor haben. Die Themen Status und Macht spielen zwar nach wie vor eine Rolle, jedoch im Vergleich zu den vorherigen Generationen nur noch eine geringe. Wichtiger ist die Selbstverwirklichung der eigenen Träume durch Entwicklung der individuellen Fähigkeiten. Diese Einstellung schlägt sich stark in der Wahrnehmung von Beruf und Karriere nieder: Während einige sicherlich trotzdem noch durch die Prägungen der vorangegangenen Generationen nach beruflichem Aufstieg im typischen hierarchischen Sinn streben, ist das Verständnis von „Karriere" nicht mehr zwingend an Themen wie Personalführung und Umsatzverantwortung fest gemacht. Die hierarchische Einordnung in einer möglichst hohen Stufe ist weniger wichtig als die Befriedigung durch Erfolg im Beruf, die durchaus auch ohne Führungsposition erreicht werden kann. „Ich möchte mich in meinem Beruf selbst verwirklichen und Zufriedenheit erreichen" beschreibt diese Gruppe zutreffend.

Die Generation Y (Geburtsjahr ab ca. 1979 bis 199?) Die genaue Eingrenzung der Generation über den Jahrgang ist zurzeit noch nicht möglich, da die nachfolgende Generation teilweise noch nicht im Berufsleben tätig ist und daher noch nicht ausreichend charakterisiert und eingegrenzt werden kann. Beobachtungen zeigen jedoch eine klare Tendenz bis zum Anfang der 90er Jahre in gleicher Richtung.

Die Generation Y hat kaum Karrierebestrebungen im eigentlichen Sinne: Hierarchische Ebenen sind für sie unsinnig und bürokratisch, eine „Von oben herab" Mentalität ist ihnen ebenso fremd wie eine ehrfürchtige oder gar unterwürfige Respekthaltung gegenüber „Höhergestellten" oder älteren Personen. Respekt wird von ihnen auf ganz andere Weise ausgedrückt, nämlich eher durch die Gleichstufung einer Person mit sich selbst und durch die Aufnahme in das eigene soziale Netzwerk. Generell weist die Generation Y eine hohe Affinität zum Auf- und Ausbau von sozialen Netzwerken aus. Durch moderne Kommunikationsmittel wird dies zusätzlich unterstützt, weshalb es für die Generation kein Problem darstellt, rund um die Uhr mit Freunden in Kontakt zu stehen. Feste Arbeitszeiten nimmt die Generation Y als Einschränkung der freien Entscheidung wahr, ebenso wie Vorgaben zur Nutzung von Internet und Social Media am Arbeitsplatz. Dies sind für sie Kommunikationsmittel, die sie auch beruflich äußerst effektiv nutzen können. Die Ys sind auch nicht statusorientiert. Sie ähneln in vielen Punkten der Generation X, jedoch mit einem großen Unterschied: „Arbeit" und „Beruf" dienen nicht der Selbstverwirklichung, diese wird im privaten Bereich angestrebt. Über die Notwendigkeit von Arbeit ist sich die Gruppe durchaus bewusst, doch ihr Bestreben liegt darin, sich das Berufsleben möglichst so zu gestalten, dass es sich nicht störend oder negativ beeinflussend auf das Privatleben auswirkt, welches definitiv im Vordergrund steht. Ein charakterisierender Satz für die Generation Y ist: „Wir arbeiten um zu leben."

Ausblick: Generation Z (199? - dato) Die nächste Generation - genannt Generation Z oder auch Generation „Und jetzt?" - befindet sich selbst noch in der Entwicklung. Altersmäßig zwischen Kleinkind und Teenager ist sie mit der Arbeitswelt meist noch nicht direkt in Berührung gekommen. Die Tendenzen sind aber bereits gut erkennbar. Die Generation Z zeichnet sich durch eine sehr individualistische Einstellung aus. Wie auch die Ypsiloner besteht Interesse an der Vernetzung über soziale Medien, jedoch liegt der Fokus hierbei nicht auf Kommunikation aus sozialen Gründen, sondern eher auf Entertainment und Zeitvertreib. Die Generation Z hat kaum das Bedürfnis, irgendwo dazu zu gehören, was darauf schließen lässt, dass eine spätere Loyalität zum Arbeitgeber eher minimal ausfallen wird. Durchaus sind die Zs bereit, für ein (persönliches) Ziel Arbeit auf sich zu nehmen und Zeit zu investieren, aber das Ziel muss möglichst schnell erreichbar sein. Geduld ist nicht die Stärke dieser Generation, was vor allem der digitalen Schnelllebigkeit zuzuschreiben ist, in der die Zs groß werden. Darüber hinaus wachsen sie in einer Welt auf, die politisch gesehen vom Kampf gegen den Terror und wirtschaftlich von einem der größten Umbrüche der Weltgeschichte gekennzeichnet ist, was ihr Verständnis von sozialer Gerechtigkeit prägt und sie in vielen Dingen reifer erscheinen lässt als Generationen zuvor im selben Alter.

Durch diese unterschiedlichen Einstellungen zu „Arbeit", „Beruf" und „Karriere" ergeben sich in Unternehmen Spannungen in generationendurchmischten Arbeits- und Projektgruppen. Vor allem von den Führungsebenen werden die stark voneinander abweichenden Grundeinstellungen in den jeweiligen Generationen nicht akzeptiert und falsch ausgelegt. Führung wird damit erheblich anspruchsvoller, denn einerseits ist die angesprochene Attraktivität auszustrahlen und Zufriedenheit bei Mitarbeitern zu erzeugen, andererseits aber den Ansprüchen der Kunden gerecht zu werden und damit Leistungsansprüche durchzusetzen und das auch mit unterschiedlichsten Generationen. Eine Karrierechance wie eine Auslandsentsendung nicht anzunehmen, ist für einen Mitarbeiter aus der Babyboomer Generation – unabhängig von der privaten Lebensphase – fast undenkbar, während ein Ypsiloner dies evtl. ausschlagen wird, weil es gerade nicht in sein privates Lebenskonzept passt.

Mit dem Wissen um die verschiedenen Motive der jeweiligen Generation und unter Berücksichtigung der individuellen Lebensphase eines Mitarbeiters lässt sich die Laufbahnplanung aus Unternehmenssicht wesentlich gezielter gestalten als aus rein unternehmerischen Gesichtspunkten.

5 Generationen und die Herausforderungen der Nutzung von Sozialen Medien

Bedingt durch längere berufliche Aktivphasen, durch die derzeit fünf unterschiedliche Generationen am Arbeitsleben teilnehmen, sowie durch die grundlegend konträren Ansichten zu Karriere, Beruf und Freizeit zwischen den älteren und den jüngeren Generationen ergibt sich eine bisher in dieser Ausprägung noch nicht dagewesene Problematik. Im Vergleich zur aktuellen „Führungsgeneration" der Veteranen und Babyboomer, die Beruf und Karriere als einen primären Lebensinhalt sehen und gegenüber Führungskräften und älteren Generationen einen natürlichen Respekt zeigen, messen vor allem die Generationen Y und Z den privaten Lebenszielen viel mehr Gewicht zu als dem beruflichen Erfolg und sind auf dem Standpunkt, dass Respekt verdient werden muss und nicht durch Hierarchien oder Lebensalter erzeugt wird. Auf dem Gebiet des Personalmarketings und des Recruitings hat sich durch diese Diskrepanz eine besondere Herausforderung entwickelt: Die zielgruppengerechte Ansprache von Generationen, deren Wertevorstellungen weit von denen der Führungskräfte abweichen.

Die Nutzung von sozialen Kommunikationskanälen zum Aufbau einer attraktiven Arbeitgebermarke und zur Gewinnung von jungen Fachkräften stellt das geeignetste Medium dar und wird trotz den vielen positiven Attributen, wie kostengünstig, Aktualität und einfache Handhabung, von den meisten Unternehmen immer noch nur sehr rudimentär betrieben.

Ein Umdenken im Umgang mit diesen Medien ist inzwischen jedoch unumgänglich. Als Basis ist daher wichtig, dass ein gegenseitiges Verständnis und eine Akzeptanz der unterschiedlichen Prioritäten in der Lebens- und Laufbahnplanung geschaffen werden.

Um die aktuell in den Arbeitsmarkt eintretende Generation zu erreichen, sind die bisher gebräuchlichen und zielführenden Medien wie beispielsweise Printprodukte (Fachzeitschriften und Zeitungen) bestenfalls noch geeignete Mittel, wenn davon im Netz frei zugängliche Online-Ausgaben oder Online-Abos angeboten werden. Die vor allem für die Ys wichtige Kommunikation miteinander auf gleicher Augenhöhe, wie sie durch ein Multichannel Tool ermöglicht wird, bietet für beide Seiten viele attraktive Möglichkeiten. So wird beispielsweise ein aktiver Austausch zwischen Bewerber bzw. Interessent und Unternehmen ermöglicht, im Rahmen dessen bereits die ersten Beziehungen zueinander geknüpft werden. Die formlose Möglichkeit, Fragen über eine Internetplattform zu stellen, wird von den Zielgenerationen meist mehr genutzt als die 1:1 Verbindung über das Telefon.

Im Hinblick auf die unterschiedlichen Vorstellungen von Berufs- und Lebensweg, vor allem bei der nachfolgenden Generation Z, wird deutlich, dass die Unternehmenspräsentation ein neues Gesicht erhalten muss. Fakten wie Umsatz, Marktanteil und Produktführerschaft werden sicher nicht gänzlich an Wichtigkeit verlieren, jedoch sind diese Kennzahlen Maßstäbe für eher sicherheitsorientierte Mitarbeiter, die sich einen Arbeitgeber wünschen, den sie langfristig begleiten können. Die „neue" Denkweise geht eher in die entgegengesetzte Richtung: Welche Freiräume kann das Unternehmen dem Bewerber bieten? Wie abwechslungsreich ist die Aufgabe? Welchen Mehrwert kann der Arbeitsplatz zum Leben des Bewerbers beitragen? Um authentisch zu sein, reicht es jedoch nicht aus, im Personalmarketing neue Wege zu gehen. Die präsentierte und umworbene Unternehmenskultur muss auch gelebt werden. Häufig führt die Angst vor dem „gläsernen Unternehmen" in den Führungsreihen zur Formulierung von starken Restriktionen für die Nutzung von sozialen Medien am Arbeitsplatz. Die sich daraus ergebende Unglaubwürdigkeit ist deutlich von außen wahrnehmbar und wirkt spätestens beim Eintritt eines Ypsiloners oder Zs in das Unternehmen für Demotivation.

Trotzdem ist eine Social Media Richtlinie eines der wichtigsten Instrumente zur erfolgreichen Steuerung sämtlicher Aktivitäten im Unternehmenskontext. Die komplette Öffnung der sozialen Kanäle und die „freie Hand" im Umgang mit diesen ist für Mitarbeiter und Unternehmen eine der größten Fallen in diesem Themengebiet. Gerade in Zeiten, in denen der Schutz von Daten und Privatsphäre durch aktuelle Vorkommnisse aus Wirtschaft und Politik fast täglich thematisiert wird, spielt die klare Regelung für den Umgang mit sensiblen Daten in der Öffentlichkeit eine große Rolle. So sollte beispielsweise die Nutzung von sozialen Medien am Arbeitsplatz keinesfalls verboten werden, sie sollte im Gegenteil sogar in den Beruf mit integriert sein. Jedoch muss definiert sein, welche Informationen kommuniziert werden dürfen und bei welchen Themen Vorsicht geboten sein muss.

Die Herausforderung in der Personalentwicklung Beeinflusst durch den (generationenanhängig) unterschiedlichen Grad der Wichtigkeit von Beruf und Karriere sowie durch die in den jüngeren Generationen an Bedeutung gewinnende individuelle Lebensplanung ergeben sich für jeden Menschen unterschiedliche Anforderungen im und Vorstellungen vom Berufs- und Privatleben. Die meisten Entscheidungen auf dem Berufsweg werden stark von der Lebensphase und -planung des Mitarbeiters gesteuert. Die Motive und Ziele des Mitarbeiters herauszufinden, stellt somit eine der größten Herausforderungen, aber auch eine der wichtigsten Stellschrauben für die erfolgreiche Personalentwicklung in einem Unternehmen dar.

6 Der Berufs-Lebensbaum

Der Berufs-Lebensbaum fügt die Berufsphasen, die personalwirtschaftlich und aus der Personalentwicklung eingesetzten Instrumente mit den Motiven und Lebenssituationen in einen Einklang zusammen und veranschaulicht „lebendig und individuell gewachsen wie ein Baum" die einzelnen Phasen im Leben eines Menschen, die sich aus persönlichen und familiären Entwicklungen heraus ergeben, ergänzt durch verschiedene Einflussfaktoren: es handelt sich hierbei um Faktoren, die durch das Unternehmen nicht beeinflussbar sind (Blätter mit glattem Rand in Abb. 1) und Angebote und Maßnahmen, die durch das Unternehmen erfolgen können (Blätter mit gezahntem Rand in Abb. 1). Die vom Unternehmen gegebenen Impulse sollen jeweils der Unterstützung in der jeweiligen privaten Situation des Mitarbeiters dienen, mit dem Fokus auf die angepasste Weiterentwicklung in Beruf und Karriere des Einzelnen.

Im Einzelnen beschrieben: An den Wurzeln des Baumes beginnt die grundlegende Prägung eines Menschen durch eigene Talente, Vererbung, Erziehung und Wertevermittlung. In Kinderkrippe bzw. Kindergarten und Schule beginnt die Entwicklung innerhalb der Generation oder auch die Entstehung einer neuen Generation durch die Herausstellung, Förderung oder Unterdrückung bestimmter Charaktereigenschaften im Umgang miteinander oder durch Erziehungsbeauftragte. In dieser Phase haben Unternehmen noch sehr wenig Einfluss. Jedoch können sie erstmals gegen Ende der schulischen Laufbahn agieren und sich durch soziales Engagement, Bereitstellung von Kitas, Vergabe von Praktika und ähnlichem in die frühe Lebensphase ihrer potentiellen späteren Mitarbeiter einschalten.

Mit Beginn einer Ausbildung oder eines Studiums mit Praxisbezug finden die ersten direkten Verknüpfungen zwischen dem Individuum Mensch und dem Unternehmen statt. Ab jetzt sind Entwicklungsmaßnahmen und die Unternehmenskultur Faktoren, die die beruflichen und teilweise auch die privaten Ziele stellenweise sogar sehr stark mit beeinflussen können. Hier die richtigen Angebote zu finden, die den talentierten Mitarbeiter an das Unternehmen binden, ist essentiell für eine erfolgreiche, mittel- bis langfristige Zusammenarbeit.

Abhängig von der privaten/ familiären Situation wird ein durchschnittlich sozialer Mitarbeiter im Lauf des Lebens mehr oder weniger unumgänglich in eine Phase kommen, in der der Beruf nicht an erster Stelle stehen kann. Diese Situation wahrzunehmen und entsprechend darauf einzugehen, stellt für Unternehmen meist die größte Herausforderung dar. Die häufig für Karrieresprünge geplante Altersgruppe (Rushhour des Lebens) zwischen 30 und (inzwischen) 45 beschäftigt sich neben der beruflichen Entwicklung meist auch intensiv mit persönlichen Themen wie die Gründung einer Familie oder familiäre Veränderungsprozesse. Längst ist nicht mehr davon auszugehen, dass Familien im „klassischen Modell" der Rollenverteilung den Berufs- und Lebensalltag managen, sodass Arbeit-

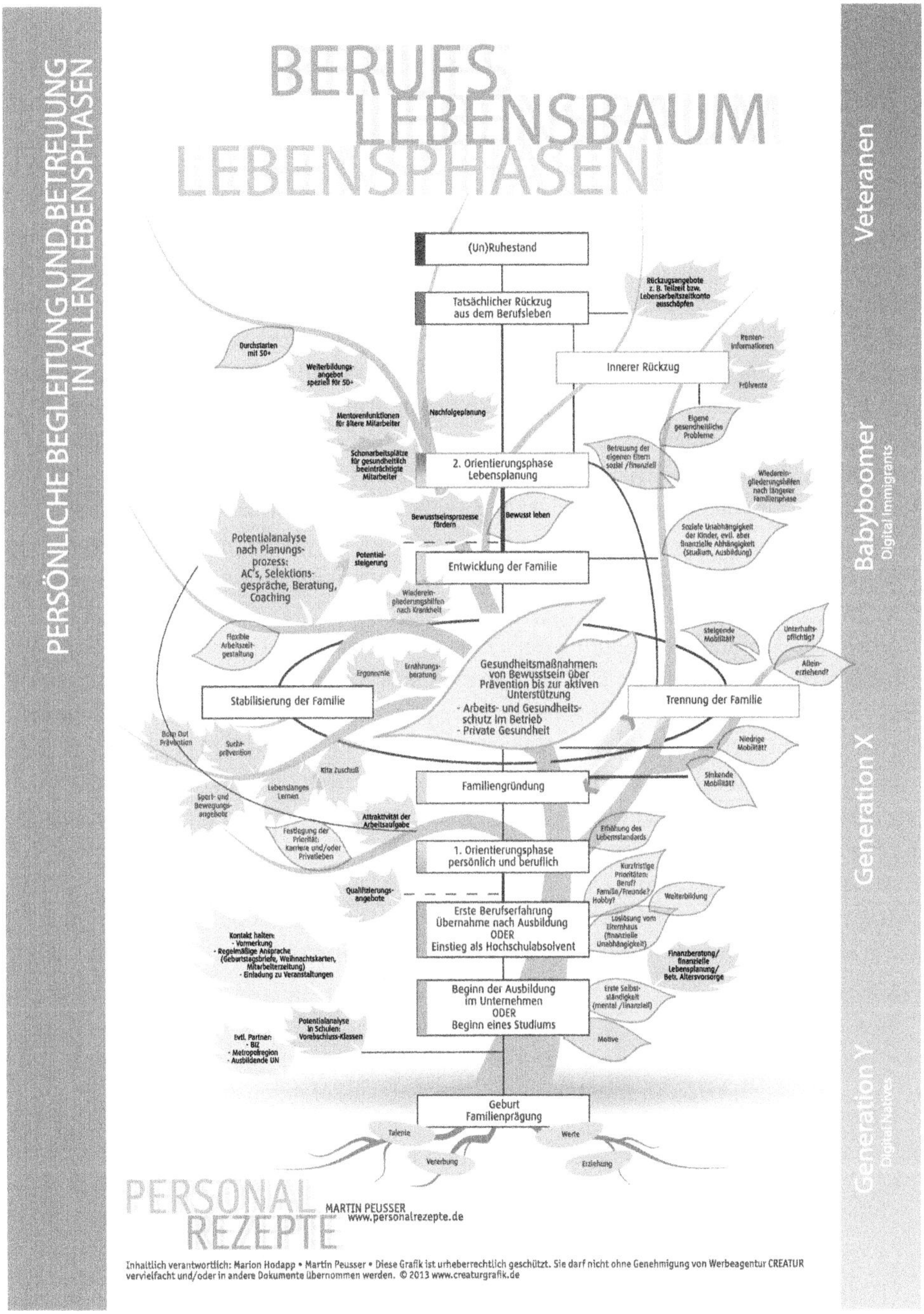

Abb. 1 Berufs-Lebensbaum – Lebensphasen

geber mehr und mehr flexibel mit der beruflichen Entwicklungsplanung auf die individuelle private Entwicklung der Mitarbeiter reagieren müssen.

Besonders wichtig dabei ist jedoch, rechtzeitig zu erkennen, ob und wann diese Phase der stärkeren Konzentration auf die Familie bzw. auf das Privatleben zu Ende geht und wieder Freiräume für die Mitarbeiter zur beruflichen Veränderung und Weiterentwicklung entstehen. Die häufig vernachlässigte Mitarbeitergruppe 50+ aktiv (heutige Babyboomer Generation) in den Arbeitsprozess einzubeziehen und sowohl mental als auch körperlich beschäftigungsfähig zu halten, ist ein Aspekt zum ökonomischen Einsatz von Arbeitskraft-Ressourcen, der häufig zu lange außer Acht gelassen wurde und wird. Unternehmen und Führungskräfte sollten ihre Weiterbildungsbudgets gerade unter diesem Aspekt durchleuchten. Wieviele € geben sie für diese Gruppen aus. Gleichzeitig gilt es auch den Mitarbeitern aufzuzeigen, dass sie noch länger arbeiten müssen. Die Rente mit 67 ist ein Thema, das vor allen Dingen in den Betrieben auf den Tisch gehört. Der Effekt, der entsteht, wenn wir dieses Thema weiter stiefmütterlich behandeln, sind hohe Personalkosten durch nicht voll einsatzfähige oder nicht voll geforderte Mitarbeiter. Die persönliche Frustration bei den Mitarbeitern führt häufig schon Jahre vor Eintritt ins Rentenalter zu einer Form der inneren Kündigung, nämlich dem inneren Rückzug durch Abwarten auf das Ende der Lebensarbeitszeit.

Mögliche Einsatzgebiete gibt es für die Leitpersonen eines Unternehmens auch noch nach Eintritt ins Rentenalter. Der als „Unruhestand" definierte Lebensabschnitt gibt dabei wörtlich wieder, was ein Großteil der „Rentner" heute schon erlebt. Der Ruhestand ist längst nicht mehr von Rückzug, Kontaktarmut und Bescheidenheit geprägt. Viel mehr werden in dieser Lebensphase lange gehegte Träume erfüllt, Erlebnisse „nachgeholt", die generationenbedingt in früheren Lebensphasen keinen Platz fanden und Erfahrungen gesammelt. Für viele spielte der Beruf bis hierhin jedoch auch eine so große Rolle im Alltag, dass sie sich nicht ganz davon lösen können und wollen. Der gezielte Einsatz solcher Wissensträger im Unternehmen kann sowohl in Nachfolgeplanungsthemen als auch für die gesamte Unternehmensentwicklung eine sehr effektive Maßnahme darstellen (Abb. 1, eigene Darstellung).

Den Herausforderungen der Zukunft proaktiv begegnen

Lebensphasenorientierte Personalpolitik als Teil einer alternsgerechten und nachhaltigen Personalwirtschaft bei der Karl Otto Braun GmbH & Co. KG

Michael Bohrmann, Françoise Fuchs und Sven Rottinger

Zusammenfassung

Die KARL OTTO BRAUN (KOB) GmbH & Co. KG mit Sitz im rheinland-pfälzischen Wolfstein steht als Hersteller medizinischer Textilien vor der Herausforderung, sich Trends wie der Globalisierung, dem demografischen und gesellschaftlichen Wandel sowie der Entwicklung zur Wissens- und Innovationsgesellschaft zu stellen und den Bestand an Fachkräften in einer „ausblutenden" Region zu sichern. Im Rahmen zweier Projekte wurde als einer der Entwicklungsschwerpunkte eine alternsgerechte und nachhaltige Personalwirtschaft identifiziert. Dieser wurde und wird konsequent durch die Beachtung der Berufs- und Lebensphasen der Beschäftigten, die Implementierung eines betrieblichen Kompetenzmanagements und Gesundheitsmanagements sowie vielfältige Aktivitäten im Hinblick auf internes und externes Employer Branding bearbeitet.

M. Bohrmann (✉)
Karl Otto Braun Gmbh & Co. KG
Wolfstein, Deutschland
E-Mail: michael.bohrmann@kob.de

F. Fuchs
Karl Otto Braun Gmbh & Co. KG
Wolfstein, Deutschland

S. Rottinger
Düsseldorf, Deutschland

J. Rump, S. Eilers (Hrsg.), *Lebensphasenorientierte Personalpolitik*, IBE-Reihe,
DOI 10.1007/978-3-642-41665-1_8, © Springer-Verlag Berlin Heidelberg 2014

1 Ausgangslage

Die KARL OTTO BRAUN (KOB) GmbH & Co KG ist Hersteller medizinischer Textilien, insbesondere auf Basis baumwoll-elastischer Materialien, mit Sitz in Wolfstein in der Westpfalz. KOB gehört seit 2000 zur HARTMANN GRUPPE, Heidenheim, und unterhält weitere Fertigungsstandorte in Indien und China. Am Standort Wolfstein arbeiteten in 2010 rund 750 Beschäftigte, weltweit hatte KOB ca. 2150 Beschäftigte.

KOB produziert nicht für Endkunden, sondern ist im „business to business"-Geschäft tätig und liefert weltweit sowohl an die HARTMANN GRUPPE wie an externe Kunden. Produziert werden einfache Basisprodukte in großen Mengen wie auch komplexere, beschichtete Produkte (z. B. selbsthaftende elastische Binden), die jeweils kundenspezifisch ausgerüstet und verpackt werden (Private Label).

Der Fertigungsstandort Wolfstein steht in einer konzerninternen Konkurrenzsituation zu den KOB-Standorten in Asien: In den letzten Jahren wurden Teile der Produktion aus Kostengründen dorthin verlagert.

Die aus der Marktsituation folgende Mischung aus Massenfertigung und kundenspezifischer Fertigung macht die Produktion in Wolfstein und deren Steuerung bei der großen Variantenvielfalt und 100-prozentiger Fertigungstiefe sehr komplex: Am Standort Wolfstein gibt es eine 4-stufige Textilfertigung, die Garnerzeugung, Textilflächenerzeugung, Veredelung und Konfektionierung umfasst. Das verfolgte Rationalisierungsmodell ist insbesondere gekennzeichnet durch kontinuierliche technische Modernisierung, wobei der Automatisierungsgrad in den Fertigungsstufen variiert. Ein Schwerpunkt liegt hier auf einer verbesserten Prozessbeherrschung. Die Arbeitsorganisation ist seit Mitte der 90-er Jahre durch Gruppenarbeit gekennzeichnet, die etwa 400 Beschäftigte einbindet. Es wird in 2- und 3-Schicht-Systemen gearbeitet; je nach Nachfragesituation werden Schichten an den Wochenenden erforderlich.

Unter dem strategischen Ziel des Unternehmens, „pioneer in medical textiles" zu sein und zu bleiben, besteht die Herausforderung des Unternehmensstandortes Wolfstein darin, Innovation, effiziente Produktion und Kundenorientierung in Einklang zu bringen.

KOB ist hinsichtlich der Personalsituation vielen Unternehmen sehr ähnlich: Der Altersdurchschnitt der Beschäftigten liegt bei über 40 Jahren. Bedingt durch Personalabbau in den fertigenden Bereichen gab es dort einerseits ein Ansteigen des Altersdurchschnitts („Unterjüngung"), andererseits praktisch keine festen Neueinstellungen, wobei auch Leiharbeit nur in geringem Umfang genutzt wird. Tendenziell ist in der Fertigung mit sinkendem Personalstand in Folge weiterer Rationalisierungsschritte zu rechnen – bedingt durch eine Produktionsverlagerung wurde in 2011 ein erneuter Personalabbau vollzogen.

Mit Blick auf die Belastungssituation lässt sich damit feststellen, dass bei KOB die zunehmenden Leistungsanforderungen von im Durchschnitt immer älteren Beschäftigten erfüllt werden müssen. Wie in vielen anderen Unternehmen stehen bei KOB keine „Schon-Arbeitsplätze" für Leistungsgewandelte zur Verfügung. Auch die Schichtsysteme, die bei Bedarf lange Wochenend-Schichten erfordern, sind hinsichtlich alternder Belegschaft kritisch.

Charakteristisch sind für KOB die lange Betriebszugehörigkeit der Beschäftigten sowie die gute berufliche Ausbildung, die bereits mit einem Preis ausgezeichnet wurde. Insofern zeichnen sich für die Rekrutierung von Facharbeitern mit textilspezifischen Kompetenzen derzeit noch keine Engpässe ab. Allerdings ist es bedingt durch die Arbeitsmarkt-Randlage des Standortes Wolfstein schwierig, höher qualifizierte Fach- und Führungskräfte in den kaufmännisch-administrativen Bereichen und für die Entwicklungsabteilung sowie textilen Ingenieurnachwuchs für die Fertigung zu gewinnen und dauerhaft an das Unternehmen zu binden. Gleichzeitig sollen diese perspektivisch auch an den ausländischen Standorten des Unternehmens eingesetzt werden können. Insofern sind hier die Ansätze, sich als attraktiver Arbeitgeber zu profilieren (z. B. Top Job-Auszeichnung 2010) erste Schritte, um Nachteile gegenüber Unternehmen in Metropol-Regionen zu kompensieren.

Bereits schon vor Jahren hat KOB konzeptionelle Vorarbeiten in Form von einer fundierten Analyse des regionalen Arbeitsmarktes sowie einer Altersstrukturanalyse des Unternehmens für Fragen des demografischen Wandels durchgeführt. Mit deren Hilfe konnte u. a. verdeutlicht werden, welche Engpässe und steigenden Krankheitskosten durch die zunehmend ältere Belegschaft am Standort Wolfstein für das Unternehmen zu erwarten sind, wenn nicht interveniert würde.

KOB hat sich von einem regional verankerten Familienunternehmen hin zu einer international agierenden Unternehmensgruppe gewandelt. Dabei fertigt KOB in einem internationalen Produktionsverbund, der aus dem Stammwerk in Wolfstein und je einem indischen und einem chinesischen Produktionsstandort besteht. In den ausländischen Standorten werden insbesondere auflagenstarke Produkte, deren Fertigung in Deutschland nicht mehr rentabel wäre, hergestellt. Betriebliche Rationalisierung bedeutet demnach neben einer Verbesserung der Produktivität am Stammwerk auch eine regelmäßige Überprüfung, welche Produkte im Ausland kostengünstiger hergestellt werden und damit nach Indien bzw. nach China verlagert werden können. Die Produktion komplexer Erzeugnisse sowie die zentrale Entwicklungsabteilung bleiben am Standort in Wolfstein bestehen. Aus der kontinuierlichen Optimierung von Arbeitsorganisation und Prozessen ergeben sich einerseits veränderte Anforderungen für die Mitarbeiter. Andererseits stellt die demografische Entwicklung KOB vor neue Herausforderungen: In einer Region, in der die Bevölkerungsentwicklung in den nächsten Jahrzehnten voraussichtlich stark rückläufig sein wird, wird neben der dauerhaften Wettbewerbsfähigkeit die Fähigkeit, sich nach innen wie nach außen als attraktiver Arbeitgeber zu profilieren, zum standortentscheidenden Faktor.[1]

Die Herausforderungen der Zukunft für KOB lassen sich also wie folgt subsumieren:

- Demografischer Wandel: Erhalt der Leistungsfähigkeit der alternden Belegschaft, Rekrutierung geeigneter Bewerber in einer „ausblutenden" Region
- Mitarbeiter zu sensibilisieren, aktiven Beitrag zum Ausbau und Erhalt der Leistungsfähigkeit zu leisten

[1] Dieser Abschnitt wurde mit freundlicher Genehmigung der Autoren entnommen aus: Bohrmann, M., Fuchs, F. und Rottinger, S. (2013), S. 141–143.

- Unternehmenstransformation: von lokal orientiert zu global agierend in einem internationalen Produktionsverbund
- Höhere Dynamik der Veränderungen (z. B. Technik, Organisation)
- Vision und Strategie bis auf Mitarbeiterebene zu operationalisieren (verständlich und „lebbar“)
- Wissens- und Innovationsgesellschaft (Bindung von Wissens- und Kompetenzträgern)
- Potenzial der Frauen in der Arbeitswelt halten und ausbauen (Anteil an Frauen in der Arbeitswelt muss gesteigert werden)
- Gesellschaftlicher Wandel (verändertes Rollenverständnis, Anspruch auf Vereinbarkeit von Beruf und Privatleben steigt bei Frauen und Männern)

2 Handlungsansätze

Um diese Herausforderungen zu bewältigen, beteiligte sich KOB an dem FuE-Projekt des Bundesministeriums für Bildung und Forschung namens „Stradewari – Rationationalisierungsstrategien im demografischen Wandel“, in dem 2009 folgende Entwicklungsschwerpunkte definiert wurden:

- alternsgerechte und nachhaltige Personalwirtschaft,
- demografiefeste Produktionssysteme sowie
- die Entwicklung eines ganzheitlichen Gesundheitsmanagementsystems.

Der Fokus dieses Beitrags liegt auf dem erstgenannten Schwerpunkt. Auf dem Weg zu einer **alternsgerechten und nachhaltigen Personalwirtschaft** wurden als die drei zentralen Aspekte

- die Beachtung der Berufs- und Lebensphasen,
- betriebliches Kompetenzmanagement sowie
- Employer Branding

bearbeitet, die untereinander enge Verknüpfungen und Wechselwirkungen aufweisen, wie die nachfolgenden Ausführungen zeigen werden.

2.1 Beachtung der Berufs- und Lebensphasen

Um eine Personalpolitik zu etablieren, welche gleichermaßen die Erwartungen und Bedürfnisse der Mitarbeiter in den verschiedenen Berufs- und Lebensphasen sowie die Erwartungen des Unternehmens an die Mitarbeiter berücksichtigt und aufeinander abstimmt, nahm KOB ebenfalls als Modellbetrieb an dem Projekt „Strategie für die Zukunft

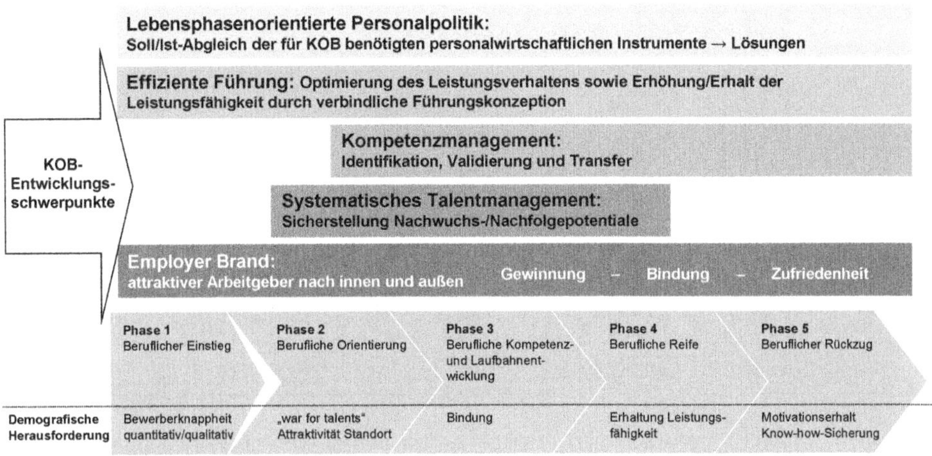

Abb. 1 Berücksichtigung der Lebensphasen im Kontext der KOB-Personalpolitik

– Lebensphasenorientierte Personalpolitik"[2] teil. Ein Unternehmen, das gezielt die individuellen Wünsche der Mitarbeiter und Führungskräfte, z. B. bei der Gestaltung der Arbeitszeit, berücksichtigen kann, leistet einen aktiven Beitrag zur Steigerung der Motivation und damit zur Leistungsfähigkeit seiner Mitarbeiter bis zum Renteneintritt.

Abbildung 1 stellt die Vorgehensweise dar (Abb. 1, eigene Darstellung).

In einem ersten Schritt erfolgte somit der Soll-Ist-Abgleich der für KOB benötigten personalwirtschaftlichen Instrumente in den unterschiedlichen Berufs- und Lebensphasen, die für die KOB-Belegschaft individuell ausgearbeitet wurden (Abb. 2, eigene Darstellung):

Für den Bereich **Recruitment** identifizierte KOB mehrere zentrale Instrumente, die bereits zum Einsatz kommen:

- Interne Stellenausschreibungen
- Ausbildungs- und Hochschulmarketing
- Vergabe von Projekt- & Abschlussarbeiten
- KOB Präsentationen (Besichtigungen, Veranstaltungen)
- Unterstützung durch ZiRKL (Zukunft im Raum Kaiserslautern e. V.) für ein individuell abgestimmtes Kennenlernprogramm der Region
- Kontakt zu ehemaligen Azubis
- Kontakt zu Verfassern von Abschlussarbeiten
- Praktika (vielfältige Formen)
- Projekte mit Schulen
- Ferienjobs

[2] Das Projekt „Strategie für die Zukunft – Lebensphasenorientierte Personalpolitik" wurde gefördert aus Mitteln des Landes Rheinland-Pfalz sowie des Europäischen Fonds für regionale Entwicklung (EFRE). Durchgeführt wurde es vom Institut für Beschäftigung und Employability IBE. Näheres zu diesem Projekt findet sich im Kapitel „Strategie für die Zukunft – Lebensphasenorientierte Personalpolitik".

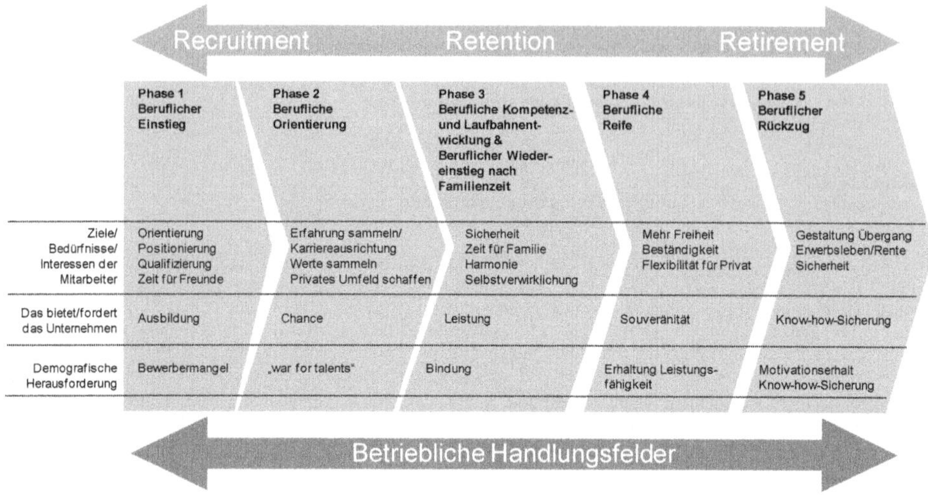

Abb. 2 Die Berufs- und Lebensphasen

Ebenso finden im Bereich **Retention** zahlreiche Aktivitäten in mehreren Handlungsfeldern statt:

- **Handlungsfeld Arbeitsorganisation**
  - Einsätze im Ausland
  - Frühe Einarbeitung in Aufgabengebiet (Bsp. Azubi)
  - Job Sharing
  - Teilautonome Gruppenarbeit
  - Sabbaticals
  - Flexibler Arbeitsort
  - Arbeitszeit-Souveränität
  - Elternzeit für Väter auch „ohne Hürden"
  - Flexible Arbeitszeiten
- **Handlungsfeld Personaleinsatz**
  - Interne Stellenausschreibungen
  - Einsatz gemäß Kompetenzen
  - Projekt-Mitarbeit
  - Aufgaben- und Funktionswechsel
  - Horizontale & vertikale Karrieren
- **Handlungsfeld Personalentwicklung**
  - Coaching, Mentoring
  - Projekt-Mitarbeit
  - Individuelle Personalentwicklungspläne
  - Förderung mitarbeiterinitiierter Bildungsabschlüsse
  - Personalentwicklung bis zum Renteneintritt

  - Vielfältiges Soft-Skills-Training
  - Führungskräfte-Entwicklung
  - Angebote auch während Elternzeit
- **Handlungsfeld Gesundheitsförderung**
  - Ergonomische Arbeitsplatzverbesserung
  - Förderung Sportaktivitäten
  - Aktionstage
  - Betriebliches Eingliederungsmanagement
  - Kostenloses Wasser
  - Firmenlauf
  - Rückkehr- und Fehlzeitengespräche
  - Betriebsvereinbarung „Sucht“
  - Betriebsärztliche Sprechstunden
  - Bereitstellung Desinfektions- und Hautschutzprodukte
  - Betriebssport
  - Impfaktionen
- **Handlungsfeld Anreiz- und Motivationssysteme**
  - Zuschuss Vermögensbildung und Altersvorsorge
  - Beteiligung am Unternehmensergebnis
  - Firmenleasing PKW
  - Zuwendungen zu Jubiläum und Geburt
  - Zuschuss zu Studien- und Verwaltungsgebühren
  - Prämie „Gute Ausbildung macht sich bezahlt“
  - Anlassbezogene Aufmerksamkeiten
  - Prämie für Abschlussarbeiten
- **Handlungsfeld Unternehmensservices**
  - Fabrikverkauf
  - Transporter-Verleih
  - Service Beruf und Familie (Betriebsrat)
  - Mitarbeiterverpflegung – auch für zu Hause –

Im Bereich **Retirement** schließlich finden sich folgende Instrumente bei KOB:

- Austrittsgespräche
- „Silver Worker“ (Senior im Betrieb)
- Sicherung von Erfahrungs- und Expertenwissen

Neben den bereits zahlreich vorhandenen Maßnahmen wurden auch noch fehlende Handlungsansätze identifiziert. Dies erfolgte in enger Abstimmung mit dem Betriebsrat, nicht zuletzt durch eine Mitarbeiterbefragung. Zudem stellte sich die Frage, ob die vorhandenen Instrumente in der Belegschaft noch angemessen wahrgenommen werden bzw. teils vielleicht gar verzichtbar sind oder durch andere Maßnahmen ersetzt werden sollten.

Aus der breiten Fülle der als wünschenswert erachteten Instrumente wurden letztlich die folgenden für eine konkrete Weiterverfolgung ausgewählt:

- Strukturierte Feedback- und Entwicklungsgespräche
- Servicestelle Familie (Pflege/Kinderbetreuung)
- Re-Organisation Gruppenarbeit (auch: Gruppengespräche, Auffrischung/Entwicklung von sozialen Kompetenzen)
- Entwicklungsplanung/Talentmanagement

Als besonders bedeutsam wurde dabei erachtet, Transparenz für die Angebote zu schaffen und sie im Sinne des Employer Branding nach innen und außen zu „vermarkten".

2.2 Betriebliches Kompetenzmanagement

Das zweite Merkmal dieses Entwicklungsschwerpunktes ist das Kompetenzmanagement mit dem Instrument „AKROBAT", einem standardisierten Mitarbeitergespräch mit bestimmten thematischen Schwerpunkten. Damit wird den Mitarbeitern regelmäßig eine Rückmeldung über ihre Arbeitsleistung gegeben. Zudem werden in „AKROBAT" die spezifischen Lebenssituationen, die Mitarbeiter über sämtliche Berufsphasen hinweg durchlaufen, thematisiert und damit gestaltbar gemacht. Spezifische Lebenssituationen können beispielsweise die Betreuung von Kindern oder die Pflege von Angehörigen sein.

Die Buchstaben, aus denen sich der Titel „AKROBAT" zusammensetzt, stehen neben den KOB-Initialen für die Begriffe Artikulieren, Rückmeldung, Akzeptanz und Transparenz. Im Folgenden werden Gründe für die Einführung genannt, das Instrument im Detail beschrieben und die Vorgehensweise bei der Einführung erläutert.

2.2.1 Gründe für die Einführung von „AKROBAT"

Eine Mitarbeiterbefragung aus dem Jahr 2009 zeigte, dass den KOB-Mitarbeitern oft eine Rückmeldung über ihre Arbeit fehlt, und sie sich klarere Aussagen dazu wünschen, welche Ergebnisse von ihnen erwartet werden. Zudem war ihnen nicht transparent, wie ihr/e Vorgesetzte/r ihre jeweilige berufliche Entwicklung einschätzt, und welche eigenen Vorstellungen sie zu ihrer beruflichen Weiterentwicklung und zur Berücksichtigung ihrer Lebenssituation (z. B. Familienplanung, Betreuung, etc.) einbringen können. Vor diesem Hintergrund haben beide Seiten, sowohl die Mitarbeiter als auch das Unternehmen, von der Einführung von „AKROBAT" einen Nutzen:

Für das Unternehmen besteht der Nutzen darin, dass die Mitarbeiter eine klare Rückmeldung zu ihrer Arbeit und zu ihrer Entwicklung erhalten und besprochen wird, wie sie ihren Beitrag für den Unternehmenserfolg leisten können.

Auf Seiten der Mitarbeiter wirkt „AKROBAT" motivierend, da sie eine Rückmeldung erhalten, und damit erfahren, wie sie sich weiterentwickeln und im Unternehmen einbringen können. Motivationsförderlich ist auch die Einbeziehung und Berücksichtigung individueller Lebensbedürfnisse, die sich aus verschiedenen Lebenssituationen der Mitarbeiter ergeben.

Im Hinblick auf eine lebensphasenorientierte Personalpolitik trägt AKROBAT dazu bei, frühzeitig gemeinsam zu überlegen, welche Maßnahmen für die Zukunft notwendig sind, um den Wünschen und Bedürfnissen der Mitarbeiter sowie den zukünftigen Anforderungen seitens des Unternehmens angemessen Rechnung zu tragen. „AKROBAT" bietet daher eine Plattform, auf der die Mitarbeiter ihre Wünsche bezogen auf die Vereinbarkeit von Beruf und Privatleben einbringen können.

2.2.2 Der formale Aufbau von „AKROBAT"

„AKROBAT" setzt sich aus folgenden Bausteinen zusammen:

- Funktionsbeschreibung:
  In einem ersten Schritt verschaffen sich Mitarbeiter und Vorgesetzter ein gemeinsames Bild über die aktuellen Arbeitsinhalte der jeweiligen Stelle. Dabei wird der Frage nachgegangen, ob Aufgaben hinzugekommen bzw. weggefallen sind und ob sich Prioritäten verschoben haben. Wichtig an diesem Schritt ist, dass sich Vorgesetzter und Mitarbeiter einmal im Jahr gemeinsam Klarheit über auszuführende Aufgabe, Kompetenzen und Verantwortung der Stelle verschaffen.
- Kompetenzprofil und -beurteilung:
  Bei der ersten Durchführung definieren Mitarbeiter und Vorgesetzter gemeinsam drei Fachkompetenzen bezogen auf die Stelle. Zusätzlich legt der Vorgesetzte jeweils zwei aus seiner Sicht für die Funktion wichtigen methodischen und sozialen Kompetenzen fest. Weitere vom Unternehmen vorgegebene Kompetenzen für alle KOB Mitarbeiter sind derzeit „Veränderungsbereitschaft" sowie „Leistungs- und Resultatsorientierung". Im jährlichen Feedbackgespräch geben Mitarbeiter und Vorgesetzter jeweils unabhängig voneinander eine Einschätzung zur Kompetenzerfüllung des Mitarbeiters ab.
- Personalentwicklung festlegen:
  Aus dem Feedback zu den Kompetenzen ergeben sich möglicherweise Anhaltspunkte für eine erforderliche Personalentwicklung. Auch veränderte Aufgabenschwerpunkte bzw. Ziele können zu neuen Kompetenzanforderungen führen. In diesem Fall werden Maßnahmen zur Personalentwicklung vereinbart. Dabei wird geklärt, welche Unterstützung der Mitarbeiter zur Aufgabenerfüllung benötigt, und ob diese Maßnahmen intern oder extern vermittelt werden.
- Zielerreichung und Zielvereinbarung:
  In diesem Schritt wird in einer Rückschau auf das vergangene Jahr überprüft, inwieweit die vereinbarten Ziele erreicht wurden. Gemeinsam werden aufbauend darauf Ziele für das neue Jahr formuliert. Diese sind aus den KOB-Unternehmenszielen, aus dem speziellen Aufgabengebiet des Mitarbeiters und aus seinen individuellen Entwicklungs- und Lernzielen abgeleitet.
- Berufliche Entwicklungsperspektiven:
  Vorgesetzter und Mitarbeiter diskutieren gemeinsam berufliche Entwicklungsperspektiven innerhalb von KOB und halten diese fest. Strebt der Mitarbeiter z. B. Führungsver-

antwortung an? Ist sein Ziel, ein Projekt zu leiten oder stärker in die Projektorganisation eingebunden zu werden? Oder möchte er eine Spezialistenlaufbahn einschlagen?

- Berufs- und Lebensphase:
  Gerade die sich in den verschiedenen Lebensphasen ändernden beruflichen und privaten Umstände erfordern eine flexible Reaktion seitens des Unternehmens mit adäquaten personalpolitischen Instrumenten. Während dieses Teils des Gesprächs hat der Mitarbeiter die Gelegenheit, seine persönlichen Wünsche innerhalb seines Arbeitsgebietes oder des zeitlichen Arbeitsumfanges anzusprechen. So können private Umstände, wie beispielsweise die Pflege eines nahen Angehörigen, bei dem Mitarbeiter zu dem Wunsch führen, seine Arbeitszeit zu reduzieren. Das Ziel dabei ist, Wege zu finden, wie Unternehmen und Mitarbeiter beiderseitig dazu beitragen können, dass der Mitarbeiter seinen Beruf bis zum Renteneintritt ausüben kann, und Wege beschritten werden können, um die Vereinbarkeit von beruflichen Anforderungen, individuellen Entwicklungszielen und persönlicher Situation zu verbessern.

2.2.3 Die Vorgehensweise bei der Einführung von „AKROBAT"

„AKROBAT" wurde 2011 zunächst in Pilotbereichen erprobt, den Bereichen Services und Human Resources. Dort wurden zunächst die Führungskräfte im Feedbackgeben an ihre Mitarbeiter geschult, danach erste Gespräche geführt und die Erfahrungen ausgewertet. Nach den aus den Rückmeldungen gewonnenen Erfahrungen wurde das angepasste Personalentwicklungsgespräch in 2012 im gesamten Angestelltenbereich eingeführt. In einer Informationsveranstaltung wurden die Mitarbeiter darauf vorbereitet. Für die Vorgesetzten erfolgte – wie auch in den Pilotbereichen – eine intensive Schulung.

Bedingungen für eine erfolgreiche Einführung sind ein gemeinsames Verständnis im Führungskreis sowie in der Geschäftsführung, was mit dem Mitarbeiter-Feedback- und Entwicklungsgespräch erreicht werden soll. Zusätzlich zu Informationsveranstaltungen ist eine intensive Schulung der verantwortlichen durchführenden Führungskräfte angezeigt. Schließlich ist darauf zu achten, ausreichende personelle und zeitliche Ressourcen für die Konzeptionierung (Aufbau, Durchführung und Nachbereitung) von „AKROBAT" zur Verfügung zu stellen.[3]

2.3 Employer Branding

Ein drittes Merkmal des Schwerpunktes „Alternsgerechte und nachhaltige Personalwirtschaft" ist das Employer Branding. Die Beschäftigung mit diesem Thema ist wichtig, weil sich KOB zum einen in einer strukturschwachen Region mit einem schrumpfenden Arbeitsmarkt befindet. Zum anderen ist die Marke KOB nicht bekannt, da KOB als Private-Label-Hersteller nicht am Markt in Erscheinung tritt. Umso wichtiger ist es, das Unternehmen und seine Personalpolitik im Sinne eines „Employer Branding" bekannt zu machen,

[3] Dieser Abschnitt wurde mit freundlicher Genehmigung der Autoren entnommen aus: Bohrmann, M., Fuchs, F. und Rottinger, S. (2013), S. 145–147.

um Nachwuchs- und Fachkräfte zu gewinnen. Dazu wurden verschiedene Ansätze entwickelt, von der Sensibilisierung der Führungskräfte bis hin zum Ausbildungsmarketing. Ebenso trägt die unter 2.1 und 2.2 angesprochene Transparenz über die bedarfsgerechten und individualisierten Angebote einer lebensphasenorientierten Personalpolitik in hohem Maße zur Steigerung der Attraktivität als Arbeitgeber bei.

3 Fazit

Bereits vor Beginn der Projekte „Stradewari" und „Strategie für die Zukunft - Lebensphasenorientierte Personalpolitik" wurden seitens KOB die Auswirkungen des demografischen Wandels auf Region und Unternehmen untersucht. Die Altersstruktur wurde analysiert und entsprechende Rückschlüsse daraus gezogen. Es existierte eine Nachfolge- und Nachwuchsplanung, viele Instrumente einer lebensphasenorientierten Personalpolitik, wie z. B. flexible Teilzeitangebote, wurden entwickelt, um Mitarbeiter zu binden und zu finden. Themen der betrieblichen Gesundheitsförderung standen regelmäßig im Fokus. Im Projekt „Stradewari" wurden jedoch sämtliche Themen gebündelt und kanalisiert. Zudem hatte KOB damit ein Instrument, um die Auswirkungen des demografischen Wandels und den damit einhergehenden Veränderungen innerbetrieblich verstärkt zu kommunizieren. Auch wurde über die Projekte mit den Projektpartnern ein Plenum und Netzwerk geschaffen, um die Aktivitäten von KOB zusätzlich außerhalb des Betriebes bekannt zu machen. Die Fortsetzung der begonnenen Aktivitäten nach Projektabschluss sichert das Projektergebnis in der Zukunft.

Eine Empfehlung an interessierte Unternehmen besteht darin, an dem Thema „Demografischer Wandel" nicht nur als Zukunftsthema zu arbeiten, sondern Verankerungen in aktuellen betrieblichen Problemstellungen zu suchen. Dies erleichtet es, Ressourcen und innerbetriebliche Aufmerksamkeit zu erhalten. So wie die Teilnahme an den beiden Projekten nicht den Auslöser von KOB darstellte, sich mit einer nachhaltigen demografischen Personalpolitik zu beschäftigen, so markiert das Projektende genauso wenig das Ende dieser Bemühungen. Die Projektansätze boten einen hervorragenden Rahmen, um, mit externen kompetenten Partnern aus Unternehmen, Instituten sowie Sozial- und Verbundpartnern, strukturiert an den für KOB wichtigen Zukunftsthemen zu arbeiten. Die erzielten Fortschritte bei der Entwicklung einer nachhaltigen, demografischen Personalpolitik bei KOB gilt es zu festigen, jederzeit für Mitarbeiter und Management transparent zu halten und zielgerichtet weiter auszubauen. Darin liegt eine der wesentlichen Herausforderungen.

Literatur

Bohrmann M, Fuchs F, Rottinger S (2013) Alternsgerechte, nachhaltige Personalwirtschaft - Im Fokus: Personalpolitik, Arbeitsorganisation und Gesundheitsmanagement. In: Hentrich J, Latniak E (Hrsg) Rationalisierungsstrategien im demografischen Wandel. Handlungsfelder, Leitbilder und Lernprozesse, Gabler, Wiesbaden, S 145–147

Lebensphasenorientierte Personalpolitik als wichtige Strategie im Unternehmen

Bettina Sabath

Zusammenfassung

Das Modellprojekt „Strategie für die Zukunft – Lebensphasenorientierte Personalpolitik" hat Bettina Sabath nicht mehr losgelassen. Nach eigenen Erfahrungen im eigenen Medienunternehmen befasst Sie sich mit ihrer Masterthesis mit der Evaluation dieses Modellprojekts und kam zu neuen Erkenntnissen und Bestätigungen. Mit dem Artikel wird die Wichtigkeit und die Bedeutung der Strategie in der Lebensphasenorientierten Personalpolitik deutlich. Es werden theoretische Hintergründe beleuchtet und aus den Aspekten der Lebensphasenorientierten Personalpolitik betrachtet. In Abstimmung mit den Handlungsfeldern der Lebensphasenorientierten Personalpolitik wird der Harvard- und Michigan-Ansatz diskutiert und die Zusammenhänge dargestellt. Es wird weiterhin die aktuelle Diskussion zur Personalentwicklung und -strategie beschrieben und in welchem Zusammenhang diese zur Lebensphasenorientierten Personalpolitik stehen. Als Abschluss ist zusammenfassend betrachtet welchen Beitrag die Personalentwicklung in Unternehmen leisten kann. Dies wird besonders dargestellt durch die Maßnahmen der Personalpolitik in einem Medienunternehmen als Beispiel. Das Beispiel soll anderen mittelständischen Unternehmen als Anreiz dienen, hier für ihre Personalpolitik wertvolle Hinweise zu bekommen und sich mit anderen Unternehmen in diesem Gebiet mehr auszutauschen.

Die Lebensphasenorientierte Personalpolitik als strategisches Handlungsfeld zu sehen – das wurde der Autorin in der Zusammenarbeit mit der IBE und der Fachhochschule Ludwigshafen in dem Modellprojekt: „Strategie für die Zukunft – Lebensphasenorientierte Personalpolitik 2.0" sehr schnell klar. Als Best Practice Beispiel möchte die Verfasserin die

B. Sabath (✉)
Sabath Medienagentur
Kandel, Deutschland
E-Mail: sabath@sabath-media.de

J. Rump, S. Eilers (Hrsg.), *Lebensphasenorientierte Personalpolitik*, IBE-Reihe,
DOI 10.1007/978-3-642-41665-1_9, © Springer-Verlag Berlin Heidelberg 2014

Sabath Media Designagentur GmbH kurz vorstellen. Die Agentur wurde 1995 gegründet und gehört mittlerweile 2013 mit mehr als 35 Mitarbeitern zu einer der größten Agenturen in der Südpfalz. Der Grundsatz der Designagentur ist stetig offen zu sein für neue Bereiche, hier geht die Geschäftsleitung zusammen mit den Führungskräften schrittführend voraus. Es wird prozesshaft und rechercheorientiert an der Erforschung neuer Arbeitsabläufe gearbeitet.

Die Agentur wurde mit einem klaren Bewusstsein für ihre kostbarste Ressource – ihrer Mitarbeiter – schon 2008 vom Audit „Beruf und Familie“ für ihr Engagement bezüglich der Vereinbarung von Privat- und Berufsleben zertifiziert. Mit dem Blick auf neue Horizonte hat die Designagentur zusammen mit der IBE unternehmens- und lebenphasenorientierte Arbeitsmodelle für die Mitarbeiter ausgearbeitet. Als Herausforderungen in den Bereichen der medienorientierten Berufen sind die Technologie und der Fortschritt einem rasanten Wandel unterworfen. In diesem Fall ist die ständige Weiter- und Ausbildung der Mitarbeiter wichtig. Die Arbeitsmarktsituation für eine Designagentur ist momentan bis ca. 2020 noch nicht so schwer. Diese Berufe gehören nach wie vor noch zu der Art von „Trendberufen“, es gibt noch genügend Arbeitskräfte. Dennoch wird die Zahl der „guten“ Arbeitskräfte auch in diesem Bereich immer weniger. Viele Arbeitgeber scheuen sich davor in die Weiterbildung ihrer Mitarbeiter zu investieren. Immer mehr Arbeitsplätze sind jedoch von Mitarbeitern im Alter von 45–60 Jahren besetzt, hier gilt es einen Wissenstransfer zu schaffen an die jüngeren Beschäftigten.

1 Strategie, Ziele und Schwerpunkte der Personalpolitik im Unternehmen

Strategisch arbeitet die Designagentur nach Balanced Scorecard im Unternehmen und führt regelmäßige Strategieworkshops mit den Führungskräften durch. Ziel der Personalpolitik in Medienunternehmen ist die Motivation der Mitarbeiter in hohem Maße zu erhalten. Nur motivierte Mitarbeiter sind zu kreativen Höchstleistungen fähig. Hierzu hat die Designagentur das Projekt „Mitarbeiter schulen Mitarbeiter“ erarbeitet. Ziel ist es die Mitarbeiter zu schulen, zu stärken, zu motivieren und ein ganz wichtiger Aspekt, diese im Unternehmen zu halten. In Medienunternehmen sind die Mitarbeiter eher bereit den Arbeitsplatz zu wechseln, hier muss das Unternehmen es schaffen mit besseren Arbeitsbedingungen als der Wettbewerb die Mitarbeiter an das Unternehmen zu binden.

2 Personalentwicklung – eine strategische Entscheidung in der Unternehmensführung

Unter dem Aspekt der ökonomischen Betrachtung wird in der Literatur die Bedeutung der Personalentwicklung hervorgehoben. In der Studie bzw. dem Forschungsprojekt der Zürcher Gesellschaft für Personal-Management (ZGP) wurden Ergebnisthesen für das Umfeld und die Strategie vorgenommen. Die Folgerungen aus diesen Ergebnisthesen lauten, dass strategisches Vorausdenken in der Personalarbeit unbedingt notwendig ist. Die immer mehr härteren Wettbewerbsbedingungen erschweren die Ökonomisierung. Die veränderten Rahmenbedingungen an die Organisation und an das Personal dominieren. Um hier zu reagieren, überlagert die unternehmerische, strategische Orientierung immer mehr die Ökonomisierung. Die unterschiedlichen Potentiale der Mitarbeiter müssen erkannt, genutzt und gezielt gefördert werden. Somit ist die Personalstrategie schon lange ein Teil der Unternehmensstrategie und wird in Zukunft noch eine größere Bedeutung bekommen (vgl. Wunderer und Dick 2007).

In der Wertschöpfungskette von Porter wird unter der Unternehmensinfrastruktur gleich die Personalwirtschaft abgebildet. Um typische Differenzierungsquellen in der Wertkette und somit Wettbewerbsvorteile darzustellen, ergeben sich in der Personalwirtschaft die Herausforderungen: stabile Personalpolitik, verschiedene Programme zur Verbesserung des Arbeitslebens und Programme zur Einstellung der besten Wissenschaftler und Ingenieure (vgl. Porter 1999). Um strategische Personalentwicklung erfolgreich umzusetzen, setzt dies die konsequente Einführung und Ausrichtung an den strategischen Zielen der Organisation voraus. Personalentwicklung ist somit ein Teil der Unternehmensstrategie. Die Personalentwicklung umfasst die Mitarbeiterförderung wie die Ausbildung, Fort- und Weiterbildung. Sie ist erforderlich, wenn zwischen der Anforderung und dem Können des Mitarbeiters Diskrepanzen vorherrschen (vgl. Scholz 2000). Jedoch kann Personalentwicklung auch dann erforderlich sein, wenn das Unternehmen neue Märkte erschließen will oder eine Diversifikation anstrebt. Zur Strategie des Wachstums gehört das Personal dazu und die Unternehmensleitung muss sich Fragen stellen, wie z. B.: Haben meine Mitarbeiter das Know-how und das Potenzial um eine mögliche Expansion zu bewältigen?

Gerade die Führungskräfteentwicklung spielt in Verbindung mit dem strategischen Management eine bedeutende Rolle. Ein wichtiges Konzept im Leadership lautet:

„Leaders are made, not born." Wie kann eine effektive und zukunftsfähige Personalentwicklung im Führungskräftebereich aussehen? Drei Schritte aus dem Personalmanagement können dazu beitragen:

- In Zusammenarbeit mit der Geschäftsführung oder dem Strategiebereich muss geklärt werden, welche zukünftige Herausforderungen des Marktes und der Gesellschaft das Unternehmen kurz-, mittel-, und langfristig bewältigen muss. Aus diesen müssen Zielsetzungen für die Personalentwicklung abgeleitet werden.
- Aus den notwendigen Zielsetzungen können im zweiten Schritt die Entwicklungsziele der einzelnen Mitarbeiter zu Wissensbereichen und Handlungskompetenzen zusammengefasst werden.
- Zum Abschluss sollte wirksam begründet werden, warum mit welchen Methoden und Entwicklungssystemen gearbeitet wird (vgl. Vaupel 2012).

Die Weiterqualifizierung und Persönlichkeitsentwicklung ist ein wichtiger entscheidender Faktor für beide Seiten. Zum einen für den Mitarbeiter durch die Verbesserung seiner individuellen Beschäftigungsfähigkeit. Zum anderen für das Unternehmen durch die höhere Qualifikation des Personals, was zum Unternehmenserfolg beiträgt. Wenn die Wettbewerbsfaktoren Qualifikation und Wissen sind, dann würde dies bedeuten, dass die Unternehmen, die keine Weiterbildungsinvestitionen vornehmen, in ihrer Wettbewerbsfähigkeit geschwächt werden. In Krisenzeiten ist es umso mehr erforderlich, in das Potenzial der Mitarbeiter zu investieren, um hier die Überlebensfähigkeit des Unternehmens durch das Ausschöpfen interner Ressourcen zu sichern. Zusätzlich ist ein Unternehmen, das in die Weiterbildung investiert, ein attraktiver und begehrter Arbeitgeber. Für zukünftige Bewerber ist es unter Anreizaspekten von Vorteil, wenn der Stellenwert der Weiterbildung aus dem Unternehmensprofil hervorgeht (vgl. Wegerich 2011). In einer Studie von Towers Perrin wird dargestellt, dass Lern- und Entwicklungsmöglichkeiten eines Unternehmens bei der Mitarbeitergewinnung an fünfter Stelle stehen.

Aus den in der Einführung genannten Trends des demografischen Wandels, der technologischen Entwicklung und dem Wissensmanagement ergibt sich hier die Notwendigkeit für alle Unternehmen, gleich welcher Größe, zu reagieren. Die Unternehmen müssen sich auf ihre Wettbewerbsfähigkeit und unternehmensspezifischen Stärken konzentrieren. In diesem Zusammenhang wird deutlich, dass die Lebensphasenorientierte Personalpolitik eng mit der Personalentwicklung verknüpft ist. In der Lebensphasenorientierten Personalpolitik werden die einzelnen Lebens- und Berufsphasen genauer betrachtet. Somit kann hier die Personalentwicklung für den einzelnen Mitarbeiter noch besser abgestimmt und eine bessere Förderung für beide Seiten erreicht werden. Überzeugungsarbeit muss hier mit Sicherheit noch bei den Vorständen oder Geschäftsführern geleistet werden.

3 Das strategische Management und die strategischen Ausrichtungen des Human Resources Management

Das strategische Management ist sowohl ein wichtiges Feld in der Unternehmensführung als auch die Bezeichnung für einen Teil aus Theorien und Ansätzen aus der Managementlehre. Im Unternehmensmanagement befasst sich das strategische Management mit den Renditen der Unternehmung, auch zur Fokussierung und Ausrichtung in die Zukunft. Genau deshalb war es wichtig, das HRM als strategischen Partner mit in der Unternehmensführung aufzugreifen. Im strategischen Management hat die Thematik und Umsetzung zwischen Theorie und Praxis eine große Bedeutung. Es geht darum, in verschiedenen Bezugsrahmen Variablen zu setzen, Orientierung zu geben und zum Denken anzuregen (vgl. Porter 1999). In der Literatur finden sich hier Beispiele von Ansoff wie der Produkt/Markt-Matrix (vgl. Ansoff 1965) und das SWOT-Konzept, welches an der Harvard Business School entwickelt wurde (vgl. Andrews 1980). Weitere Beispiele sind die Portfolio-Matrix der Boston Consulting Group, die Betrachtung der „Five Forces" nach Porter (vgl. Porter 1999) sowie das „Value Net" (vgl. Brandenburger und Nalebuff 1997).

Diese Entwicklungen können als Meilensteine im strategischen Management bezeichnet werden. Die Forschung wurde weiterhin unterstützt, als im Jahr 1980 das Strategic Management Journal gegründet wurde. Im strategischen Management wurde Ende der 1980er Jahre der fähigkeitsorientierte Ansatz relevant. Hierbei werden im Rahmen der strategischen Planung die Fähigkeiten des Unternehmens berücksichtigt. Der fehlende Erfolg von Strategien wird näher betrachtet und z. B. festgestellt, dass erforderliche Mitarbeiter nicht kurzfristig zu beschaffen oder fortzubilden sind. Der fähigkeitsorientierte Ansatz wird z. B. von Hayer (1985) oder von Porter (1991) vertreten. Diese stellten sich die Frage, was ein Unternehmen braucht, um Erfolg zu haben. Daher wurde es relevant, nicht nur die Produkt/Markt-Matrix zu betrachten, sondern auch das System, die Umwelt und die Beziehungen zwischen diesen. Diese internen Kompetenzen wurden mit strategischer Planung gleichgesetzt und die dazu notwendigen Veränderungsprozesse in Gang gesetzt. Hier wurde Wert darauf gelegt, die internen Kompetenzen und das Know-how der Mitarbeiter gegenüber den Wettbewerbern zu stärken. Dies bedeutet in Konsequenz ein mehr an Qualität des Unternehmens, eine Weiterentwicklung und ein Lernen der Organisation. In diesem Zusammenhang werden Werte und Kulturvorstellungen im Unternehmen gebildet (vgl. Werkmann-Karcher und Rietiker 2010).

Mintzberg formuliert mit seiner „Strategy Safari" einen ganz anderen Ansatz.

Er empfiehlt, ungeplante Strategien sichtbar zu machen und umzusetzen. Es sollen die Kernkompetenzen wie unternehmerisches Lernen und Kreativität genutzt werden. Strategie lebt somit nicht nur auf dem Papier, sondern zeigt auf, dass ein bewusster Umgang mit gelebten Praktiken eine Weiterentwicklung von den Mitarbeitern und des Unternehmens herbeiführen kann (vgl. Mintzberg et al. 2008). Gerade bei neuen Technologien sind sich Unternehmen oft unsicher, welche Strategie die richtige ist. Es wird oftmals experimentiert und immer wieder ermittelt, wie es dann funktioniert. Mintzberg nennt dies „Aufstrebende Strategie".

Die „Aufstrebende Strategie" wird definiert als: „A pattern is realized that is not expressly intended. Actions were taken, one by one, which converged over time to some sort of consistency, or pattern" (Mintzberg et al. 2008).

Folglich lässt sich auch im Rahmen der Aufstrebenden Strategie die Verknüpfung zur Lebensphasenorientierten Personalpolitik herstellen. Unter diesen Aspekten betrachtet, ist sie ein Ansatz, der schon mit in die Strategie des Unternehmens mit aufgenommen werden sollte, wenn diese eingeführt wird. Nach Scholz (1994) gibt es vier Möglichkeiten, das HRM mit der Unternehmensstrategie zusammenzuführen:

- Unternehmensstrategie und Personalstrategie sind voneinander abhängig,
- Personalstrategie folgt der Unternehmensstrategie,
- Unternehmensstrategie folgt der Personalstrategie,
- Personalstrategie ist ein Teil der Unternehmensstrategie.

Dies macht deutlich, dass das eine nicht ohne das andere kann und beide somit eng verknüpft sind. Empirische beobachtbare Entwicklungen in der Unternehmenspraxis zeigen auf, dass wesentliche Punkte aus der Unternehmensstrategie mit in die HR-Strategie aufgenommen werden müssen (vgl. Werkmann-Karcher und Rietiker 2010).

In der Abstimmung der verschiedenen Handlungsfelder und der Verbindung des HRM mit der Unternehmensstrategie haben sich zwei HRM-Konzepte entwickelt: das „Soft-HRM", welches durch den Harvard-Ansatz repräsentiert wird, und das „Hard-HRM", was durch den Michigan-Ansatz beschrieben wird. Beide Konzepte bilden den Kern viele späterer HRM-Konzepte. Im Michigan-Ansatz hat Anfang der 1980er Jahre eine Forschungsgruppe an der University of Michigan ein Konzept eines strategischen HRM entwickelt, welches eine integrative Verknüpfung aus Unternehmensstrategie, Organisationsstruktur und Human Resource Management bildet. Der Unternehmensstrategie (Mission und Strategy) wird eine zeitliche und inhaltliche Priorität zugewiesen. Die Struktur und das HRM folgen der Strategie und es soll zwischen allen 3 Feldern, einschließlich der Umweltbereiche (Wirtschaft, Politik, Kultur) ein „best fit" erreicht werden.

Das Hard-HRM umfasst somit vier Teilbereiche, die aus der Unternehmensstrategie abgeleitet werden und ihren Beitrag zur Implementierung leisten. Kritisch dargestellt wird diese Sichtweise auch die Anpassungsfunktion des Personalwesens. Die Teilbereiche werden wie folgt dargestellt und sind in allen drei Entscheidungsebenen (strategisch, operativ, taktisch) relevant. Dazu gehören die strategische Personalauswahl, die strategische Leistungsbeurteilung, strategische Anreizsysteme und die strategische Personalentwicklung. Im Michigan-Ansatz wird jedoch der vergangene Einfluss personalpolitischer Maßnahmen auf die zukünftige Strategieentwicklung übersehen. Somit stützt er sich in Summe auf das Implementations- und Anpassungsdenken des Personalmanagements (vgl. Pavelka-Denk 2010; Staehle 1989).

Der Harvard-Ansatz (Soft-HRM) beschäftigt sich im Gegensatz zum Michigan-Ansatz mit der Strategieimplementierung. In der Harvard Business School wurde 1981 ein neuer MBA-Pflichtkurs eingeführt, der von vier großen zentralen HRM Feldern ausgeht:

- Mitarbeiterbeteiligung wie die Partizipationsphilosophie,
- Human Resources Bewegungen wie Personalbeschaffung, -einsatz und –entlassung,
- Belohnungssysteme wie Anreiz-, Entgelt- und Beteiligungssysteme,
- Arbeitsorganisation und Arbeitsstrukturierung.

Die Interessen der Anspruchsgruppen werden in den Politikfeldern von Stakeholdern, Anteilseignern, Management, Mitarbeitern, Gewerkschaften, Staat, Kommunen sowie durch situative Faktoren – wie z. B. der Beschäftigungsstruktur, der Unternehmensstrategie, den Arbeitsmarktbedingungen, Technologien, gesellschaftlichen Werten und Gesetzen – beeinflusst.

Zusammenfassend sind im Human Resource Management zwei verschiedene Resultate erkennbar. Es gibt ein Ergebnis, welches sich unmittelbar niederschlägt, wie die Kompetenz, das Engagement und Kooperation der Mitarbeiter sowie die Wirtschaftlichkeit der Leistungserstellung. Dann gibt es noch das mittelbare Ergebnis, welches sich nicht sofort auf die Ökonomie der Organisation niederschlägt wie die individuelle Zufriedenheit, organisatorische Effizienz und gesellschaftlicher Wohlstand.

4 Aktuelle Diskussion zur Personalentwicklung und -strategie

Der Michigan-Ansatz zeigt mit seinen Instrumenten das Interesse, sich an der Unternehmensstrategie und der Organisationsstruktur anzupassen und sich an den Gegebenheiten des Marktes zu orientieren. Es wird hierbei das Management betont und eine Integration in die HRM-Struktur ist wenig mitarbeiterorientiert. Im Vordergrund steht der maximale Unternehmenserfolg.

In der aktuellen Human Resource Bewegung finden sich viele verschiedene Ansätze. Durch Beobachtung der verschiedenen Unternehmen zeigt sich jedoch, dass mittlerweile fast jeder Organisation klar ist, dass die Mitarbeiter ein wertvolles und soziales Kapital sind. In dieses Kapital wird mit Langzeitwirkung investiert. Es gibt demnach verstärkt eine Betonung des Harvard-Ansatzes. Die elementare Aufgabe des Soft-HRM besteht darin, dass Management der Ressourcen und die Beziehungen zwischen den Organisationen und den Mitarbeitern in den Mittelpunkt zu stellen. Es ist von zentraler Bedeutung für das Unternehmen, die Kommunikation, die Teamarbeit, die Entfaltung, Nutzung und Weiterentwicklung der individuellen Talente der Mitarbeiter – also die persönliche Entwicklung – zu fördern. Dies hat zum Ziel, bisher ungenutzte Reserven von Mitarbeitern für das Unternehmen zu entdecken. Mit Hilfe der Lebensphasenorientierten Personalpolitik, die eine Beteiligung der Mitarbeiter in die Arbeitsbedingungen und -organisation einschließt, soll die Kooperation der Mitarbeiter erhöht und eine stärkere Einbindung im Hinblick auf die Unternehmensziele erreicht werden (vgl. Pavelka-Denk 2010).

Doch sind diese Bewegungen alle neu? Auf der Veranstaltung der 6. Ludwigshafener Personalgespräche hat Pater Anselm Bilgri gesprochen, ehemaliger Leiter des Kloster Andechs. Er erklärte die Regeln des Benediktinerordens in ihrer Gemeinschaft des Zusammenlebens und was hier zu beachten ist. Bilgri sagte: „Benedikt verlangt von seiner Führungskraft, von seinem Abt, sich an seine Mitarbeiter, also an seine Mönche anzupassen. ...Also die Unterschiedlichkeit der vorhandenen Charaktere erkennen und die Menschen nicht über einen Kamm zu scheren, sondern versuchen...gerecht zu werden...gerecht werden, ein alter Begriff von Gerechtigkeit." (Bilgri 2013; Brandenburger und Nalebuff 1997). Hat also der Benediktiner Mönch vor vielen Jahrhunderten schon die Regeln unserer heutigen HRM Konzepte gekannt? Unter Betrachtung dieser Fragestellung steht hier in jedem Zeitalter der Mensch als solches im Vordergrund. Bei all dem was wir tun, sollten wir uns bewusst werden das wir als Menschen zusammenarbeiten.

Einen weiteren revolutionären Ansatz im HRM zeigt Heiko Fischer mit seinen Konzept „Resourceful Humans". Dieses sieht in einem Unternehmen, welches das Konzept integriert hat, kein Personalmanagement mehr vor. Er fordert, dass alle Aufgaben des HRM wie Recruiting und Personalentwicklung zurück in die Wertschöpfungskette verlagert werden sollen. Das Ziel dieses Konzepts ist die maximale Autonomie der Mitarbeiter und ein Netzwerk selbstorganisierender Teams (vgl. Weilbacher 2012). Dazu gehört das die HR-Abteilung selbst abgeschafft wird und die Verantwortung in die Hände der Mitarbeiter gelegt wird. Hierfür muss bei den Mitarbeitern allerdings die Verantwortungsbereitschaft da sein, als auch die Kompetenz für die Selbstorganisation. Auf die Frage, wie es denn dann mit langfristiger strategischer Personalarbeit ausschaut, antwortet Fischer in einem Interview: „Unmöglich. Zeigen sie mir ein Unternehmen, wo das klappt. Die CEOs wissen doch heute nicht, wie ihr Business in einem Jahr aussieht." Er vertritt die Ansicht, dass zur Verantwortlichkeit fähige Menschen, die flexibel auf externe Anforderungen reagieren – wenn man ihnen die Freiheit gibt – in der Lage sind, Personalplanung in kleinen Teams selbst zu organisieren (vgl. Brandenburger und Nalebuff 1997). Die Funktionen wie HR, Marketing oder Vertrieb sind eigene Dienstleistungsunternehmen in den Teams selbst. Fischer erklärt: „Stellen Sie sich diese Veränderung wie den Unterschied zwischen Seestern und Spinne vor. Eine Spinne hat einen zentralen Körper mit Beinen. Trennen Sie den Kopf ab, stirbt sie. Ein Seestern hingegen ist ein gleichmäßig auf mehrere Arme verteilter Organismus. Trennen Sie ihn in der Mitte, und sie erhalten zwei lebendige Seesterne. In der Marktwirtschaft bedeutet dies Flexibilität und Agilität für den Endkunden." (Brandenburger und Nalebuff 1997).

Folgendes Kernkonzept wird verfolgt:

- Demokratische Organisation für die Fähigen und Willigen,
- Informationstransparenz,
- Gerechte Gewinnverteilung (Brandenburger und Nalebuff 1997).

Aus dem Konzept der Resourceful Humans geht hervor, dass der Trend zu mehr Projektstrukturen und mehr Eigenverantwortung von Mitarbeitern und Teams geht. Das wird noch ein langer Weg werden und es stellt sich die Frage, wie wird mit Mitarbeitern umgegangen wird, die Angst vor Verantwortung haben? Aus der Praxis als Unternehmerin heraus habe die Verfasserin selbst immer wieder solche Fälle erlebt. Die meisten Unternehmen haben langfristige Visionen, auch wenn diese nicht immer strategisch schriftlich festgelegt sind. Kritisch ist die Aussage von Fischer zu sehen, dass Geschäftsführer oder Vorstände nicht wissen, wie ihr Business in einem Jahr aussieht. Zumindest haben die meisten eine gewisse Vorstellung davon. Dazu gehören dann auch die Menschen, die in dieser Vorstellung, Vision oder Strategie vorkommen.

Ein weiteres Beispiel einer neueren Managementtheorie ist „ROWE", das in der US-amerikanischen Elektronikkette „Best Buy" eingesetzt wird. ROWE bedeutet „Results-Only Work Environment". ROWE wird seit 2003 eingesetzt und macht Schluss mit der Anwesenheitspflicht und setzt auf Vertrauen. Es zählen die Ergebnisse und nicht die Aktivitäten. Das Konzept erhöht nach Unternehmensangaben das Engagement und die Produktivität der Beschäftigten. Für die Führungskräfte war es eine große Umstellung, denn diese mussten Kontrollrechte aufgeben und loslassen können.

In Deutschland gibt es im Unternehmen Alnatura das Konzept der Selbstverantwortung. Die Mitarbeiter verständigen sich gemeinsam auf Aufgaben und Ziele und die Zusammenarbeit der Führungskraft und des Mitarbeiters durchläuft verschiedene Stufen. Je mehr der Mitarbeiter sich selbst führen kann, umso mehr nimmt die Führungsintensität des Führenden ab. Ziel ist es, dass die Mitarbeiter als Kunden erlebt werden und ihm zu helfen, immer selbstverantwortlicher und sicherer handeln zu können (vgl. Weilbacher 2012).

Aus den zuvor genannten neuen Ansätzen aus der Wirtschaft zieht sich die Erkenntnis, dass die Verantwortung der Mitarbeiter in Verbindung mit der Wirtschaftsethik eine immer größere Rolle spielt. Auch der Kunde achtet immer mehr auf die Unternehmensführung, d. h. wie eine Firma geführt wird: Ist das ein Unternehmen, welches seine Mitarbeiter als bloße Produktionsfaktoren sieht oder jemand der sie auch wertschätzt? In Anbetracht der Skandale in den letzten Jahren, die in den Medien auftauchten (Schlecker, Lidl), verstärkt sich hier auch das öffentliche Interesse an der Kultur eines Unternehmens.

Jedes Jahr werden von der Boston Consulting Group mehrere Studien durchgeführt. In der Studie zu den Top Prioritäten im Bereich „Creating People Advantage" sind die kritischen Themen für das Jahr 2012 genannt: das Talentmanagement, die Führungskräfteentwicklung und die strategische Personalbedarfsplanung (vgl. Strack et al. 2012).

Die Auswahl der Themen Talentmanagement, Führungskräfteentwicklung und der strategischen Personalbedarfsplanung stellt keine wirkliche Überraschung dar. Das Thema Führungskräfteentwicklung steht momentan ganz oben in den Medien. Die strategische Personalbedarfsplanung stellt sich zwar als dritter kritischer Punkt (mit nicht so hoher Bedeutung) dar, allerdings wäre vor dem Hintergrund des demografischen Wandels auch eine größere Zukunftsbedeutung möglich gewesen. Die Aussage von Heiko Fischer, dass es keine strategische Personalbedarfsplanung benötigt, steht in Anbetracht des demografischen Wandels in Widerspruch. Wenn ein Unternehmen sich mit der demografischen Entwicklung befassen muss, weil der Altersdurchschnitt in der Belegschaft bei über 40 Jahren liegt und das Unternehmen arbeitet nach der These von Heiko Fischer, hat es in spätestens 10–20 Jahren das Problem, keine Fachkräfte mehr zu bekommen. Dann nützt es auch wenig, den Personalbedarf direkt vom Team aus rekrutieren zu lassen.

5 Lebensphasenorientierter Ansatz in der Personalentwicklung

Es gibt zahlreiche Einflussfaktoren von Personalentwicklungsmaßnahmen, doch lassen sich diese in vier übergeordnete Bereiche einteilen, die sich gegenseitig beeinflussen: Struktur, Technik, Kultur und Strategie (vgl. Wegerich 2011). Wenn das Konzept der Lebensphasenorientierten Personalpolitik damit verglichen wird gibt es Übereinstimmungen. All diese vier Bereiche prägen die Personalentwicklung, da sie mit den zugeordneten Einflussfaktoren bei der Personalentwicklung wirken:

Diese Einflussfaktoren spielen bei der Berücksichtigung des Lebensphasenansatzes eine wichtige Rolle. Im vierten Feld der Einflussfaktoren, bei der Strategie, sind die Veränderungen aufgeführt, die im Bezug auf Berufs- und Lebensphasen kollidieren können. Personalentwicklung soll als Strategie verstanden die Unternehmens- und Geschäftsfeldstrategien dabei unterstützen, dass die Mitarbeiter ihre Fähigkeiten und Erfahrungen miteinbringen können. Um diese Personalentwicklung als strategisches Erfolgspotential auf den Weg zu bringen, hat Sattelberger sieben Thesen aufgestellt, welche den Lebensphasenorientierten Ansatz mit aufgreifen (vgl. Sattelberger 1995).

Wenn der Lebensphasenorientierte Ansatz von einem Unternehmen in der Personalentwicklung berücksichtigt wird, entscheidet sich dieses Unternehmen nicht nur kurzfristige Entwicklungsspannen zu betrachten, sondern bezieht langfristige Zeiträume mit ein. Zum anderen erlaubt das Unternehmen Lernprozesse, die sich unter anderem an der Persönlichkeit des Mitarbeiters und nicht nur an den unternehmens- bzw. aufgabenbezogenen Rollen des Mitarbeiters orientieren (vgl. Sattelberger 1995). Eine Befürwortung des Lebensphasenorientierten Ansatzes in der Personalentwicklung kann in einzelnen Unternehmen auch mehr bedeuten wie z. B.:

- das aktuelle Arbeitsverhalten
- die momentane Motivation
- die Anpassungsfähigkeit des Mitarbeiters an sich wandelnde Aufgaben (vgl. Sattelberger 1995).

Die genannten drei Bereiche sind nur in einem längerfristigen Bereich erfolgreich zu verändern. Folgerichtig muss der Ansatz der Lebensphasenorientierung den gesamten Zeitraum des Mitarbeiters, von Eintritt bis zum Austritt aus dem Unternehmen, betrachten. Sattelberger schließt jedoch eine lebenszyklusorientierte Personalentwicklung vor dem Eintritt und nach dem Austritt mit ein. Weiterhin ist hier beschrieben, dass sinnvolle lebensphasenorientierte Personalarbeit die Möglichkeit dafür schafft, dass die Mitarbeiter einen kognitiven Bezugrahmen für ihre eigene persönliche Entwicklung bilden können. Das sind z. B. Themen wie Karriere, Klärung eigener Entwicklungsvorstellungen und -ziele, Abgleich mit den eigenen Werten und Bedürfnissen mit dem Unternehmen. Somit ist der Ansatz der Lebensphasenorientierten Personalentwicklung ganzheitlich zu sehen, bei dem nicht nur die Lebensphase des Mitarbeiters innerhalb des Unternehmens betrachtet wird, sondern auch die Zusammenhänge von Beruf, Arbeit, Familie und Privatleben berührt (vgl. Sattelberger 1995).

Ein Beispiel für einen Lebensphasenorientierten Ansatz in der Personalentwicklung lieferte die VR Bank Südpfalz eG schon im Jahre 2008. Die Bank hatte ein Personalentwicklungskonzept mit dem Namen „Du bist Zukunft – lebensphasenorientierte Personalarbeit" erarbeitet und für die einzelnen Phasen vom Berufsein- bis zum Berufsaustritt einen umfangreichen Maßnahmenplan erstellt. Zur Sicherung der Nachhaltigkeit des Konzepts hat sich die Bank für die externe Zertifizierung einzelner Instrumente entschieden (vgl. Höhmann und Offen 2013). Diese Zertifizierungen sind der Bank sehr wichtig, weniger für die Außendarstellung, sondern intern als kontinuierlicher Verbesserungs- und Lernprozess (vgl. Offen 2013).

Personalentwicklungsmaßnahmen sind folglich umfassend zu betrachten, nur so werden die Organisationsprozesse mit einbezogen, um Strukturen und Abläufe im Unternehmen anzupassen und die Unternehmensziele im Auge zu behalten. Die strategisch ausgerichteten Entwicklungsmaßnahmen, zu denen auch der Lebensphasenorientierte Ansatz zählt, sollten prozessbegleitend sein und entsprechend den Unternehmenszielen geplant, gestaltet und durchgeführt werden (vgl. Wegerich 2011). In dieser Form kann die Lebensphasenorientierung in der Personalentwicklung einen großen Beitrag zum Unternehmenserfolg leisten.

6 Maßnahmen einer Lebensphasenorientierten Personalpolitik in Medienunternehmen

Die Schwerpunkte in Medienunternehmen liegen beim beruflichen Einstieg, beruflicher Neuorientierung, beruflicher Laufbahnentwicklung, Beruf und Eltern/Großeltern – Verantwortung und betriebliche Modifikationen. Als Empfehlung hat die Designagentur folgendes im Modellprojekt entwickelt:

- Mitarbeiterbefragung unter Berücksichtigung der Lebensphasen der Mitarbeiter sowie den unternehmensspezifischen Kriterien
- Mitarbeiterentwicklungsplan.

Der Nutzen für ein Medienunternehmen ist in diesem Fall ernorm hoch, da die Loyalität und Solidarität bei den Mitarbeitern deutlich zu spüren war. In den Zeiten der immer schneller werdenden Technologien sind diese Aspekte enorm wichtig. Einer der größten Nutzen für die Zukunft, ist die Bindung der Mitarbeiter an die Unternehmen. Somit wird ein Wissenstransfer geleistet und das Know-How bleibt dem Unternehmen erhalten. Weiterhin hat sich bewährt die Lebensphasenorientierte Personalpolitik gezielt in Mitarbeitergespräche mit einzubeziehen, um so zu erfahren in welcher Lebensphase sich der Mitarbeiter gerade bewegt. Gerade in kleineren Unternehmen, welche keine Personal- oder HR-Abteilung haben, sind diese Maßnahmen empfehlenswert (vgl. Sabath 2011). Wenn das gesamte Feld der Lebensphasenorientierten Personalpolitik betrachtet wird, wird im Unternehmen klar, dass ohne Beratung oder Begleitung diese Strategien schwer umzusetzen sind. Das operative Geschäft und die Alltagsarbeit holen einen immer wieder ein, was gerade für kleine und mittlere Unternehmen gilt. Der Ansatz und der Beratungsprozess, der im Projekt von der IBE übernommen wurde, kann von einem Unternehmen schwer aus den eigenen Reihen gestemmt werden. Für die Unternehmen ohne Projektbegleitung stellt sich die Herausforderung, lernträchtige Erkenntnisse für die Zukunft zu gewinnen. Eine Lebensphasenorientierung braucht Zeit. Zeit um sich überhaupt damit zu beschäftigen und auch Zeit zur Umsetzung, um diese in die Vision und in die Unternehmensphilosophie einfließen zu lassen. Darüber hinaus sollte genügend Zeit für einen gemeinsamen Erfahrungsaustausch mit anderen Unternehmen sein, da über diesen von den Erfahrungen anderer gelernt werden kann (vgl. Sabath 2013).

Literatur

Andrews KR (1980) The concept of corporate strategy
Ansoff HI (1965) Coporate strategy. McGraw-Hill Inc., Richard D Irwin, New York
Bilgri A (2013) 6. Ludwigshafener Personalgespräche. Diversity-Management als Hebel für Wettbewerbsfähigkeit von Unternehmen. Stellungnahme von Anselm Bilgri. Ludwigshafen
Brandenburger AM, Nalebuff BJ (1997) Co-opetition. Crown business. In GDI Impuls (2012): Die Zukunft der Produktion. GDI Impuls (3), S. 88–93
Hayer RL (1985) Strategic Planning – forward in reverse? Harvard Business Review 6, S. 111–119.
Höhmann W, Offen R (2013) VR Bank Südpfalz ist ein „Great Place to Work". Bankinformation (01/13), S. 80
Mintzberg W, Ahlstrand B, Lampel J (2008) Strategy safari: the complete guide through the wilds of strategic management. Harlow.
Offen R (2013) Interview Financial Times Prentice Hall zur Evaluation der Lebensphasenorientierten Personalpolitik. Interview geführt von Bettina Sabath
Pavelka-Denk H (2010) Im Vergleich: Der Michigan- und der Harvard-Ansatz. Wien. http://www.personalberaterseitenblicke.at/2010/09/harvardmichiganansatz.html. Zugegriffen: 27. April 2012
Porter ME (1991) Towards a Dynamic Theory of Strategy. Strategic Management Journal 12, Special Issue, S. 95–117.
Porter ME (1999) Competitive advantage. Free press, New York
Sabath B (2011) Doku LOP SM. Kandel
Sabath B (2013) Evaluation der Lebensphasenorientierten Personalpolitik am Beispiel des Modellprojektes "Strategie für die Zukunft – Lebensphasenorientierte Personalpolitik" in Rheinland Pfalz. Kandel
Sattelberger T (1995) Innovative Personalentwicklung. Gabler, Wiesbaden.
Scholz C (2000) Personalmanagement. Vahlen, München.
Staehle WH (1989) Human Resource Management und Unternehmensstrategie. Mitteilungen aus der Arbeitsmarkt- und Berufsforschung Jg. 22, H. 3, S. 388–396.
Strack R, Caye J-M, Bhalla V, Tollmann P, von der Linden C, Haen P, Quiros H (2012) Creating people advantage 2012. Mastering HR challenges in a two-speed world. http://www.bcgperspectives.com/content/articles/people_management_human_resources_leadership_creating_people_advantage_2012/. Zugegriffen: 07. Sept. 2013
Vaupel M (2012) Zukunftsfähige Managemententwicklung – die wichtigsten Stellhebel. Wirtschafspsychologie aktuell 4:30–34
Wunderer R, Dick P (2007) Personalmanagement – Quo Vadis? Analysen und Prognosen zu Entwicklungstrends. Luchterhand Verlag GmbH, Köln
Wegerich C (2011) Strategische Personalentwicklung in der Praxis. Instrumente, Erfolgsmodelle, Checklisten, 2. Aktualisierte und erweiterte Auflage. Wiley, Weinheim
Weilbacher JC (2012) Der Sohn will die Revolution. Human Ressources Manager 2012(06/07):44–47
Werkmann-Karcher B, Rietiker J (2010) Angewandte Psychologie für Human Resource Management. Konzepte und Instrumente für ein wirkungsvolles Personalmanagement Springer, Heidelberg.

Nah dran am „richtigen" Leben

Lebensphasenorientierte Personalarbeit bei der Commerzbank

Albert Reicherzer

Zusammenfassung

Ist eine im Durchschnitt zehn Jahre ältere Belegschaft ebenso leistungsfähig wie eine im Schnitt zehn Jahre jüngere? Das ist eine zentrale Frage für Unternehmen angesichts des demografischen Wandels. Die Antwort lautet: Sie ist anders leistungsfähig. Darauf muss eine Personalsteuerung eingehen.

Es ist eine Frage der richtigen Instrumente, die Mitarbeiter dort abzuholen, wo sie gerade sind – in der jeweiligen Phase ihres Lebens. Und einer Kultur, die die Vielfalt der Belegschaft nicht am schwarzen Brett proklamiert, sondern zum Beispiel Schwulen- und Lesbennetzwerke fördert, Raum für viele verschiedene Nationen bietet und den Respekt vor dem Alter genauso lebt wie den vor der Jugend. Kurzum: Die die Menschen so nimmt, wie sie sind.

Das alles könnte man Personalarbeit 2.0 nennen. Oder „Personalarbeit nah dran". Bei der Commerzbank heißt es Lebensphasenorientierte Personalarbeit. Es ist eine Philosophie, kein Projekt. Denn kompetente Personalarbeit im Spannungsfeld von Individuum und Unternehmen bildet weder eine Einstellung noch eine Checkliste ab.

Ist eine im Durchschnitt zehn Jahre ältere Bankbelegschaft ebenso leistungsfähig wie eine im Schnitt zehn Jahre jüngere? Das ist eine zentrale Frage für Unternehmen angesichts des demografischen Wandels. Die Antwort lautet: Sie ist anders leistungsfähig. Darauf muss eine Personalsteuerung eingehen. Denn ihre Aufgabe ist es, dafür zu sorgen, dass die Belegschaft ihr gesamtes Berufsleben lang körperlich und geistig fit, motiviert und qualifiziert ist und bleibt. Ausgerichtet ist diese Aufgabe darauf, dass stets die richtigen Mitarbeiter vorhanden sind, um den qualitativen und quantitativen Bedarf der Geschäftsbereiche eines Unternehmens zu decken.

A. Reicherzer (✉)
Commerzbank AG, Frankfurt a. M., Deutschland
E-Mail: albert.reicherzer@commerzbank.com

J. Rump, S. Eilers (Hrsg.), *Lebensphasenorientierte Personalpolitik*, IBE-Reihe,
DOI 10.1007/978-3-642-41665-1_10, © Springer-Verlag Berlin Heidelberg 2014

Zukunftsweisende Personalarbeit holt die Menschen dort ab, wo sie gerade sind und begleitet sie in der jeweiligen Phase ihres Lebens. Zugleich ändert sich der Markt. Heute entstehen und vergehen Unternehmen in immer kürzeren Zyklen, sie fusionieren oder werden aufgeteilt. Ebenso verändern sich die Aufgaben, manche fallen weg, andere kommen hinzu. Der Normalfall ist nicht mehr der Verbleib in einer Firma von der Ausbildung bis zur Rente, sondern der Wechsel zwischen Stellen, Orten, Arbeitgebern und auch unterschiedlichen Berufen.

Das bedeutet, für Arbeitnehmer gibt es die *tiě fàn wǎn* nicht mehr. Dieser chinesische Begriff steht für die „eiserne Reisschale". Das Synonym für einen sicheren und unkündbaren Arbeitsplatz, der stetes Einkommen beinhaltet. Die „eiserne Reisschale" ist aus vielerlei Gründen passé. Arbeitnehmern wird räumliche Flexibilität immer wichtiger. Auch der Wunsch, möglichst viel Neues zu lernen wird größer. Das korrespondiert häufig nur mit wenigen Angeboten innerhalb eines Unternehmens und birgt damit den Wechsel des Mitarbeiters in sich. Zugleich ist längst kein Exot mehr, wer einen Beruf erlernt, sich darin bewährt und sich trotzdem im Laufe seines Lebens eine neue Beschäftigung oder Qualifizierung erarbeitet. Oder mehrere.

Diesem grundlegenden Wandel der Arbeitswelt ist sich die Commerzbank seit langem bewusst. Daher verfolgt sie inzwischen konsequent den Ansatz der „Lebensphasenorientierten Personalarbeit" (LoP). Entlang dieser strategischen „Leitplanke" richtet sie ihre Personalprodukte und Dienstleistungen an einem konkreten Lebensphasenmodell aus und löst sich damit vom Altersfokus. Nicht eine ausgeglichene Altersstruktur ist das Ziel, sondern die Bewahrung und Förderung der Leistungs- und Beschäftigungsfähigkeit ihrer Mitarbeiter. Denn diese sind die Basis für das übergeordnete Ziel – der Zukunftsfähigkeit der Commerzbank.

1 Gefragt sind überzeugende Antworten

Zukunftsforscher beobachten längst den Trend zu immer mehr Selbstständigen, die ihr Können eigenverantwortlich weiterentwickeln und sich vermarkten, zum Beispiel in befristeter Projektarbeit. Die Zahl dieser „Arbeitsnomaden" steigt stetig.

Ein weiterer Faktor ist der Wunsch, Privatleben und Arbeit in Einklang zu bringen. Das fordern Mitarbeiter inzwischen regelrecht ein. Die Fragen gehen längst über „Was verdiene ich?", „Komme ich ins Ausland?" oder „Wie sind die nächsten Karriereschritte?" hinaus. Sie lauten: „Was ist, wenn ich mal ein Jahr Auszeit machen will?", „Bekomme ich die internationale Qualifizierung als Projektmanager bezahlt?" oder „Gibt es ein betriebliches Nachmittags-Betreuungsangebot für Grundschulkinder?". Wohl dem Unternehmen, das hierauf überzeugende Antworten hat.

Fakt ist: Die Bindung an einen Arbeitgeber, an einen Beruf ist lockerer geworden. Was zählt, ist das Angebot eines Unternehmens, das zu den individuellen Wünschen und Bedürfnissen eines qualifizierten Beschäftigten passt. Zu dem, was er kann, wie er denkt und fühlt. Und das ist wiederum elementar abhängig von seiner jeweiligen Lebensphase.

Diese Entwicklung hat Human Resources (HR) längst registriert. Ein Umdenken hat eingesetzt, wie Mitarbeiter geworben, weitergebildet, gehalten und motiviert werden können. Ein zentraler Treiber dieser Entwicklung ist sicherlich der demografische Wandel, der den Arbeitsmarkt in einzelnen Branchen bereits mit Macht erfasst hat.

2 Alte Rezepte gegen neues Leiden?

Bereits in wenigen Jahren wird die bundesdeutsche Arbeitswelt von älteren Arbeitnehmern geprägt sein. Heute zählen laut dem Statistischen Bundesamt rund ein Fünftel der Erwerbstätigen zu der Gruppe der 20- bis 30-Jährigen, knapp die Hälfte ist zwischen 30 und 50 Jahre alt und 31 % sind in der Gruppe der 50- bis 65-Jährigen zu finden. In den Jahren 2017 bis 2025 werden 40 % der Arbeitnehmer zur Generation 50plus zählen.

Eine solche tiefgreifende Entwicklung hin zu älteren Beschäftigten hat es noch nie gegeben. Für ein HR-Management bedeutet das, diesen Wandel kulturell und personalwirtschaftlich zu begleiten. Es muss jetzt agiert werden, um nicht in wenigen Jahren nur noch reagieren zu können. Dazu bedarf es neuer Lösungen. Denn mit den vermeintlich bewährten Rezepten der Personalarbeit wird die Malaise „Mangel an qualifiziertem Personal" nicht zu kurieren sein. Die Personalarbeit muss an den Herausforderungen von heute und morgen ausgerichtet werden. Es geht um mehr, als den demografischen Wandel zu bewältigen, es geht darum, ihn produktiv zu nutzen.

Die Lösung ist eine strategische und flexible Ausrichtung der Personalarbeit. Vieles ist möglich: Vollzeit- oder Teilzeit, berufsbegleitendes Studium, Jobsharing oder Sabbatical – um nur einige Angebote zu nennen. Die Commerzbank war eines der ersten Unternehmen, die erkannt haben, dass ein attraktiver Arbeitgeber mehr bieten muss als gutes Geld für gute Arbeit.

Mit den Themen Diversity, Vereinbarkeit von Beruf und Familie oder einem zukunftsorientierten Gesundheitsmanagement befasst sich die Commerzbank bereits seit einigen Jahren intensiv. Nicht umsonst gehört das Unternehmen zu den ersten Preisträgern des Corporate Health Awards. Zudem wurde das Gesundheitsmanagement der Bank als erstes in Deutschland vom TÜV geprüft und ausgezeichnet. Von der Stiftung berufundfamilie zertifiziert und bereits mehrfach re-zertifiziert, setzt die Commerzbank zum Beispiel mit ihrer Kinderbetreuung Maßstäbe. Zuletzt mit der Einführung eines Horts für Grundschulkinder am Konzernstandort Frankfurt am Main. Weitere Auszeichnungen oder Beispiele eines mitarbeiterorientierten Angebots ließen sich aufführen - und HR kann sogar belegen, dass sie sich betriebswirtschaftlich rechnen. So wurde etwa die Kinderbetreuung mehrfach wissenschaftlich evaluiert und festgestellt, dass sich die Aufwendungen der Commerzbank dafür über geringeren Rekrutierungs- und Einarbeitungsaufwand, höhere Leistung, kürzere Abwesenheit und stärkere Mitarbeiterbindung allemal ausgleichen lassen.

3 Analysieren, ausrichten, umsetzen

Diese Evaluation ist nur ein Mosaikstein unserer Bemühungen, die Auswirkungen des Arbeitsweltwandels zu analysieren und unsere Personalinstrumente darauf inhaltlich und funktional auszurichten. Wir begreifen den Wandel als Chance zur aktiven Weiterentwicklung des Unternehmens und die Personalarbeit als zentralen Faktor, um den Wandel nicht nur zu bewältigen, sondern ihn auch aktiv zu begleiten. Dafür bedarf es eines offenen Denkens, einer gezielten Trendarbeit und vor allem einer Grundausrichtung von Personalarbeit, die zentral auf ein Ziel ausgerichtet ist, das Unternehmen und Mitarbeitern gleichermaßen gerecht wird: der Lebensphasenorientierten Personalarbeit (LoP).

Um sie zu gestalten, muss sich ein Unternehmen zunächst einmal intensiv mit sich selbst und seinem Umfeld befassen. Um das „Wo will ich hin?" zu erreichen, bedarf es einer Personalarbeit, die immer komplexeren äußeren Einflüssen aus Wirtschaft, Politik, Kultur und Gesellschaft sowie internen Treibern aus Mitarbeiter-Bedürfnissen, Unternehmenskultur, Strategie und Rahmenbedingungen gerecht wird. Endo- und exogene Einflüsse bedingen eine hohe Veränderungsgeschwindigkeit.

4 Gefordert sind altersunabhängige Leistungen

Bei der Initiative zur Lebensphasenorientierten Personalarbeit der Commerzbank wurde zunächst folgendes Ziel formuliert: „Wir wollen leistungsfähige und kompetente Mitarbeiter – unabhängig von Alter und Geschlecht.".

Das bedeutet nichts weniger als einen Bruch mit herkömmlichen Ansätzen der Personalsteuerung. Der Ruhestand mit 58 ist ökonomisch nicht mehr zu vertreten. Erst in jüngster Vergangenheit hat er der Commerzbank zwar gedient, um über Altersteilzeitmodelle und Vorruhestandsregelungen den Personalüberhang nach der Übernahme der Dresdner Bank zu verringern, doch klar ist auch: Der damit verbundene Wissens- und Erfahrungsverlust war oft einschneidend.

Es gilt, Erfahrungswissen zu halten und zu stärken. Bei künftigen Personalanpassungen liegt daher der Fokus nicht mehr auf einer starren Vorgehensweise, die Menschen ab dem Alter von 60 Jahren in den Ruhestand entlässt. Vielmehr soll die interne Fluktuation klüger genutzt werden, um vorhandene Stellen und die dafür geeigneten Mitarbeiter zusammenzubringen. Zugleich ist es Aufgabe von HR, Qualifizierungen zu bieten, die persönlichen und die unternehmerischen Changeprozesse zu begleiten und konsequent darauf hinzuwirken, dass Kompetenz nicht abfließt, sondern mit attraktiven Lösungen gehalten wird.

Die Altersstruktur der bestehenden Commerzbank-Belegschaft weist bereits heute mehr als ein Viertel Angestellte über 50 auf – und liegt damit über dem statistischen Mittel von 21 % der deutschen Arbeitnehmerschaft. 2020 werden die über 50-Jährigen die größte Altersgruppe in der Bank stellen (Abb. 1, eigene Darstellung).

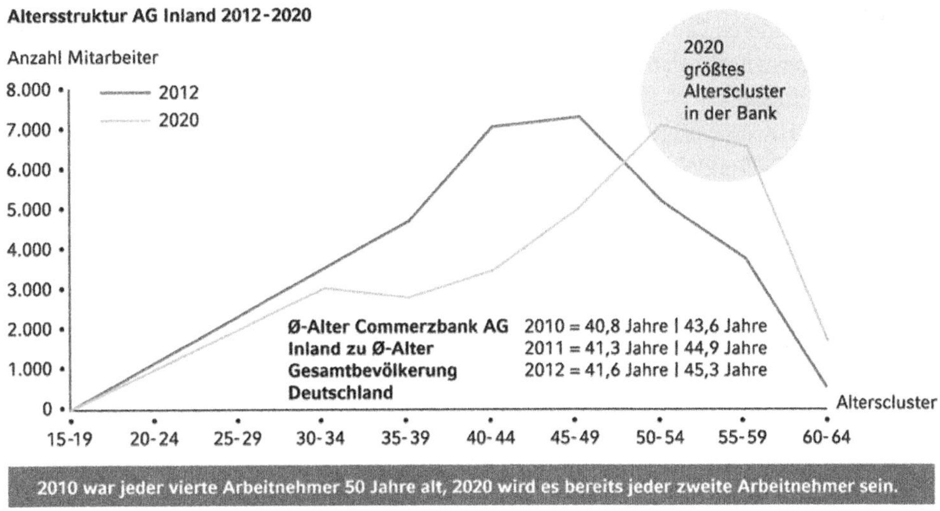

Abb. 1 Durchschnittsalter und Alterstrend der Commerzbank AG Inland und der deutschen Gesamtbevölkerung

5 Folgerungen aus dem demografischen Wandel

Die Commerzbank hat darauf systematisch reagiert. Grundlage für die strategische „Leitplanke“ LoP war zunächst eine Analyse, wie sich der demografische Wandel auf unterschiedliche Handlungsfelder auswirkt. Dabei wurde unter anderem geprüft, wie HR in diesen Bereichen aufgestellt ist. Auch im Vergleich zu Wettbewerbern.

Identifiziert wurden die Handlungsfelder

- Führung = Kulturveränderung fördern, Aufmerksamkeit für das Thema schaffen
- Arbeitsumfeld = Flexibilisierung der Arbeitsbedingungen, Fokus auf Gesundheit, attraktive Vergütung, Vereinbarkeit von Privatleben und Beruf
- Qualifizierung & Entwicklung = Know-how erhalten und transferieren, Entwicklung und Qualifizierung altersunabhängig forcieren
- Rekrutierung = Arbeitgebermarke stärken, als attraktiver Arbeitgeber sichtbar werden
- Bindung = positive Impulse setzen, attraktives Umfeld kreieren
- Wissenstransfer = Know-how-Verlust vermeiden, übergreifenden Austausch vorantreiben, bankweites Wissensmanagement etablieren

Dem gegenübergestellt wurden die Handlungsfelder der Wissenschaft, der Industrie und Dienstleister, der Finanzdienstleistungsbranche sowie die Positionen unterschiedlicher Gewerkschaften und der bankeigenen Mitarbeitervertretung.

Ein Ergebnis war beispielsweise, dass das Diversity-Management der Bank inhaltlich weit vorne liegt. Ebenfalls gut positioniert ist die Bank bei den Weiterbildungsangeboten, die seit jeher altersneutral gestaltet sind. In vielen Bereichen ist die tatsächliche Umsetzung von LoP mit anderen Unternehmen der Branche gleich auf. Beim Wissensmanagement der Bank hingegen zeigten sich komplizierte Strukturen, in denen zum Beispiel gute Ideen zu leicht untergingen.

Folgende Herausforderungen wurden für die Handlungsfelder im Zusammenhang mit dem demografischen Wandel benannt:

1. Die Bedeutung generationsübergreifender Zusammenarbeit erkennen
2. Die Alterung der Belegschaft/den Anstieg des Durchschnittalters bewältigen
3. Dem Fachkräftemangel begegnen
4. Die Individualisierung der Arbeit beziehungsweise der Lebensverhältnisse zulassen
5. Die Gefahr von Wissensverlusten minimieren
6. Die lebenslange Beschäftigungsfähigkeit sicherstellen

Insgesamt erwies sich die Commerzbank als gut vorbereitet für den demografischen Wandel. Zudem deckten sich die Handlungsfelder, die Wissenschaft und Referenzunternehmen benannt hatten mit denen, die für die Commerzbank relevant sind. Auch die Arbeitnehmervertretungen hatten ähnliche Handlungsfelder identifiziert.

6 Die Veränderung als Chance nutzen

Das Fazit der „Feldforschung“: Um die „demografische Fitness“ der Commerzbank auch künftig sicherzustellen, muss HR den Wandel dazu nutzen, die Unternehmenskultur weiterzuentwickeln und die Personalinstrumente noch stärker auf die Veränderungen auszurichten. Stets im Blick sind dabei die drei Ziele Leistungsfähigkeit, Beschäftigungsfähigkeit und Zukunftsfähigkeit der Bank.

Am Beispiel Wissensmanagement lässt sich aufzeigen, wie HR sich den Themen genähert hat. Künftig ist mit starken Verrentungswellen der geburtenstarken Nachkriegsjahrgänge zu rechnen, was einen Verlust an Erfahrungswissen bedeutet. Um sichtbar zu machen, welches Wissen erfolgskritisch und nicht reproduzierbar ist, dienten Experteninterviews mit Gesprächspartnern aus unterschiedlichen Bereichen der Bank. Dabei ergab sich ein sehr heterogenes Bild:

Ansätze für internes Wissensmanagement gibt es bereits, die jedoch mehr in Richtung Informationsmanagement gehen. Das erfolgskritische Wissen der Know-how-Träger ist nur wenig transparent – obgleich Wissensmanagement als eindeutiges Kultur- und Führungsthema identifiziert ist. Fazit: Die Commerzbank braucht ein bankweites Wissensmanagement, das sowohl das reine Informationsmanagement als auch das deutlich schwieriger zu steuernde Erfahrungsmanagement beinhaltet. Empfohlen wird ein „Werkzeugkoffer“, der den verschiedenen Anforderungen der Segmente gerecht wird.

Nur ein Aspekt von vielen. Um sich an den tatsächlichen Erfordernissen und Gegebenheiten zu orientieren, ist bei LoP eine wissenschaftliche Begleitung eine fruchtbare Ergänzung der eigenen Denke. Hilfreich war hier der Austausch mit dem Institut für Beschäf-

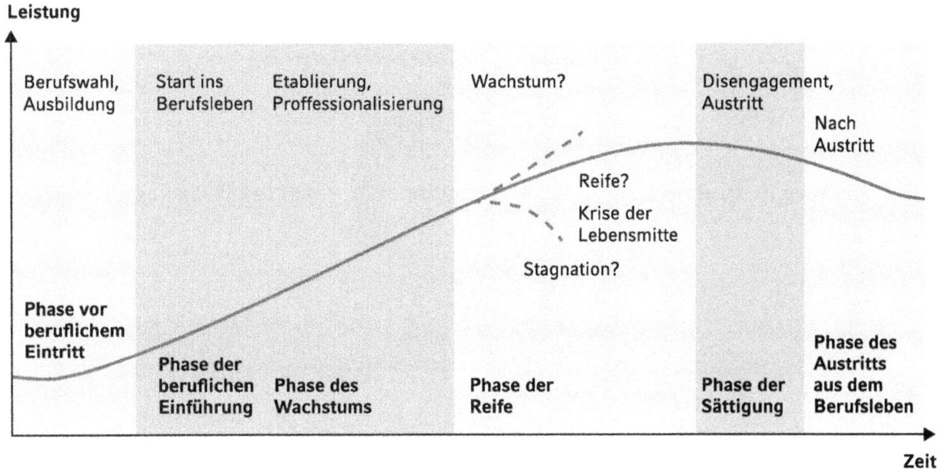

Abb. 2 Der lebensphasenbezogene Ansatz nach Anita Graf/modifiziertes Modell einer Bank

tigung und Employability der Hochschule Ludwigshafen. Seit 2010 begleitet Professorin Jutta Rump die Commerzbank und gibt wertvolle Impulse für die Weiterentwicklung der Personalarbeit.

7 Von den klassischen Zyklen losgelöst

Auch die Struktur der lebenszyklusorientierten Personalarbeit, die unter anderem Professorin Anita Graf von der Fachhochschule Nordwestschweiz seit 2002 postuliert, gab Hinweise für LoP (Abb. 2, vgl. Graf 2002).

Anita Graf definiert Lebensphasen und ordnet ihnen sowohl Leistungsspitzen als auch Leistungstiefs zu. Insbesondere in der „Phase der Reife", die nach den etablierenden Karriereschritten folgt (Wachstumsphase). Dort stellen sich die Weichen in Richtung weiteres „Wachstum", also dem Streben nach Mehr und einer damit verbundenen hohen Leistungsbereitschaft, einer möglichen Lebenskrise oder einer Stagnation.

Auf Basis des Grafschen Modells definierte die Commerzbank ihr Lebensphasen-Modell. Danach gibt es die Phase der Profilentwicklung, zu der die ersten beruflichen Stationen zählen, die Etablierungsphase, in der die berufliche Entwicklung stabil ist und eine gewisse Professionalisierung greift, und die Phase der Seniorität und Neuorientierung, die mehr von den individuellen Interessen als vom Lebensalter bestimmt sein kann. Mit diesem Modell werden die gesellschaftlichen Entwicklungen abgebildet. Denn die Kopplung von Lebensphase und Alterscluster geht zunehmend verloren. Zudem können sich Phasen wiederholen, etwa bei einem Wechsel von der Führungs- in die Projektlaufbahn, und sie sind chronologisch weniger festgelegt (Abb. 3, eigene Darstellung).

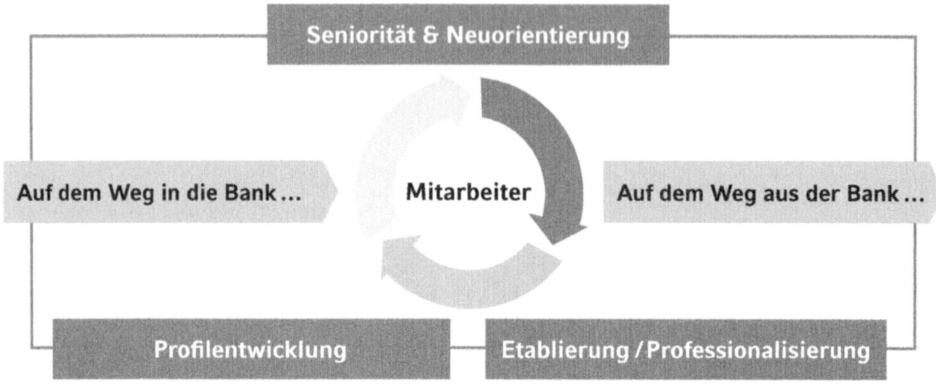

Abb. 3 Das berufliche Lebensphasenmodell der Commerzbank AG

Das Commerzbank-Phasenmodell definiert zwei weitere, rein praktische Faktoren: den Weg in die Bank – und den Weg aus ihr heraus. Auf den ersten Blick stehen sie am Anfang und am Ende des Berufslebens, doch bilden sie genauso den Professional ab, der mit 40 zur Commerzbank kommt, oder den Projektmanager, der lediglich fünf, sechs Jahre bleibt. Das löst das Berufsleben von der Altersschiene und entspricht der tatsächlichen Entwicklung der Arbeitswelt.

8 Alles auf den Prüfstand

Festgestellt wurde, dass sich HR mit vielen seiner Produkte bereits vom Altersfokus gelöst hatte und intuitiv den strategischen Ansatz der Lebensphasenorientierten Personalarbeit verfolgte. Allerdings ließ sich das Etikett „LoP" nicht immer eindeutig zuordnen. Es galt, HR insgesamt unter dem Ansatz LoP zu analysieren, und dort, wo sich Defizite offenbarten, Instrumente zu schaffen, um das strategische Ziel anzustreben.

Unter der LoP-Lupe lagen in der Folge insgesamt rund 230 bestehende Personalinstrumente der Commerzbank – vom Führungskräfteentwicklungsprogramm über das betriebliche Wiedereingliederungsmanagement bis hin zu Arbeitszeitmodellen. Davon wurden 147 als lebensphasenrelevant bewertet, bei 51 wird Handlungsbedarf erwartet – und gefragt werden musste: Wo fehlen Produkte? Bewusst sollten die Angebote unvoreingenommen diskutiert werden, zunächst etwa ohne Rahmenbedingungen durch Gesetze oder Betriebsvereinbarungen einzubeziehen. Bestandteil der Denkprozesse waren auch die Erkenntnisse über künftige gesellschaftliche Entwicklungen sowie die Zukunft der Branche und der Arbeitswelt. Schließlich wurden rund zwei Dutzend Produkte ausgewählt, die umgesetzt werden sollten. Dabei war offenes Denken gefragt.

Dazu trug positiv bei, dass bei HR eine systematische Trendarbeit eingeführt wurde. Hier werten Trendscouts externe Quellen aus, beziehen Experten unterschiedlichster Herkunft und Branchen ein und stehen in engem Kontakt mit den Bereichen und Segmenten der Commerzbank. Sie sollen Entwicklungen rechtzeitig erkennen, damit die Bank sie personalseitig berücksichtigen kann und nicht von ihnen überrascht und in eine rein reaktive Rolle gedrängt wird.

Dabei berücksichtigt das HR-Trendscouting zum einen die Informationen der wissenschaftlich, empirisch gesteuerten Zukunftsforschung. Hier tragen Soziologen, Wirtschaftswissenschaftler und andere Forscher Erkenntnisse zusammen und leiten daraus künftige Entwicklungen ab. Zum anderen fließen die Thesen der Trendforscher in die Einschätzungen der HR-Trendscouts mit ein. Auch hier nehmen die Forscher aktuelle Entwicklungen einzelner Fachgebiete auf, setzen sie aber in erweiterten Kontext und betten sie in umfassende gesellschaftliche Zusammenhänge ein. Ergebnisse sind zum Beispiel „Trend-Landkarten", auf denen etwa die Entwicklung zu mehr selbstständigen Projektarbeitern abzulesen ist. All das – um eigene Bewertungen ergänzt – liefert belastbare Handlungsempfehlungen, wohin sich die Personalarbeit der Commerzbank mittel- und langfristig bewegen sollte, um erfolgreich zu bleiben.

9 Wissen macht mächtig

Eine zentrale Herausforderung ist das Thema Personalentwicklung. Hier hat die Commerzbank in jüngster Vergangenheit große Fortschritte erzielt. Die im Sommer 2013 eingeführte Fachlaufbahn macht Entwicklungsmöglichkeiten auch für Mitarbeiter transparent, die keine Führungs- oder Projektlaufbahn einschlagen möchten. Zudem soll durch die Zuordnung der Mitarbeiter zu Fachfamilien auch eine bereichsübergreifende Entwicklung gefördert werden.

Unter dem Dach der Commerzbank-Akademie sind zukünftig alle drei Laufbahnmodelle der Bank gebündelt. Dies stellt eine konzertierte und vernetzte Personalentwicklung sicher. Die Bank hat dafür ein spezielles Entwicklungsprogramm für jede Laufbahn etabliert, das Potenzial- und Leistungsträgern die Möglichkeit bietet, sich zielgerichtet innerhalb der aktuellen oder in eine neue Position zu entwickeln. Auch ein Wechsel zwischen den Laufbahnen ist möglich.

Darüber hinaus bündelt die Commerzbank-Akademie das gesamte Qualifizierungsangebot der Bank. Die Akademie ist kein Gebäude, sondern der Sammelbegriff für ein transparentes und einheitliches Qualifizierungsangebot, das zahlreiche Instrumente für die individuelle Weiterentwicklung beinhaltet.

Ein weiterer wichtiger Baustein ist „WikIdee". Diese virtuelle Plattform dient dazu, intern Ideen zu sammeln, sie zu diskutieren und sie damit zu veredeln – oder zu verwerfen. Dieses Instrument nutzt Schwarmintelligenz und ist von der formulargesteuerten Basis „Betriebliches Ideenmanagement" etwa so weit entfernt wie der Uralt-PC Commodore 64 vom Smartphone.

Dies sind nur zwei Beispiele dafür, wie Wissensmanagement egalisiert wird. Der Transfer wird von den Stereotypen „von Alt zu Jung" oder „von Jung zu Alt" losgelöst und in die Ebene des Könnens und Wollens seiner Nutzer gehoben. Das persönliche Engagement zählt. Sonst nichts.

10 Pflege in den Fokus gerückt

Auch in anderen relevanten Bereichen des Lebens und Arbeitens wurden im Zuge von LoP Projekte und Produkte entwickelt, die zum Teil bereits erprobt werden. Beispiel Nummer eins ist die Pflege. Während das Kinderbetreuungsangebot bereits zum Alltag mittelgroßer und großer Unternehmen gehört, beschränken sich viele davon beim Thema Pflege von Mitarbeiter-Angehörigen auf das, was das Gesetz vorschreibt. Das reicht nicht. Tatsache ist, dass der Anteil der Mitarbeiter, die Verantwortung für pflegebedürftige Angehörige übernehmen, stetig zunimmt. Denn dass der demografische Wandel zu einem wachsenden Anteil pflegebedürftiger älterer Menschen führt, hat auch für Unternehmen Konsequenzen. Deshalb hat die Commerzbank ein Pilotprojekt gestartet, das viele individuelle Unterstützungsangebote bereithält. Es gilt, Mitarbeitern, die langfristig die Pflege Angehöriger leisten wollen, ebenso beizustehen, wie dort, wo kurzfristig Handlungsbedarf besteht. Selbstverständlich hatte die Bank das Thema Pflege bereits in einer Betriebsvereinbarung über das gesetzlich geforderte Maß geregelt und Betroffene zum Beispiel mit speziellen Weiterbildungsangeboten zum Thema Pflege unterstützt.

Mit dem Pilotprojekt geht die Bank nun mehrere Schritte weiter. So hat die Commerzbank gemeinsam mit externen Dienstleistern das Beratungsangebot und die Vermittlung von Pflegekräften und -plätzen deutlich ausgebaut. Darüber hinaus können am Pilotstandort Frankfurt jetzt Mitarbeiter mobile Pflegebedürftige in eine Kurzzeitpflegeeinrichtung bringen, wenn die reguläre Betreuung ausfällt. Oder sie können auf Kosten der Bank ein „geriatrisches Assessment“ nutzen. Dabei werden die Angehörigen systematisch von einem Ärzteteam auf ihren körperlichen und geistigen Status hin untersucht. Das gibt auch Aufschluss darüber, mit welchem Pflegeaufwand künftig zu rechnen sein wird.

Weiterer Bestandteil einer Lebensphasenorientierten Personalarbeit sind die Angebote, Auszeiten zu nehmen. Die Motive für ein Sabbatical können vielfältig sein. Künftig will HR hier unterschiedliche Modelle anbieten, die sich etwa an Eltern richten, die ihren Nachwuchs bei der Einschulungsphase intensiv begleiten möchten. Andere möchten sich im Ausland ein paar Monate ehrenamtlich engagieren oder streben eine weiterführende Qualifizierung an. Ziel ist, dafür passende Modelle zu entwickeln, die auch wertschätzende Anreize enthalten. So könnte beispielsweise das Sabbatical für einen ehrenamtlichen Einsatz zum Teil mit bezahltem Urlaub honoriert werden.

11 Nicht alles funktioniert auf Anhieb

Diese Innovationskraft birgt auch die Möglichkeit des Scheiterns in sich. Wer Neues ausprobiert, wird auch an den Punkt kommen, wo betriebliche Erfordernisse übermächtige Barrieren bilden. Trotzdem gilt es immer wieder, quer zu denken, auch einmal Ideen umzusetzen, bei denen nicht gewiss ist, ob Lorbeeren zu ernten sind. Der Personalbereich der Commerzbank diente in der Vergangenheit schon öfter als Versuchsfeld. Kann Führung in Teilzeit funktionieren? Wir haben es ausprobiert: Sie kann. Eine wichtige Erkenntnis, die unter anderem unser Anliegen, mehr Frauen in Führungspositionen zu etablieren, voranbringen wird.

Die Bank denkt auch darüber nach, ob sich künftig nicht zwei Mitarbeiter eine Führungsposition teilen können. Wenn die Abstimmung zwischen den beiden Verantwortlichen stimmt, kann das funktionieren. Zurzeit testet die Commerzbank die „geteilte" Führung mit fachlicher und disziplinarischer Zuständigkeit beider Beteiligten in einem Pilotprojekt.

Während Produkte sich zum Teil im „Biotop HR", ausgewählten Segmenten oder an einzelnen Orten erproben lassen, birgt die strategische Personalarbeit andere, weil bankweite Herausforderungen. Gemeinsam mit einzelnen Bereichen erprobt das Personalressort derzeit einen strukturierten Prozess zur strategischen Personalplanung, um die Geschäftsfelder im Sinne eines HR Business Partners zu unterstützen. Zunächst untersucht HR Qualität und Quantität des bestehenden Personalbestands. Dabei werden Faktoren wie Fluktuation oder Altersstruktur berücksichtigt.

Im nächsten Schritt wird der künftige Personalbedarf ermittelt. Dazu muss HR umfassend über die strategische Ausrichtung und die Ziele des Geschäftsbereichs informiert sein. Bestandteil dieses Prozessschritts sind die „Personaltreiber". Um sie zu definieren, werden Kapazitätsentwicklung, notwendige Fähigkeiten und Qualifikationsniveaus, Standortaspekte sowie zeitliche Vorgaben festgestellt. Danach folgt die Gap-Analyse. Hier werden Bestands- und Bedarfsszenario gegenübergestellt. Personelle Über- und Unterdeckungen werden sichtbar gemacht, kritische Faktoren benannt und Analysen angefertigt, etwa zu den Markttrends. Daraus ergibt sich ein Überblick, wie sich die Gaps schließen lassen, zum Beispiel mit speziellen Qualifizierungen oder einer gezielten Rekrutierungsoffensive.

12 Strategie und LoP Hand in Hand

Hier wird der Übergang zur Lebensphasenorientierten Personalarbeit wieder sichtbar. Der Bedarf wird in der strategischen Personalplanung klar definiert – um ihn tatsächlich dann decken zu können, wenn er benötigt wird, muss die gesamte Klaviatur von LoP gespielt werden. Nur so lassen sich motivierte und qualifizierte Kräfte gewinnen, um die strategischen Ziele zu verwirklichen.

Leistungsfähigkeit ist nach diesem Ansatz eine Frage der Rahmenbedingungen. Gewünscht ist der 52-Jährige, der sich einen neuen Bereich erschließen will und deshalb die Gelegenheit nutzt, ein paar Tage dort hinein zu schnuppern. Gewollt ist beispielsweise die 37-Jährige, die ausprobieren will, ob Führungsverantwortung etwas für sie ist, und dafür einen Teamleiter fachlich vertritt, der Elternzeit nimmt. Gesucht ist der 45-Jährige, der ein neues Betriebssportangebot initiiert. Gefördert wird die 25-Jährige, die einen guten Vorschlag zur Arbeitszeitregelung auf die virtuelle Plattform WikIdee stellt – und positives Feedback von „ganz Oben" erhält.

Es ist eine Frage der richtigen Instrumente, die die Mitarbeiter dort abholen, wo sie gerade sind. Und einer Kultur, die die Vielfalt der Belegschaft nicht am schwarzen Brett proklamiert, sondern zum Beispiel Schwulen- und Lesbennetzwerke fördert, Raum für viele verschiedene Nationen bietet und den Respekt vor dem Alter genauso lebt wie den vor der Jugend. Kurzum: Die die Menschen so nimmt, wie sie sind.

Das alles könnte man *Personalarbeit 2.0* nennen. Oder „Personalarbeit nah dran". Bei der Commerzbank heißt es Lebensphasenorientierte Personalarbeit. Es ist eine Philosophie, kein Projekt. Denn kompetente Personalarbeit im Spannungsfeld von Individuum und Unternehmen bildet weder eine Einstellung noch eine Checkliste ab. Sie verspricht nicht die eine „eiserne Reisschale", sondern eine gewisse Auswahl an kleinen, wohlgefüllten und attraktiven Schälchen. Aus Kupfer, Steingut oder Porzellan. Ganz wie es gewünscht und gebraucht wird, um künftig gemeinsam als Mensch, Mitarbeiter und Unternehmen erfolgreich zu sein.

Literatur

Graf A (2002) Lebenszyklusorientierte Personalentwicklung. Haupt, Bern

Förderung von Mitarbeiterengagement in verschiedenen Lebensphasen bei der Bundesagentur für Arbeit

Beschäftigte begeistern und als Partner gewinnen

Beatrix Behrens und Dominik Hecker

Zusammenfassung

Die Bundesagentur für Arbeit hat mit Blick auf die Herausforderungen des demografischen Wandels ihr Personalmanagement strategisch wie praktisch demografiesensibel ausgestaltet. Mit Blick auf die emotionale Bindung und Identifikation mit dem Arbeitgeber rückt dabei verstärkt auch die Förderung des Engagements der Beschäftigten in den Vordergrund. Mitarbeiter-Engagement hat wegen seiner Konnexität zu den Leistungsergebnissen der Organisation hohe Relevanz für die Personalmanagementpraxis. Die BA misst das Mitarbeiter-Engagement mit einem auf wissenschaftlicher Basis entwickelten Kurzfragebogen. Dieser Engagement-Index zeigt auf, wo konkrete Führungsstrategien und Umsetzungsmaßnahmen in einem qualitativen Prozess abgeleitet werden können.

Die lebensphasenorientierte Personalpolitik der BA stellt dabei den organisationalen Handlungsrahmen zur Berücksichtigung vielfältiger lebensphasenspezifischer Anforderungen dar. Wichtig für Führungskräfte ist es, die unterschiedlichen und sich verändernden, altersspezifischen Bedürfnisse und Erwartungen der Beschäftigten – also deren psychologische Verträge – zu kennen und engagementförderlich zu gestalten. Ein bedeutendes Handlungsfeld ist dabei die lebensphasenorientierte Personalpolitik mit ihrem Maßnahmenportfolio, wie z. B. Langzeitarbeitskonten, mobiles Arbeiten, Familienservice, Wiedereinstiegsprogramme, Ausbildung in Teilzeit, Seminare zur

B. Behrens (✉)
Bundesagentur für Arbeit
Nürnberg, Deutschland
E-Mail: beatrix.behrens@arbeitsagentur.de

D. Hecker
Bundesagentur für Arbeit
Nürnberg, Deutschland

J. Rump, S. Eilers (Hrsg.), *Lebensphasenorientierte Personalpolitik*, IBE-Reihe,
DOI 10.1007/978-3-642-41665-1_11, © Springer-Verlag Berlin Heidelberg 2014

Vorbereitung auf den Ruhestand und präventives Gesundheitsmanagement. In diesem ganzheitlichen Ansatz werden die Themen Alter, Gleichstellung und Chancengleichheit, Gesundheit und emotionale Bindung, Engagement, Kompetenzentwicklung und Arbeitgeberattraktivität sinnvoll konzeptionell miteinander verknüpft, um die Wirkung zu verstärken.

1 Der demografische Wandel und die Folgen für das Personalmanagement der Bundesagentur für Arbeit

Der demografische Wandel mit seinen facettenreichen Auswirkungen stellt die öffentliche Verwaltung in Zeiten von Haushaltskonsolidierung, Europäisierung und Digitalisierung mit Blick auf eine älter und vielfältiger werdende Belegschaft vor große Herausforderungen. So verwundert es nicht, dass der demografische Wandel auch bei aktuellen Umfragen mit 62,1 % den ersten Rang einnimmt (vgl. Wegweiser 2013, S. 71 ff.).

Die Belegschaft in der Verwaltung selbst wird dabei nicht nur vielfältiger in Bezug auf Herkunft und Alter, sondern auch vielfältiger in Bezug auf ihre Bedürfnisse und Erwartungen an ihre Arbeitgeber. Sie bringt mit Blick auf ihre Kompetenzen ein wertvolles Potenzial mit, um den unterschiedlichsten Herausforderungen und auch steigenden gesellschaftlichen Erwartungen an die öffentliche Verwaltung zu begegnen. Als Arbeitgeber müssen diese sich künftig verstärkt dem Wettbewerb zur Gewinnung und Bindung von Nachwuchskräften und Spezialisten stellen. Flexible Arbeitszeiten und Telearbeit, eine bessere Vereinbarkeit von Beruf und Familie und berufsbegleitende Weiterbildungsangebote stehen neben der leistungsorientierten Bezahlung im Fokus von diskutierten Reformansätzen (vgl. Wegweiser 2013, S. 74). Ein erfolgreiches und in die Zukunft blickendes Personalmanagement wird sich, so die These, zu einem intergenerationalen und ganzheitlichen Management weiterentwickeln müssen. Ganzheitlich bedeutet in diesem Fall, dass alle Prozessfunktionen von der Rekrutierung über die Qualifizierung und Personalentwicklung bis hin zum Leistungsmanagement konzeptionell und in ihrer Wirkung aufeinander abgestimmt sein sollten (vgl. Bundesministerium des Innern/Bundesagentur für Arbeit 2012).

Dies wird vermutlich in der längeren Perspektive und auch mit Blick auf den Wertewandel in den Organisationen nicht ausreichen. Anerkennung, Wertschätzung, Chancengleichheit, eine gute Qualität der Arbeitsbeziehungen und damit die emotionale Bindung an die Arbeitgeber sowie die Gemeinwohlorientierung ihrer Arbeit sind für alle Altersgruppen wichtig. Die Anforderungen an Führung und Zusammenarbeit werden ebenso steigen wie an die Gestaltung einer dialogbasierten Organisationskultur. „Gesunde" bzw. gesundheitsorientierte Führung wird zum Erfolgsfaktor für die interne Verwaltungsmodernisierung. Letztendlich sind die genannten Aspekte auch maßgebliche Stellhebel für eine erfolgreiche Verwaltungsarbeit mit hoher Serviceorientierung. Gerade die öffentliche Verwaltung muss sich als wettbewerbsfähige Arbeitgeberin positionieren und langfristig die Beschäftigungsfähigkeit ihrer Mitarbeiter ebenso sichern wie ihre eigene Leistungsfähigkeit. Neben der Kompetenzentwicklung und einer an Prävention ausgerichteten Ge-

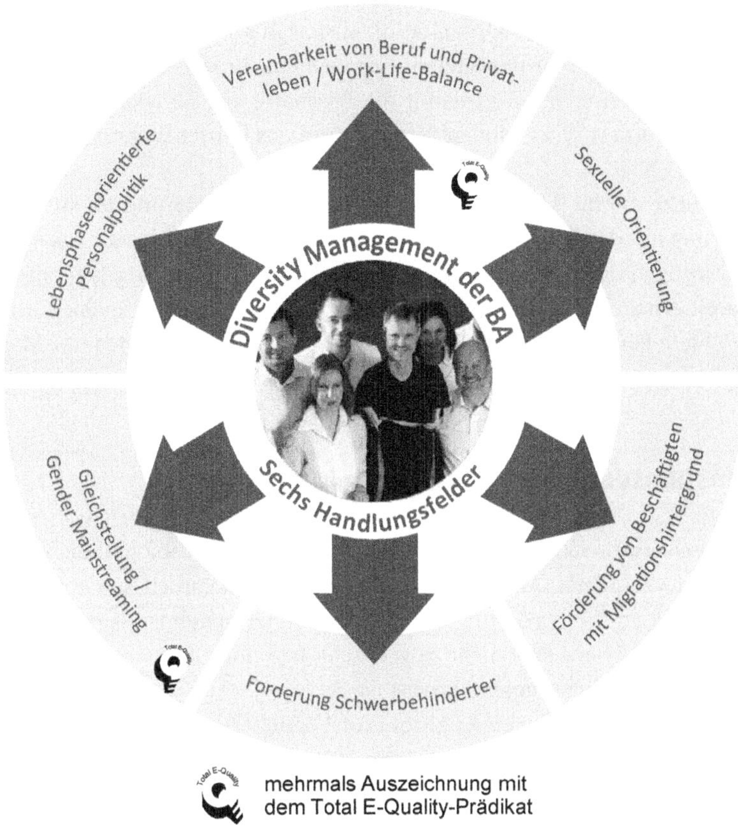

Abb. 1 Diversity Management der Bundesagentur für Arbeit

sundheitsförderung wird auch die Leistungsbereitschaft in jedem Alter im Blickwinkel verlängerter Lebensarbeitszeiten von zunehmender Bedeutung sein.

Diesen Herausforderungen stellt sich auch die Bundesagentur für Arbeit (BA), die unter anderem 2007 die „Charta der Vielfalt" unterzeichnet hat. Sie verpflichtet sich damit zur Einführung eines Diversity Managements, der Förderung der Chancengleichheit und Gestaltung einer von Wertschätzung geprägten Kultur. Eine lebensphasenorientierte Personalpolitik, die die unterschiedlichen Erwartungen und Bedürfnisse in Abhängigkeit von individuellen Lebensphasen und unterschiedlichen Ereignissen berücksichtigt, ist darin integriert (siehe Abb. 1, eigene Darstellung). Das Diversity Management der BA ist zugleich eng mit der Personalentwicklung verzahnt. Die individuellen vielfältigen und unterschiedlichen Kompetenzen sollen gefördert werden (vgl. Behrens und Becker 2013, S. 72 ff.).

In diesem Zusammenhang ist es neben der Kompetenzentwicklung von elementarer Bedeutung, die Gesundheit und das Engagement zur Sicherung der Beschäftigungsfähigkeit der Mitarbeiter in allen Lebensphasen zu erhalten und zu fördern. Engagement bedeutet, dass sich Mitarbeiter für die Organisation einsetzen wollen, da sie sich mit dieser identifizieren und bereit sind, sich für sie einzusetzen. Gleichzeitig bedeutet Engagement aber auch, dass sie sich für die Organisation einsetzen können und in der Lage sind, die täglichen Anforderungen zu bewältigen. Engagement fördern bedeutet, die Motivation, die Bindung, die Gesundheit und damit die Beschäftigungsfähigkeit der Mitarbeiter zu erhalten und zu fördern. Das Wollen, Können und das Dürfen stehen im Fokus der Personalpolitik.

Die Bundesagentur für Arbeit (BA) unterstützt dies zur Förderung der mitarbeiterorientierten Führung mit der Einführung eines „Engagement-Index", der die zusammengefassten Einschätzungen der Beschäftigten zum persönlichen Arbeitsengagement transparent macht. Damit erhalten die Geschäftsführungen und Führungskräfte eine Grundlage für die zielgerichtete Förderung des Engagements – u. a. auch im Rahmen des Maßnahmenportfolios der lebensphasenorientierten Personalpolitik.

2 Lebensphasenorientierte Personalpolitik der BA

Verlängerte Lebensarbeitszeiten und unterschiedliche Erwerbsbiografien bzw. Karriereverläufe stellen veränderte Anforderungen an die Personalarbeit sowie in der Generationenperspektive an die Förderung des Mitarbeiterengagements. Auch ist die sinkende Halbwertszeit des Wissens eine nicht zu vernachlässigende Größe insbesondere mit Blick auf das Postulat des „lebenslangen Lernens".

Wie wichtig den Beschäftigten Angebote zur Vereinbarkeit von Beruf und Familie/Privatleben sind, zeigen die Ergebnisse einer in 2010 durchgeführten Mitarbeiterbefragung zur Vereinbarkeit von Familie und Beruf bei der BA. Danach sind für 96 % aller Befragten „flexible Arbeitszeiten" in Verbindung mit „flexiblen Pausenzeiten" (46 %) und „flexibler Arbeitsorganisation/Besprechungsmanagement" (41 %) sehr bedeutsam. Telearbeit sowie weitere Formen des mobilen Arbeitens werden ebenfalls präferiert. Im Rahmen einer repräsentativen Mitarbeiterbefragung zum Diversity Management im Juni 2013 wurde u. a. nach der Wichtigkeit von Chancengleichheit gefragt. Es zeigt sich, dass das Thema für 78 % der Befragten einen hohen bis sehr hohen Stellenwert hat. Allen Altersgruppen gemein ist der Wunsch nach einer von Wertschätzung und Anerkennung geprägten Kultur. Mit steigendem Lebensalter gewinnen diese Aspekte zunehmend an Bedeutung. Lebensältere Mitarbeiter möchten ihr Wissen an die nächste „Generation" weitergeben.

Hier bietet in einem demografiesensiblen Personalmanagement, so die Strategie der BA, die lebensphasenorientierte Personalpolitik als Teil des Diversity Managements deutliche Vorteile. Alter wird im Sinne des allgemeinen Gleichbehandlungsgesetzes „neutral" in die Politik integriert. Weitere Politikfelder wie z. B. Gender, Gender Pay Gap, Frauenförderung, partnerschaftliche Familie, Gesundheitsförderung, Work-Life-Balance, Wissensmanagement und Kompetenzmanagement lassen sich zu einem ganzheitlichen Ansatz verbinden. Primäres Ziel der BA ist es auch, sich als wettbewerbsfähige Arbeitgeberin mit Blick auf Rekrutierung und Mitarbeiterbindung über monetäre Anreize hinaus zu positionieren. Die Förderung und der Ausbau der lebensphasenorientierten Personalpolitik ist daher auch ein wichtiges im Gleichstellungsplan der BA verankertes Ziel. Der Anteil von Frauen insbesondere in Leitungs-und Führungsfunktionen soll erhöht und die Vereinbar-

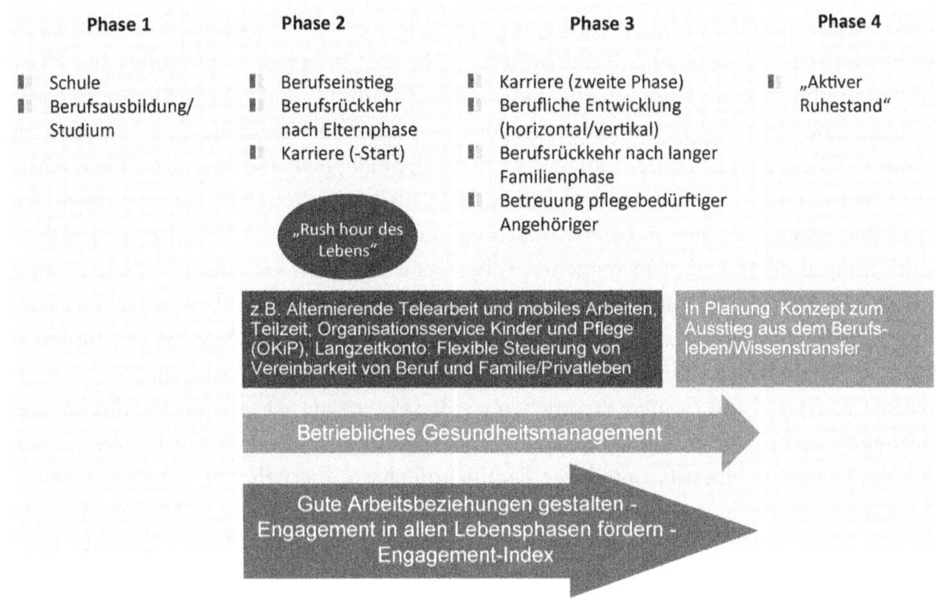

Abb. 2 Lebensphasenmodell der Bundesagentur für Arbeit

keit von Familie und Beruf sowie Privatleben auch aus der Perspektive der männlichen Beschäftigten gefördert werden.

Auf die vielfältigen Ereignisse in den ebenso verschiedenen Lebensphasen kann über flexible Angebote individuell reagiert werden. Gleichzeitig ergeben sich zahlreiche betriebswirtschaftliche Vorteile, wie zum Beispiel eine schnellere Rückkehr an den Arbeitsplatz, verminderte Einarbeitungskosten und in Teilen ein Wegfall von nicht unerheblichen Kosten für Neurekrutierungen in Folge des Ausscheidens von qualifizierten Beschäftigten.

Die Lebensphasenorientierung in der Personalpolitik umfasst bei der BA alle Phasen der Berufs- und Erwerbstätigkeit, vom beruflichen Einstieg bis zum beruflichen Ausstieg sowie die Veränderungen und Einflüsse im Lebensverlauf. Grob wird dabei zwischen vier Phasen differenziert, um die Komplexität im Interesse der Führungskräfte und Beschäftigten zwecks Akzeptanzförderung nicht unnötig zu erhöhen. Diese Einteilung bedeutet jedoch keineswegs die Definition von festen und abgeschlossenen Phasen. Die Übergänge sollen bewusst fließend und durchlässig verstanden werden, um aktuellen Entwicklungen flexibel als Arbeitgeber Rechnung tragen zu können. Darüber hinaus treten häufig Überschneidungen auf. So ist beispielsweise festzustellen, dass sich die Familienbildung und Elternschaft inzwischen in zunehmendem Maße in ein späteres Lebensalter verschiebt. Berufliche Neuorientierungen und lebenslanges Lernen werden zunehmend relevanter (Behrens 2009) (Abb. 2, eigene Darstellung).

Die erste Phase umfasst die schulische/berufliche Ausbildung bzw. ein Studium. Hier gibt es die Möglichkeit der Ausbildung in Teilzeit. In einem Konzepttest wird gegenwärtig Alleinerziehenden mit Migrationshintergrund die Möglichkeit einer Berufsausbildung geboten. In der zweiten Lebensphase, der sogenannten „Rush hour" des Lebens, die zumeist den Beginn der beruflichen Karriere darstellt, werden Menschen oft mit sehr vielen gleichzeitigen Anforderungen konfrontiert. So ist dies beispielsweise häufig eine Phase, in der familiäre Entwicklungen (wie die Familiengründung) und entscheidende Karriereschritte bzw. steigende berufliche Anforderungen auch an Flexibilität und Mobilität zusammenfallen. Dies ist zumeist mit einer erheblichen Doppelbelastung verbunden. In dieser Lebensphase stellen Unterstützungsangebote zur Kinderbetreuung über einen professionellen Service, flexible Arbeitszeitregelungen und alternative Arbeitsformen deutliche Entlastungspotentiale dar. In manchen Fällen schwingt auch die Angst vor einem möglichen „Karriereknick" infolge der Übernahme von Betreuungsaufgaben mit. Dieser kann durch Maßnahmen, wie z. B. Kontakthalte-Angebote und regelmäßige Informationen an beurlaubte Mitarbeiter begegnet werden. Durch die intensive Unterstützung der Vereinbarkeit von Beruf und Familie/Privatleben werden Potenziale aktiviert und Befürchtungen bezüglich verminderter Karrierechancen schrittweise minimiert. Insbesondere Frauen, die nach wie vor einen Großteil der Familienpflichten übernehmen, erhalten hierüber die Chance, Beruf und Familie erfolgreich zu realisieren. Dass bei der BA über 45 % der oberen Leitungsfunktionen von Frauen wahrgenommen werden, dürfte ein Erfolg dieser Personalpolitik sein. Väter, die sich stärker der Familie widmen möchten, finden ebenfalls gute Rahmenbedingungen vor. Die Förderung der partnerschaftlichen Familie ist daher ein Aktionsfeld der Personalpolitik der BA in den kommenden Jahren.

In der dritten Lebensphase sind Beschäftigte oft mit neuen Herausforderungen konfrontiert. Mit Blick auf die Altersstruktur der Belegschaft eröffnen sich hier auch neue und bedarfsorientierte Handlungsfelder für die interne Personalpolitik. Häufig wird es beispielsweise notwendig, Verantwortung für pflegebedürftige Angehörige zu übernehmen. Angebote zu alternativen Arbeitsformen und flexible Arbeitszeitmodelle können Beschäftigte an dieser Stelle entlasten. Eine wichtige Entlastung bietet auch in dieser Phase das Angebot des „Organisationsservice Kinder und Pflege (OKiP)" für die Beschäftigten der BA. Es können umfangreiche Vermittlungs- und Beratungsleistungen bei Hilfe- und Pflegebedürftigkeit von Angehörigen in Anspruch genommen werden. Gleichzeitig kann auch hier die „Rush Hour" des Lebens als vorangegangene Lebensphase entzerrt werden, indem altersunabhängige Personalentwicklungs- und Qualifizierungsmaßnahmen eine späte oder zweite Karriere nach der Familienpause ermöglichen.

Für die vierte Phase gilt es, Visionen und Möglichkeiten für einen aktiven Ruhestand zu entwickeln. Dazu gehört eine Vorbereitung auf den Übergang in den Ruhestand ebenso wie die Möglichkeit sich weiter aktiv einbringen zu können, z. B. im Rahmen von Projekten, als Mentor oder als Lernpate bzw. als Trainer. Die BA bietet seit längerem erfolgreich flächendeckend Seminare zur „Vorbereitung auf den Ruhestand" an. Damit sollen unter anderem Anerkennung und Wertschätzung für das langjährige Engagement ausgedrückt werden und gleichzeitig die Mitarbeiter in ihrer späteren Berufsphase und mit Blick auf den Ruhestand unterstützt und begleitet werden. In dem zweitägigen Seminar wird die Möglichkeit gegeben, die eigene Lebenssituation zu reflektieren, die persönlichen Einstellungen zum Ruhestand weiterzuentwickeln und sich beispielsweise mit bürgerschaftlichem Engagement auseinanderzusetzen. Gleichzeitig werden Strategien der Entschleunigung und zur Förderung der körperlichen und geistigen Gesundheit vorgestellt. Diese

Seminare sind aber auch ein Signal für eine wertschätzende Kultur an die jüngeren Kollegen. Aktuell entwickelt die BA derzeit ein Rahmenangebot zunächst für ein mögliches Modellprojekt, um die Weitergabe insbesondere von Erfahrungswissen zu systematisieren und den Wissenstransfer zu sichern. Damit soll aktiv einem drohenden Wissensverlust durch Altersabgänge im Rahmen der Nachfolgeplanung begegnet werden.

Unterstützt werden alle Prozesse im Rahmen der lebensphasenorientierten Personalpolitik durch eine kompetenzbasierte Personalentwicklung und ein modular aufgebautes Qualifizierungssystem (vgl. Behrens und Becker 2013, S. 71 ff.). Im Zentrum steht der Leistungs- und Entwicklungsdialog als dialogbasiertes Führungsinstrument, in dem insbesondere auch Fragen der individuellen Berufs- und Lebensplanung zwischen Führungskraft und Beschäftigten erörtert werden sollen. Insofern wird eine lebensphasenorientierte Personalpolitik auch immer zur Personalentwicklung im weiteren Sinne. Da Berufs- und Lebenserfahrung anerkannt werden und Formalqualifikation kompensieren können, stehen Entwicklungsoptionen in jedem Alter leistungs- und potenzialabhängig zur Verfügung. Insbesondere ältere Mitarbeiter werden somit gleichwertig auch in einen Prozess des lebenslangen Lernens und des regelmäßigen transparenten Feedbacks einbezogen. Wäre dies nicht der Fall, so hätte dies eine ungewünschte Signalwirkung auf alle Beschäftigten und ließe wichtiges Potenzial und Erfahrungen unberücksichtigt. Kontinuierliche Fortbildungskonzepte und ein „Methodenmix" sind eine gute Basis, um die Lernfähigkeit der Beschäftigten über die Lebensphasen hinweg zu erhalten. Gleichzeitig wird aber auch das Fördern und Fordern von Selbstlernkompetenzen immer wichtiger und rückt die Stärkung der Eigenverantwortung der Beschäftigten in den Fokus.

Dies trifft auch auf die Maßnahmen im Rahmen des betrieblichen Gesundheitsmanagements zu. Sie sollen die physische und psychische Gesundheit in allen Lebensphasen präventiv erhalten und fördern. Die Beschäftigungsfähigkeit soll trotz vielfältiger beruflicher und privater Anforderungen sichergestellt werden. Zu den maßgeblichen Handlungsfeldern gehören deshalb auch Themen wie die Engagementförderung, Work-Life-Balance sowie Führung und Zusammenarbeit. Ein professionelles Wiedereingliederungsmanagement mit zertifizierten Disability Managern trägt ergänzend dazu bei, langzeiterkrankte Beschäftigte nach längerer Abwesenheit wieder in den Arbeitsprozess zu integrieren, Kompetenzen anzupassen und Kapazitätsentzüge möglichst zu verringern.

Dieses vierphasige Grundmodell bietet somit Orientierung für den zielgerichteten Einsatz von vielfältigen Instrumenten in einem integrativen Ansatz. Anzumerken ist, dass die hier beispielhaft genannten Instrumente und Maßnahmen erst dann ihre volle Wirkung entfalten, wenn sie vor Ort auf die individuelle Situation abgestimmt und flexibel eingesetzt werden (Abb. 3, eigene Darstellung).

Die lebensphasenorientierte Personalpolitik der BA ermöglicht es, die individuellen Kompetenzen und die Innovationsfähigkeit der Beschäftigten über das gesamte Berufsleben hinweg zu fordern und zu fördern. In intern durchgeführten Wirkungsanalysen konnte nachgewiesen werden, dass Diversity Management, Führung und Gesundheitsmanagement signifikante Stellhebel zur Förderung der Motivation, Arbeitszufriedenheit und Bindung darstellen. Die drei Elemente prägen damit maßgeblich die Qualität der Arbeits-

Phasen 2 und 3		Phase 4
Anfangsphase und Mitte der beruflichen Karriere	**Endphase der Berufskarriere**	**„Aktiver Ruhestand"**
▪ Kompetenzbasierte Potenzialanalyse und Potenzialförderung im modularen PE-System Modulare Kompetenzentwicklung ▪ flexible Arbeitszeitmodelle / Teilzeit / Langzeitkonten alternierende Telearbeit / mobiles Arbeiten ▪ Kontakt halten während Familienphase, z.B. Zusendung von Infomaterial Organisationsservice Kinder und Pflege (OKiP) ▪ Förderung und Pflege von Netzwerken ▪ Zugriff auf Lernplattform der BA von extern / Zugriff auf Intranet von extern (in Vorbereitung) ▪ Seminarangebot "In der Lebensmitte"		Aufbau und Beratung internationaler Arbeitsverwaltungen Verstärkter Einsatz von Beschäftigten im Ruhestand im Rahmen von Beratung, Trainertätigkeiten, Mentoring etc. ▪ Kontakt halten ▪ Zusendung von Informationsmaterial
Programm zur Begleitung in Beurlaubungs- und Wiedereinstiegsphasen mit „Selbsteinschätzung der Kompetenzen"; Information über Vakanzen auch an Beurlaubte ▪ Qualifizierung mit Kinderbetreuung / Qualifizierung in Teilzeit ▪ Ausbildung in Teilzeit ▪ Sensitivitätstraining „ Diversity" für Führungskräfte. ▪ Diversityplattform zur Selbstinformation ▪ Gesundheitsmanagement	▪ Personalentwicklungsoptionen in allen Lebensphasen ▪ Konzepttest zur Sicherung von Erfahrung, Wissen und Werten ausscheidender Mitarbeiter/innen (2013 geplant) Seminarangebot „Vorbereitung auf den Ruhestand" ▪ Sensibilisierung von Führungskräften im Umgang mit älteren Mitarbeiterinnen und Mitarbeitern	

Abb. 3 Maßnahmen im Modell der lebensphasenorientierten Personalpolitik der Bundesagentur für Arbeit (Beispiele)

beziehung und damit auch das Engagement der Beschäftigten. Im Sinne eines Generationenmanagements kann mit dem ganzheitlichen Ansatz der lebensphasenorientierten Personalpolitik eine wertschätzende Kultur aufgebaut sowie Innovationskraft und Kompetenz in jedem Alter gefördert und eingesetzt werden. Davon wird die Leistungsfähigkeit der Organisation auch künftig stärker beeinflusst. Wie aber kann Engagement gefördert werden und welcher Weg wurde für die BA entwickelt?

3 Mitarbeiterengagement in Theorie und Praxis – ein Exkurs

Mitarbeiterengagement wird in der Wissenschaft und Praxis mehr und mehr zu einem aktuellen Thema und gewinnt zusehends an Bedeutung (vgl. Schwerpunktthema z. B. im Personalmagazin 02/2013). Mitarbeiterengagement als Konstrukt fokussiert dabei auf das Paradigma positiver Psychologie. Damit gemeint ist die Beschäftigung mit positiven Zuständen und Stärken des Menschen, statt sich schwachstellenorientiert auf die negativen Seiten zu konzentrieren (vgl. Seligman und Csikszentmihalyi 2000). Mitarbeiterengagement ist ein ebensolcher, positiv affektiv-motivationaler Zustand. Dieser Zustand kann als

Abb. 4 Engagementförderung als Beitrag zur betrieblichen Burnoutprävention

positiver Gegenpol von Erschöpfung und organisationalem Zynismus angesehen werden (vgl. Schaufeli et al. 2002). Insofern stellt Engagement einen Zustand dar, der zugleich mit Gesundheit und langfristiger Beschäftigungsfähigkeit verbunden ist. Nur gesunde Mitarbeiter können auch langfristig motiviert und engagiert arbeiten. Mit der Fokussierung der personalpolitischen Strategie auf Engagement zielt die BA darauf ab, in diesem Sinne einen positiven Beitrag zur Prävention von Burnoutzuständen und damit der Förderung der psychischen Gesundheit der Beschäftigten zu leisten (siehe Abb. 4, eigene Darstellung).

Das derzeit viel diskutierte Thema der psychischen Gesundheit in Unternehmen wird – flankierend zu den Entwicklungen im Bereich der Gefährdungsanalysen – über die Fokussierung auf Engagement einer personalstrategisch positiven Ausrichtung zugeführt.

Engagement hat im Hinblick auf die Leistungsergebnisse der Organisation hohe Relevanz für die Personalmanagementpraxis, weil engagierte Mitarbeiter Initiative ergreifen, im Sinne der Organisation handeln und sich begeistert für ihre Aufgabe einsetzen. Engagement wird als ein Verhalten angesehen, das im Zusammenhang mit Motivation, Commitment, Identifikation, Einsatzbereitschaft und letztlich auch Gesundheit steht.

Engagement von Beschäftigten ist dabei auch eng mit dem Thema Führung verbunden. Über die Gestaltung eines motivationsförderlichen Arbeitsumfeldes und das direkte Führungsverhalten nimmt die Führung Einfluss auf das Mitarbeiterengagement – und damit auch z. B. auf die Gesundheit von Beschäftigten. Gerade vor dem Hintergrund des demografischen Wandels und einer vielfältiger werdenden Belegschaft mit unterschiedlichen Erwartungen und Bedürfnissen an die Arbeit ist es mehr denn je notwendig eine flexible, individuelle Vorgehensweise zu wählen, der die Unterschiedlichkeit von Mitarbeitern berücksichtigt. Ein besonders wichtiger Ansatz dazu ist – mit Blick auf die emotionale Bindung an den Arbeitgeber – der psychologische Vertrag, der in Abschn. 5 dieses Beitrages näher thematisiert wird.

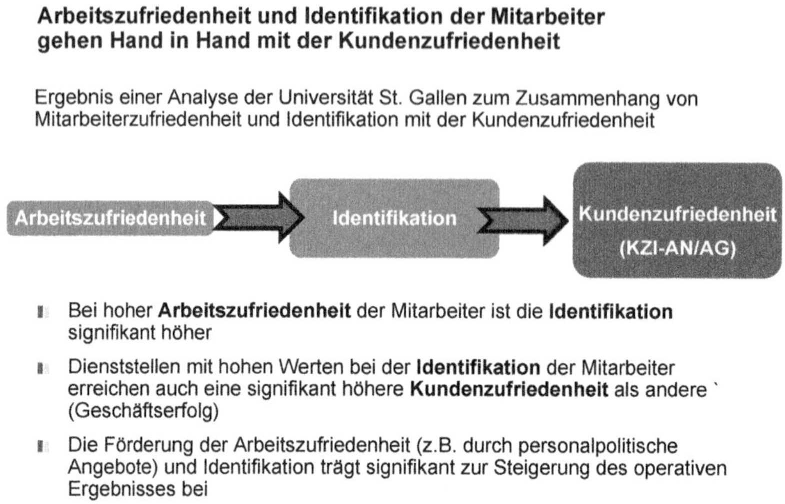

Abb. 5 Arbeitszufriedenheit und Identifikation der Mitarbeiter gehen Hand in Hand mit der Kundenzufriedenheit

Der kontinuierliche Wandel stellt Führungskräfte vor die Herausforderung, gemeinsam mit den Beschäftigten aktiv und gestaltend zu wirken und die BA als leistungsfähigen öffentlichen Dienstleister zu positionieren. Zur Erhaltung und Förderung der Beschäftigungsfähigkeit ist das Engagement in diesem Zusammenhang von elementarer Bedeutung. In einer intern in Kooperation mit der Universität St. Gallen durchgeführten Studie konnte z. B. belegt werden, dass in Bereichen, in denen die Mitarbeiterzufriedenheit höher ist, auch eine signifikant höhere Kundenzufriedenheit festzustellen war (siehe Abb. 5, eigene Darstellung). Gerade im Dienstleistungsbereich und der öffentlichen Verwaltung unterstreicht dies den Zusammenhang zwischen einem guten Arbeitsklima für die Mitarbeiter und dem Geschäftserfolg der Organisation. Personalarbeit in diesem Sinne trägt zum Erfolg der Verwaltungsarbeit bei.

4 Der Engagement-Index der Bundesagentur für Arbeit

„Mitarbeiter und Mitarbeiterinnen motivieren und Potenziale erkennen und fördern" ist ein wesentliches geschäftspolitisches Ziel der Bundesagentur für Arbeit. Mit Blick auf die Förderung der Beschäftigungsfähigkeit im Rahmen der lebensphasenorientierten Personalpolitik legt die BA – neben Kompetenzentwicklung und der Gesundheitsförderung – einen Schwerpunkt auf die Förderung des Mitarbeiterengagements. Jährlich soll auf Grundlage einer kurzen Mitarbeiterbefragung ein Engagement-Index ermittelt werden, um Führung und Zusammenarbeit entsprechend fortzuentwickeln bzw. zu optimieren. Das Konstrukt wurde nach wissenschaftlichen Standards und unter Einbeziehung der Erkenntnisse aus einem Konzepttest mit rund 1.400 Beschäftigten in Kooperation mit der

Abb. 6 Die Einzelindikatoren des Engagement-Index

Jacobs University Bremen entwickelt. Engagement bei der BA wird als Bereitschaft des Einzelnen, sich im Sinne der Ziele der BA anstrengen zu wollen (Leistungsbereitschaft) sowie die eigenen Fähigkeiten dafür zielgerichtet einsetzen zu können (Leistungsfähigkeit), definiert.

Im Arbeitsalltag kann sich die Leistungsbereitschaft und Leistungsfähigkeit in unterschiedlichen Facetten zeigen. Aus diesem Grund besteht der Engagement-Index aus fünf Einzelindikatoren, die die unterschiedlichen Facetten des Engagements erfassen. Jeder Einzelindikator ist durch entsprechende Ich-Aussagen repräsentiert, zu denen der Grad der Zustimmung angegeben wird. Die Einzelindikatoren erfassen beispielsweise, ob sich die Mitarbeiter mit der BA identifizieren und zugehörig fühlen, welchen Anspruch sie an die eigene Arbeitsleistung haben und ob die persönlichen Erwartungen in der Arbeit mit den Zielen der BA und der Führungskraft im Gleichgewicht sind. Außerdem geht es darum, ob die Mitarbeiter überzeugt sind, die Anforderungen der Tätigkeit dauerhaft bewältigen zu können und darum wie sie ihre Fähigkeit einschätzen, im Arbeitsalltag effektiv zu kommunizieren und sich aktiv im Team einzubringen. Auf diese Weise ist es möglich, das Engagement verhaltensnah zu erfassen (vgl. Abb. 6, eigene Darstellung).

Der Engagement-Index zeigt anhand der Einzelthemen auf, wo auf verschiedenen Führungsebenen konkrete Führungsstrategien und Umsetzungsmaßnahmen unter qualitativen Aspekten abgeleitet werden können. Dadurch erhält jede Dienststelle ein individuelles Stärken-Schwächen-Profil, das durch eine jährliche Befragungswiederholung und die Verknüpfung mit dem Zielmanagement für Geschäftsführungen systematisch gefördert wird. Im Rahmen der Folgeprozesse erfolgt die enge Verknüpfung mit den Maßnahmen und Angeboten der lebensphasenorientierten Personalpolitik, die damit ihre Bedeutung für die Förderung des Mitarbeiterengagements unter Beweis stellen können.

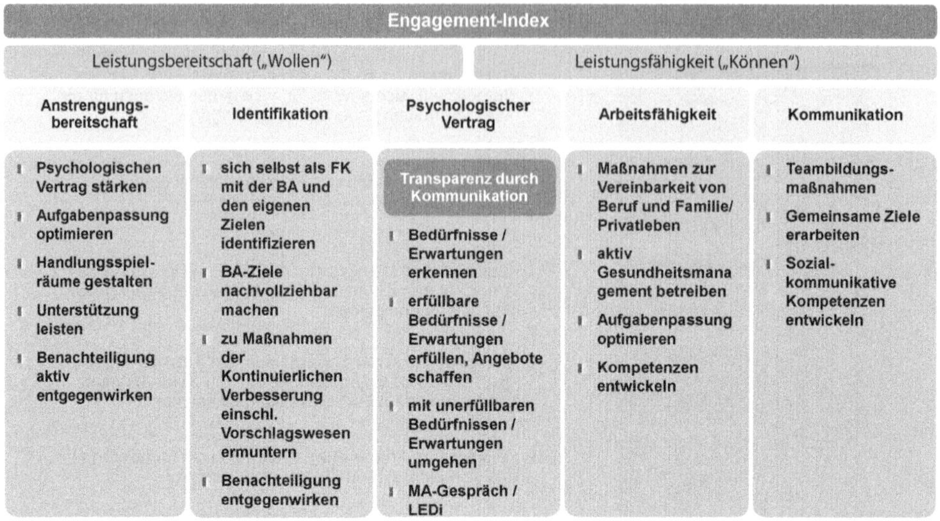

Abb. 7 Beispiele für Handlungsansätze zur Engagementförderung

Zur Unterstützung des Folgeprozesses hat die BA einen Handlungsleitfaden für Führungskräfte entwickelt, der dazu dient, die Ergebnisse des Engagement-Index zu interpretieren und geeignete Maßnahmen abzuleiten. Darin werden Möglichkeiten aufgeführt, wie das Engagement der Beschäftigten in Abhängigkeit von den Analyseergebnissen gefördert werden kann (vgl. Beispiele in Abb. 7, eigene Darstellung).

Im Rahmen der Entwicklung des Engagement-Index in zehn Arbeitsagenturen wurden in Kooperation mit der Jacobs University Bremen statistische Analysen durchgeführt, um evidenzbasiert Stellhebel zu identifizieren, mit denen das Engagement gefördert werden kann. Die Berechnungen ergaben, dass die Gestaltung guter Arbeitsbeziehungen einen statistisch signifikanten Einfluss auf das Engagement hat. Konkret kann das Engagement von Beschäftigten durch die Verbesserung der Arbeitsorganisation, durch die Unterstützung durch die Führungskraft und die Gestaltung eines motivationsförderlichen Arbeitsumfeldes gefördert werden. Einen zentralen Stellhebel stellt zudem der psychologische Vertrag dar. Mit dem psychologischen Vertrag ist das Aushandeln gegenseitiger Erwartungen und Bedürfnisse zwischen dem/der Beschäftigten und dem Arbeitgeber gemeint (vgl. Hecker 2010). Diese „emotionalen" Erwartungen gehen über die im (juristischen) Arbeitsvertrag formulierten gegenseitigen Erwartungen hinaus. Der psychologische Vertrag stellt ein geeignetes Führungsinstrument dar, um mitarbeiterorientiert auf die individuellen Bedürfnisse und Erwartungen von Beschäftigten unterschiedlicher Altersstufen einzugehen und wird daher im Abschn. 5 nochmals gesondert thematisiert. Der Annahme folgend, dass Mitarbeiter in unterschiedlichen Lebensphasen unterschiedliche Vorstellungen und Bedürfnisse haben, stellt die Berücksichtigung der Lebensphasen einen wesentlichen Faktor zum Erhalt und zur Förderung des Engagements dar (Abb. 8, eigene Darstellung).

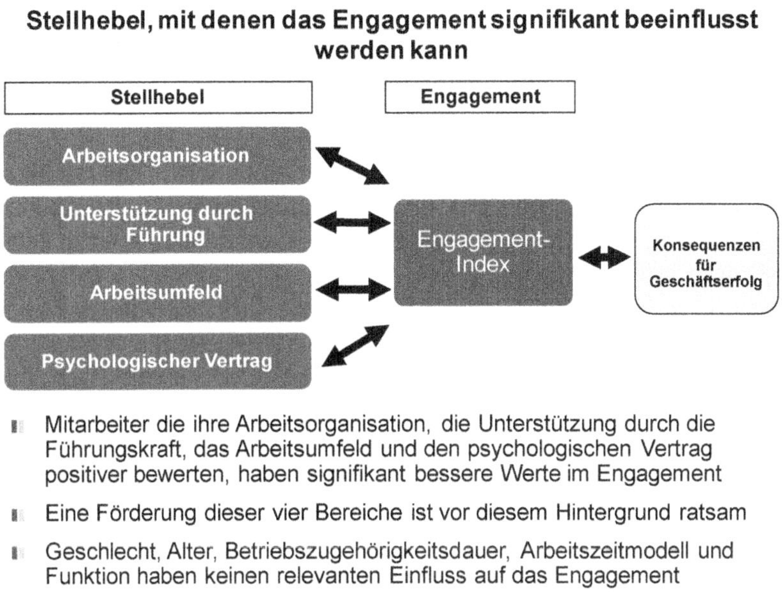

Abb. 8 Stellhebel, mit denen das Engagement signifikant beeinflusst werden kann

5 Förderung des Engagements in verschiedenen Lebensphasen: Der psychologische Vertrag als wesentlicher Stellhebel

Die lebensphasenorientierte Personalpolitik der BA (vgl. Abschn. 2) stellt den organisationalen Handlungsrahmen dar und bietet eine Leitlinie zur Berücksichtigung unterschiedlicher lebensphasenspezifischer Anforderungen. Die konkrete Ausgestaltung sollte jedoch durch die Führung mit Blick auch auf die zunehmende Individualisierung in der Personalarbeit situativ und auf den Einzelfall bezogen erfolgen. Der psychologische Vertrag kann hierbei ein Instrument sein, um die unterschiedlichen und sich verändernden, altersspezifischen Bedürfnisse und Erwartungen der Beschäftigten zu berücksichtigen (vgl. BMI/BA 2012). Dialogbasierte Führungsinstrumente können dies unterstützen. Bei der BA ist hierfür der sog. Leistungs- und Entwicklungsdialog neben Mitarbeitergesprächsformaten etabliert worden.

Der psychologische Vertrag beinhaltet das informelle Arbeitsverhältnis zwischen Mitarbeiter/in und Führungskraft über den rechtlichen Arbeitsvertrag hinaus. Er ist nicht schriftlich ausformuliert und auch nicht einklagbar. Er besteht aus den gegenseitigen Erwartungen und Angeboten von Seiten des Arbeitgebers und des Mitarbeiters (vgl. Hecker 2010). Diese Erwartungen von Leistungen und Gegenleistungen („Geben und Nehmen") gründen sich auf wahrgenommene Signale und Zusagen der Organisation und der Führungskraft. Die Einzelinteressen der Beschäftigten sind dabei immer im Abgleich mit den

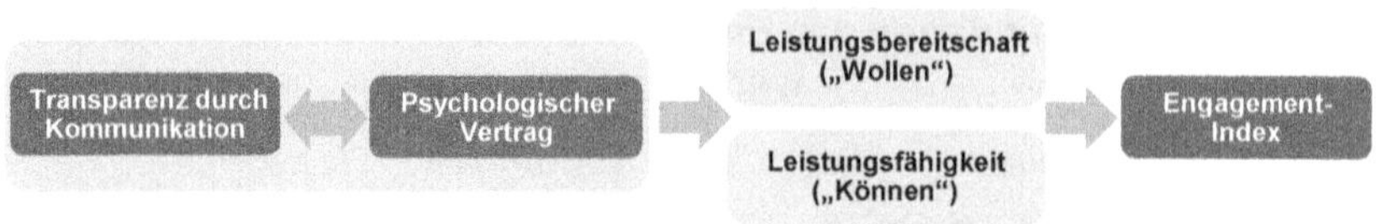

Abb. 9 Transparenz durch Kommuniktion und der psychologische Vertrag als Stellhebel für Engagement

Anforderungen der Arbeitgeberin BA bzw. der Führungskraft zu sehen. Dazu gehört auch, Transparenz über diese Anforderungen herzustellen. Gelingt es, die gegenseitigen Erwartungen und Angebote in Einklang zu bringen, hat dies einen positiven Einfluss auf das Engagement des Mitarbeiters. Beispiele für mögliche Inhalte, mit denen die Erfüllung des gegenseitigen psychologischen Vertrages durch den Mitarbeiter unterstützt werden kann, sind zum Beispiel berufliche Entwicklungsmöglichkeiten, bedarfsorientierte Qualifizierungsangebote, Erweiterung des Handlungsspielraumes, Arbeitszeitflexibilität, Gesundheitsförderung oder die Vereinbarkeit von Beruf und Familie/Privatleben. Die Inhalte sind stark individuell und spiegeln letztlich die individuellen Bedürfnisse des jeweiligen Mitarbeiters wider. Letztendlich fördert der Dialog das Vertrauen auf allen Ebenen.

Transparenz und Kommunikation sind unerlässlich, um den psychologischen Vertrag zu stärken. Persönliche Bedürfnisse und Erwartungen werden in erster Linie im Gespräch zum Ausdruck gebracht. Ebenso kann in offenen Gesprächen direkt abgeklärt werden, inwiefern sich diese erfüllen lassen. Nun ist es im Arbeitsalltag nicht immer möglich, Beschäftigte nur mit solchen Aufgaben zu betrauen, die ihnen Freude bereiten, um damit ihre Bedürfnisse zu erfüllen. Es ist keinesfalls das Ziel, dass die Führungskraft ihren Mitarbeitern ermöglicht, die Arbeit uneingeschränkt nach den individuellen Bedürfnissen zu gestalten. Es geht vielmehr darum, die Bedürfnisse und Erwartungen zu kennen und zu berücksichtigen – was nicht zwingend heißt zu erfüllen. Ein Bedürfnis, das allerdings jederzeit erfüllt werden kann, ist das nach Transparenz sowie Wertschätzung und Anerkennung. Diese sollte die Führungskraft in angemessenem Maß ausdrücken, um den psychologischen Vertrag zu stärken (Abb. 9, eigene Darstellung).

Personalpolitische Handlungsgrundsätze und Programme, wie zum Beispiel Maßnahmen zur Vereinbarkeit von Beruf und Familie/Privatleben, Förderung der Chancengleichheit oder das betriebliche Gesundheitsmanagement definieren den Handlungsrahmen in der jeweiligen Organisation zur dann konkreten Ausgestaltung psychologischer Verträge. Wichtig ist, die verschiedenen Programme individuell und situativ einzusetzen. Genauso wichtig ist es zu erläutern, warum manche Bedürfnisse und Erwartungen nicht erfüllt werden können oder manchmal redefiniert, also „neuverhandelt" werden müssen. Beispielsweise wenn die Personalsituation bedingt, dass eine zuvor in Aussicht gestellte Personalentwicklungsmaßnahme kurzfristig nicht realisiert werden kann oder wenn ein in einem Team erarbeiteter Prozess nicht umgesetzt werden kann, weil sich z. B. ein gesamtorganisationaler Prozess verändert hat. Durch eine aktive Kommunikation in einem solchen Fall erfüllen Führungskräfte zwar nicht die Bedürfnisse, aber sie zeigen, dass sie sie dennoch ernst nehmen. Gelingt es, Verständnis zu gewinnen, können Mitarbeiter oder Teams ihre Bedürfnisse zumindest kurz- und mittelfristig zurückstellen und ihre Erwartungshaltungen anpassen. So können Führungskräfte eine Annäherung zwischen den Bedürfnissen und Erwartungen der Beschäftigten einerseits und der Organisation andererseits erreichen. Sehen die Einzelnen oder Teams ihre individuellen Bedürfnisse und Erwartungen erkannt und berücksichtigt, schlägt sich das auch in einer erhöhten Leistungsbereitschaft sowie -fähigkeit und dadurch letztlich in einem höheren Engagement nieder. Empfindet ein Mitarbeiter den psychologischen Vertrag hingegen als gebrochen, wird sich dies negativ im Leistungsverhalten, der Arbeitsmotivation bis hin zur inneren Kündigung und schließlich auch im Engagement äußern.

Das Konzept des psychologischen Vertrags ist insofern ein Managementinstrument, um im Sinne der lebensphasenorientierten Personalpolitik die unterschiedlichen Bedürfnisse der Mitarbeiter zu berücksichtigen. Je nachdem in welcher Lebensphase sich ein Mitarbeiter befindet, hat er andere Bedürfnisse und Erwartungen, die er mit der Arbeit in Einklang bringen möchte und die mit Hilfe des psychologischen Vertrages zielgruppengerecht und damit engagementförderlich thematisiert werden können.

Der psychologische Vertrag dürfte mit Blick auf die emotionale Bindung der Beschäftigten an ihre Arbeitgeber auch in der Lebensphasenperspektive und im Hinblick auf die Honorierung ihrer Gesamtleistung insgesamt verstärkt im Führungsalltag an Bedeutung gewinnen. Transparenz, Wertschätzung, Anerkennung und Unterstützung sowie Handlungsspielräume werden immer wichtiger und sind Teil einer „gesunden“ bzw. gesundheitsorientierten Führung, wie u. a. interne Untersuchungen bei der BA zeigen. Hier handelt es sich um Maßnahmen, die nicht zwingend mit kostenintensiven Reformprogrammen oder Aktionen zur Gesundheitsförderung verbunden sind. Eine leistungsförderliche Führung ist auch immer mit einer inspirierenden, transformationalen Führung verbunden. Diese Anforderungen an ein modernes Personalmanagement greift die Personalpolitik und Personalentwicklung auf und versucht neue Wege mit einem praxistauglichen Konzept zu beschreiten.

Literatur

Behrens B (2009) Lebensphasenorientiertes Personalmanagement. In: Klaffke M (Hrsg) Strategisches Management von Personalrisiken. Gabler, Wiesbaden

Behrens B, Becker R (2013) Strategisches Personal- und Kompetenzmanagement in der Bundesagentur für Arbeit. In: Erpenbeck J, von Rosenstiel L, Grote S (Hrsg) Kompetenzmodelle von Unternehmen. Schäffer-Poeschel, Stuttgart, S 69–86

Bundesministerium des Inneren/Bundesagentur für Arbeit (2012) Demografiesensibles Personalmanagement in der Bundesverwaltung – Leitfaden zur Ausgestaltung einer lebensphasenorientierten Personalpolitik. http://www.verwaltung-innovativ.de/cln_319/nn_684676/DE/Personal/Personalmanagement/demografiesensibles_personalmanagement_node.html?_nnn=true. Zugegriffen: 16. Juli 2013

Hecker D (2010) Merkmale psychologischer Verträge zwischen Beschäftigten und Organisation. Diss. Universität Erlangen-Nürnberg

Meifert MT (2013) Warum das Warum so wichtig ist. Personalmagazin 2:20–22

Schaufeli WB, Salanova M, Gonzalez-Roma V, Bakker AB (2002) The measurement of engagement and burnout: a two sample confirmatory factor analytic approach. J Happiness Stud 3:71–92

Seligman MEP, Csikszentmihalyi M (2000) Positive psychology an introduction. Am Psychol 55:5–14

Wegweiser (2013) Zukunftspanel Staat & Verwaltung. Ergebnisse einer Trendstudie. In: Jahrbuch Verwaltungsmodernisierung 2013, Publikation zum Zukunftskongress Staat und Verwaltung, S 69–75

Das Gießener Modell zur Berufs- und Lebensphasenorientierten Personalpolitik der Volksbank Mittelhessen

Von der strategischen Position zur praktischen Umsetzung

Peter Rausch

Zusammenfassung

Die Volksbank Mittelhessen eG, drittgrößte Volksbank Deutschlands, stellt sich proaktiv den Herausforderungen der demografischen Entwicklungen. Ziel ist es, die Leistungs- und Beschäftigungsfähigkeit der Mitarbeiter dauerhaft zu fördern und damit in die Zukunftssicherung des Unternehmens erfolgreich zu investieren. Aus dem Grundgedanken einer mitarbeiterorientierten Unternehmenskultur heraus ist die Ausrichtung auf eine Berufs- und Lebensphasenorientierte Personalpolitik expliziter Bestandteil der Geschäfts- und Personalstrategie. Für die praktische Umsetzung wurde das „Gießener Modell zur Berufs- und Lebensphasenorientierten Personalpolitik" entwickelt und erfolgreich eingeführt. Die Leistungsangebote für die Beschäftigten gliedern sich nach den Themenfeldern „Aus- und Weiterbildung/Beschäftigungsfähigkeit", „Gesundheit/Balance", „Arbeitszeitflexibilität" und „Vereinbarkeit von Beruf und Lebenssituationen". Gleichzeitig berücksichtigt die Matrix die unterschiedlichen Berufsphasen, angefangen vom Einstieg ins Unternehmen, über die Reife bis hin zum temporären oder endgültigen Ausstieg. Mitarbeitern und Führungskräften gibt das Gießener Modell einen hervorragenden Überblick über das sehr umfangreiche Leistungsangebot. Die individuellen Optionen werden transparent gemacht und klar kommuniziert. Damit wurden neue Maßstäbe in der Personalkommunikation gesetzt und so die Arbeitgeberattraktivität weiter gesteigert.

P. Rausch (✉)
Volksbank Mittelhessen
Gießen, Deutschland
E-Mail: peter.rausch@vb-mittelhessen.de

J. Rump, S. Eilers (Hrsg.), *Lebensphasenorientierte Personalpolitik*, IBE-Reihe,
DOI 10.1007/978-3-642-41665-1_12, © Springer-Verlag Berlin Heidelberg 2014

1 Wo wir stehen: Analyse der Ausgangssituation

Die Volksbank Mittelhessen eG ist mit einer Bilanzsumme von derzeit rund 6,4 Mrd. € Deutschlands drittgrößte Volksbank. Mit mehr als 186.000 Mitgliedern ist sie zudem die mitgliederstärkste Volksbank der Bundesrepublik. Das Unternehmen beschäftigt aktuell ca. 1.400 Mitarbeiter. Das dichte Filialnetz umfasst rund einhundert Vertriebsstellen und deckt damit den überwiegenden Teil des Wirtschaftsraumes Mittelhessen ab. Das Geschäftsgebiet umfasst neben ländlich geprägten Regionen auch die beiden Universitätsstädte Gießen und Marburg sowie die Kreisstädte Friedberg und Wetzlar. Zahlreiche Fusionen – zehn allein in den Jahren 2003 bis 2009– und organisches Wachstum verhalfen der Bank zu einer soliden Größe. Mit Ihrer wirtschaftlichen Stärke ist die Volksbank Mittelhessen wichtiger Finanzierungspartner der heimischen Wirtschaft und bedeutender Förderer der gesamten Region. Eng mit Mittelhessen verwurzelt übernimmt die Volksbank gesellschaftliche Verantwortung in vielen Bereichen des öffentlichen Lebens. So werden Jahr für Jahr zahlreiche regionale Initiativen, Vereine sowie soziale und gemeinnützige Einrichtungen durch finanzielle Fördermaßnahmen in Millionenhöhe unterstützt (vgl. Volksbank Mittelhessen 2013). Die Region Mittelhessen wird im Gegensatz zu vielen anderen Teilen Deutschlands in den kommenden zwanzig Jahren nur in den ländlichen Gebieten von der spürbaren Schrumpfung und Alterung der Bevölkerung betroffen sein. Die vier Mittelzentren profitieren heute wie auch in Zukunft von einer hohen und stetigen Zuwanderung von Studierenden und jungen Erwerbstätigen. Die Bevölkerungsanzahl dort wird entsprechend nahezu konstant bleiben. Eine negative Entwicklung, die auch die Volksbank Mittelhessen betrifft, ist der signifikante Rückgang der Bevölkerungsgruppe im Alter von 16 bis 20 Jahren von rund 25 % bis 2020 in der Region (vgl. Hessisches Statistisches Landesamt 2010). Insbesondere hinsichtlich der Rekrutierung von Auszubildenden kommen auf die Bank in den kommenden Jahren damit größere Herausforderungen zu. Erkennbar ist auch, dass es viele junge Erwerbstätige im Sinne des Megatrends Urbanisierung beruflich motiviert, in das Ballungszentrum Rhein-Main zu ziehen. Das Durchschnittsalter der Belegschaft der Volksbank Mittelhessen eG liegt derzeit bei 42,3 Jahren. In den kommenden zehn Jahren wird diese Zahl auf 47,2 Jahre ansteigen.Die Ursachen liegen einerseits darin, dass sowohl der Anteil der 25 bis 35 jährigen als auch der Anteil der 35 bis 45 jährigen Mitarbeiter zum Teil deutlich schrumpft. Andererseits wird der Anteil der Mitarbeiter zwischen 55 und 65 Jahren stetig und signifikant ansteigen. Die Abbildungen 1 und 2 (eigene Darstellungen) verdeutlichen diese demografische Entwicklung der Belegschaft.

Gemessen an den Durchschnittswerten aller Volksbanken und Raiffeisenbanken weist die Volksbank Mittelhessen seit Jahren eine erhöhte Krankheitsquote aus. Verantwortlich dafür ist insbesondere der hohe Anteil an Langzeiterkrankungen. Überproportional angestiegen sind in den letzten Jahren die psychischen Erkrankungen im Unternehmen. Die Fluktuation, insbesondere von Leistungsträgern, kann seit vielen Jahren als sehr gering bezeichnet werden.

Das Geschäft mit Finanzdienstleistungen verändert sich in der Volksbank Mittelhessen mit hohem Tempo. Steigender Wettbewerb und sinkende Zinserträge führen zu Kostendruck und zwingen damit zu einer zunehmend industriell geprägten Produktion. Die Di-

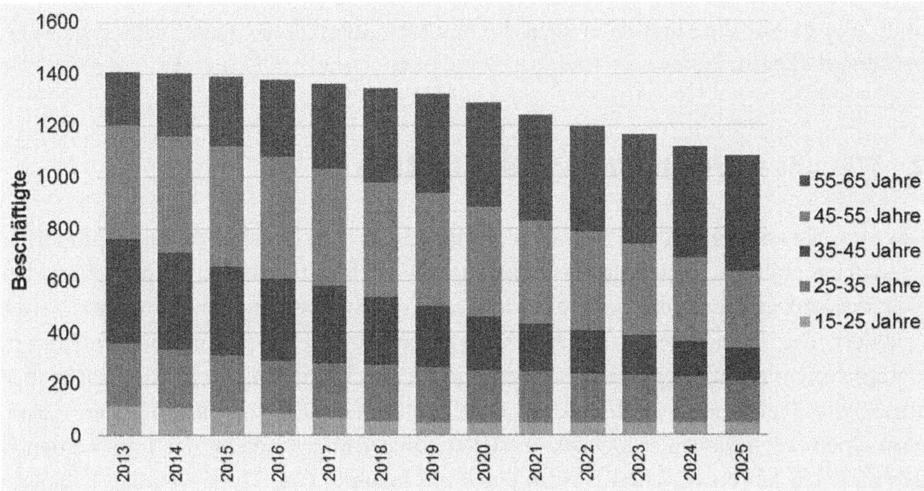

Abb. 1 Altersstruktur der Volksbank Mittelhessen im Zeitverlauf

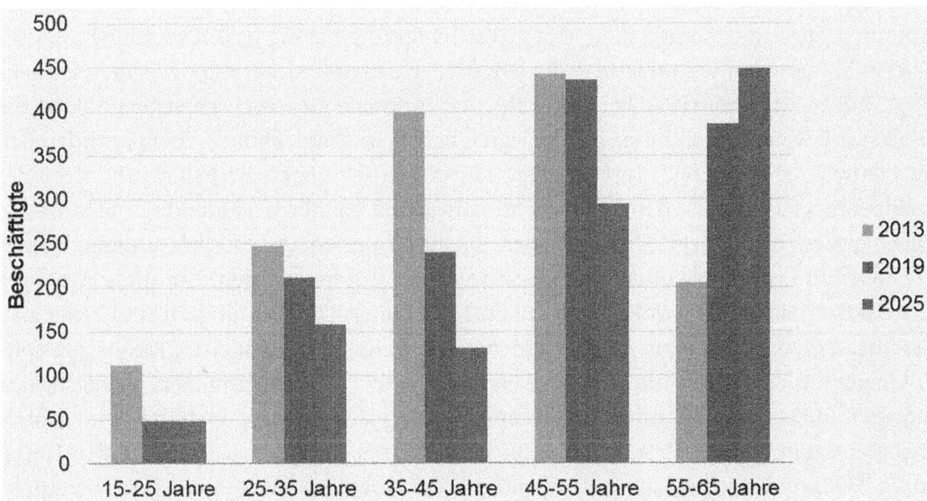

Abb. 2 Altersklassen heute, in der Mitte und am Ende des Prognosezeitraums

gitalisierung der Arbeitswelt durch den Einsatz EDV-gestützter Systeme in der Volksbank Mittelhessen bringt weitreichende Änderungen in den Prozessen mit sich und verlangt von den Beschäftigten eine hohe Methodenkompetenz in Sachen IT-Nutzung. Ein verändertes Kundenverhalten, regulative Vorschriften und ein verstärkter Verbraucherschutz als Resultat der Finanzkrise, erfordern in der Beratung und Betreuung von Kunden stark ausgeprägtes Fachwissen und hohe Anforderungen an die Beraterpersönlichkeit (vgl. Kring und Lister 2012, S. 62). Zusammengefasst bedeutet dies, dass die Kompetenzanpassung bzw. -entwicklung sowohl für das Unternehmen als auch für die Mitarbeiter eine sehr hohe Bedeutung hat. Für das Unternehmen geht es um erfolgreiches Wirtschaften in Gegenwart und Zukunft. Für die Mitarbeiter steht die Beschäftigungsfähigkeit zur Sicherung des Lebensunterhaltes im Fokus.

2 Was uns antreibt: Ambitionen und Ziele

Das Personalmanagement der Volksbank Mittelhessen ist grundsätzlich darauf ausgerichtet, einen signifikanten Beitrag zum Unternehmenserfolg zu leisten. Es folgt dabei dem Grundgedanken, dass dieser in erster Linie aus dem Engagement der Mitarbeiter heraus resultiert. Das Engagement wiederum wird gefördert durch eine mitarbeiterorientierte Unternehmenskultur oder – anders ausgedrückt – durch eine entsprechende Arbeitgeberattraktivität (vgl. Hauser et al. 2007, S. 33 ff.).[1] Die Menschen im Unternehmen verkörpern einen wesentlichen Erfolgsfaktor, stellen ein wichtiges Kapital dar und werden in den nächsten Jahren vor allen Dingen eines: ein knappes Gut. Diese wichtige Ressource Mensch gilt es durch professionelles Management für das Unternehmen zu sichern und zu entwickeln. Dies hat dazu geführt, dass der Bereich Personalmanagement aus der Rolle des „Getriebenen" und des „Verwalters" in die Rolle des „Treibers" und „Gestalters" geschlüpft ist, um in diesem Gesamtkontext einen Wertschöpfungsbeitrag leisten zu können. Dieser Wertschöpfungsbeitrag inkludiert die langfristige Zukunftssicherung des Unternehmens (vgl. Rühl und Armutat 2009, S. 179 ff.). Als regionale Genossenschaftsbank bietet die Volksbank Mittelhessen ihren Beschäftigten bereits seit Jahrzehnten ein außerordentlich attraktives Arbeitsumfeld. Insbesondere auf die Arbeitsplatzsicherheit wurde trotz der zahlreichen Fusionen in den letzten zehn Jahren und vor allem während der Finanzkrise stets großen Wert gelegt. Die hohe Identifikation mit dem Arbeitgeber und ein starkes Wir-Gefühl konnten so erhalten, respektive weiter gestärkt werden. Um diese Arbeitgeberattraktivität für die erfolgreiche Zukunft des Unternehmens modern und zeitgemäß auszugestalten, formulierte das Unternehmen bereits 2006 in seiner Personalstrategie: „Arbeiten in der Volksbank Mittelhessen ist attraktiv! ...Sozialleistungen, Arbeitsbedingungen und eine auf Zusammenarbeit und Leistung ausgerichtete wertschätzende Unternehmenskultur sorgen für eine hohe Zufriedenheit bei den Beschäftigten." In den Jahren nach 2006 wurden zahlreiche Instrumente mit dem Ziel eingeführt, die Arbeitgeberattraktivität weiter zu erhöhen und diese Ambitionen des Arbeitgebers für die Mitarbeiter und Führungskräfte erlebbar zu machen.

Die Beschäftigten:

- nutzen seit dem Jahr 2008 die vielfältigen Angebote des Betrieblichen Gesundheitsmanagements,

[1] Diese Zusammenhänge wurden in einem Forschungsprojekt im Auftrag des Bundesministeriums für Arbeit und Soziales im Jahr 2007 in Deutschland wissenschaftlich untersucht und mit hohen Korrelationen im Ergebnis bestätigt.

- können sich seit dem Jahr 2009 in Form von Vorschlägen bei dem Ideenmanagement einbringen,
- erhalten über ein Talentmanagement seit dem Jahr 2010 verbesserte Karrierechancen und Perspektiven,
- profitieren seit dem Jahr 2010 von den Weiterbildungsangeboten der neuen, unternehmenseigenen Volksbank Akademie Mittelhessen,
- verfügen nach dem audit berufundfamilie im Jahr 2012 über neue Handlungsmöglichkeiten bei der Vereinbarkeit von Beruf und Familie
- nehmen seit dem Jahr 2012 professionelle, vertrauliche Beratungsleistungen bei persönlichen, beruflichen, familiären oder gesundheitlichen Problemen über ein Employee Assistance Program (EAP) in Anspruch und
- konnten ebenfalls im Jahr 2012 psychosoziale Belastungsfaktoren im Rahmen einer sogenannten COPSOQ-Mitarbeiterbefragung mit daran anschließenden Workshop-Angeboten an den Arbeitgeber adressieren.[2]

Die Auszubildenden des Unternehmens schätzen seit vielen Jahren die hohe Ausbildungsqualität, die in den Jahren 2010 und 2013 vom TÜV-Hessen mit einem Prüfsiegel auszeichnet wurde. Dass diese langfristige personalpolitische Ausrichtung und die hohen Investitionen in Personalinstrumente von den Beschäftigten honoriert werden, zeigen die guten Platzierungen der Volksbank Mittelhessen beim Wettbewerb Great Place to Work unter den besten Arbeitgebern Deutschlands 2008 und 2011.

Seit dem Jahr 2012 ist die Ausrichtung auf eine Berufs- und Lebensphasenorientierte Personalpolitik expliziter Bestandteil der Personalstrategie. Im Jahr 2013 konkretisierte und ergänzte die Volksbank Mittelhessen mit den folgenden sechs strategischen Zielen die Personalpolitik der kommenden Jahre:

1. Förderung der Leistungs- und Beschäftigungsfähigkeit unter Berücksichtigung der Verlängerung der Lebensarbeitszeit.
2. Förderung und Erhalt von lebenslanger Gesundheit als Voraussetzung für die Leistungsfähigkeit.
3. Gestaltung von Arbeitsmodellen, die die Verlängerung der Lebensarbeitszeit berücksichtigen und sich an Lebensphasen orientieren.
4. Erreichung der Vereinbarkeit von Beruf und Lebenssituationen.
5. Stärkung und Weiterentwicklung der Arbeitgebermarke nach innen und außen.
6. Dauerhafte Gewinnung und Bindung von Fachkräften und Talenten.

[2] Der Name stammt von der ursprünglichen dänischen und englischen Version „Copenhagen Psychosocial Questionnaire" (online verfügbar unter: http://www.arbejdsmiljoforskning.dk/en). Diese wurde in den Jahren 2003 bis 2005 durch das Institut FFAS (Freiburger Forschungsstelle für Arbeits- und Sozialmedizin) im Auftrag der Bundesanstalt für Arbeitsschutz und Arbeitsmedizin auf Messqualität geprüft. Die FFAS bildet das deutsche Referenzzentrum und ist eines von drei Mitgliedern im internationalen Komitee.

Aus diesen Zielen in Kombination mit den bereits geschaffenen Rahmenbedingungen und laufenden Aktivitäten definiert sich die neue Berufs- und Lebensphasenorientierte Personalpolitik der Volksbank Mittelhessen. Um die Bedeutung dieses personalpolitischen Ansatzes zu unterstreichen, wurde mit Unterstützung aus der Wissenschaft das Gießener Modell zur Berufs- und Lebensphasenorientierten Personalpolitik entwickelt.

Mit den formulierten sechs ergänzenden strategischen Zielen für das Personalmanagement betreibt die Volksbank Mittelhessen eine proaktive Investitionspolitik für die Zukunft des Unternehmens. Es gilt, die prognostizierten personellen Risiken, die aus der Alterung und Schrumpfung der Belegschaft sowie dem prognostizierten Fachkräftemangel resultieren, zu minimieren.

3 Aus der Hubschrauberperspektive: Strategisch Position beziehen

Die Einführung einer Berufs- und Lebensphasenorientierten Personalpolitik wird insbesondere dann erfolgreich sein, wenn ein solcher Ansatz einerseits in der Gesamtstrategie des Unternehmens verankert ist und andererseits in der betrieblichen Praxis für alle Beschäftigten erlebbar wird und einen konkreten Nutzen stiftet.

Vor dem Hintergrund dieser Prämisse ist die Personalstrategie von Anfang an fester Bestandteil der Gesamtstrategie der Volksbank Mittelhessen. Im Unterschied zu vielen anderen Unternehmen orientiert sich die Volksbank Mittelhessen nicht ausschließlich an finanziellen Zielen. Durch den Einsatz einer Balanced Scorecard als strategisches Steuerungsinstrument für die Gesamtstrategie rücken die Perspektiven „Mitglieder und Kunden", „Prozesse" sowie „Mitarbeiter und Führung" ebenso in den Fokus des Managements wie die Finanzperspektive. In Form von Key Performance Indicators (KPI) werden als eher weich eingestufte Personalthemen zu konkret messbaren, harten Zielen. Auf der Balanced Scorecard der Volksbank Mittelhessen befinden sich beispielsweise ein Index zur Mitarbeiterloyalität, die Krankheitsquote, eine Kennzahl zum Talentmanagement und eine Kennzahl zur Führungsqualität. Diese Kennzahlen werden regelmäßig berechnet. Darüber hinaus umfasst die jährliche Strategiearbeit neben deren Überarbeitung auch die Definition von Handlungsfeldern und Maßnahmen in allen Geschäftsbereichen – so auch für das Personalmanagement. Ein jährlicher Soll-Ist-Vergleich, eine Abweichungsanalyse und bei Bedarf die Festlegung von Folgemaßnahmen garantieren einen hohen Umsetzungsgrad der Ziele und eine konsequente Zielorientierung. Um die Berufs- und Lebensphasenorientierte Personalpolitik fest in der Personalstrategie und somit auch in der Gesamtstrategie zu verankern, wurde im Juni 2013 in einem internen Workshop mit externer wissenschaftlicher Unterstützung das Gießener Modell zur Berufs- und Lebensphasenorientierten Personalpolitik erarbeitet. Im Folgemonat wurde das Modell vom Management verabschiedet, im September 2013 in einem Gesamtbankstrategieworkshop in die Gesamtstrategie integriert und im selben Monat in der Personalstrategie ausformuliert. Für die operative Jahresplanung des Personalmanagements 2014 war damit die Anschlussfähigkeit an dieses

Modell hergestellt. Es konnten damit in direktem Zusammenhang Projekte und Maßnahmen geplant werden.

4 Der neue Mittelpunkt: Das Gießener Modell zur Berufs- und Lebensphasenorientierten Personalpolitik

Im Folgenden wird herausgestellt, was das Gießener Modell konkret beinhaltet, warum es als neuer Mittelpunkt für das Personalmanagement der Volksbank Mittelhessen dient und wie es in der Unternehmenspraxis zur Anwendung kommt. Offen geblieben ist in Kap. 3 zudem die Frage, wie ein derartiges Modell in die betriebliche Praxis transportiert wurde und den Beschäftigten einen adäquaten Nutzen stiftet. Die Antworten liefern dieses und das folgende Kapitel.

Kiss – keep it smart and simple! Dies war ein stets befolgter Grundsatz bei der Entwicklung des Gießener Modells. Einfachheit statt Komplexität, aus wissenschaftlichen Erkenntnissen heraus etwas für die Praxis zu schaffen. Etwas, das von den Anwendern tatsächlich verstanden wird und alltagstauglich für Führungskräfte und Mitarbeiter ist. Getreu dem Motto „Weniger ist mehr" sollte das Gießener Modell Transparenz und Klarheit schaffen für ein sehr umfangreiches Leistungsangebot zur neuen Berufs- und Lebensphasenorientierten Personalpolitik. Ziel war es, mit einer einzigen Matrix jeder Führungskraft und jedem Mitarbeiter einen Überblick über das gesamte Leistungsspektrum zu verschaffen. Demzufolge beschränkt sich die Matrix auf lediglich vier mal vier Felder und passt auf eine Seite Papier (Abb. 3, eigene Darstellung).

Auf der horizontalen Achse der Matrix befinden sich die unterschiedlichen Berufsphasen. Angefangen vom Einstieg ins Unternehmen, über die Reife, explizit die Phase der Führung, bis hin zum temporären oder endgültigen Ausstieg. Alle zur Verfügung stehenden Angebote befinden sich für den Nutzer somit in der Spalte seiner aktuellen Berufsphase.

Die Angebote der Volksbank Mittelhessen sind nach den Themen:

- Aus- und Weiterbildung/Beschäftigungsfähigkeit,
- Gesundheit/Balance,
- Arbeitszeitflexibilität und
- Vereinbarkeit von Beruf und Lebenssituationen

in der vertikalen Achse eingeordnet.

Diese Themenauswahl basiert auf mehreren vorhandenen Ansätzen aus der Wissenschaft und auf einer von der Volksbank Mittelhessen betreuten Bachelor Thesis einer Mitarbeiterin zum Thema (vgl. Rump et al. 2011, S. 17; Schaller 2013, S. 42, unveröffentlicht).

Beschäftigt sich ein Mitarbeiter mit einer bestimmten Fragestellung, so sucht er sich das entsprechende Thema auf der vertikalen Achse, kombiniert dieses mit seiner Berufsphase

	Einstieg / Orientierung	Reife / Karriere	Führung	Auszeiten / Ausstieg
Aus- und Weiterbildung / Beschäftigungsfähigkeit	• Ausbildung - START • EDV-Training • Hospitation • Training on the job • Berufsbegleitende Studiengänge • Traineeprogramme • Talentmanagement • Coaching	• B.E.S.T. • S.T.E.P. • EDV-Training • Interne und externe Weiterbildung • Training on the job • Berufsbegleitende Studiengänge • Traineeprogramme • Talentmanagment • EntwicklungsCenter Führung • Coaching	• Interne und externe Führungsseminare • Training on the job • Hospitation • Talentmanagment • ProFI • Coaching	• Kontakthlteprogramme inkl. interne Weiterbildung • Praktikum, Auslandsaufenthalt
Gesundheit / Balance	• Volksbank Experten Service • Gesundheitstag • Betriebliche Gesundheitsförderung • BalanceBarometer • Coaching • Betriebsmedizinische Betreuung • Betriebliches Eingliederungs-management	• Volksbank Experten Service • Gesundheitstag • Betriebliche Gesundheitsförderung • BalanceBarometer • Coaching • Betriebsmedizinische Betreuung • Betriebliches Eingliederungs-management	• Volksbank Experten Service • Gesundheitstag • Betriebliche Gesundheitsförderung • BalanceBarometer • Coaching • Betriebsmedizinische Betreuung • Betriebliches Eingliederungs-management	• Volksbank Experten Service • Stufenweise Wiedereingliederung • Wertschätzung bei MA (Langzeitkranke) • Hilfsmittel am Arbeitsplatz • Betriebliches Eingliederungs-management
Arbeitszeit-flexibilität	• Mobile Arbeitsplätze • Teilzeitmodelle • Flexible Arbeitszeit • Sabbatical • Zeitwertkonten	• Mobile Arbeitsplätze • Teilzeitmodelle • Flexible Arbeitszeit • Sabbatical • Zeitwertkonten	• Mobile Arbeitsplätze • Teilzeitmodelle • Flexible Arbeitszeit • Sabbatical • Zeitwertkonten	• Teilzeitmodelle • Sabbatical • Zeitwertkonten
Vereinbarkeit von Beruf und Lebenssituationen	• Volksbank Experten Service (für die ganze Familie) • Beratung / Informationen • Elternzeit • Pflegezeit • Mobile Arbeitsplätze • Teilzeitmodelle • Flexible Arbeitszeit • Zeitwertkonten	• Volksbank Experten Service (für die ganze Familie) • Beratung / Informationen • Elternzeit • Pflegezeit • Mobile Arbeitsplätze • Teilzeitmodelle • Flexible Arbeitszeit • Zeitwertkonten	• Volksbank Experten Service (für die ganze Familie) • Beratung / Informationen • Elternzeit • Pflegezeit • Mobile Arbeitsplätze • Teilzeitmodelle • Flexible Arbeitszeit • Zeitwertkonten	• Elternzeit • Pflegezeit • Wiedereingliederung • Kontakthalteprogramme • Teilzeitmodelle • Zeitwertkonten

Abb. 3 Gießener Modell zur Berufs- und Lebensphasenorientierten Personalarbeit

und erhält auf einen Blick innerhalb eines einzigen Matrixfeldes eine Übersicht aller ihm zur Verfügung stehenden Angebote.

Die Matrix kann bei konkreten Bedarfen zu den vier Themenfeldern tagtäglich zur Anwendung kommen. Darüber hinaus ist sie als Instrument fester Bestandteil der Beurteilungs- und Fördergespräche und dient der Führungskraft sowie dem Mitarbeiter zur Ableitung geeigneter Maßnahmen.

Bei der Entwicklung des Gießener Modells zur Berufs- und Lebensphasenorientierten Personalpolitik wurde schnell deutlich, dass ein neuer Ansatz gefunden werden musste, um die Anforderungen der Volksbank Mittelhessen an ein solches Modell abbilden zu können. So war es beispielsweise wichtig, die Vereinbarkeit von Beruf und Lebenssituationen im Modell zu berücksichtigen, ohne dass die Lebensphasen, wie in anderen Modellen, eine gleichgewichtete Ausrichtung zu den Berufsphasen erfahren. Vielmehr sollte einerseits die Konzentration neben den Berufsphasen denjenigen Parametern gelten, die direkt eine hohe Bedeutung für den Unternehmenserfolg haben. Die Aus- und Weiterbildung bzw. Beschäftigungsfähigkeit ist ein solcher Parameter. Andererseits sollten darüber hinaus diejenigen Einflussfaktoren integriert werden, die eher im privaten Umfeld der Mitarbeiter liegen, jedoch indirekt den Unternehmenserfolg mit beeinflussen können. Beispielhaft sei hier die zeitweise Abwesenheit vom Arbeitsplatz aufgrund der Pflege von Familienangehörigen genannt.

Das Gießener Modell bildet auf diese Weise die grundsätzliche strategische Ausrichtung der Volksbank Mittelhessen gut ab und integriert zudem gleichermaßen mit dem Themenfeld Vereinbarkeit von Beruf und Lebenssituationen den neuen personalpolitischen Ansatz. Der Kreis schließt sich an dieser Stelle, denn das erklärte Ziel von Personalmanagement in der Volksbank Mittelhessen ist – wie beschrieben – einen Beitrag zum Unternehmenserfolg zu leisten.

Das Gießener Modell zur Berufs- und Lebensphasenorientierten Personalarbeit bietet folgende Vorteile:

- **Transparenz**: Für Mitarbeiter und Führungskräfte wird das gesamte Leistungsangebot, das unmittelbar positiv auf die Arbeitgeberattraktivität wirkt, deutlich.
- **Klarheit**: Die klare Struktur der Matrix und die Differenzierung nach Themengebieten ermöglichen eine leichte Informationsbeschaffung und ein schnelles Auffinden geeigneter Angebote.
- **Individualität**: Die Matrix ermöglicht individuelle Lösungen für jeden Mitarbeiter, passend zur beruflichen und privaten Situation.
- **Ansprechbarkeit**: Die Matrix erleichtert die Kommunikation zwischen Führungskräften und Mitarbeitern bei sensiblen Themen des beruflichen und privaten Lebens.
- **Verbindlichkeit**: Die Matrix unterstützt Führungskräfte und Mitarbeiter im Beurteilungs- und Fördergespräch bei der Ableitung passender Angebote und der anschließenden Realisierung.
- **Aktualität**: Die regelmäßige Aktualisierung der Matrix im Intranet zentral durch den Bereich Personalmanagement stellt sicher, dass die Informationen jederzeit auf einem aktuellen Stand sind.
- **Konformität:** Das Modell ist absolut strategiekonform und erfährt auf diese Weise eine hohe Akzeptanz im Management.

Ausgerichtet an den vier Themenschwerpunkten

- **Aus- und Weiterbildung/Beschäftigungsfähigkeit,**
- **Gesundheit/Balance,**
- **Arbeitszeitflexibilität und**
- **Vereinbarkeit von Beruf und Lebenssituationen**

bietet die Volksbank Mittelhessen eine breite Palette hochwertiger Leistungen, Instrumente und Produkte an, die den Mitarbeitern und Führungskräften zur Verfügung stehen. Die in die Matrix eingestellten Angebote können individuell und situativ abgerufen beziehungsweise genutzt werden. Nicht in der Matrix enthalten sind Instrumente, die unternehmensweit und periodisch zum Einsatz kommen. Darunter fallen beispielsweise die Beurteilungs- und Fördergespräche, die Vorgesetztenbeurteilung und die COPSOQ-Befragungen zu den psychosozialen Belastungsfaktoren. Diese Instrumente werden zentral vom Bereich Personalmanagement angestoßen.

4.1 Aus- und Weiterbildung/Beschäftigungsfähigkeit

Die Volksbank Mittelhessen bietet ihren Mitarbeitern eine Vielzahl von Möglichkeiten, die die Erhaltung und Förderung der Leistungsfähigkeit und die Motivation sowie die Weiterentwicklung eines jeden Mitarbeiters sicherstellen sollen. Hervorzuheben sind hierbei die im Folgenden aufgeführten Aus- und Weiterbildungsprodukte.

START Im Rahmen der Personalentwicklung steigen junge Auszubildende mit dem Programm START ein. Das TÜV-zertifizierte Konzept umfasst neben der praktischen Ausbildung und der Berufsschule auch interne Unterrichtseinheiten, Verkaufstrainings, Fachseminare und Projektarbeiten.

Berufsintegrierte Studiengänge Im Anschluss an die Ausbildung zur/m Bankkauffrau/-mann bietet die Volksbank Mittelhessen guten Absolventen berufsbegleitende Bachelor- und Masterstudiengänge unterschiedlicher Anbieter an.

S.T.E.P. Auch im nicht-akademischen Bereich ist das Angebot groß. So können ambitionierte Mitarbeiter das interne Qualifizierungsprogramm S.T.E.P. (Strukturiertes Trainings- und Entwicklungs-Programm) absolvieren und über die Teilnahme an mehreren Modulen Zertifizierungen für die Privatkundenberatung und -betreuung erlangen. Diese Kompetenznachweise sind Voraussetzung für höhere Funktionen und beinhalten somit Karrieremöglichkeiten.

B.E.S.T. Das Programm B.E.S.T. (Bedarfsorientiert Entwickeln – Situativ Trainieren) umfasst eine Vielzahl von offenen Seminarangeboten in den Bereichen Vertriebsfitness, Schlüsselkompetenzen und Fachwissen. Es dient damit der Sicherung und Weiterentwicklung von Kompetenzen innerhalb der jeweiligen Funktion.

EntwicklungsCenter Führung Voraussetzung für die Übernahme einer Führungsaufgabe innerhalb der Volksbank Mittelhessen ist die erfolgreiche Teilnahme an einem potenzialorientierten Assessment Center (AC). Mitarbeiter mit Potenzial und einer Affinität zu Führungsaufgaben werden in ihrer Vorbereitung auf das AC durch das EntwicklungsCenter Führung unterstützt. Dieses beinhaltet eine Reihe von Modulen, z. B. zu Führungstechniken, Kommunikation, Präsentation und Konfliktlösung.

ProFI Für die etablierten Führungskräfte der Volksbank Mittelhessen werden spezielle Entwicklungsprogramme unter dem Titel ProFI (Professionelle Führungskräfte-Entwicklung Individual) angeboten. Vom Vorstand bis zum Teamleiter ist grundsätzlich jede Führungskraft des Hauses vertreten und besucht individuell und zielgruppengerecht Seminare, Lernteams, Coaching und Workshops. Durch regelmäßige Vorgesetztenbeurteilungen werden die Führungskräfte durch ihre Mitarbeiter und die vorgesetzte Führungskraft bewertet und erhalten Rückmeldung zu ihrem Verhalten.

4.2 Gesundheit/Balance

Die Gesundheit ist eine der Grundvoraussetzungen für die Leistungsfähigkeit der Beschäftigten. Vor diesem Hintergrund hat sich die Volksbank Mittelhessen zum Ziel gesetzt, die Erhaltung der langfristigen Leistungsfähigkeit von Mitarbeitern aktiv zu unterstützen. Als Beispiele aus dem Themenfeld Gesundheit/Balance seien hier folgende Leistungen und Optionen genannt:

Gesundheitstag Ein im zweijährigen Rhythmus stattfindender Gesundheitstag soll die gesamte Belegschaft für die zentralen Gesundheitsthemen sensibilisieren und zum Mitmachen animieren.

Volksbank Experten Service Das Unternehmen bietet seit dem Jahr 2012 ein eigenes Employee Assistance Program (EAP), genannt Volksbank Experten Service, an. Mit Hilfe externer Unterstützung können Mitarbeiter und Führungskräfte sowie deren Familienangehörige eine Beratung bei beruflichen und privaten Problemstellungen in Anspruch nehmen. Spezialisten wie Mediziner, Psychologen und Pädagogen stehen rund um die Uhr an 365 Tagen im Jahr telefonisch, digital oder auch persönlich zur Verfügung.

BalanceBarometer Mit dem BalanceBarometer wurde ein Steuerungsinstrument für Führungskräfte konzipiert, das nachhaltig Teams in Balance halten und dadurch gute Leistungen sicherstellen soll. In Form einer Fragebogenbefragung werden von den Mitarbeitern 15 Kriterien zu den Schwerpunkten Verantwortung, Zusammenarbeit, Ergebnis und Nachhaltigkeit bewertet. Durch den zweimaligen Einsatz pro Kalenderjahr sind die Ergebnisse als Frühindikator einzustufen. Ziel ist es, eine Balance herzustellen zwischen der Erreichung kurzfristiger Ergebnisse und der Erhaltung der langfristigen Leistungsfähigkeit der Mitarbeiter.

4.3 Arbeitszeitflexibilität

Der Faktor Zeit spielt im heutigen Arbeitsleben eine zentrale Rolle. Dies gilt sowohl für den Arbeitgeber als auch für die Arbeitnehmer. Die Grenzen von Beruf und Privatleben sind fließend. Die Erwerbsbiografien der Beschäftigten verlaufen immer weniger linear. Unternehmen fordern flexible Einsatzzeiten, die sich an Kundenströmen oder Produktivitäten orientieren. Die Volksbank Mittelhessen begegnet diesen Entwicklungen unter anderem mit diesen Instrumenten:

Flexibles Arbeitszeitmodell Bereits seit dem Jahr 2001 wendet die Volksbank Mittelhessen ein solches Modell an. Das System integriert selbstgesteuerte Servicezeiten in den Teams, Arbeitszeitkonten und Vertrauensarbeitszeit und schafft dadurch ein hohes Maß an Flexibilität für Beschäftigte und Unternehmen.

Zeitwertkonten Seit Oktober 2013 haben die Beschäftigen die Möglichkeit, Gehaltsbestandteile in Zeit umzuwandeln. Durch den Einsatz von Zeitwertkonten können Mitarbeiter zum Beispiel für einen frühzeitigen Ausstieg in die Rente, für notwendige Betreuung der Kinder, für Pflege von Angehörigen oder auch für Sabbaticals ansparen.

4.4 Vereinbarkeit von Beruf und Lebenssituationen

Im Rahmen der Zertifizierung zum audit berufundfamilie wurden im Jahr 2012 rund siebzig Einzelmaßnahmen zu den Themenfeldern Arbeitszeit, Arbeitsorganisation, Arbeitsort, Informations- und Kommunikationspolitik, Führungskompetenz, Personalentwicklung, Entgeltbestandteile und geldwerte Leistungen und Services für Familien definiert. Mit Hilfe eines dreijährigen Umsetzungsplanes konnte bereits ein überwiegender Teil der Maßnahmen umgesetzt werden. Insbesondere durch Teilzeitangebote, Rücksichtnahme auf die Mobilität der Beschäftigten und die Einführung von Kontakthalteprogrammen während der Elternzeit konnte das Unternehmen bei der Vereinbarkeit von Beruf und Lebenssituationen wertvolle Unterstützung geben.

Mit dem Gießener Modell zur Berufs- und Lebensphasenorientierten Personalpolitik entsteht für die Personalarbeit ein neuer Mittelpunkt in der Volksbank Mittelhessen. Sämtliche Leistungsangebote zu den vier Themenschwerpunkten wurden in die Matrix integriert. Diese wird in den kommenden Jahren immer wieder mit neuen Produkten und Instrumenten befüllt. Vorhandene Angebote werden regelmäßig auf den Prüfstand gestellt und bei Bedarf angepasst. Die Matrix stellt im Zusammenspiel von Mitarbeiter und Führungskraft zudem einen Marktplatz der Möglichkeiten dar. Denn erst die Nachfrage der Mitarbeiter sorgt für die Nutzung der Angebote.

Neben der Fachkräftesicherung und dem Erhalt der Leistungs- und Beschäftigungsfähigkeit der Belegschaft verbindet die Volksbank Mittelhessen mit dem Gießener Modell auch noch eine Steigerung der Arbeitgeberattraktivität. Denn durch die neue Matrix werden die vorhandenen Angebote für alle Beschäftigten im Unternehmen transparent. Und der einzelne Mitarbeiter kann seinen Arbeitgeber erst dann als attraktiv bewerten, wenn er einen Überblick darüber hat, was das Unternehmen diesbezüglich zu bieten hat.

5 Ins Tun kommen: Planung und Realisierung

Das Gießener Modell zur Berufs- und Lebensphasenorientierten Personalpolitik der Volksbank Mittelhessen wurde aus unterschiedlichen Perspektiven heraus entwickelt.

Zum einen waren Vorträge für Führungskräfte und Ausarbeitungen von wissenschaftlicher Seite richtungsweisend. Diese haben dem Thema Berufs- und Lebensphasenorientierung den Weg in das Unternehmen geebnet. Ein gemeinsamer Workshop mit Vertretern aus dem Bereich Personalmanagement war die Initialzündung für die Entstehung des Modells.

Abb. 4 Die Informationstage „Meine Volksbank!" im September 2013 stießen bei den Mitarbeitern auf sehr großes Interesse

Zum anderen beschäftigte sich eine Mitarbeiterin im Rahmen ihres berufsintegrierten Studiums übergreifend mit dem Thema Lebensphasenorientierte Personalarbeit. In ihrer Bachelorarbeit arbeitete sie einige interessante Alternativen zu den bekannten Modellen aus der Wissenschaft heraus. Diese Impulse waren es letztlich, die das Gießener Modell in dieser konkreten Form entstehen ließen. Außerdem hat sich eine Mitarbeiterin aus dem Bereich Personalmanagement als Projektleiterin intensiv bei der Entwicklung und Ausgestaltung der Matrix eingebracht.

Als ein Projekt innerhalb des Multiprojektmanagements gestartet, wurde nach Recherchezeiten, einigen Workshops sowie intensiver Abstimmungs- und Entwicklungsarbeit das jetzige Modell nach einer Laufzeit von nicht ganz sechs Monaten termingerecht verabschiedet. Hierzu wurde sowohl das Managementteam der Bank als auch der Betriebsrat mit einbezogen und angehört.

Im nächsten Schritt wurde die Matrix allen Führungskräften und Mitarbeitern im Rahmen der hausinternen Veranstaltungsreihe „Informationstage: Meine Volksbank!" vorgestellt (Abb. 4).

In Form einer Roadshow mit Messecharakter wurden an verschiedenen Standorten alle Informationen zur Matrix und den einzelnen Angeboten vermittelt und Fragen beantwortet. Alle Details wurden zudem auf Informationsblättern dargestellt. Diese Schriften konnten die Mitarbeiter bei ihren Messebesuchen mitnehmen. Elektronisch stehen die Informationen der gesamten Belegschaft im Intranet zur Verfügung. Um neben dem eigentlichen Modell auch in der internen Personalkommunikation neue Akzente zu setzen, überarbeiteten die Mitarbeiter des Bereiches in einem Parallelprojekt sämtliche Informationsschriften und Mitteilungen. Außerdem wurde durch den Einsatz eigener Mitarbeiter-Models eine neue Bilderwelt geschaffen. Zudem erarbeitete und kommunizierte der Bereich Personalmanagement ein Motto sowie ein Personalmanagement-Selbstverständnis. Die Möglichkeiten, die das Gießener Modell bietet, können mit dem Zeitpunkt der Veröffentlichung von allen Beschäftigten individuell und situativ genutzt werden. Ab dem Jahr 2014 wird die Matrix zusätzlich als fester Bestandteil in den Beurteilungs- und Fördergesprächen integriert sein. Für die Einführung der Zeitwertkonten wurden im Oktober 2013 spezielle Informationsveranstaltungen für die Interessenten angeboten. In darauf folgenden Einzelberatungsgesprächen mit den Personalbetreuern des Bereichs Personalmanagement wurden individuelle Berechnungen zur Ansparphase vorgenommen, die Zeitwerte kalkuliert und die entsprechenden Verträge erstellt.

6 Was wichtig ist: Fazit

Das Gießener Modell zur Berufs- und Lebensphasenorientierten Personalpolitik stellt den vorläufigen Endpunkt eines Paradigmenwechsels in der Volksbank Mittelhessen dar. Ausgehend von der demografischen Entwicklung konnten mit diesem Instrument die personalwirtschaftlichen Weichenstellungen für die Zukunft vorgenommen werden.

Erfolgsfaktor für die Einführung und Umsetzung ist einerseits die Verankerung des Gießener Modells in der Personal- und damit in der Geschäftsstrategie der Volksbank Mittelhessen. Diese verbindliche Fixierung macht deutlich, dass es sich hier nicht etwa um ein trendgetriebenes Strohfeuer handelt, sondern um eine ganz bewusste und nachhaltige Ausrichtung der Personalpolitik. Andererseits ist es die intensive, interne Kommunikation der vielfältigen Angebote. Denn erst die aktive Nutzung der Angebote durch Mitarbeiter und Führungskräfte ermöglicht die Vereinbarkeit von Beruf und Lebenssituationen, erzeugt Bindung, sorgt für Engagement, sichert die Leistungsfähigkeit und steigert letztlich die Arbeitgeberattraktivität der Volksbank Mittelhessen. Relevante personelle Risiken können als Folge daraus reduziert werden. Der Bereich Personalmanagement leistet damit einen wichtigen Wertschöpfungsbeitrag für die erfolgreiche Zukunftssicherung des Unternehmens.

Literatur

Hauser F, Schubert A, Aicher M (2007) Unternehmenskultur, Arbeitsqualität und Mitarbeiterengagement in den Unternehmen in Deutschland, Ein Forschungsprojekt des Bundesministeriums für Arbeit und Soziales, Durchführung: psychonomics AG/Great Place to Work® Institute Deutschland in Kooperation mit dem Institut für Wirtschafts- und Sozialpsychologie der Universität zu Köln. In: Abschlussbericht Forschungsprojekt Nr. 18/05, Berlin, S 33 ff.

Hessisches Statistisches Landesamt (2010) Statistische Berichte – Schüler und Schulentlassene in Hessen 2025– Ergebnisse der regionalisierten Schüler- und Schulabgängervorausberechnung für die allgemeinbildende Schulen bis 2025 auf Basis der Bevölkerungsvorausberechnung 2010 und der Schulstatistik 2009/2010. http://www.statistik-hessen.de/themenauswahl/bildung-kultur-rechtspflege/landesdaten/index.html. Zugegriffen: 17. Juli 2013

Kring T, Lister M (2012) Trendstudie Vertrieb 2012. In: Kring T, Lister M (Hrsg.) Bankentrends 21. Ergebnisse der ADG Trendstudie 2012. DG Verlag, Wiesbaden, S 62–63

Rump J, Eilers S, Wilms G (2011) Strategie für die Zukunft. Lebensphasenorientierte Personalpolitik 2.0. Ein Leitfaden für Unternehmen zur Bindung und Gewinnung von Mitarbeiterinnen und Mitarbeitern. Ministerium für Wirtschaft, Klimaschutz, Energie und Landesplanung, Mainz

Rühl M, Armutat S (2009) Neue Rolle und verändertes Selbstverständnis des Personalmanagements. In: Armutat S, Deutsche Gesellschaft für Personalführung e. V.(Hrsg.) Lebensereignisorientiertes Personalmanagement. Eine Antwort auf die demografische Herausforderung. Bertelsmann, Bielefeld, S 179–182

Schaller E (2013) Lebensphasenorientierte Personalpolitik. Individuelle Konzeptionierung für die Volksbank Mittelhessen eG. Unveröffentlicht, Marburg

Volksbank Mittelhessen (2013) Wir über uns. http://www.vb-mittelhessen.de/Wir-ueber-uns/Presse-und-Medien/Firmenprofil/c374.html. Zugegriffen: 17. Juli 2013

Fit für die Arbeitswelt von morgen

Lebensphasenorientierung – ein Projekt im Finanzamt Trier

Jürgen Kentenich

Zusammenfassung

Das Finanzamt Trier stellt sich den Herausforderungen, die die demografische Entwicklung mit sich bringt, schon seit einigen Jahren. In dem Projekt „Lebensphasenorientierte Personal- und Gesundheitspolitik" wurden in diesem Zusammenhang fünf Handlungsfelder bearbeitet, die durch vielfältige Aktivitäten gekennzeichnet sind: Gesundheitsförderung, Arbeitsplatz und Arbeitsschutz, Arbeitsorganisation und Arbeitsgestaltung, Personalführung und Unternehmenskultur sowie – nicht zuletzt – Qualifizierung, Fortbildung und Kompetenzentwicklung. Der Beitrag stellt die vielfältigen Erfahrungen mit der Ausrichtung hin zu lebensphasenorientierter Personalpolitik, auch unter dem Aspekt von Kosten und Nutzen dar und gibt interessierten Unternehmen konkrete Handlungsempfehlungen, getreu dem rheinland-pfälzischen Motto: Lebensphasenorientierte Personalpolitik – machen Sie es einfach!

1 Die Branche „öffentlicher Dienst"

Die demografische Entwicklung in Deutschland zwingt alle Arbeitgeber, ihre Personalpolitik zu überdenken und zukunftsfester zu machen. Nachwuchssorgen und Fachkräftemangel sind die bekannten Stichworte.

So wie für alle anderen Branchen gilt dies auch für den öffentlichen Dienst. Seine Besonderheiten führen sogar noch zu speziellen Problemen. Unter dem Dach des öffentlichen Dienstes gibt es eben keine bestimmten, klar abgrenzbaren Berufe. Im Gegenteil, eine Vielzahl von unterschiedlichen Berufsbildern finden sich hier, die eine prägende Beson-

J. Kentenich (✉)
Finanzamt Trier
Trier, Deutschland
E-Mail: juergen.kentenich@fa-tr.fin-rlp.de

J. Rump, S. Eilers (Hrsg.), *Lebensphasenorientierte Personalpolitik*, IBE-Reihe,
DOI 10.1007/978-3-642-41665-1_13, © Springer-Verlag Berlin Heidelberg 2014

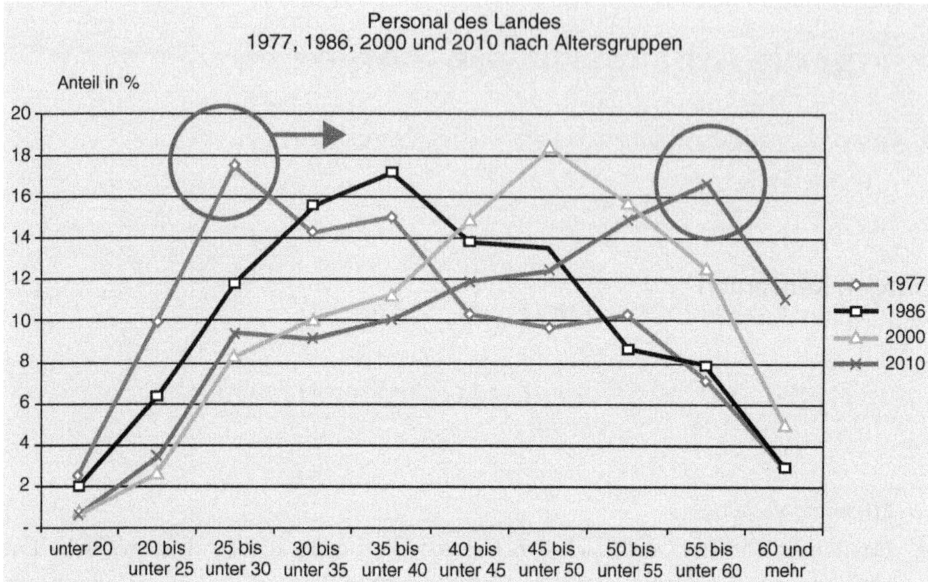

Abb. 1 Altersstruktur Landespersonal Rheinland-Pfalz

derheit haben: der Arbeitgeber ist „das Gemeinwesen" oder vereinfacht gesagt „der Staat", ob nun in Form von Gemeinden, Ländern oder auch dem Bund.

Auch die Ausformung des „Arbeitsverhältnisses" hat ihre Wirkungen. Das Berufsbeamtentum bindet den Arbeitgeber „ein Leben lang", rechtlich bei den Beamten und faktisch bei der Mehrzahl der Angestellten, da Entlassungen in der Regel nicht üblich sind. Dieses „lebenslange" Beschäftigungsverhältnis hat die Mammutaufgabe zur Folge, jeden Einzelnen über Jahrzehnte des Erwerbslebens arbeitsfähig und gesund zu erhalten. Für die Fortbildung ist dies eine enorme Aufgabe, denn neues Fachwissen wird kaum durch Einstellung von „Spezialisten" gewonnen, sondern in der Regel durch Fort- und Weiterbildung des vorhandenen Personals. Die Lebensanstellung führt auch zu einem höheren Altersschnitt der Beschäftigten als in privaten Unternehmen.

Die Altersstruktur im öffentlichen Dienst ist auch insoweit problematisch, dass in den nächsten 10 Jahren ein erheblicher Teil der Beschäftigten altersbedingt ausscheidet. Aus einer „jungen" Verwaltung in den siebziger Jahren wurde eine „alte" in der heutigen Zeit (Abb. 1, vgl. Statistisches Landesamt Rheinland-Pfalz 2013, S. 29).

Exemplarisch für viele Bereiche des öffentlichen Dienstes ist hier die Altersstruktur der Finanzverwaltung in Rheinland-Pfalz (Abb. 2, vgl. OFD Koblenz 2013).

Die Personalstruktur in der Finanzverwaltung zeigt neben der Überalterung aber auch, dass sich diese Verwaltung zu einer „weiblichen" Verwaltung verändert hat und dies auch weiterhin tun wird (vgl. Abb. 3, eigene Darstellung). In den älteren Jahrgängen gibt es ein deutliches Übergewicht der männlichen Belegschaft, in den jungen dagegen eine deutliche Mehrzahl weiblicher Beschäftigter. Bei einer Überzahl weiblicher Berufsbewerber wird sich dieser Trend fortsetzen.

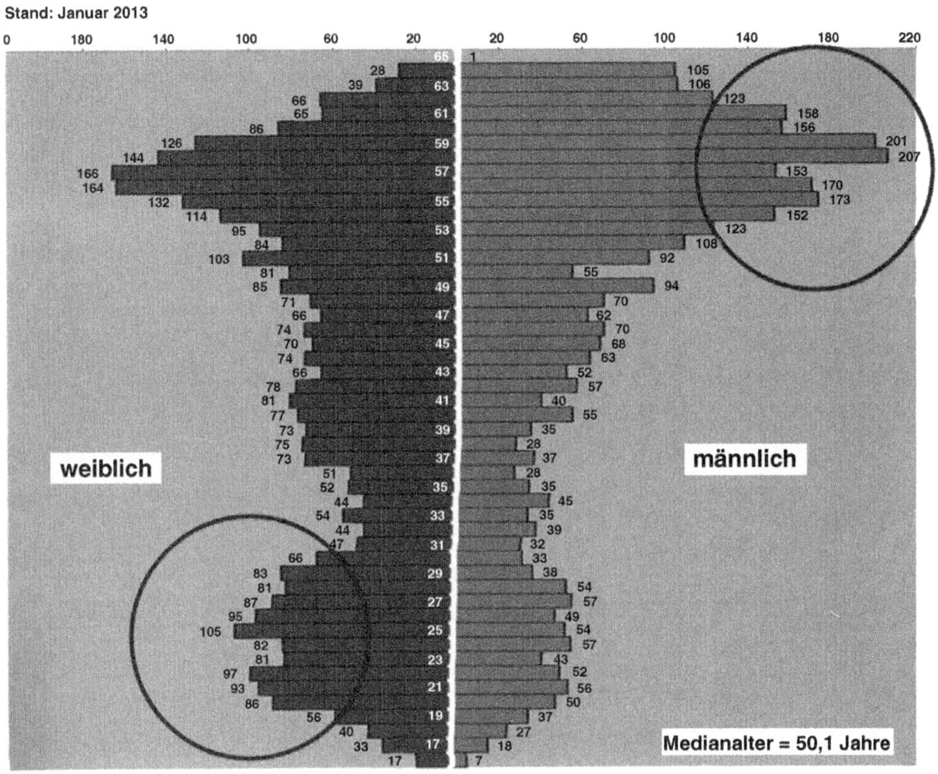

Abb. 2 Altersstruktur Finanzverwaltung Rheinland-Pfalz

Im Ergebnis veränderte sich das Übergewicht der Männer im Jahr 2000 mit 56 % der Belegschaft in ein Übergewicht der Frauen im Jahr 2013 mit 51 %.

Mit diesem Anstieg der weiblichen Beschäftigten einher geht der Trend zu mehr Teilzeitbeschäftigten. Während im Jahr 2000 nur 20 % der Beschäftigten in Teilzeit arbeiteten, waren es im Jahr 2013 bereits 32 %.

2 Warum „Lebensphasenorientierte Personalpolitik"?

Die Altersstruktur des öffentlichen Dienstes auf der einen Seite und die dramatisch sinkenden Schüler- und Studentenzahlen aufgrund der zu geringen Geburtenrate in Deutschland werden zu einem „Arbeitnehmermarkt" führen. Die künftigen Berufsanfänger werden bei entsprechender Qualifikation ihren Arbeitsplatz nach ihren Wünschen auswählen können. Dieser „Kampf um die Talente" aus Sicht der Arbeitgeber hat schon längst begonnen: die Arbeitgeber müssen sich bei den Berufseinsteigern bewerben, nicht mehr umgekehrt.

Diese Berufseinsteiger der „Generation Y", die ab 1980 Geborenen, werden auch andere Anforderungen an ihren Arbeitgeber und ihren Arbeitsplatz stellen. Für diese Genera-

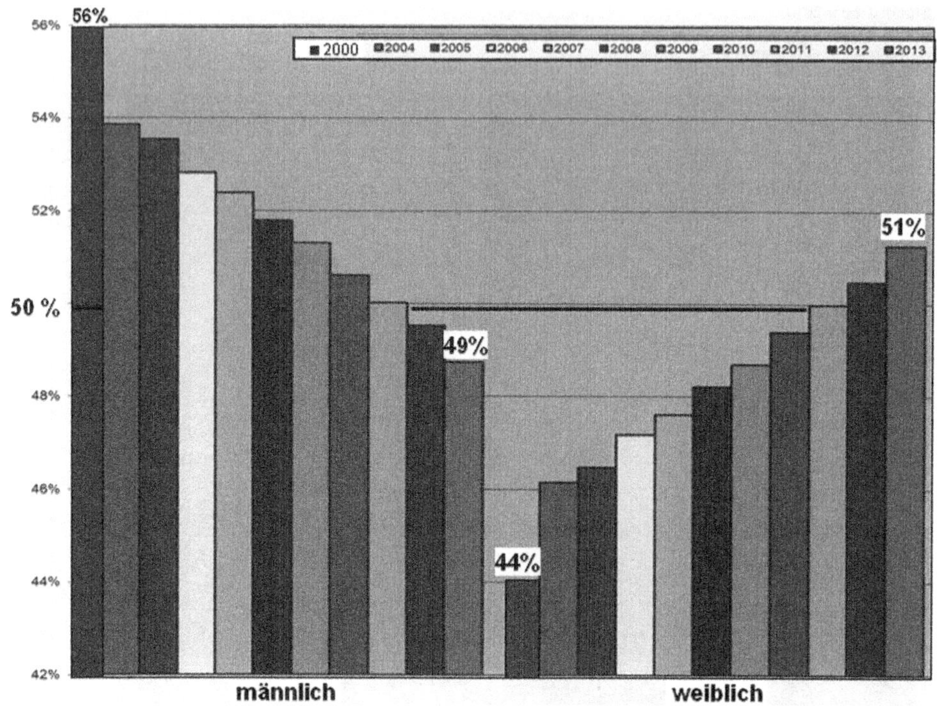

Abb. 3 Personal Finanzverwaltung weiblich/männlich

tion ist Leben mehr als nur Arbeiten. Sie will einer sinnvollen und gleichzeitig attraktiven Arbeit nachgehen, ohne dabei das Privatleben zu vernachlässigen. Aus Sicht des Arbeitgebers „öffentlicher Dienst" bedeutet das zwingend die Abkehr vom „Gebaren eines Dienstherrn" in einem „besonderen Pflichten- und Treueverhältnis" hin zu einem zeitgemäßen, akzeptierten Arbeitgeber.

Das Finanzamt Trier stellt sich diesen Herausforderungen schon seit einigen Jahren. Die personelle Situation ist noch einmal zugespitzt durch ein Medianalter der Beschäftigten von 50,5 Jahren, wobei der Median bei den männlichen Arbeitnehmern gar bei 54 Jahren liegt.

In dem Projekt „Lebensphasenorientierte Personal- und Gesundheitspolitik" (Abb. 4) werden fünf Handlungsfelder bearbeitet:

1. Gesundheitsförderung
2. Arbeitsplatz und Arbeitsschutz
3. Arbeitsorganisation und Arbeitsgestaltung
4. Personalführung und Unternehmenskultur
5. Qualifizierung, Fortbildung, Kompetenzentwicklung

Abb. 4 Logo des Projekts LOPP im Finanzamt Trier

Zu 1. Gesundheitsförderung" im Finanzamt Trier Folgende Aktivitäten kennzeichnen das erste Arbeitsfeld:

- Halbjährliche Fehlzeitenanalyse – berufliches Eingliederungsmanagement
- Workshop „Gesund älter werden im Beruf"
- Gesundheitstage oder -wochen
- Regelmäßige Wirbelsäulengymnastik
- Gesunde Ernährung/After-work-Küche
- Grippeschutzimpfung und Blutwertebestimmung
- Suchtbeauftragte und Einbindung der AHG
- Erstellung eines Pflegeleitfadens
- Wöchentlicher Walking- und Lauftreff
- Übungen „aktive Entspannungspausen"
- Einrichtung eines Raumes „Erste Hilfe"
- Hilfsangebote des privaten Vereins „Hoffnungsschimmer".

Durch die vielen Maßnahmen wollen wir den Beschäftigten zeigen: Ihre Gesundheit ist uns wichtig! Gesundheit soll zum Thema als Voraussetzung von Wohlbefinden und Leistungsfähigkeit werden. Wichtig dabei: Initiator und Motor vieler Aktivitäten ist die Finanzsportgemeinschaft, ein freiwilliger Zusammenschluss von Mitarbeitern der Dienststelle. Diese hat sich somit vom bloßen Anbieter einzelner sportlicher Aktivitäten zum umfassenden Gesundheitsförderer entwickelt.

Besondere Erwähnung hat der privatrechtliche Verein „Hoffnungsschimmer" in diesem Zusammenhang verdient. Die Vereinsmitglieder, weit überwiegend Beschäftigte der Finanzverwaltung Rheinland-Pfalz, ermöglichen durch Mitgliedsbeiträge, Spenden und gerichtliche Auflagenzahlungen unbürokratische, schnelle Hilfe insbesondere für Suchtkranke. Durch diese private Initiative des Landessuchtbeauftragten Karl Bäumchen können vor allem Therapiemaßnahmen professionell und zeitnah ermöglicht werden, eine ideale Bereicherung von Krankenkassen und Beihilfestelle.

Zu 2. Arbeitsplatz und Arbeitsschutz Themen in diesem Arbeitsfeld sind:

- Ausreichend große und helle Arbeitsplätze
- Ergonomische Möbelausstattung

- Überprüfung des Feuerschutzes
- Evakuierungsübung
- Ausbildung Brandschutzhelfer
- Ersthelfertraining.

Diese zu Recht als Standard empfundenen Maßnahmen sollen in ihrer Gesamtheit bewirken, dass der bloße Arbeitsplatz zum anerkannten Lebensraum wird. An diesem Ort verbringen die Beschäftigten so viel Zeit ihres Lebens, dass er sowohl Sicherheit vor Arbeitsunfällen bieten sollte als auch als halbwegs angenehmer Aufenthaltsort empfunden werden kann.

Zu 3. Arbeitsorganisation und Arbeitsgestaltung In diesem Arbeitsfeld befassen wir uns mit:

- Größere Teams auch wegen Teilzeitkräften
- Patenmodell für Rückkehrer/innen aus Beurlaubung
- Einrichtung eines Eltern-Kind-Zimmers
- Ferienfreizeit für Kinder von Beschäftigten.

Entscheidend:

- Arbeitsortmodelle – örtliche Flexibilität
- Arbeitszeitmodelle – Zeitsouveränität

Die Maßnahmen unter diesem Gesichtspunkt haben unterschiedliche Zielrichtungen. So soll etwa das „Eltern-Kind-Zimmer" vor allem das Signal setzen: „Bei uns sind Kinder willkommen". In diesem Büro ist ein kompletter Arbeitsplatz eingerichtet. Gleichzeitig beinhaltet er alle Utensilien eines zeitgemäßen Kinderzimmers. Bei einem Betreuungsnotstand können die Beschäftigten also problemlos ihr Kind mit zur Arbeit bringen.

Ein besonderer „Renner" ist inzwischen die Ferienfreizeit für Kinder von Beschäftigten. In 2013 zum zehnten Mal durchgeführt ist sie ständig gewachsen. Viele Finanzämter in Rheinland-Pfalz und Mitglieder des Lokalen Bündnis für Familie in Trier ahmen diese Maßnahmen inzwischen nach. In Netzwerken tun sich Behörden zusammen und helfen so ihren Beschäftigten, die Ferienzeiten besser zu überbrücken. Eine Maßnahme auch von sehr hoher Symbolkraft.

Entscheidend für die Lebensphasenorientierung und damit vor allem für die Unterstützung von Frauen sind natürlich die Arbeitsort- und Arbeitszeitmodelle. Sie verschaffen örtliche und zeitliche Souveränität, die die Vereinbarkeit von Beruf und Familie erst ermöglichen und gleichzeitig in hohem Maße motivierend sind.

Bei den Arbeitsortmodellen geht es vor allem um Arbeiten von zu Hause oder wohnortnahen Finanzämtern und Telearbeit in Gänze oder tageweise. Sehr weitgehend sind auch die Arbeitszeitregelungen bei Verzicht auf feste Anwesenheitszeiten oder Kernzeiten.

Diese Maßnahme richtet sich insbesondere gegen die früher vorherrschende Anwesenheits- und Überstundenkultur. Heute sollen die Arbeitsergebnisse im Mittelpunkt stehen, nicht die bloße Anwesenheit. Dass hierfür Zielvereinbarungen erforderlich sind und getroffen werden, versteht sich von selbst.

Zu 4. Personalführung und Unternehmenskultur In diesem Arbeitsfeld gab es folgende Aktivitäten:

- Workshop für Führungskräfte „Führen und Gesundheit"
- Einführung eines Führungskräfte-Feedbacks
- Einbau „Vereinbarkeit von Beruf und Familie" in Anforderungsprofile und Beurteilungs-Vorschriften.

Ziel dieser Maßnahmen ist der Einbau der Lebensphasenorientierung in die gängigen Führungsinstrumente und somit eine ganzheitliche Personalpolitik. Die besten Einzelmaßnahmen blieben langfristig ohne Wirkung, wenn sie nicht z. B. in Anforderungsprofilen, Beurteilungsmerkmalen und im Führungskräfte-Feedback ihren Niederschlag finden würden. Nur durch diese Verankerung an den zentralen Stellen der Personalpolitik ist sichergestellt, dass sich die Lebensphasenorientierung und die Vereinbarkeit von Beruf und Familie tatsächlich und nachhaltig durchsetzen und gelebt werden.

Zu 5. Qualifizierung, Fortbildung und Kompetenzentwicklung Der letzte Punkt beinhaltet:

- Fortbildungskreis – Arbeitskreis Qualität
- Gezielte Ansprache zum Erwerb höherer Bildungsabschlüsse
- Gezielte Ansprache für die Teilnahme an Aufstiegsverfahren
- Wissenstransfer durch strukturierte Übergabe der Funktionen.

Die Maßnahmen dieses letzten Handlungsfeldes sollen langfristig die Beschäftigungsfähigkeit sichern, vor allem durch Weiterbildung und Wissenstransfer.

Insbesondere werden junge Beschäftigte zum Erwerb höherer Bildungsabschlüsse angeregt, um ihnen Aufstiegsmöglichkeiten zu schaffen. Dies entspricht dem veränderten Bildungsverhalten in der Gesellschaft, das höhere Schul- und Universitätsabschlüsse forciert, betreibt und fordert.

3 Kosten und Nutzen

Über den auch betriebswirtschaftlichen Nutzen von Maßnahmen zur besseren Anpassung der Arbeitswelt an die Lebensphasen der Mitarbeiter und die Steigerung der Vereinbarkeit von Beruf und Familie gibt es inzwischen fundierte wissenschaftliche Untersuchungen. Auch in der Praxis kann man feststellen, dass das Erwerbspotenzial von Frauen deutlich gesteigert werden kann. Die Maßnahmen führen auch zu einer hohen Bindung an den Arbeitgeber, der auf diesem Feld aktiv ist.

Damit einher geht, dass Ausbildungskosten und Wiedereingliederungskosten nicht verloren gehen bzw. deutlich sinken, wenn die Beschäftigten die Möglichkeit haben, etwa nach einer Familienphase schnell in Teilzeit oder in Telearbeit ihre Beschäftigung wieder aufzunehmen. Selbst wenn dies anfänglich in geringen Teilzeitquoten geschieht.

Dass gerade ein hoher Anteil von Teilzeitkräften auch zu höherem Organisationsaufwand für Personalabteilungen führt und in Teams auch deutlich mehr Abspracheaufwand besteht, ist genauso klar, letztlich aber hinnehmbar und auch leistbar. Ein Problem ergibt sich auch daraus, dass gerade Teilzeitkräfte bestimmte Arbeitszeiten bevorzugen, z. B. von Montag bis Donnerstag und jeweils vormittags. Es besteht so Planungsaufwand für die übrigen Arbeitszeiten insbesondere, wenn in diesen Zeiten auch Kundenbetrieb herrscht.

Sorgsam beobachten müssen wir auch, dass in einem Team nicht zu viele Teilzeitkräfte eingesetzt sind. In diesem Fall fühlen sich die wenigen Vollzeitkräfte nicht selten gerade in den Randzeiten überfordert. Hier muss der Interessenausgleich hergestellt werden.

4 Erfahrungen aus der Einführung und Umsetzung

Die Erfahrungen mit der Ausrichtung hin zu lebensphasenorientierter Personalpolitik – kurz LOPP – sind vielfältig und haben ihrerseits bereits zu Anpassungen von Maßnahmen und Zielrichtungen geführt.

Primär muss man anmerken, dass LOPP nur ein Instrument einer ganzheitlichen Personalpolitik ist, LOPP ist nicht das alleinige Ziel. Gerade im öffentlichen Dienst gibt es dagegen die Tendenz, sich ganz und gar nur noch mit LOPP zu befassen und viele andere, ebenfalls wichtige Themen, insbesondere der Personalentwicklung, zu vernachlässigen.

LOPP ist aber nicht der Schlussstein des Personalmanagements, weitere, neue Wege und Instrumente müssen gesucht und versucht werden. So steht aktuell auch das Thema Diversity-Management an.

Die Lebensphasenorientierung ist auch inzwischen nicht mehr ein Alleinstellungsmerkmal des öffentlichen Dienstes. Viele private Unternehmen befassen sich ebenfalls mit dem Thema und bieten passgenaue Konzepte an, um als Arbeitgeber attraktiv zu bleiben.

Vereinbarkeit von Beruf und Familie sowie Lebensphasenorientierung werden immer mehr Standard in der Arbeitgeberwelt. Der öffentliche Dienst mag der Vorreiter gewesen sein, aber die Unternehmerseite hat nachgezogen.

Wichtig ist auch die Erkenntnis, dass wir durch LOPP das Erwerbspotenzial von Frauen zwar stark steigern konnten bis hin zu einer Mehrzahl an Frauen in den Belegschaften. Allerdings ist das Erwerbsvolumen zurück geblieben, ja das Erwerbsvolumen der Gesamtbelegschaft in Vollzeitäquivalenten sinkt sogar. Das hat seine Ursache in der schlichten Tatsache, dass gerade Frauen durch Familienphasen oftmals in Teilzeit arbeiten, später aber auch weiterhin unterhalb einer Vollzeitquote verbleiben. Das Fazit hieraus: Wer mehr Frauen einstellt, muss mehr Personal einstellen, um ein bestimmtes Gesamtarbeitsvolumen zu erhalten. Dieses Phänomen scheint vielen Entscheidungsträgern nicht bewusst. Hier ist aber besondere Vorsicht geboten vor allem bei der Frage, wie viele Neueinstellungen vorgenommen werden sollen. Denn bei einem höheren Frauenanteil bedarf es eines Mehr an Einstellungen.

Wir konnten im Finanzamt Trier weiterhin beobachten, dass die sogenannte „rush hour" für Frauen, also der kurze Zeitraum von Berufseinstieg und Familiengründung in den Laufbahnen unterschiedlich ist. Während dieser Zeitraum bei Bediensteten des höheren Dienstes wegen längerer Schul- und Ausbildungszeiten im Lebensalter mit ca. 27 bis 30 Jahren beginnt, tritt er im mittleren Dienst bereits mit etwa 20 bis 22 Jahren ein.

Daraus folgt, dass es für LOPP auch keinen „one best way" gibt. Es geht vielmehr um viele einzelne und unterschiedliche Maßnahmen.

Ob der öffentliche Dienst künftig noch ein attraktiver Arbeitgeber sein wird, hängt auch stark von seinem Image ab. Hier gibt das Studium von Stellenanzeigen oder Ausschreibungen zu Sorge Anlass.

Bei der Werbung um Schüler und Studenten wird es nach unserer Ansicht darum gehen, den Sinn der Tätigkeit für ein funktionierendes Gemeinwohl zu verdeutlichen. Viele Tätigkeiten im öffentlichen Dienst sind sehr anspruchsvoll, aber auch abwechslungsreich und attraktiv. Beim Studium von Ausschreibungen und Stellenanzeigen vermissen wir diese Aussagen und Hinweise. Zurzeit ist es stattdessen gängige Praxis, lediglich mit Vereinbarkeit von Beruf und Familie sowie der Nichtdiskriminierung von Frauen, Schwerbehinderten, Älteren und Migranten zu werben. So wichtig diese Hinweise sind, sie sind inzwischen Standard, geben aber nur die Rechtslage wieder. Umgekehrt kann diese Art der Werbung eher den Eindruck erwecken, als gäbe es keine attraktiven, sinnvollen Tätigkeiten, als sei der öffentliche Dienst lediglich familienbewusst und diskriminierungsfrei. Wir sollten neben den Maßnahmen zur LOPP und zur Vereinbarkeit von Beruf und Familie auch mit attraktiver, sinnstiftender Tätigkeit werben.

5 Handlungsempfehlungen

Bei der Einführung und Umsetzung wird es immer wieder Bedenkenträger geben, die jede Veränderung von Verhalten und Arbeitsweisen als Bedrohung empfinden oder sich im Status Quo gut eingerichtet haben. Wir haben die Bedenken in unserem Amt ernst genommen und nach einvernehmlichen Lösungen gesucht. In der Sache aber sind wir hart geblieben und haben als hilfreich empfundene Änderungen vorgenommen. Besonders schwer ist der Umstieg von einer Anwesenheits- und Überstundenkultur zu einer Ergebniskultur. Gut angesehen soll nicht mehr alleine sein, wer immer im Büro und sichtbar ist bzw. viele Überstunden anhäuft. Als gut und förderungswürdig sollte der gelten, dessen Arbeitsergebnisse gut sind. Das setzt Zielklarheit und Zielvereinbarungen mit Controlling voraus. Schon dies anzuerkennen, fällt manchen im öffentlichen Dienst auch heute noch schwer.

Wir wollen künftig verstärkt versuchen, durch altersgemischte Teams auch den Wissenstransfer zu sichern. Auch das wird nicht einfach sein. Denn wir haben schon die Er-

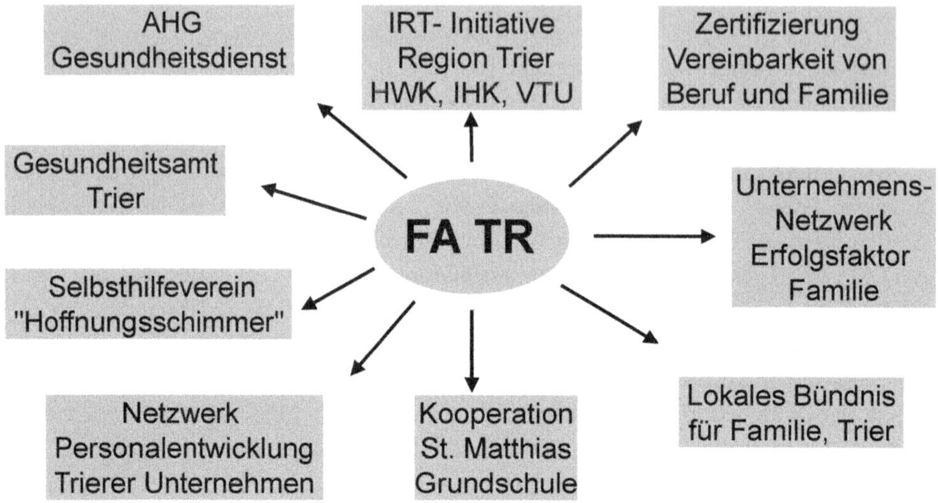

Abb. 5 Netzwerke Finanzamt Trier

fahrung, dass die unterschiedlichen Generationen der Belegschaft keineswegs immer problemlos miteinander arbeiten können und wollen. Viele Bedienstete definieren sich noch zu sehr über ihr Alter, erwarten z. B. Respekt gerade weil sie älter sind. Hier ist unser Ziel, dass sich die Teammitglieder eher über ihre unterschiedlichen Fähigkeiten ins Team einbringen und die Kenntnisse der Kollegen respektieren und annehmen.

Beim Thema altersorientiertes Lernen stehen wir noch bei den Anfängen. Hierauf haben wir bisher zu wenig geachtet, obwohl klar ist, dass Menschen in unterschiedlichem Alter auch unterschiedliche Lernprozesse und Lernformen bevorzugen.

Schließlich empfehlen wir, örtliche Netzwerke zu nutzen, Erfahrungen auszutauschen, sich gegenseitig zu unterstützen und bei konkreten Maßnahmen zu helfen (Abb. 5, eigene Darstellung).

Die Ferienfreizeiten in Kooperation mit anderen Behörden und Unternehmen im Rahmen des Lokalen Bündnis für Familie Trier sind hierfür ein gelungenes Beispiel. Auf diese Weise erfährt man mit Nachahmens- und Bedenkenswertes. Bei Einzelmaßnahmen wird die Durchführung einfacher und kostengünstiger. Wissen und Verbindungen können so genutzt werden.

Schließen möchten wir mit dem rheinland-pfälzischen Motto: Lebensphasenorientierte Personalpolitik – machen Sie es einfach!

Literatur

OFD (Oberfinanzdirektion) Koblenz (2013) Personalstrukturbericht, Koblenz

Statistisches Landesamt Rheinland-Pfalz (2013) Statistische Berichte. Personal im Öffentlichen Dienst 2010. Bad Ems

Über die Autoren

Christian Ahlring Der Autor ist seit 2002 für die Personalarbeit und die Unternehmenskommunikation der LBS Rheinland-Pfalz verantwortlich. Nach dem Studium der Wirtschaftswissenschaften an der Universität Bremen mit den Schwerpunkten Personalarbeit, Organisationsentwicklung und Projektmanagement war er fünf Jahre lang in der LRP Landesbank Rheinland-Pfalz zunächst als Personaltrainee und dann als Personalreferent tätig.

Dr. Beatrix Behrens Bereichsleiterin Personalpolitik/Personalentwicklung Bundesagentur für Arbeit
Studium der Verwaltungswissenschaften in Konstanz und Speyer, Promotion an der Universität St. Gallen. Nationale und internationale Vortragstätigkeit zu den Themen Diversity Management, lebensphasenorientierte Personalpolitik, Gesundheitsmanagement, Personalentwicklung, u. a. beim European Institute of Public Administration in Maastricht. Als Bereichsleiterin für die strategische und konzeptionelle Ausrichtung der Personalpolitik und Personalentwicklung der Bundesagentur für Arbeit verantwortlich.

J. Rump, S. Eilers (Hrsg.), *Lebensphasenorientierte Personalpolitik*, IBE-Reihe,
DOI 10.1007/978-3-642-41665-1, © Springer-Verlag Berlin Heidelberg 2014

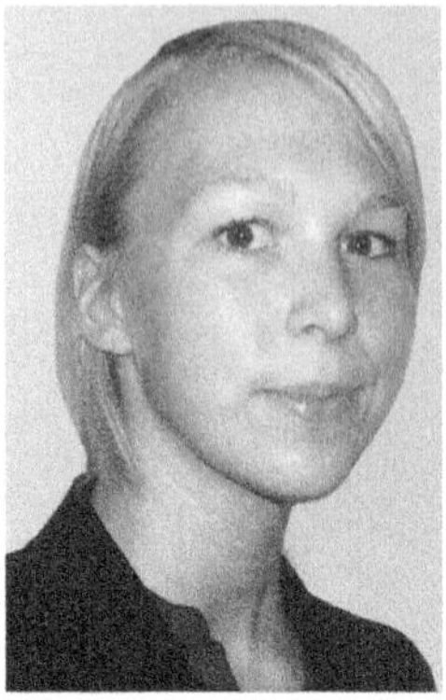

Janina Boerckel, B.A. Studium der Soziologie, Politikwissenschaft sowie Frauen- und Geschlechterforschung; seit 2012 im Qualitätsmanagement der berufundfamilie Servcie GmbH.

Michael Bohrmann, Jahrgang 1968, Personalfachkaufmann, leitet bei der Firma KARL OTTO BRAUN GmbH & Co. KG den Bereich Personal & Soziales.
Als HR Generalist verantwortet er die Entwicklung, Implementierung und Überprüfung der Personalstrategie der KOB-Holding sowie der 3 internationalen Produktionsgesellschaften. Dabei kommt der organisationalen Entwicklung der Unternehmensgruppe unter den demografischen Rahmenbedingungen eine stark ansteigende Bedeutung zu.

Silke Eilers war während ihres berufsintegrierenden Studiums der Betriebswirtschaftslehre an der Hochschule Ludwigshafen im Vertrieb und im Personalmanagement der Koenig & Bauer AG in Frankenthal tätig. Seit 2003 ist sie Wissenschaftliche Mitarbeiterin am Institut für Beschäftigung und Employability IBE. Ihre Arbeitsschwerpunkte sind der demografische Wandel, Trends in der Arbeitswelt, Employability und Lebensphasenorientierte Personalpolitik.

Françoise Fuchs, Jahrgang 1969, Dipl.-Ing. (FH) Textiltechnik, verantwortet bei der Firma KARL OTTO BRAUN GmbH & Co. KG die Personalentwicklung. Die thematischen Schwerpunkte umfassen insbesondere Herausforderungen des demografischen Wandels, betriebliches Kompetenzmanagement und Anpassung der personalwirtschaftlichen Instrumente unter Berücksichtigung der unterschiedlichen Berufs- und Lebensphasen.

Dr. Dominik Hecker Referent Personalpolitik/Personalentwicklung Bundesagentur für Arbeit
Studium der Wirtschaftswissenschaften und Promotion im Bereich Wirtschaftspsychologie an der Universität Erlangen-Nürnberg, Forschungstätigkeit zu atypischer Beschäftigung und psychologischen Verträgen von Beschäftigten. Seit 2006 Referent Personalpolitik/Personalentwicklung bei der Bundesagentur für Arbeit.

Marion Hodapp Diplom-Betriebswirtin (FH) im Bereich Internationales Personalmanagement und Organisation, hat sich in den letzten Jahren als Personalreferentin und Personalentwicklerin in großen und mittelständischen Unternehmensstrukturen intensiv mit den Themen Personalentwicklung, Personalmarketing und Rekrutierung unter dem Aspekt der wandelnden Wertvorstellungen in den Generationen und der demografischen Entwicklung beschäftigt. Seit 2012 ist sie selbstständige Laufbahnberaterin und Bewerbungstrainerin und steuert strategische Personalprozesse zur Optimierung der Bedarfsplanung, Potentialerkennung und Talentrekrutierung für kleine und mittelständische Unternehmen.

Jürgen Kentenich Als Jurist seit 1983 Beamter der Steuerverwaltung Rheinland-Pfalz. Seit 01.08.2003 Leiter des Finanzamtes Trier.
Seit 2001 Lehrbeauftragter an der Deutschen Universität für Verwaltungswissenschaften in Speyer zum Thema „Personal- und Organisationsentwicklung". Autor von Rechtsprechungssammlungen zum Thema „Dienstliche Beurteilung" und „Konkurrentenklage".

Antje Leist, M.A. Studium Politische Wissenschaften und Internationales Recht, mehrjährige Tätigkeit in der Begutachtung und Zertifizierung zum audit berufundfamilie und zum audit familiengerechte hochschule sowie im Auditorenmanagement der berufundfamilie gGmbH; seit 2011 in der Geschäftsführung der berufundfamilie Service GmbH, zuständig für Strategie, Produktentwicklung und Marketing.

Martin Peußer Geschäftsführer der Fa. Personalrezepte, war bis Ende 2011 Personaldirektor der VINCI Energies Deutschland. Seine berufliche Laufbahn begann er als Personalreferent beim Konsumgüterkonzern Johnson & Johnson. Hier folgten verschiedene Führungsaufgaben, zuletzt als Personalleiter. Weitere Personalleitungen übernahm er beim Schichtstoffhersteller Resopal/WilsonArt International und beim Elektronikhersteller Philips. Bei VINCI Energies verantwortete Martin Peußer von Frankfurt aus die strategische Personalarbeit, Personalpolitik und Personalentwicklung für mehr als 120 Business Units (Niederlassungen) von den Niederlanden, über Deutschland bis nach Rumämien.

Diplom Betriebswirt (FH) Prokurist Peter Rausch Direktor Personalmanagement Volksbank Mittelhessen
Peter Rausch studierte im Anschluss an eine Ausbildung zum Bankkaufmann Betriebswirtschaftslehre in Gießen. Seine berufliche Laufbahn begann 1995 bei dem Genossenschaftsverband Frankfurt. 2001 trat er als Bereichsleiter Personalmanagement in die heutige Volksbank Mittelhessen ein. Seit 2004 ist er als Direktor Mitglied des Management Teams der Volksbank Mittelhessen. Er widmet sich im Rahmen dieser Funktion verstärkt personalstrategischen Themen und der Gesamtbankstrategie.
Herr Rausch ist Autor verschiedener Fachpublikationen und als Referent an Hochschulen und Akademien tätig.

Albert Reicherzer ist seit 2009 Bereichsvorstand Group Human Resources der Commerzbank AG in Frankfurt am Main. Der gebürtige Münchner startete 1979 seine Karriere als Bankkaufmann und verantwortete zuletzt den Bereich Transaction Banking Back Office der Bank. Heute führt er bei HR rund 600 Mitarbeiterinnen und Mitarbeiter, die die Personalarbeit für rund 40.000 Commerzbanker leisten.

Dr. Sven Rottinger Geboren 1969 in Rottweil, Abitur 1988 in Singen/Hohentwiel, von 1988 bis 1990 Bundeswehr.
1999 Beendigung seines Studiums im Fach Wirtschaftsingenieur an der Universität Karlsruhe (TH). Von 1999 bis 2005 wissenschaftlicher Mitarbeiter am Institut für Arbeitswissenschaft und Betriebsorganisation ebenfalls an der Universität Karlsruhe (TH). 2004 Promotion zum Dr.-Ing.
Von 2005 bis 2007 Berater für Produktionssysteme bei ZF Friedrichshafen AG. Von 2007 bis 2009 Lean Production Officer bei Fresenius Medical Care in St. Wendel. Von 2007 bis 2009 Lean Production Officer bei Fresenius Medical Care in St. Wendel.

Dr. Jutta Rump ist Professorin für Allgemeine Betriebswirtschaftslehre, insbesondere Internationales Personalmanagement und Organisationsentwicklung an der Hochschule Ludwigshafen. Darüber hinaus ist sie Direktorin des Instituts für Beschäftigung und Employability IBE. Seit 2007 gehört sie zu den „40 führenden Köpfen des Personalwesens" (Zeitschrift Personalmagazin) und zu den 8 wichtigsten Professoren für Personalmanagement im deutschsprachigen Raum. In zahlreichen Unternehmen und Unternehmen ist sie als Projekt- und Prozessbegleiterin tätig. Hinzu kommen einige Mandate auf Bundes- und Landesebene sowie die Mitgliedschaft in Netzwerken.

Bettina Sabath Als Geschäftsführerin der 1995 gegründeten Sabath Media Designagentur ist Bettina Sabath zuständig für Strategie, Akquise und Personalmanagement. Ihr Anliegen, eine „Lebensphasenorientierte Personalpolitik" zu schaffen, war der Antrieb für die Gründung von Junifeuer Consulting im Jahr 2011. Bettina Sabath ist zudem Lehrbeauftragte an der Dualen Hochschule Karlsruhe und an der Hochschule Heilbronn sowie Doktorandin bei Prof. Dr. Schoppe (Universität Hamburg) mit dem Thema „Lebensphasenorientierte Personalpolitik im Teammanagement".

Dipl.-Psychologin Birgit Weinmann Studium der Psychologie sowie Personal- und Organisationsentwicklung, Niederlassungsleiterin und Seniorberaterin in der Personal- und Managementberatung in der Personaldienstleistung; seit 1999 freiberufliche Beraterin und Trainerin mit den Schwerpunkten Personalentwicklung und Diversity Management, Referententätigkeit im Weiterbildungsstudium Personalentwicklung; seit 2007 Auditorin für das audit berufundfamilie.

Gaby Wilms studierte Betriebswirtschaft an der Georg-August-Universität in Göttingen. Sie war bei der HERTIE Waren- und Kaufhaus GmbH im Vorstandsressort Personalmanagement beschäftigt, bevor sie bei der Gemeinnützigen HERTIE-Stiftung als Projektleiterin für das „Audit Beruf & Familie" und anschließend als Geschäftsführerin der Beruf & Familie gemeinnützige GmbH tätig wurde. Bei der Deutschen Gesellschaft für Personalführung e. V. (DGFP) leitete sie das Weiterbildungsinstitut in Frankfurt am Main. Anschließend wechselte sie als Geschäftsführerin der C. R. Poensgen-Stiftung – Das Management Development Institut in der DGFP – nach Düsseldorf.
Im Anschluss daran machte sie sich selbstständig als Unternehmens beraterin und Geschäftsinhaberin eines Modeunternehmens. Seit 2009 unterstützt sie das Institut für Beschäftigung und Employability IBE.

Gudrun Thomas-Wolf Stellvertretende Abteilungsleiterin im Ministerium für Wirtschaft, Klimaschutz, Energie und Landesplanung Rheinland-Pfalz. Frau Thomas-Wolf war nach dem Studium der Rechtswissenschaften in zahlreichen Funktionen des Wirtschaftsministeriums Rheinland-Pfalz tätig. Sie ist heute stellvertretende Abteilungsleiterin der Abteilung Wirtschaftspolitik und Wirtschaftsordnung und Referentin für Berufliche Bildung, Chancengleichheit und Fachkräfte. Im Rahmen dieser Tätigkeit hat sie zusammen mit dem Institut für Beschäftigung und Employability in Ludwigshafen das Thema der Lebensphasenorientierten Personalpolitik im Hinblick auf die Veränderungen in Arbeitswelt und Gesellschaft als wirtschafts- und unternehmenspolitisches Handlungsfeld initiiert und entwickelt.

Printed by Printforce, the Netherlands